课堂实录

Dreamweaver + Flash + Photoshop 课堂实录

张忠琼 / 编著

清华大学出版社
北京

内 容 简 介

本书作者是从业15年的网页设计与开发高手，编写了多本网页制作类畅销书，得到数万读者好评。本书详细、全面地介绍了使用Dreamweaver、Flash、Photoshop设计网页与制作网站的知识。

全书共分20章，包括网页设计与网站建设基础、网页版面设计和布局、网页色彩的选择及搭配、熟悉Dreamweaver CC、给网页添加文字和图像、使用行为和JavaScript点缀网页特效、创建表单、用表格排版网页、使用模板和库快速创建网页、使用CSS样式美化网页、使用CSS+DIV布局方法、快速掌握图像设计软件Photoshop、页面图像的切割与优化、设计网页素材、动画设计软件Flash CC入门、制作简单的Flash动画、制作声音和视频动画、网站的发布与维护、网站的宣传推广、设计制作公司宣传网站等。

本书既可作为职业学校、计算机培训班的教材，也可作为大专院校相关专业师生的教学参考用书，更是广大网页设计、网页制作和网站建设爱好者的自学参考用书。

图书在版编目（CIP）数据

Dreamweaver+Flash+Photoshop课堂实录 / 张忠琼编著. — 北京 : 清华大学出版社，2017

（课堂实录）

ISBN 978-7-302-47253-7

Ⅰ. ①D… Ⅱ. ①张… Ⅲ. ①网页制作工具 Ⅳ. ①TP393.092

中国版本图书馆CIP数据核字（2017）第112445号

责任编辑：陈绿春
封面设计：潘国文
责任校对：胡伟民
责任印制：李红英

出版发行：清华大学出版社
网　　址：http://www.tup.com.cn，http://www.wqbook.com
地　　址：北京清华大学学研大厦A座　　**邮　　编：**100084
社 总 机：010-62770175　　**邮　　购：**010-62786544
投稿与读者服务：010-62776969, c-service@tup.tsinghua.edu.cn
质量反馈：010-62772015, zhiliang@tup.tsinghua.edu.cn
课件下载：http://www.tup.com.cn,010-62795954
印 装 者：清华大学印刷厂
经　　销：全国新华书店
开　　本：188mm×260mm　　**印　　张：**20　　**字　　数：**580千字
版　　次：2017年10月第1版　　**印　　次：**2017年10月第1次印刷
印　　数：1～2500
定　　价：59.00元

产品编号：069886-01

前言
PREFACE

随着计算机和网络技术的飞速发展，目前网页设计与网站建设技术成了热门。页面设计、动画设计、图形图像设计是网页设计与网站建设的三大核心。随着网页设计与网站建设技术的不断发展和完善，产生了众多网页制作软件。Dreamweaver、Flash 和 Photoshop 三剑客的组合，是大家在网页设计时经常使用的，这三款软件的共同点就是简单易懂、容易上手，而且可以保证你的设计能展现出不同的风采。这三款软件的组合完全能高效地实现网页的各种功能，所以称它们为黄金搭档。现在它们已经成为网页设计与网站建设的梦幻工具组合，以其强大的功能和易学易用的特性，赢得了广大网页设计人员的青睐。

本书的特色

本书面向网页设计制作的初、中级用户，采用由浅入深、循序渐进的方式进行讲解，内容丰富，结构安排合理，实例均来自设计一线，特别适合作为教材。

■ **实战性强**

本书的最大特点是对每个知识点从实例的角度进行介绍，这些实例均采用循序渐进的制作流程进行详细讲解，使读者轻松上手，举一反三。

■ **结构完整**

本书以实用功能讲解为核心，每小节分为基本知识学习和课堂练一练两部分。基本知识学习部分以基本知识为主，讲解每个知识点的操作和用法，操作步骤详细，目标明确；课堂练一练部分则相当于一个学习任务或案例制作，并结合大量实例分述三款软件和动态网页技术。最后通过综合实例讲述网站建设的全过程。

■ **案例丰富**

本书把知识点融汇于系统的案例实训当中，并且结合经典案例进行讲解和拓展，进而达到“知其然，并知其所以然”的效果，力求达到理论知识与实际操作的完美结合。

读者对象

■ 网页设计与制作人员

■ 网站建设与开发人员

■ 大中专院校相关专业师生

■ 网页制作培训班学员

■ 个人网站爱好者与自学读者

本书能够在这么短的时间内出版，是与很多人的努力分不开的。我要感谢很多在我写作的过程中给予帮助的朋友们，他们为此书的编写和出版做了大量的工作，在此向他们致以深深的谢意。

本书由著名网页设计培训专家张忠琼主笔，另外参加编写的还有程振宏、冯雷雷、晁辉、陈石送、何琛、吴秀红、王冬霞、何本军、乔海丽、邓仰伟、孙雷杰、孙文记、何立、倪庆军、胡秀娥、赵良涛、徐曦、刘桂香、葛俊科、葛俊彬等。由于作者水平有限，加之创作时间仓促，书中的不足之处在所难免，欢迎广大读者批评指正。

作者

2017年7月

目录

CONTENTS

第1章

网页设计与网站建设基础

本章导读

本章我们将学习使用文本、图像、链接和多媒体来制作华丽且动感十足的网页的基础。文本是网页中最基本和最常用的元素，是网页信息传播的重要载体。学会在网页中使用文本与设置文本格式对于网页设计人员来说是至关重要的，图像有着丰富的色彩和表现形式，恰当地利用图像可以加深对网站的印象。这些图像是文本的说明及解释，而目前的网页也不再是单一的文本，图像、声音、视频和动画等多媒体技术也更多地应用到了网页之中。

技术要点：

- 了解预备知识
- 掌握常用的网页设计软件
- 熟悉网站建设的一般流程

1.1 预备知识

网页是构成网站的基本元素，是承载各种网站应用的平台。通常看到的网页，大都是以 .HTM 或 .HTML 后缀结尾的文件。除此之外，网页文件还有以 .CGI、.ASP、.PHP 和 .JSP 后缀结尾的。目前网页根据生成方式的不同，大致可以分为静态网页和动态网页两种。

1.1.1 什么是网站

网站建设就是使用网页设计软件，经过页面设计、排版、编程等步骤，设计出多个网页，这些网页通过超级链接构成一个网站。网页设计完成以后，再上传到网站服务器上以供用户访问浏览。

网站是在 Internet 上通过超级链接的形式构成的相关网页的集合。简单地说，网站是一种通信工具，就像布告栏一样，人们可以通过网站来发布自己想要公开的信息，或者利用网站来提供相关的网上服务。通过网站，人们可以浏览、获取信息。许多公司都拥有自己的网站，他们利用网站来进行宣传、产品资讯发布、招聘人才等。在因特网的早期，网页中大多只有单纯的文本。经过几年的发展，当万维网出现之后，图像、声音、动画、视频，甚至 3D 技术开始在因特网上流行起来，网站也慢慢地发展成我们现在看到的图文并茂的样子。通过动态网页技术，用户也可以与其他用户或者网站管理者进行交流。

网站由域名、服务器空间、网页三部分组成。网站的域名就是在访问网站时在浏览器地址栏中输入的网址。网页是通过 Dreamweaver 等软件编写出来的，多个网页由超级链接联系起来，然后网页需要上传到服务器空间中，供浏览者访问网站中的内容。

1.1.2 静态网页和动态网页

静态网页是网站建设初期经常采用的一种形式。网站建设者把内容设计成静态网页，访问者只能被动地浏览网站建设者提供的网页内容。其特点如下：

- 网页内容不会发生变化，除非网页设计者修改了网页的内容。
- 不能与浏览网页的其他用户进行交互。信息流向是单向的，即从服务器到浏览器。服务器不能根据用户的选择调整返回给用户的内容。静态网页的浏览过程如图 1-1 所示。

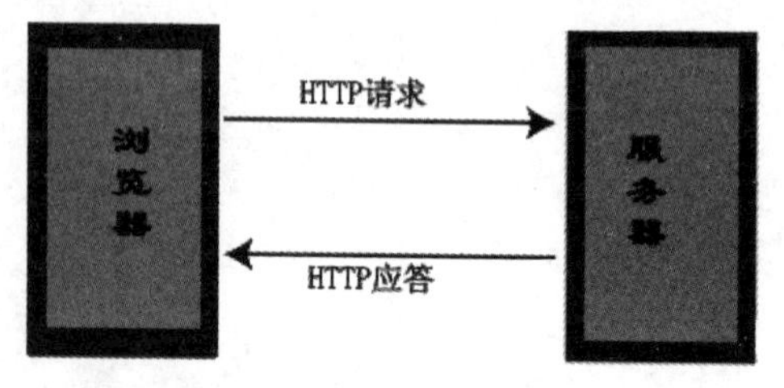

图 1-1　静态网页的浏览过程

所谓“动态网页”，就是根据用户的请求，由服务器动态生成的网页。用户在发出请求后，从服务器上获得生成的动态结果，并以网页的形式显示在浏览器中，在浏览器发出请求指令之前，网页中的内容其实并不存在，这就是其动态名称的由来。换句话说，浏览器中看到的网页代码原先并不存在，而是由服务器生成的。根据不同人的不同需求，服务器返回给他们的页面可能并不一致。

动态网页的最大应用在于 Web 数据库系统。当脚本程序访问 Web 服务器端的数据库时，将得到的数据转变为 HTML 代码，发送给客户端的浏览器，客户端的浏览器就显示出了数据库中的数据。用户要写入数据库的数据时，可填写在网页的表单中，发送给浏览器，然后由脚本程序将其写入数据库中。

动态网页的一般特征如下:

- 动态网页以数据库技术为基础，可以大大降低网站维护的工作量。
- 采用动态网页技术的网站可以实现更多的功能，如用户注册、用户登录、搜索查询、用户管理、订单管理等。
- 动态网页并不是独立存在于服务器上的网页文件，只有当用户请求时服务器才会返回一个完整的网页。
- 动态网页中的“？”不利于搜索引擎检索，搜索引擎一般不可能从一个网站的数据库中访问全部网页，因此采用动态网页的网站在进行搜索引擎推广时，需要做一定的技术处理才能适应搜索引擎的要求。图 1-2 为动态网页。

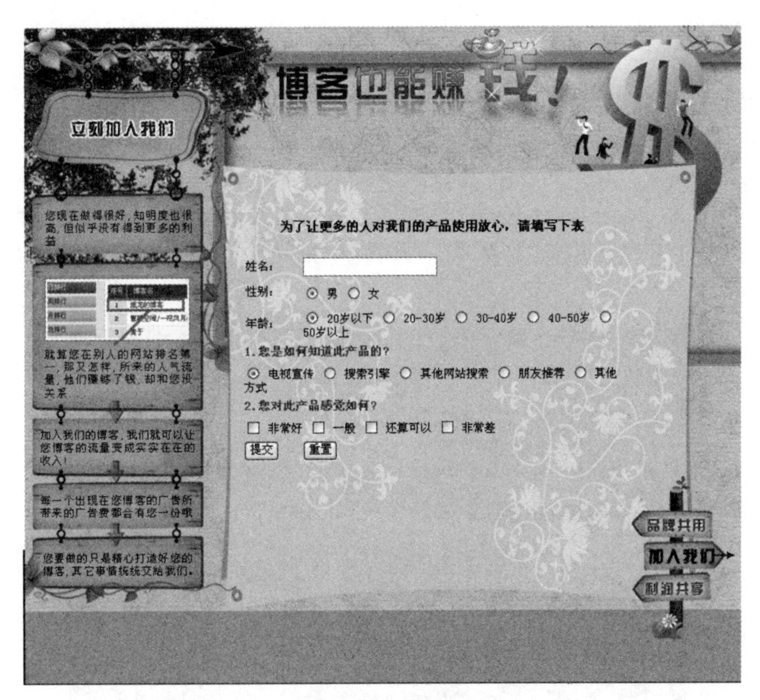

图 1-2　动态网页

1.1.3　申请域名

网页是构成网站的基本元素。不同性质的网站，其页面元素是不同的。一般网页的基本元素包括 Logo、Banner、导航栏目、文本、图像、Flash 动画和多媒体等。

1. 网站 Logo

网站 Logo，也称网站标志，它是一个站点的象征，也是一个站点是否正规的标志之一。一个好的标志可以很好地树立公司形象。网站标志一般放在网站的左上角，访问者一眼就能看到它。成功的网站标志有着独特的形象标识，在网站的推广和宣传中起到事半功倍的效果。网站标志应体现该网站的特色、内容以及其内在的文化内涵和理念。图 1-3 是某网站的标志。

图 1-3　某网站的标志

标志的设计创意来自网站的名称和内容，大致可分以下 3 个方面。

- 网站中有代表性的人物、动物、花草，可以用它们作为设计的蓝本，加以卡通化或艺术化。
- 网站有专业性的，可以用本专业有代表的物品作为标志，如中国银行的铜钱标志、奔驰汽车的方向盘标志。
- 最常用和最简单的方式是用自己网站的英文名称作为标志。采用不同的字体，通过字符的变形、字符的组合可以很容易地制作出网站的标志。

2. 网站 Banner

网站 Banner 是横幅广告，是互联网广告中最基本的广告形式。Banner 可以位于网页顶部、中部或底部任意一处，一般为横向贯穿整个或者大半个页面的广告条，常见的尺寸是 480×60 像素或 233×30 像素，使用 GIF 格式的图像文件，可以使用静态图形，也可以使用动态图像。除普通的 GIF 格式外，采用 Flash 格式能赋予 Banner 更强的表现力和交互力。

网站 Banner 首先要美观，这个小区域设计得漂亮，让人看上去很舒服，即使不是他们要看的内容，或者是一些他们可看可不看的东西，他们都会很有兴趣地去看看，此时点击就是顺理成章的事情了。网站 Banner 还要与整个网页相协调，同时又要突出、醒目，用色要与页面的主色相搭配，如主色是浅黄色的，广告条的用色即可用一些浅的其他颜色，切忌用一些对比色，如图 1-4 所示。

图 1-4　网站 Banner 与整个网页相协调

3. 网站导航栏

导航既是网页设计中的重要部分，又是整个网站设计中的一个较独立的部分。一般来说网站中的导航部分在各个页面中出现的位置是比较固定的，而且风格也较为一致。导航的位置对网站的结构与各个页面的整体布局都起到举足轻重的作用。

导航一般有 4 个常见的位置：页面的左侧、右侧、顶部和底部。有的在同一个页面中运用了多种导航，如有的在顶部设置了主菜单，而在页面的左侧又设置了折叠式菜单，同时在页面的底部设置了多种链接，这样便增强了网站的可访问性。当然并不是导航在页面中出现的次数越多越好，而是要合理地运用页面，达到总体的协调一致。图 1-5 是一个网页的顶部导航部分。

图 1-5　顶部导航

4. 网站文本

文本一直是人类最重要的信息载体与交流工具，网页中的信息也以文本为主。与图像相比，文字虽然不如图像那样易于吸引浏览者的注意，但却能准确地表达信息的内容和含义。

为了克服文字固有的缺点，人们赋予了网页文本更多的属性，如字体、字号和颜色等，通过不同的格式，突出显示重要的内容，如图 1-6 所示。

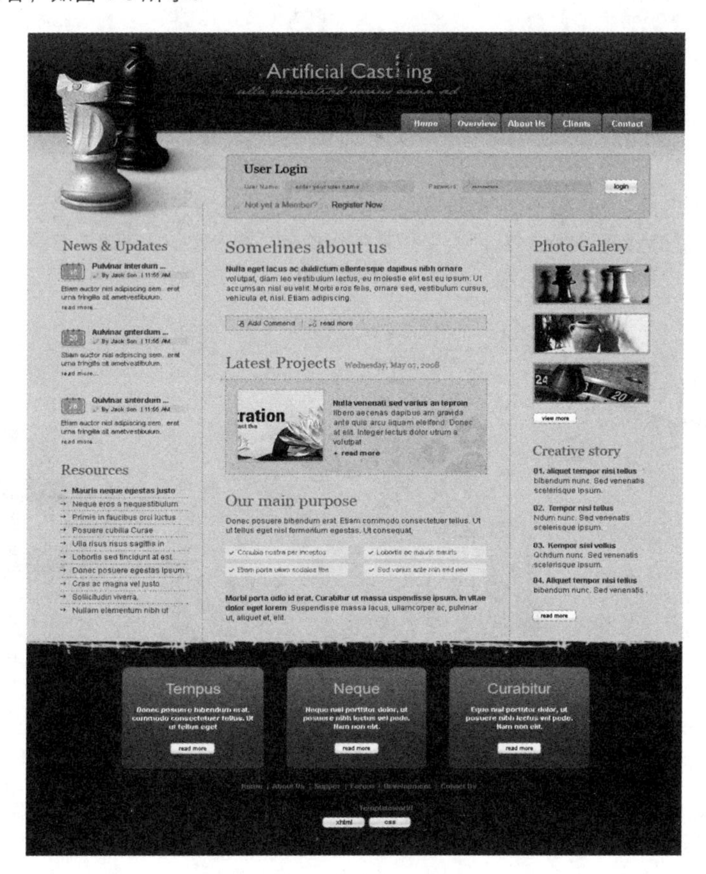

图 1-6　文本网页

5．网站图像

图像在网页中具有提供信息、展示形象、美化网页、表达个人情趣和风格的作用。可以在网页中使用 GIF、JPEG 和 PNG 等多种图像格式，其中使用最广泛的为 GIF 和 JPEG 两种格式，图 1-7 为在网页中使用的图像。

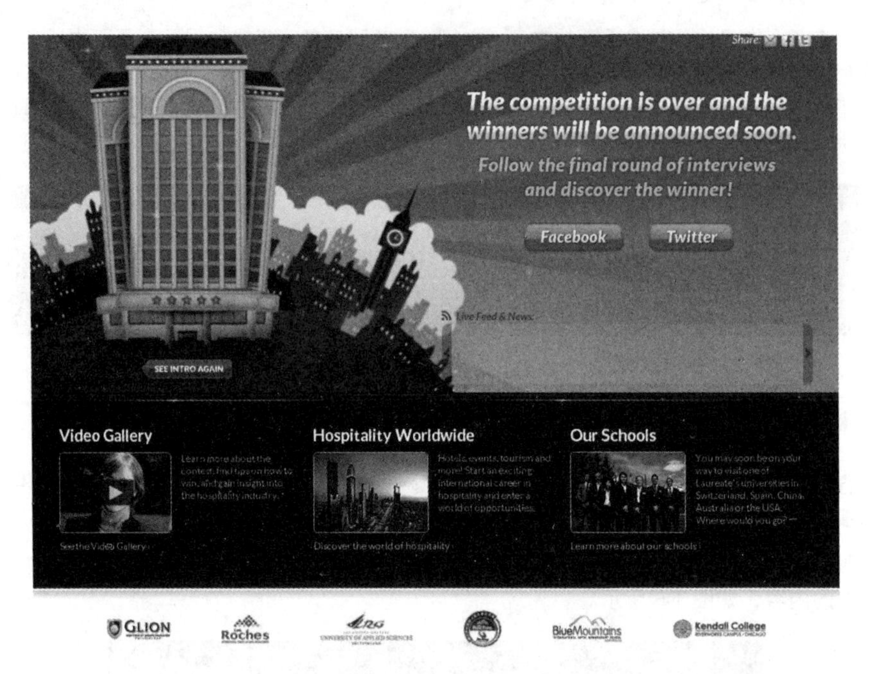

图 1-7　网页图像

6．Flash 动画

随着网络技术的发展，网页上出现了越来越多的 Flash 动画。Flash 动画已经成为当今网站必不可少的部分，美观的动画能够为网页增色，从而吸引更多的浏览者。制作 Flash 动画不仅需要对动画制作软件非常熟悉，更重要的是设计者独特的创意。图 1-8 为网页中的 Flash 动画。

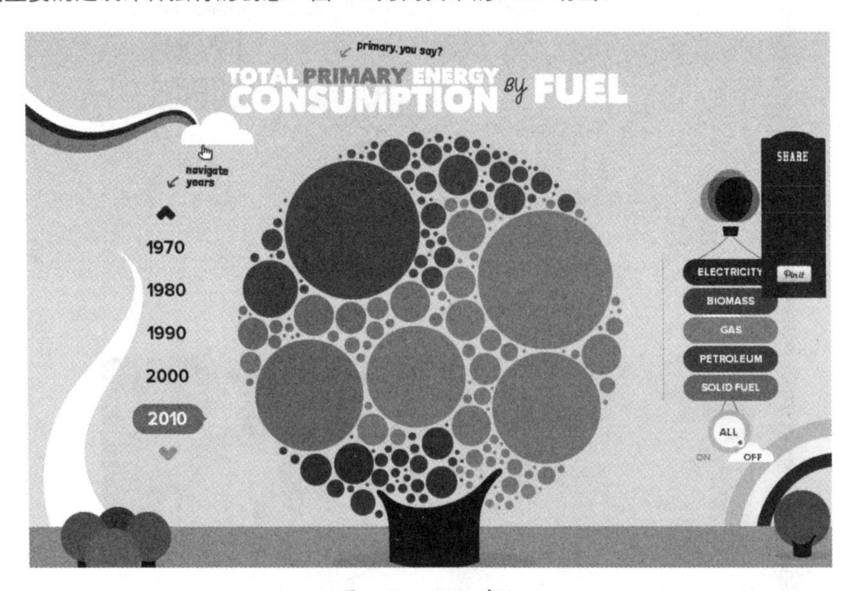

图 1-8　Flash 动画

7. 页脚

网页的底端部分被称为“页脚”，页脚部分通常被用来介绍网站所有者的具体信息和联络方式，如名称、地址、联系方式、版权信息等。其中一些内容被做成标题式的超链接，引导浏览者进一步了解详细的内容。图 1-9 为页脚。

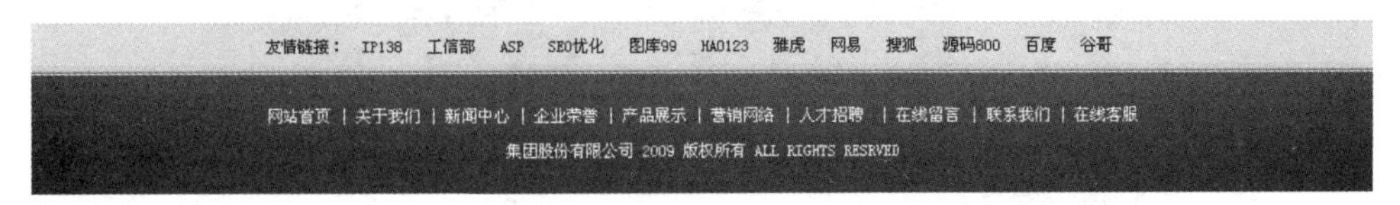

图 1-9　页脚

8. 广告区

广告区是网站实现赢利或自我展示的区域，一般位于网页的顶部或右侧。广告区的内容以文字、图像、Flash 动画为主，通过吸引浏览者点击链接的方式达成广告效果。广告区的设置要达到明显、合理、引人注目的目的，这对整个网站的布局很重要。图 1-10 为网页广告区。

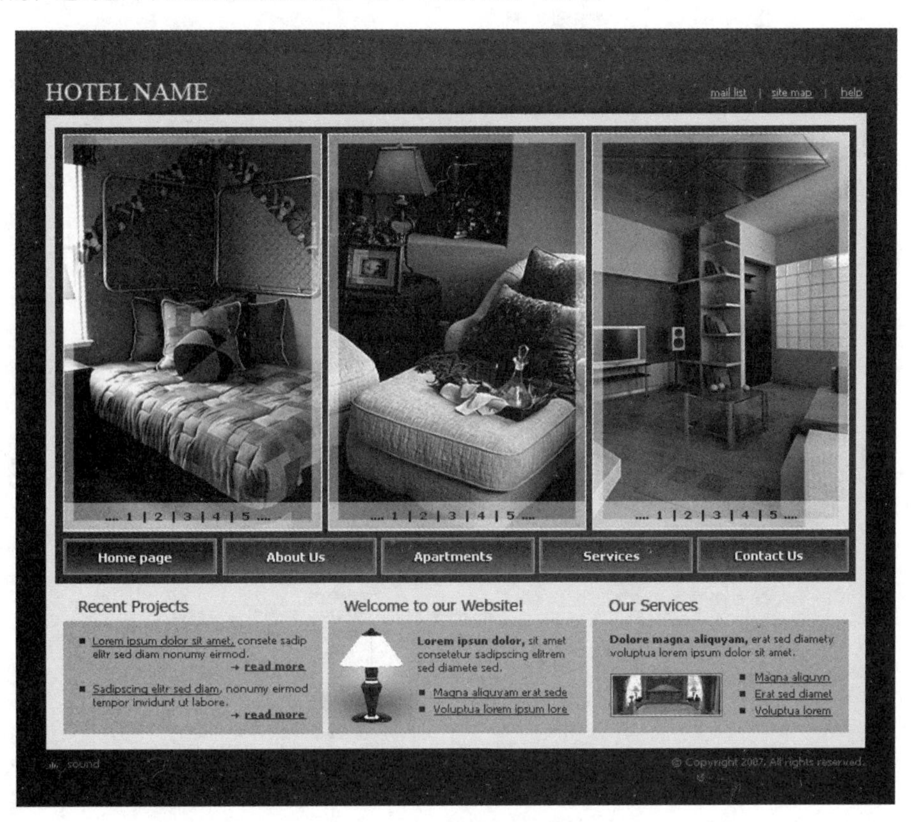

图 1-10　网页广告区

1.1.4　申请服务器空间

访问网站的过程实际上就是用户计算机和服务器进行数据连接和数据传递的过程，这就要求网站必须存放在服务器上才能被访问。一般的网站，不是使用一个独立的服务器，而是在网络公司租用一定大小的存储空间来支持网站的运行。这个租用的网站存储空间就是服务器空间。图 1-11 为在万网申请服务器空间。

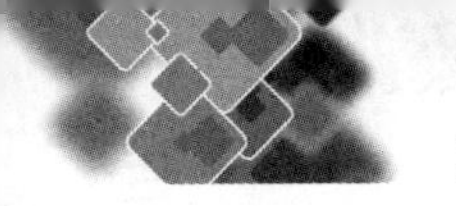

图 1-11　在万网申请服务器空间

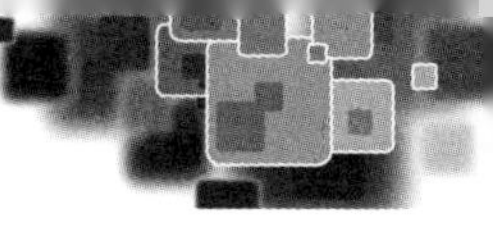

1．为什么要申请服务器空间

一个小的网站直接放在独立的服务器上是不实际的，可行的方法是在商用服务器上租用一些服务器空间，每年定期支付很少的服务器租用费即可把自己的网站放在服务器上运行。通过租用服务器空间，用户只需要管理和更新自己的网站，服务器的维护和管理则由网络公司完成。

在租用服务器空间时需要选择服务较好的网络公司。好的服务器空间运行稳定，很少出现服务器停机现象，有很好的访问速度和售后服务。某些测试软件可以方便地测出服务器的运行速度。新网、万网、中资源等公司的服务器空间都有很好的性能和售后服务。

在网络公司主页注册一个用户名并登录后，即可购买服务器空间。在购买时需要选择空间的大小和支持程序的类型。

2．服务器空间的类型

不同服务器空间的主要区别是支持网站程序和支持数据库的不同。常用的服务器空间可能分别支持下面这些不同的网站程序。

- ASP：使用 Windows 系统和 IIS 服务器。
- PHP：使用 Linux 系统或 Windows 系统，使用 Apache 网站服务器。
- .NET：使用 Windows 系统和 IIS 服务器。
- JSP：使用 Windows 系统和 Java 的网站服务器。

不同的服务器空间可以支持不同的数据库，常用的服务器空间支持的数据库有以下几种。

- Access：常用于 ASP 网站。
- SQL Server 2000：常用于 ASP 网站或.NET 网站。
- MySQL 数据库：常用于 PHP 或 JSP 网站。
- Oracle 数据库：常用于 JSP 网站。

在租用服务器空间时，需要选择支持自己网站程序与数据库的服务器空间。例如，假设开发的程序是 ASP 程序，就需要选择 ASP 空间。同时，需要注意服务器的空间大小，100MB 的空间即可存放一般的网站。

网站的域名与服务器空间是需要每年按时续费的。用户需要按网络公司规定的方式进行续费。域名和空间不可以欠费，如果欠费，管理部门会收回这个域名和空间，如被其他用户再次注册就很难再注册到这个域名了，也可能导致自己网站的数据丢失。

1.2　常用的网页设计软件

设计网页时首先要选择网页设计工具软件。虽然用记事本手工编写源代码也能做出网页，但这需要对编程语言相当了解，并不适合广大的网页设计爱好者。由于目前可视化的网页设计工具越来越多，使用也越来越方便，所以设计网页已经变成了一件轻松的工作。Flash、Dreamweaver、Photoshop 软件相辅相成，是设计网页的首选工具，其中 Dreamweaver 用来排版布局网页，Flash 用来设计精美的网页动画，Photoshop 用来处理网页中的图形图像。

1.2.1　网页设计软件 Dreamweaver

使用 Photoshop 制作的网页图像并不是真正的网页，要想真正成为能够正常浏览的网页，需要用

Dreamweaver 进行网页排版布局，添加各种网页特效。用 Dreamweaver 还可以轻松开发新闻发布系统、网上购物系统、论坛系统等动态网页。

Dreamweaver CC 是创建网站和应用程序的专业之选。它集成了功能强大的布局工具、应用程序开发工具和代码编辑支持工具等。Dreamweaver 的功能强大而且稳定，可帮助设计人员和开发人员轻松创建和管理任何站点，图 1-12 为 Dreamweaver CC 中文版的工作界面。

图 1-12　Dreamweaver CC 中文版工作界面

1.2.2　图像设计软件 Photoshop

网页中如果只有文字，则缺少生动性和活泼性，也会影响视觉效果和整个页面的美观，因此在网页的制作过程中需要插入图像。图像是网页中重要的组成元素之一。使用 Photoshop CC 可以设计出精美的网页图像。

Photoshop 是 Adobe 公司推出的图像处理软件，目前已被广泛应用于平面设计、网页设计和照片处理等领域。随着计算机技术的发展，Photoshop 已历经数次版本升级，功能越来越强大。图 1-13 为使用 Photoshop CC 设计网页整体图像。

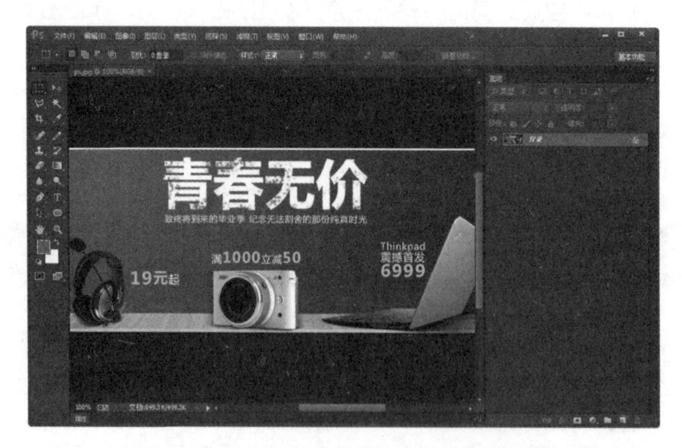

图 1-13　Photoshop CC 设计网页整体图像

1.2.3　动画设计软件 Flash

Flash 是一款多媒体动画制作软件。它是一种交互式动画设计工具，用它可以将音乐、动画以及富有新意的界面融合在一起，以制作出高品质的动态视听作品。

由于良好的视觉效果，Flash 技术在网页设计和网络广告中的应用非常广泛，有些网站为了追求美观，甚至将整个首页全部用 Flash 设计。从浏览者的角度来看，Flash 动画内容比起一般的文本和图片网页，大大增加了其艺术效果，对于展示产品和企业形象具有明显的优越性。图 1-14 为使用 Flash 制作的网页动画。

图 1-14　Flash CC 制作的动画

1.2.4　HTML 标记

网页文档主要是由 HTML 构成的。HTML 全名是 hyper text markup language，即超文本标记语言，是用来描述互联网上超文本文件的语言。用它编写的文件扩展名是 .html 或 .htm。

HTML 不是一种编程语言，而是一种页面描述性标记语言。它通过各种标记描述不同的内容——说明段落、标题、图像、字体等在浏览器中的显示效果。浏览器打开 HTML 文件时，将依据 HTML 标记去显示内容。

HTML 能够将互联网上不同服务器上的文件连接起来，可以将文字、声音、图像、动画、视频等媒体有机组织起来，展现给用户五彩缤纷的画面。此外它还可以接受用户信息，与数据库相连，实现用户的查询请求等交互功能。

HTML 的任何标记都由“<”和“>”围起来，如 <html><I>。在起始标记的标记名前加上符号“/”便是其终止标记，如 </I>。夹在起始标记和终止标记之间的内容受标记的控制，例如 <I> 幸福永远 </I>，夹在标记 I 之间的“幸福永远”将受标记 I 的控制。HTML 文件的整体结构也是如此，下面就是最基本的网页结构，如图 1-15 所示。

```
<html>
<head>
<title>
</title>
<style type=" text/css" >
<!--
body { background-image: url(images/45.gif); }
.STYLE1
{ color: #EF0039;       font-size: 36px; font-family: " 华文新魏 ";}
-->
</style>
</head>
<body>
<span class="STYLE1"> 幸福永远 </span>
</body>
</html>
```

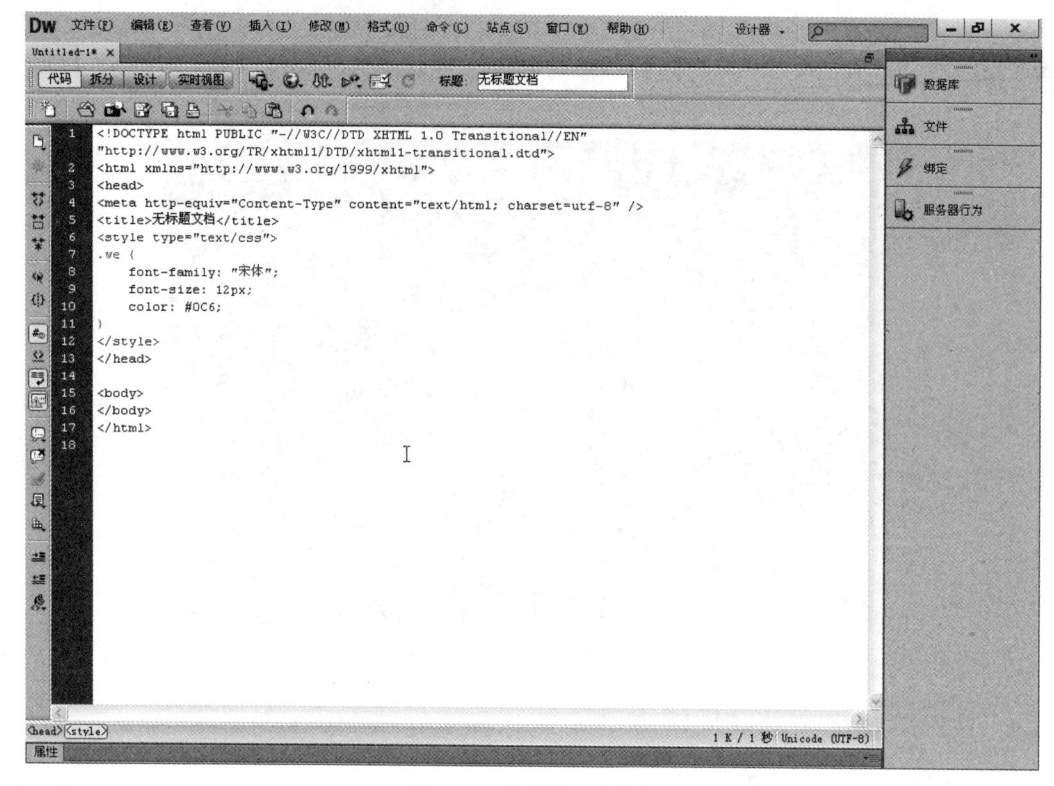

图 1-15　基本的网页结构

下面讲述 HTML 的基本结构。

■ **html 标记**

<html> 标记用在 HTML 文档的最前边，用来标识 HTML 文档的开始。而 </html> 标记恰恰相反，它放在 HTML 文档的最后边，用来标识 HTML 文档的结束。两个标记必须一起使用。

■ **head 标记**

<head> 和 </head> 构成 HTML 文档的开头部分，在此标记对之间可以使用 <title></title>、<script></script> 等标记对，这些标记对都是描述 HTML 文档相关信息的标记对。<head></head> 标记对之间的内容不会在浏览器的框内显示出来。两个标记必须一起使用。

■ **body 标记**

<body></body> 是 HTML 文档的主体部分，在此标记对之间可包含 <p></p>、<h1></h1>、
</br> 等众多的标记，它们所定义的文本、图像等将会在浏览器内显示出来。两个标记必须一起使用。

■ **title 标记**

使用过浏览器的人可能都会注意到浏览器窗口顶部蓝色部分显示的文本信息，那些信息一般是网页的“标题”。要将网页的标题显示到浏览器的顶部其实很简单，只要在 <title></title> 标记对之间加入要显示的文本即可。

1.2.5　FTP 软件

网站制作完毕，需要发布到 Web 服务器上，才能够让别人浏览。现在，上传网站的工具有很多，有些网页制作工具本身就带有 FTP 功能，利用这些 FTP 工具，可以很方便地把网站发布到服务器上。

CuteFTP 是一款非常受欢迎的 FTP 工具，其界面简洁，操作方便，并支持上下载断点续传，使其在众多的 FTP 软件中脱颖而出。无论是下载软件还是更新主页，CuteFTP 都是一款不可多得的好工具。图 1-16 为 CuteFTP 软件的工作界面。

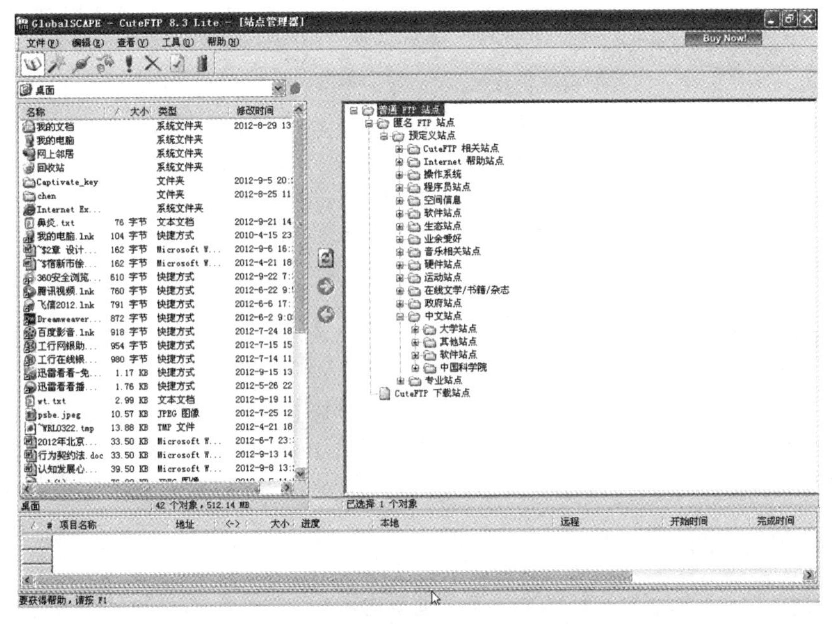

图 1-16 CuteFTP 软件的工作界面

1.3 网站建设的一般流程

创建网站是一个系统工程，有一定的工作流程，按部就班才能设计出满意的网站。因此在制作网站前，先要了解网站建设的基本流程，这样才能制作出更好、更合理的网站。

1.3.1 网站的定位

在创建网站时，确定站点的目标是第一步。设计者应清楚建立站点的目标，即确定它将提供什么样的服务、网页中应该提供哪些内容等。要确定站点目标，应该从以下三方面考虑。

- 网站的整体定位。网站可以是大型商用网站、小型电子商务网站、门户网站、个人主页、科研网站、交流平台、公司和企业介绍性网站、服务性网站等。首先应该对网站的整体进行一个客观的评估，同时要以发展的眼光看待问题，否则将带来许多升级和更新方面的不便。

- 网站的主要内容。如果是综合性网站，那么对于新闻、邮件、电子商务、论坛等都要有所涉及，这样就要求网页结构紧凑、美观大方；对于侧重某一方面的网站，如书籍网站、游戏网站、音乐网站等，则往往对网页美工要求较高，使用模板较多，更新网页和数据库的速度较快；如果是个人主页或介绍性的网站，那么一般来讲，网站的更新速度较慢，浏览率较低，并且由于链接较少，内容不如其他网站丰富，但对美工的要求更高，可以使用较鲜艳、明亮的颜色，同时可以添加 Flash 动画等，使网页更具动感、充满活力，否则网站没有吸引力。

- 网站浏览者的教育程度。对于不同的浏览者群，网站的吸引力是截然不同的，如针对少年儿童的网站，卡通和科普性的内容更符合浏览者的品位，也能够达到网站寓教于乐的目的；针对学生的网站，往往对网站的动感程度和特效技术要求更高；对于商务浏览者，网站的安全性和易用性更为重要。

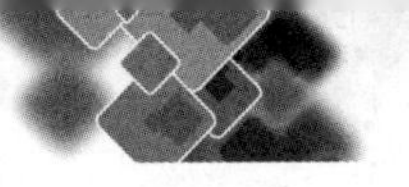

1.3.2 规划站点结构

合理地组织站点结构，能够加快对站点的设计，提高工作效率，节省工作时间。当需要创建一个大型网站时，如果将所有网页都存储在一个目录下，当站点的规模越来越大时，管理起来就会变得很困难，因此合理地使用文件夹管理文档就显得非常重要了。

网站的目录是指在创建网站时建立的目录。要根据网站的主题和内容来分类规划，不同的栏目对应不同的目录；在各个栏目目录下也要根据内容的不同对其划分不同的分目录，如页面图片放在 images 目录下，新闻放在 news 目录下，数据库放在 database 目录下等；同时要注意目录的层次不宜太深，一般不要超过 3 层；另外给目录命名的时候要尽量使用能表达目录内容的英文或汉语拼音，这样可以更加方便日后的管理和维护。

1.3.3 网站整体规划

网站规划是指对于网站整体建设的思路，包括网站建设的版面设计、网站建设的功能设计和实现方法、网站建设所要达到的目标、网站的内容建设和内容更新计划、网站的 SEO 计划、网站的推广，以及建设网站的财务预算等诸多事物的综合。对于网站规划，既要考虑到近期的计划，也要兼顾到长远的发展。

1. 清楚网站建设的目的

每个企业或个人要建设网站都有其目的，有了明确的建设目的，就为网站规划指明了方向，网站的规划也就可以围绕这个目的而展开。网站的功能、内容以及各种网站推广策略都必须服务于网站建设的目的。

2. 建设网站的资金预算

资金预算是一个非常重要的问题。前期的网站建设和后期的网站维护及推广，都需要有不同数额的资金支持。

3. 网站功能详细规划

网站的功能规划是非常重要的一环，因为它是为了实现网站建设的目标而做出的规划，是为实现目标而为用户提供服务的外在表现形式。一般来说，一个网站要有几个基本的功能模块，例如产品展示、联系方式、用户注册、企业简介、企业文化和资质等。

4. 确定网站规模的大小和承载服务器

根据网站的功能可以判断和确定网站的规模大小、网页的多少、所占用空间的大小、是否需要数据库等。另外还要根据网站的规模来选择合适的服务器空间。

5. 网站展示内容的规划

要建设一个什么样的网站，就应该在网站上展示与之相关的内容。不同类别的网站，在内容方面的差别还是比较大的。

6. 网站上线后的维护工作

因为网站的建设周期一般都不太长，所以也要在此时将网站上线后的维护工作一同规划好。

1.3.4　收集资料与素材

网站的设计需要相关的资料和素材，丰富的内容可以丰富网站的版面。个人网站可以整理个人的作品、照片、展示等资料。企业网站需要整理企业的文件、广告、产品、活动等相关资料。整理好资料后需要对资料进行筛选和编辑。

可以使用以下方法来收集网站资料与素材。

- 图片：可以使用相机拍摄相关图片，对已有的照片可以使用扫描仪输入计算机。一些常见图片可以在网站上搜索或下载。
- 文档：收集和整理现有的文件、广告、电子表格等内容。对纸制文件需要输入计算机形成电子文档。文字类的资料需要进行整理和分析。
- 媒体内容：收集和整理现有的录音、视频等资料。这些资料可以作为网站的多媒体内容。

1.3.5　设计网页页面

在确定好网站的风格和搜集完资料后就需要设计网页图像了，网页图像设计包括 Logo、标准色彩、标准字、导航条和首页布局等。可以使用 Photoshop 或 Fireworks 软件来具体设计网站的图像。有经验的网页设计者，通常会在使用网页制作工具制作网页之前，设计好网页的整体布局，这样在具体设计过程中将会胸有成竹，大大节省工作时间。图 1-17 为设计的网页图像。

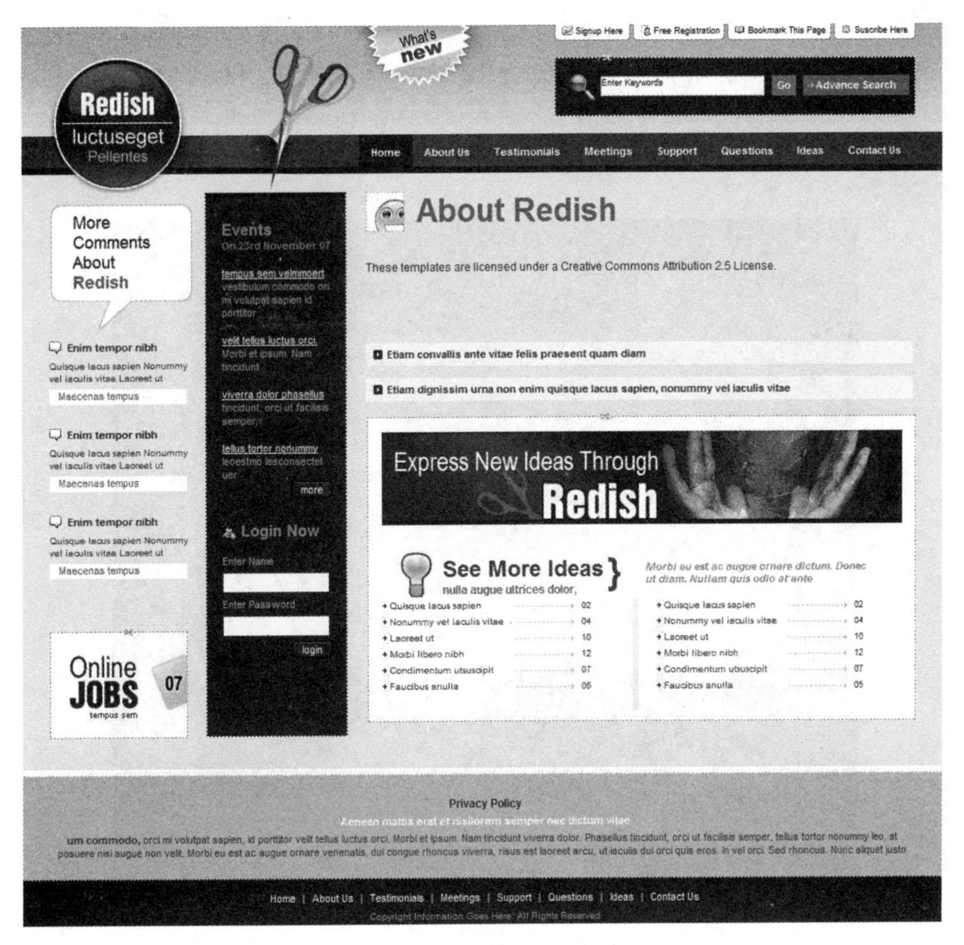

图 1-17　设计网页图像

1.3.6 切图并制作成页面

完成网页效果图的设计后，需要使用 Fireworks 或 Photoshop 对效果图进行切割和优化。完成切片后的效果图，需要使用 Dreamweaver 进行网站页面的设计，在这个过程中实现网站内容的输入和排版。不同的页面使用超链接连接起来，用户单击这个超链接时即可跳转到相应的页面。

网页制作是一个复杂而细致的过程，一定要按照先大后小、先简单后复杂的顺序制作。所谓“先大后小”，就是在制作网页时，先把大的结构设计好，然后再逐步完善小的结构设计；所谓“先简单后复杂”，就是先设计出简单的内容，然后再设计复杂的内容，以便出现问题时容易修改。

1.3.7 开发动态网站模块

页面设计制作完成后，如果还需要动态功能，就需要开发动态功能模块。网站中常用的功能模块有搜索功能、留言板、新闻信息发布、在线购物、技术统计、论坛及聊天室等。

1. 搜索功能

搜索功能是使浏览者在短时间内，快速地从大量的资料中找到符合要求的资料。这对于资料非常丰富的网站来说非常重要。要建立一个搜索功能，就要有相应的程序以及完善的数据库支持，可以快速地从数据库中搜索到所需要的内容。

2. 留言板

留言板、论坛及聊天室是为浏览者提供信息交流的地方。浏览者可以围绕个别的产品、服务或其他话题进行讨论。顾客也可以提出问题、提出咨询，或者得到售后服务。但是聊天室和论坛是比较占用资源的，一般不是大中型的网站没有必要建设论坛和聊天室，如果访问量不是很大，做好了也没有人来访问，图 1-18 为留言板页面。

图 1-18 留言板页面

3. 新闻发布管理系统

新闻发布管理系统提供方便直观的页面文字信息的更新维护界面，可以提高工作效率、降低技术要求，非常适合用于经常更新的栏目或页面。图 1-19 是新闻发布管理系统。

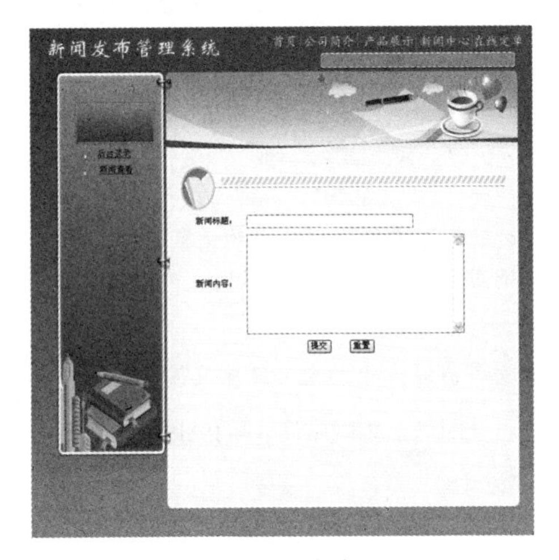

图 1-19 新闻发布管理系统

4. 购物网站

购物网站是实现电子交易的基础，用户将感兴趣的产品放入自己的购物车，以备最后统一结账。当然用户也可以修改购物的数量，甚至将产品从购物车中取出。用户选择结算后系统自动生成本系统的订单。图 1-20 为某购物网站。

图 1-20 购物网站

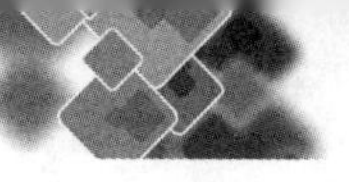

1.3.8 发布与上传

在完成了对站点中页面的制作后，就应该将其发布到 Internet 上供大家浏览和观赏了。但是在此之前，应该对所创建的站点进行测试，对站点中的文件逐一进行检查，在本地计算机中调试网页以发现包含在网页中的错误，以便尽早发现问题并解决问题。

在测试站点的过程中应该注意以下几个方面。

- 在测试站点的过程中，应确保网页在目标浏览器中如预期地显示和工作，没有损坏的链接，且下载时间不宜过长等。
- 了解各种浏览器对 Web 页面的支持程度。不同的浏览器观看同一个 Web 页面会有不同的效果，很多制作的特殊效果，在有些浏览器中可能看不到，为此需要进行浏览器兼容性检测，以找出不被其他浏览器支持的部分。
- 检查链接的正确性，检查文件或站点中的内部链接及孤立文件。

网站的域名和空间申请完毕后，即可上传网站了。可以采用 Dreamweaver 自带的站点管理功能上传文件，也可以使用 CuteFTP 软件上传。

1.3.9 后期更新与维护

一个好的网站，仅仅一次是不可能制作完美的，由于市场环境在不断变化，网站的内容也需要随之调整，给人常新感觉的网站才会更加吸引访问者，而且给访问者很好的印象。这就要求对网站进行长期的、不间断的维护和更新。

网站维护一般包含以下内容。

- 内容的更新：包括产品信息的更新、企业新闻动态更新和其他动态内容的更新。采用动态数据库可以随时更新发布新内容，不必进行制作网页和上传服务器等麻烦的工作。静态页面不便于维护，必须手动重复制作网页文档，制作完成后还需要上传到远程服务器。一般对于数量比较多的静态页面建议采用模板制作的方法。
- 网站风格的更新：包括版面、配色等各个方面。改版后的网站让客户感觉改头换面、焕然一新。一般改版的周期要长一些，如果客户对网站比较满意，改版可以延长到几个月甚至半年。一般一个网站建设完成以后，代表了公司的形象、公司的风格。随着时间的推移，很多客户对这种形象已经形成了定势。如果经常改版，会让客户感觉不适应，特别是那种风格彻底改变的“改版”。当然如果对公司网站有更好的设计方案，可以考虑改版。毕竟长期沿用一种版面会让人感觉陈旧、厌烦。
- 网站重要页面的设计制作：如重大事件页面、突发事件及相关周年庆祝等活动页面的设计制作。
- 网站系统维护服务：如 E-mail 账号维护服务、域名维护续费服务、网站空间维护、与 IDC 进行联系、DNS 设置、域名解析服务等。

1.3.10 网站的推广

互联网的应用和繁荣提供了广阔的电子商务市场和商机，但是互联网上大大小小的各种网站数以百万计，如何让更多的人都能迅速地访问到你的网站是一个十分重要的问题。企业网站建好后，如果不进行推广，那么企业的产品与服务在网上就仍然不为人所知，起不到建立站点的作用，所以企业在建立网站后即应着手利用各种手段推广自己的网站。

第2章

网页版面设计和布局

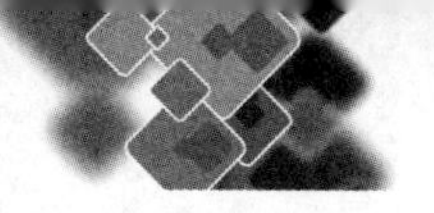

本章导读

设计网页的第一步是设计版面布局。好的网页布局会令访问者耳目一新，同样也可以使访问者比较容易在站点上找到他们所需的信息，所以网页制作初学者应该对网页布局的相关知识有所了解。

技术要点：

- 了解网页版面布局知识
- 掌握网页布局的方法
- 熟悉常见的网页结构类型
- 掌握文字与版式设计
- 掌握图像设计排版

2.1 网页版面布局设计

在网页的视觉构成中，点、线、面既是最基本的造型元素，又是最重要的表现手段。在布局网页时，点、线、面是需要最先考虑的因素，只有合理地安排好点、线、面的关系，才能设计出具有最佳视觉效果的页面，充分表达出网页的最终目的。网页设计实际上就是如何处理好三者的关系，因为不管是任何视觉形象或者版式构成，归结到底都可以归纳为点、线和面。

2.1.1 网页版面布局原则

网页在设计上有许多共同之处，如报纸等，也要遵循一些设计的基本原则。熟悉一些设计原则，再对网页的特殊性做一些考虑，便不难设计出美观大方的页面来。网页页面设计有以下基本原则，熟悉这些原则将对页面的设计有很大帮助。

1. 主次分明，中心突出

在一个页面上，必须考虑视觉的中心，这个中心一般在屏幕的中央，或者在中间偏上的位置。因此，一些重要的文章和图像一般可以安排在这个位置，在视觉中心以外的地方就可以安排那些稍微次要的内容，这样在页面上就会突出重点，做到主次有别。如图 2-1 所示的网页内容主次分明，重点突出了酒店的会议设施、餐饮设施、康体娱乐设施，以及客房设施的图片。

图 2-1 网页上的内容主次分明

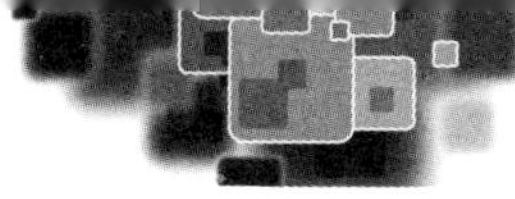

2. 简洁，一致性

保持简洁的常用做法是使用醒目的标题，这个标题常常采用图形表示，但图形同样要求简洁。另一种保持简洁的做法是限制所用的字体和颜色的数目。一般每页使用的字体不超过 3 种，一个页面中使用的颜色少于 256 种。

要保持一致性，可以从页面的排版下手，各个页面使用相同的页边距，文本、图形之间保持相同的间距。主要图形、标题或符号旁边留下相同的空白。

3. 大小搭配，相互呼应

较长的文章或标题不要放置在一起，要有一定的距离；同样，较短的文章也不能编排在一起。对待图像的安排也是一样，要互相错开，使大、小图像之间有一定的间隔，这样可以使页面错落有致，避免重心的偏离。图 2-2 为图文搭配、大小呼应的案例。

图 2-2 图文搭配排版

4. 图文并茂，相得益彰

文字和图像具有一种相互补充的视觉关系，页面上文字太多就显得沉闷，缺乏生气；页面上图像太多，缺少文字，必然会减少页面的信息容量。因此，最理想的效果是文字与图像密切配合，互为衬托，既能活跃页面，又使主页有丰富的内容。

5. 网页颜色选用

考虑到大多数人使用 256 色显示模式，因此一个页面显示的颜色不宜过多，应当控制在 256 色以内。主体颜色通常只需要 2 ～ 3 种，并采用一种标准色。图 2-3 所示的网页主题颜色采用两种。

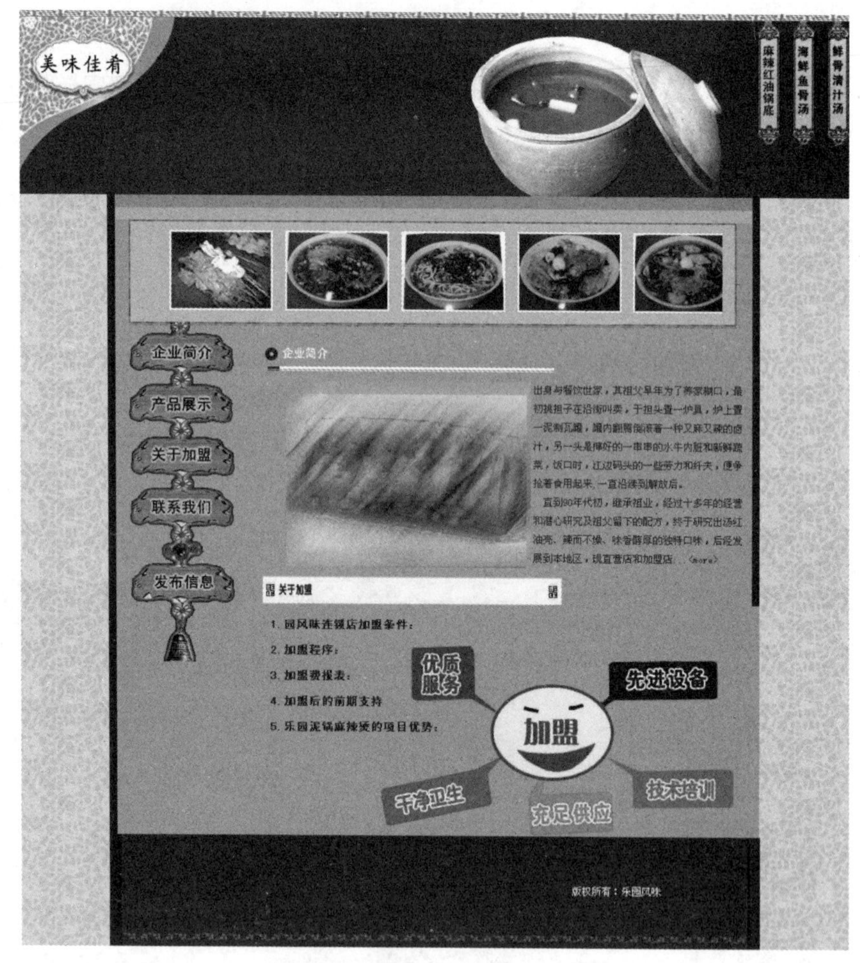

图 2-3　网页主体颜色采用两种

6. 网页布局时的元素

布局页面时应尽可能做到，格式美观的正文、和谐的色彩搭配、较好的对比度、具有较强可读性的文字、生动的背景图案、适中的页面元素大小、匀称的布局、不同元素之间有足够的空白、各元素之间保持平衡、文字准确无误、无错别字、无拼写错误。

2.1.2　点、线、面的构成

点、线、面是构成视觉空间的基本元素，是表现视觉形象的基本设计语言。网页设计实际上就是如何经营好三者的关系，因为不管是任何视觉形象或者版式构成，归结到底都可以归纳为点、线和面。一个按钮、一个文字是一个点；几个按钮或者几个文字的排列形成线；而线的移动或者数行文字或者一块空白可以理解为面。点、线、面相互依存、相互作用，可以组合成各种各样的视觉形象、千变万化的视觉空间。

1. 点的视觉构成

在网页中，一个单独而细小的形象可以称为点。点是相比较而言的，例如一个汉字是由很多笔画组成的，但是在整个页面中，其可以称为一个点。点也可以是网页中相对微小、单纯的视觉形象，如按钮、Logo 等。图 2-4 是网页中的按钮组成的点。

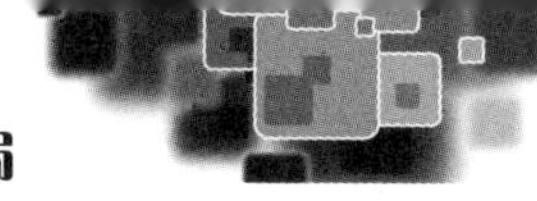

图 2-4　网页中的按钮组成的点

需要说明的是，并不是只有圆的才叫点，方形、三角形、自由形都可以作为视觉上的点，点是相对于线和面而存在的视觉元素。

点是构成网页的最基本单位，在网页设计中，经常需要我们主观地添加一些点，如在新闻的标题后加一个“NEW”、在每小行文字的前面加一个方形或者圆形的点。

点在页面中起到活泼、生动的作用，使用得当，甚至可以起到画龙点睛的作用。

一个网页往往需要由数量不等、形状各异的点来构成。点的形状、方向、大小、位置、聚集、发散，能够给人带来不同的心理感受。

2. 线的视觉构成

点的延伸形成线，线在页面中的作用在于表示方向、位置、长短、宽度、形状、质量和情绪。图 2-5 为网页中的线条。

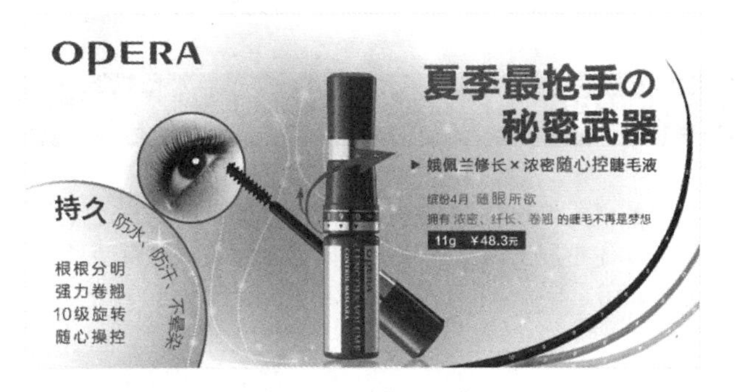

图 2-5　网页中的线条

线是分割页面的主要元素之一，是决定页面现象的基本要素。

线分为直线和曲线两种，这是线的总体形状，同时线还具有本体形状和两端的形状。

线的总体形状有垂直、水平、倾斜、几何曲线、自由线这几种可能。

线是具有情感的。如水平线给人开阔、安宁、平静的感觉；斜线具有动力、不安、速度和现代意识；垂直线具有庄严、挺拔、力量、向上的感觉；曲线给人柔软、流畅的女性特征；自由曲线是最好的情感抒发手段。

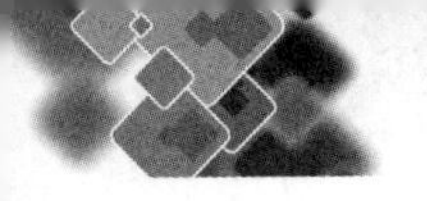

将不同的线运用到页面设计中会获得不同的效果。知道什么时候应该运用什么样的线条，可以充分表达所要体现的东西。

3. 面的视觉构成

面是无数点和线的组合，面具有一定的面积和质量，占据空间的位置更多，因而相比点和线来说，面的视觉冲击力更大、更强烈。图 2-6 所示的网页中的不同背景颜色将页面分成不同的板块。

图 2-6　网页中的面

只有合理地安排好面的关系，才能设计出充满美感、艺术加实用的网页作品。在网页的视觉构成中，点、线、面既是最基本的造型元素，又是最重要的表现手段。在确定网页主体形象的位置、动态时，点线面将是需要最先考虑的因素。只有合理地安排好点线面的互相关系，才能设计出具有最佳视觉效果的页面。

2.2 网页布局方法

为了使网页能达到最佳的视觉表现效果，应讲究网页整体布局的合理性，使浏览者有一个流畅的视觉体验。在制作网页前，可以先布局出网页的草图。网页布局的方法有两种，一种为纸上布局，另一种为软件布局，下面分别进行介绍。

2.2.1 纸上布局法

熟悉网页制作的人在拿到网页的相关内容后，也许很快就可以在脑海里形成大概的布局，并且可以直接用网页制作工具开始制作。但是对不熟悉网页布局的人来说，这么做有相当大的难度，所以，这时就需要借助其他方法来进行网页布局。

设计版面布局前先画出版面的布局草图，接着对版面布局进行细化和调整，反复细化和调整后确定最终的布局方案。

新建的页面就像一张白纸，没有任何表格、框架和约定俗成的东西，尽可能地发挥想象力，将所想到的内容画上去。这属于创造阶段，不必讲究细腻、工整，不必考虑细节功能，只须用粗略的线条勾画出创意的轮廓即可。尽可能地多画几张草图，最后选定一个满意的来创作，如图 2-7 所示。

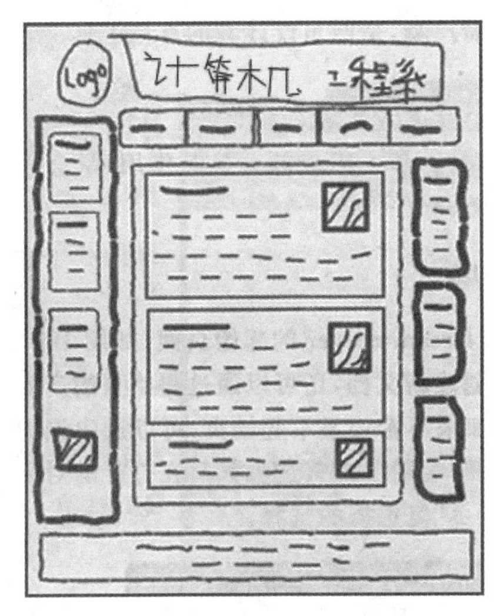

图 2-7　纸上布局草图

2.2.2　软件布局法

如果不喜欢用纸来画出布局示意图，还可以用专业制图软件来进行布局（如Fireworks和Photoshop等），用它们可以像设计一幅图片、一幅招贴画、一幅广告一样去设计一个网页的界面，然后再考虑如何用网页制作工具去实现这个网页。不像用纸来设计布局，利用软件可以方便地使用颜色和图形，并且可以利用层的功能设计出用纸张无法实现的布局意念。图 2-8 为使用软件布局的网页草图。

图 2-8　使用软件布局的网页草图

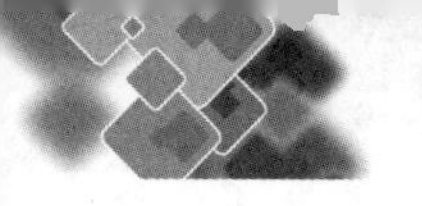

2.3 常见的网页结构类型

常见的网页布局形式大致有“国”字形、“厂”字形、“框架”型、“封面”型和Flash型布局。

2.3.1 “厂”字形布局

“厂”字形结构布局是指页面顶部为标志+广告条，下方左侧为主菜单，右侧显示正文信息，如图2-9所示。这是网页设计中使用广泛的一种布局方式，一般应用于企业网站中的二级页面。这种布局的优点是页面结构清晰、主次分明，是初学者最容易上手的布局方法。在这种类型中，一种很常见的类型为最上面是标题及广告，左侧是导航链接。

图2-9　“厂”字形布局

2.3.2 “国”字形布局

“国”字形布局如图2-10所示。最上面是网站的标志、广告及导航栏，接下来是网站的主要内容，左右分别列出一些栏目，中间是主要部分，最下面是网站的一些基本信息，这种结构是国内一些大中型网站常见的布局方式。其优点是充分利用版面、信息量大，缺点是页面显得拥挤、不够灵活。

图2-10　“国”字形布局

2.3.3 “框架”型布局

框架型布局一般分成上下或左右布局，一栏是导航栏目，另一栏是正文信息。复杂的框架结构可以将页面分成许多部分，常见的是三栏布局，如图 2-11 所示。上边一栏放置图像广告；左侧一栏显示导航栏；右侧显示正文信息。

图 2-11 框架型布局

2.3.4 “封面”型布局

封面型布局一般应用在网站的主页或广告宣传页上，为精美的图像加上简单的文字链接，指向网页中的主要栏目，或通过“进入”链接到下一个页面，图 2-12 为采用“封面”型布局的网页。

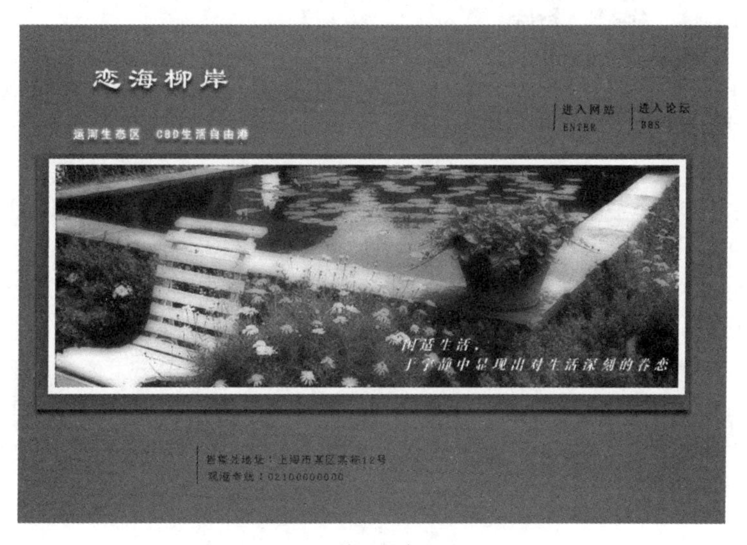

图 2-12 封面型布局的网页

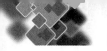

2.3.5 Flash 型布局

这种布局与封面型的布局结构类似，不同的是页面采用了 Flash 技术，动感十足，可以大大增强页面的视觉效果，图 2-13 为采用 Flash 型布局的网页。

图 2-13 Flash 型网页布局

2.4 文字与版式设计

文字是人类重要的信息载体和交流工具，网页中的信息也是以文字为主的。虽然文字不如图像直观、形象，但是却能准确地表达信息的内容和含义。在确定网页的版面布局后，还需要确定文字的样式，如字体、字号和颜色等，也可以将文字图形化。

2.4.1 文字的字体、字号、行距

网页中中文默认的标准字体是宋体，英文是 The New Roman。如果在网页中没有设置任何字体，在浏览器中将以这两种字体显示。

字号大小可以使用磅（point）或像素（pixel）来确定。一般网页常用的字号大小为 12 磅左右。较大的字体可用于标题或其他需要强调的地方，小一些的字体可以用于页脚和辅助信息。需要注意的是，小字号容易产生整体感和精致感，但可读性较差。

无论选择什么字体都要依据网页的总体设想和浏览者的需要进行设定。在同一个页面中，字体种类少，版面雅致、有稳重感；字体种类多，则版面活跃、丰富多彩。关键是如何根据页面内容来掌握这个比例关系。

行距的变化也会对文本的可读性产生很大影响，一般情况下，接近字体尺寸的行距设置比较适合正文。行距的常规比例为 10:12，即字用 10 点，则行距用 12 点。行距适当放大后字体感觉比较合适，如图 2-14 所示。

行距可以用行高（line-height）属性来设置，建议以磅或默认行高的百分数为单位。如 line-height:20pt、line-height:150%。

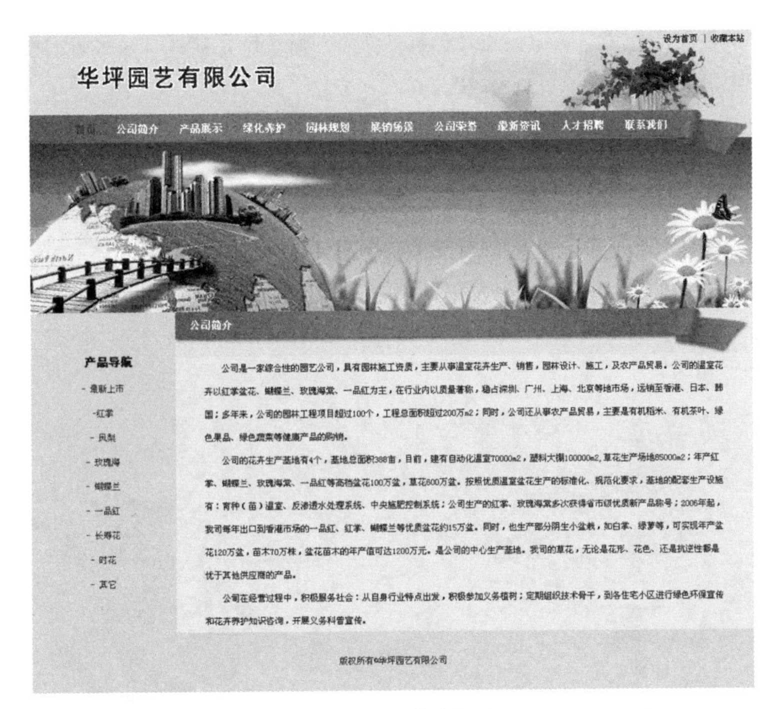

图 2-14　适当的行距

2.4.2　文字的颜色

在网页设计中可以为文字、文字链接、已访问链接和当前活动链接选用各种颜色。如正常字体颜色为黑色，默认的链接颜色为蓝色，单击之后又变为紫红色。使用不同颜色的文字可以使想要强调的部分更加吸引注目，但应该注意的是，对于文字的颜色，只可少量运用，如果什么都想强调，其实是什么都没有强调。况且，在一个页面上运用过多的颜色，会影像浏览者阅读页面内容，除非有特殊的设计目的。

颜色的运用除了能够起到强调整体文字中特殊部分的作用之外，对于整个文案的情感表达也会产生影响。图 2-15 为多彩的网页文字。

图 2-15　多彩的网页文字

另外需要注意的是文字颜色的对比度，它包括明度上的对比、纯度上的对比，以及冷暖的对比。这些不仅对文字的可读性发生作用，更重要的是，可以通过对颜色的运用实现想要的设计效果、设计情感和设计思想。

2.4.3 文字的图形化

所谓文字的图形化，即把文字作为图形元素来表现，同时又强化了原有的功能。作为网页设计者，既可以按照常规的方式来设置字体，也可以对字体进行艺术化的设计。无论怎样，一切都应该围绕如何更出色地实现自己的设计目标。

将文字图形化，以更富创意的形式表达出深层的设计思想，能够克服网页的单调与平淡，从而打动人心，图 2-16 为图形化的文字。

图 2-16 图形化的文字

2.5 图像设计排版

图像是网页构成中最重要的元素之一，美观的图像会给网页增色不少。另一方面，图像本身也是传达信息的重要手段之一，与文字相比，它可以更直观、更容易地把那些文字无法表达的信息表达出来，易于浏览者理解和接受，所以图像在网页中非常重要。

2.5.1 网页中应用图像的注意要点

网页设计与一般的平面设计不同，网页图像不需要很高的分辨率，但是这并不代表任何图像都可以添加到网页中。在网页中使用图像还需要注意以下几点。

- 图像不仅仅是修饰性的点缀，还可以传递相关信息。所以在选择图像前，应选择与文本内容以及整个网站相关的图像。图 2-17 所示的图像与网站的内容相关。
- 除了图像的内容以外，还要考虑图像的大小，如果图像文件太大，浏览者在下载时会花费很长的时间去等待，这将会大大影响浏览者的下载意愿，所以一定要尽量压缩图像的文件大小。
- 图像的主体最好清晰可见，图像的含义最好简单明了，如图 2-18 所示。图像文字的颜色和图像背景颜色最好对比鲜明。

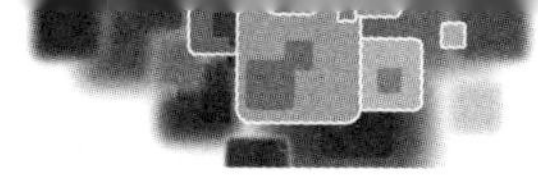

图 2-17 图像与网站的内容相关　　　　图 2-18 图像的主体清晰可见

- 在使用图像作为网页背景时，最好能使用淡色的背景图。背景图像像素越小越好，这样将能大大降低文件的尺寸，又可以制作出美观的背景图。图 2-19 为淡色的背景图。

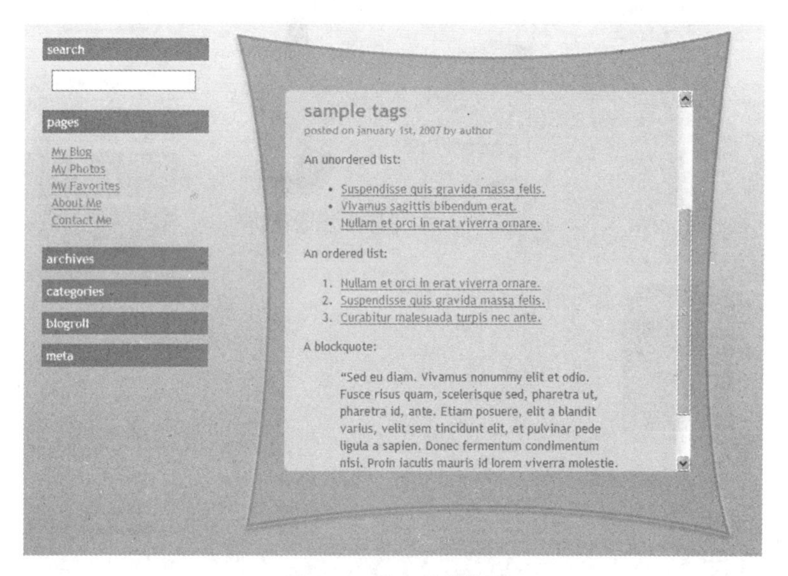

图 2-19 淡色的背景图

- 对于网页中的重要图像，最好添加提示文本。这样做的好处是，即使浏览者关闭了图像显示或由于网速而使图像没有下载完全，浏览者也能看到图像说明，从而了解图像含义或者决定是否下载该图像。

2.5.2 让图片更合理

网页上的图片也是版式的重要组成部分，正确运用图片可以帮助用户加深对信息的理解。与网站整体风格协调的图片，能帮助网站营造独特的品牌氛围，加深浏览者的印象。

网站中的图片大致有以下 3 种：Banner 广告图片、产品展示图片、修饰性图片，图 2-20 所示的网页中使用了各种图片。

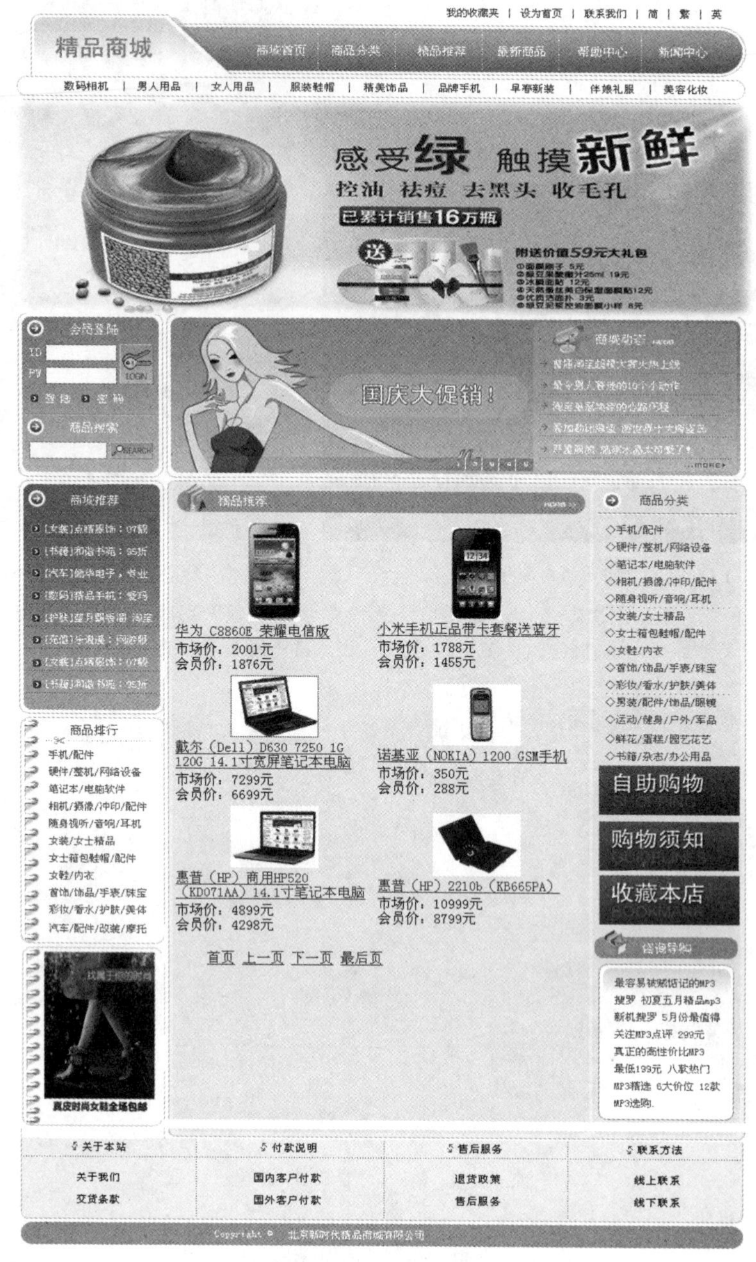

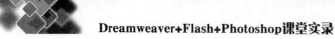

图 2-20　网页中使用了各种图片

指点迷津

在网页图片的设计处理时注意以下事项：

- 图片出现的位置和尺寸合理，不对信息获取产生干扰，喧宾夺主。
- 考虑浏览者的网速，图片文件不宜过大。
- 有节制地使用 Flash 和动画图片。
- 在产品图片的 alt 标签中添加产品名称。
- 形象图片注重原创性。

第3章

网页色彩的选择及搭配

本章导读

打开一个网站，给用户留下第一印象的既不是网站丰富的内容，也不是网站合理的版面布局，而是网站的色彩。在网页设计中，色彩搭配是树立网站形象的关键，色彩处理得好可以使网页锦上添花，达到事半功倍的效果。色彩搭配一定要合理，给人一种和谐、愉快的感觉，避免采用容易造成视觉疲劳的纯度很高的单一色彩。在设计网页色彩时应该了解一些搭配技巧，以便更好地使用色彩。

技术要点：

- 了解色彩基础知识
- 掌握色彩的三要素
- 熟悉各种颜色的色彩搭配
- 熟悉页面色彩搭配

3.1 色彩基础知识

自然界中有许多种色彩，如香蕉是黄色的，天是蓝色的，橘子是橙色的……色彩五颜六色，千变万化。

3.1.1 色彩的基本概念

为了能更好地应用色彩来设计网页，我们先来了解一下色彩的基本概念。自然界中色彩五颜六色、千变万化，但是最基本的有三种——红、黄、蓝，其他色彩都可以由这三种色彩调和而成，所以称这三种色彩为“三原色”。平时我们看到的白色光，经过分析在色带上可以看到，它包括红、橙、黄、绿、青、蓝、紫，各颜色之间自然过渡，其中，红、黄、蓝是三原色，三原色通过不同比例的混合可以得到各种颜色。

把红、绿、蓝三种颜色交互重叠，就产生了混合色：青、洋红、黄，如图 3-1 所示。

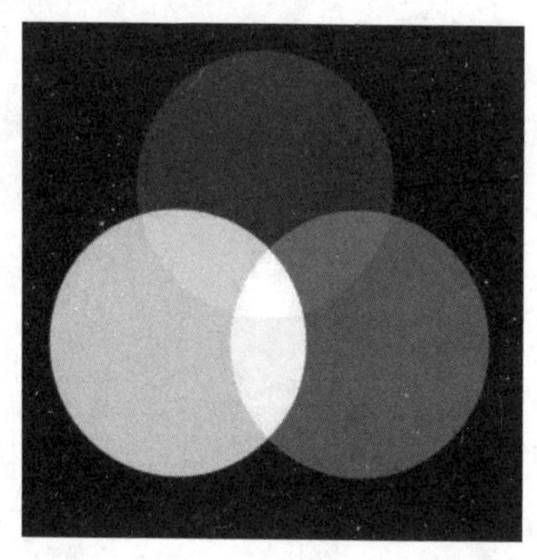

图 3-1　红、绿、蓝交互产生混合色

- 相近色：色环中相邻的 3 种颜色。相近色的搭配给人的视觉效果很舒适、很自然，所以相近色在网站设计中极为常用。图 3-2 中的深蓝色、浅蓝色和紫色就是相近色。
- 互补色：色环中相对的两种色彩，图 3-3 中的亮绿色与紫色、红色与绿色、蓝色与橙色等。对互补色，调整一下补色的亮度，有时候是一种很好的搭配方式。
- 暖色：图 3-4 中的黄色、橙色、红色、紫色等都属于暖色系列。暖色与黑色调和可以达到很好的效果。暖色一般应用于购物类网站、儿童类网站等，用以体现商品的琳琅满目，儿童类网站的活泼、温馨等效果。
- 冷色：图 3-5 中的绿色、蓝色、蓝紫色等都属于冷色系列。冷色与白色调和可以达到一种很好的效果。冷色一般应用于一些高科技网站，主要表达严肃、稳重等效果。

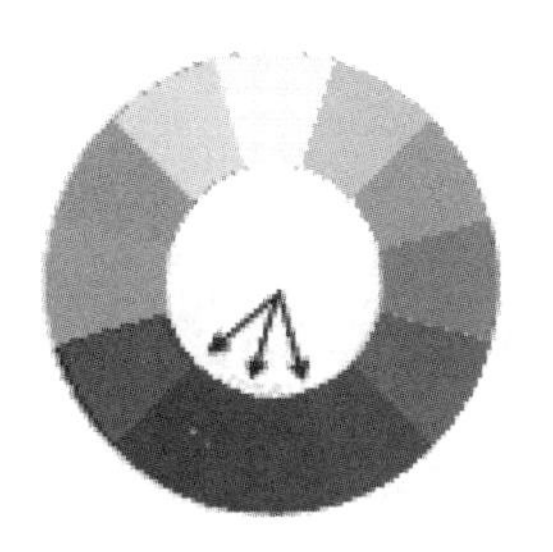

图 3-2　相近色

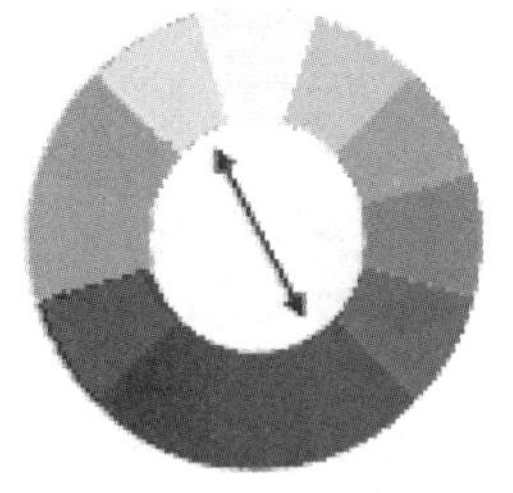

图 3-3　互补色

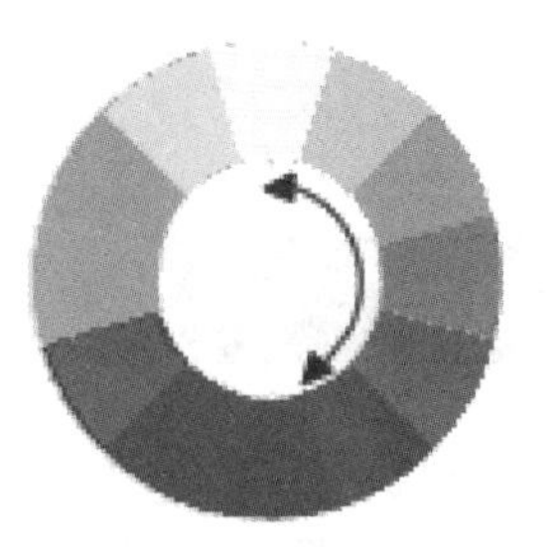

图 3-4　暖色

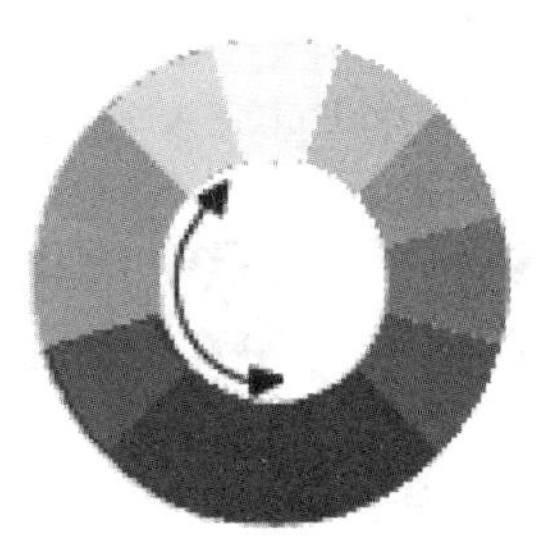

图 3-5　冷色

我们生活在五彩缤纷的世界里，天空、草地、海洋都有它们各自的色彩。你、我、他也有自己的色彩，代表个人特色的衣着、家装、装饰物的色彩，可以充分反映人的性格、爱好、品位。色彩一般分为无彩色和有彩色两大类。

3.1.2　网页安全色

网页安全色是指在不同硬件环境、不同操作系统、不同浏览器中都能够正常显示的颜色集合(调色板)，也就是说这些颜色在任何终端浏览用户显示设备上的现实效果都是相同的。所以，使用 216 网页安全色进行网页配色可以避免原有的颜色失真问题。图 3-6 为网页安全色大全。

000000 R - 000 G - 000 B - 000	333333 R - 051 G - 051 B - 051	666666 R - 102 G - 102 B - 102	999999 R - 153 G - 153 B - 153	CCCCCC R - 204 G - 204 B - 204	FFFFFF R - 255 G - 255 B - 255
000033 R - 000 G - 000 B - 051	333300 R - 051 G - 051 B - 000	666600 R - 102 G - 102 B - 000	999900 R - 153 G - 153 B - 000	CCCC00 R - 204 G - 204 B - 000	FFFF00 R - 255 G - 255 B - 000
000066 R - 000 G - 000 B - 102	333366 R - 051 G - 051 B - 102	666633 R - 102 G - 102 B - 051	999933 R - 153 G - 153 B - 051	CCCC33 R - 204 G - 204 B - 051	FFFF33 R - 255 G - 255 B - 051
000099 R - 000 G - 000 B - 153	333399 R - 051 G - 051 B - 153	666699 R - 102 G - 102 B - 153	999966 R - 153 G - 153 B - 102	CCCC66 R - 204 G - 204 B - 102	FFFF66 R - 255 G - 255 B - 102
0000CC R - 000 G - 000 B - 204	3333CC R - 051 G - 051 B - 204	6666CC R - 102 G - 102 B - 204	9999CC R - 153 G - 153 B - 204	CCCC99 R - 204 G - 204 B - 153	FFFF99 R - 255 G - 255 B - 153
0000FF R - 000 G - 000 B - 255	3333FF R - 051 G - 051 B - 255	6666FF R - 102 G - 102 B - 255	9999FF R - 153 G - 153 B - 255	CCCCFF R - 204 G - 204 B - 255	FFFFCC R - 255 G - 255 B - 204
003300 R - 000 G - 051 B - 000	336633 R - 051 G - 102 B - 051	669966 R - 102 G - 153 B - 102	99CC99 R - 153 G - 204 B - 153	CCFFCC R - 204 G - 255 B - 204	FF00FF R - 255 G - 000 B - 255
006600 R - 000 G - 102 B - 000	339933 R - 051 G - 153 B - 051	66CC66 R - 102 G - 204 B - 102	99FF99 R - 153 G - 255 B - 153	CC00CC R - 204 G - 000 B - 204	FF33FF R - 255 G - 051 B - 255
009900 R - 000 G - 153 B - 000	33CC33 R - 051 G - 204 B - 051	66FF66 R - 102 G - 255 B - 102	990099 R - 153 G - 000 B - 153	CC33CC R - 204 G - 051 B - 204	FF66FF R - 255 G - 102 B - 255
00CC00 R - 000 G - 204 B - 000	33FF33 R - 051 G - 255 B - 051	660066 R - 102 G - 000 B - 102	993399 R - 153 G - 051 B - 153	CC66CC R - 204 G - 102 B - 204	FF99FF R - 255 G - 153 B - 255
00FF00 R - 000 G - 255 B - 000	330033 R - 051 G - 000 B - 051	663366 R - 102 G - 051 B - 102	996699 R - 153 G - 102 B - 153	CC99CC R - 204 G - 153 B - 204	FFCCFF R - 255 G - 204 B - 255
00FF33 R - 000 G - 255 B - 051	330066 R - 051 G - 000 B - 102	663399 R - 102 G - 051 B - 153	9966CC R - 153 G - 102 B - 204	CC99FF R - 204 G - 153 B - 255	FFCC00 R - 255 G - 204 B - 000
00FF66 R - 000 G - 255 B - 102	330099 R - 051 G - 000 B - 153	6633CC R - 102 G - 051 B - 204	9966FF R - 153 G - 102 B - 255	CC9900 R - 204 G - 153 B - 000	FFCC33 R - 255 G - 204 B - 051
00FF99 R - 000 G - 255 B - 153	3300CC R - 051 G - 000 B - 204	6633FF R - 102 G - 051 B - 255	996600 R - 153 G - 102 B - 000	CC9933 R - 204 G - 153 B - 051	FFCC66 R - 255 G - 204 B - 102
00FFCC R - 000 G - 255 B - 204	3300FF R - 051 G - 000 B - 255	663300 R - 102 G - 051 B - 000	996633 R - 153 G - 102 B - 051	CC9966 R - 204 G - 153 B - 102	FFCC99 R - 255 G - 204 B - 153
00FFFF R - 000 G - 255 B - 255	330000 R - 051 G - 000 B - 000	663333 R - 102 G - 051 B - 051	996666 R - 153 G - 102 B - 102	CC9999 R - 204 G - 153 B - 153	FFCCCC R - 255 G - 204 B - 204
00CCCC R - 000 G - 204 B - 204	33FFFF R - 051 G - 255 B - 255	660000 R - 102 G - 000 B - 000	993333 R - 153 G - 051 B - 051	CC6666 R - 204 G - 102 B - 102	FF9999 R - 255 G - 153 B - 153
009999 R - 000 G - 153 B - 153	33CCCC R - 051 G - 204 B - 204	66FFFF R - 102 G - 255 B - 255	990000 R - 153 G - 000 B - 000	CC3333 R - 204 G - 051 B - 051	FF6666 R - 255 G - 102 B - 102
006666 R - 000 G - 102 B - 102	339999 R - 051 G - 153 B - 153	66CCCC R - 102 G - 204 B - 204	99FFFF R - 153 G - 255 B - 255	CC0000 R - 204 G - 000 B - 000	FF3333 R - 255 G - 051 B - 051

003366 R - 000 G - 051 B - 102	336699 R - 051 G - 102 B - 153	6699CC R - 102 G - 153 B - 204	99CCFF R - 153 G - 204 B - 255	CCFF00 R - 204 G - 255 B - 000	FF0033 R - 255 G - 000 B - 051
003399 R - 000 G - 051 B - 153	3366CC R - 051 G - 102 B - 204	6699FF R - 102 G - 153 B - 255	99CC00 R - 153 G - 204 B - 000	CCFF33 R - 204 G - 255 B - 051	FF0066 R - 255 G - 000 B - 102
0033CC R - 000 G - 051 B - 204	3366FF R - 051 G - 102 B - 255	669900 R - 102 G - 153 B - 000	99CC33 R - 153 G - 204 B - 051	CCFF66 R - 204 G - 255 B - 102	FF0099 R - 255 G - 000 B - 153
0033FF R - 000 G - 051 B - 255	336600 R - 051 G - 102 B - 000	669933 R - 102 G - 153 B - 051	99CC66 R - 153 G - 204 B - 102	CCFF99 R - 204 G - 255 B - 153	FF00CC R - 255 G - 000 B - 204
0066FF R - 000 G - 102 B - 255	339900 R - 051 G - 153 B - 000	66CC33 R - 102 G - 204 B - 051	99FF66 R - 153 G - 255 B - 102	CC0099 R - 204 G - 000 B - 153	FF33CC R - 255 G - 051 B - 204
0099FF R - 000 G - 153 B - 255	33CC00 R - 051 G - 204 B - 000	66FF33 R - 102 G - 255 B - 051	990066 R - 153 G - 000 B - 102	CC3399 R - 204 G - 051 B - 153	FF66CC R - 255 G - 102 B - 204
00CCFF R - 000 G - 204 B - 255	33FF00 R - 051 G - 255 B - 000	660033 R - 102 G - 000 B - 051	993366 R - 153 G - 051 B - 102	CC6699 R - 204 G - 102 B - 153	FF99CC R - 255 G - 153 B - 204
00CC33 R - 000 G - 204 B - 051	33FF66 R - 051 G - 255 B - 102	660099 R - 102 G - 000 B - 153	9933CC R - 153 G - 051 B - 204	CC66FF R - 204 G - 102 B - 255	FF9900 R - 255 G - 153 B - 000
00CC66 R - 000 G - 204 B - 102	33FF99 R - 051 G - 255 B - 153	6600CC R - 102 G - 000 B - 204	9933FF R - 153 G - 051 B - 255	CC6600 R - 204 G - 102 B - 000	FF9933 R - 255 G - 153 B - 051
00CC99 R - 255 G - 204 B - 153	33FFCC R - 051 G - 255 B - 204	6600FF R - 102 G - 000 B - 255	993300 R - 153 G - 051 B - 000	CC6633 R - 204 G - 102 B - 051	FF9966 R - 255 G - 153 B - 102
009933 R - 000 G - 153 B - 051	33CC66 R - 051 G - 204 B - 102	66FF99 R - 102 G - 255 B - 153	9900CC R - 153 G - 000 B - 204	CC33FF R - 204 G - 051 B - 255	FF6600 R - 255 G - 102 B - 000
006633 R - 000 G - 102 B - 051	339966 R - 051 G - 153 B - 102	66CC99 R - 102 G - 204 B - 153	99FFCC R - 153 G - 255 B - 204	CC00FF R - 204 G - 000 B - 255	FF3300 R - 255 G - 051 B - 000
009966 R - 000 G - 153 B - 102	33CC99 R - 051 G - 204 B - 153	66FFCC R - 102 G - 255 B - 204	9900FF R - 153 G - 000 B - 255	CC3300 R - 204 G - 051 B - 000	FF6633 R - 255 G - 102 B - 051
0099CC R - 000 G - 153 B - 204	33CCFF R - 051 G - 204 B - 255	66FF00 R - 102 G - 255 B - 000	990033 R - 153 G - 000 B - 051	CC3366 R - 204 G - 051 B - 102	FF6699 R - 255 G - 102 B - 153
0066CC R - 000 G - 102 B - 204	3399FF R - 051 G - 153 B - 255	66CC00 R - 102 G - 204 B - 000	99FF33 R - 153 G - 255 B - 051	CC0066 R - 204 G - 000 B - 102	FF3399 R - 255 G - 051 B - 153
006699 R - 000 G - 102 B - 153	3399CC R - 051 G - 153 B - 204	66CCFF R - 102 G - 204 B - 255	99FF00 R - 153 G - 255 B - 000	CC0033 R - 204 G - 000 B - 051	FF3366 R - 255 G - 051 B - 102

图 3-6　网页安全色

只要在网页中使用216网页安全颜色，就可以控制网页的色彩显示效果。使用网页安全颜色的同时，也不排除非网页安全颜色的使用。

3.2 色彩的三要素

现实生活中的色彩可以分为彩色和非彩色。其中黑白灰属于非彩色系列，其他色彩都属于彩色。明度、色相、纯度是色彩最基本的三要素，也是人正常视觉感知色彩的3个重要因素。

3.2.1 色相

色相指的是色彩的名称。色相是色彩最基本的特征，是一种色彩区别于另一种色彩的最主要因素。如紫色、绿色、黄色等都代表了不同的色相。同一色相的色彩，调整一下亮度或纯度很容易搭配，如深绿、暗绿、草绿。

最初的基本色相为：红、橙、黄、绿、蓝、紫。在各色中间加插一两个中间色，其头尾色相，按光谱顺序依次为：红、橙红、黄橙、黄、黄绿、绿、绿蓝、蓝绿、蓝、蓝紫、紫、红紫——十二基本色相，如图3-7所示。

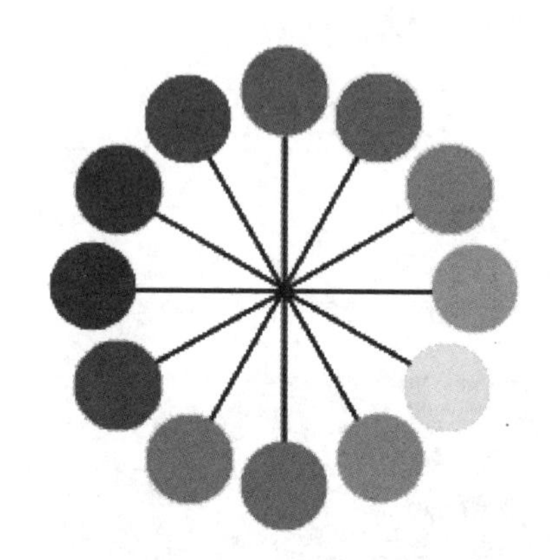

图3-7　十二基本色相

3.2.2 明度

明度也叫亮度，指的是色彩的明暗程度，明度越大，色彩越亮。如一些购物、儿童类网站，用的是一些鲜亮的颜色，让人感觉绚丽多姿、生气勃勃。明度越低，颜色越暗，主要用于一些游戏类网站，充满神秘感；一些个人站长为了体现自身的个性，也可以运用一些暗色调来表达个人的一些孤僻，或者忧郁等性格。图3-8为色彩的明度变化。

明度高是指色彩较明亮，而明度低就是指色彩较灰暗。没有明度关系的色彩就会显得苍白无力，只有加入明暗的变化，才可以展示色彩的视觉冲击力和丰富的层次感，如图3-9所示。

图3-8　色彩的明度变化

图3-9　同一色彩的明暗变化

色彩的明度包括无彩色的明度和有彩色的明度。在无彩色中，白色明度最高，黑色明度最低，白色和黑色之间是一个从亮到暗的灰色系列；在有彩色中，任何一种纯度色都有着自己的明度特征，如黄色明度最高，紫色明度最低。

3.2.3　纯度

纯度表示色彩的鲜浊或纯净程度，纯度是表明一种颜色中是否含有白或黑的成分。假如某色不含有白或黑的成分，便是纯色，其纯度最高；如果含有越多白或黑的成分，其纯度会逐渐下降，如图 3-10 所示。

图 3-10　色彩的纯度变化

3.3　各种颜色的色彩搭配

在网页设计中，色彩搭配是树立网站形象的关键，色彩处理得好可以使网页锦上添花，达到事半功倍的效果。色彩搭配一定要合理，给人一种和谐、愉快的感觉，避免采用容易造成视觉疲劳的纯度很高的单一色彩。

3.3.1　红色

红色的色感温暖，性格刚烈而外向，是一种对人刺激性很强的颜色。红色容易引起人的注意，也容易使人兴奋、激动、紧张、冲动，还是一种容易造成人视觉疲劳的颜色。在众多颜色里，红色是最鲜明、最生动、最热烈的颜色。因此红色也是代表热情的情感之色。鲜明红色极容易吸引人们的目光。

在网页颜色的应用中，根据网页主题内容的需求，纯粹使用红色为主色调的网站相对较少，多用于辅助色、点睛色，达到陪衬、醒目的效果。这类颜色的组合比较容易使人提升兴奋度，红色特性明显，这种醒目的特殊属性被广泛应用于节日节庆、食品、时尚休闲、化妆品、服装等类型的网站，容易营造出娇媚、艳丽等气氛。图 3-11 为以红色为主的网页。

图 3-11　以红色为主的网页

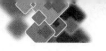

3.3.2 黄色

黄色是阳光的色彩，具有活泼与轻快的特点，给人十分年轻的感觉，象征光明、希望、高贵、愉快。它的亮度最高，和其他颜色配合很活泼，有温暖感，具有快乐、希望、智慧和轻快的个性，有希望与功名等象征意义。黄色也代表着土地、象征着权力，并且还具有神秘的宗教色彩。图 3-12 为以黄色为主的网页。

图 3-12　以黄色为主的网页

浅黄色系明朗、愉快、希望、发展，它的雅致、清爽属性较适合用于女性及化妆品类网站。中黄色有崇高、尊贵、辉煌、注意、扩张的心理感受；深黄色给人高贵、温和、稳重的心理感受。

3.3.3 蓝色

由于蓝色给人以沉稳的感觉，且具有智慧、准确的意象，在商业设计中强调科技、效率的商品或企业形象，大多选用蓝色当标准色、企业色，如计算机、汽车、复印机、摄影器材等。另外，蓝色也代表忧郁和浪漫，这个意象也常运用在文学作品或感性诉求的商业设计中。图 3-13 为以蓝色为主的网页。

图 3-13　以蓝色为主的网页

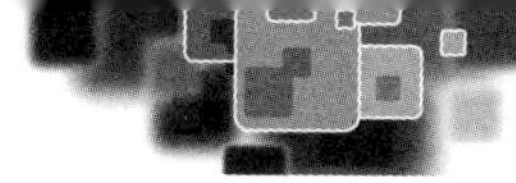

3.3.4　绿色

在商业设计中，绿色传达的是清爽、理想、希望、生长的意象，符合服务业、卫生保健业、教育行业、农业的要求。在工厂中，为了避免操作时眼睛疲劳，许多机械也是采用绿色，一般的医疗机构场所，也常采用绿色来做空间色彩规划。图 3-14 为以绿色为主的网页。

图 3-14　以绿色为主的网页

3.3.5　紫色

由于具有强烈的女性化性格，在商业设计用色中，紫色受到相当的限制，除了和女性有关的商品或企业形象外，其他类的设计不常采用紫色为主色。图 3-15 为以紫色为主的网页。

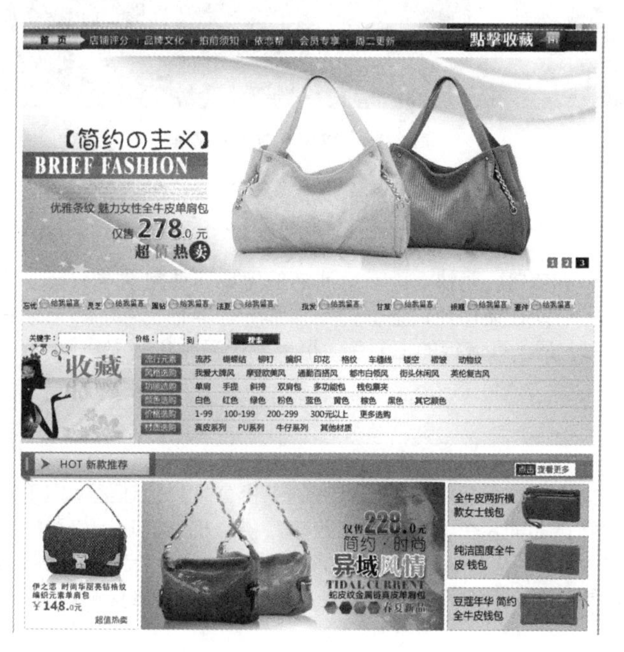

图 3-15　以紫色为主的网页

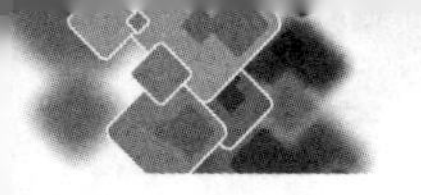

3.3.6 橙色

橙色具有轻快、欢欣、收获、温馨、时尚的效果，是快乐、喜悦、能量的色彩。在整个色谱里，橙色具有兴奋度，是最耀眼的色彩，给人以华贵而温暖、兴奋而热烈的感觉，也是令人振奋的颜色。具有健康、富有活力、勇敢、自由等象征意义，能给人以庄严、尊贵、神秘等感觉。橙色在空气中的穿透力仅次于红色，也是容易造成视觉疲劳的颜色。

在网页颜色里，橙色适用于视觉要求较高的时尚网站，属于注目、芳香的颜色，也常被用于味觉较高的食品网站，是容易引起食欲的颜色。图 3-16 为以橙色为主的网页。

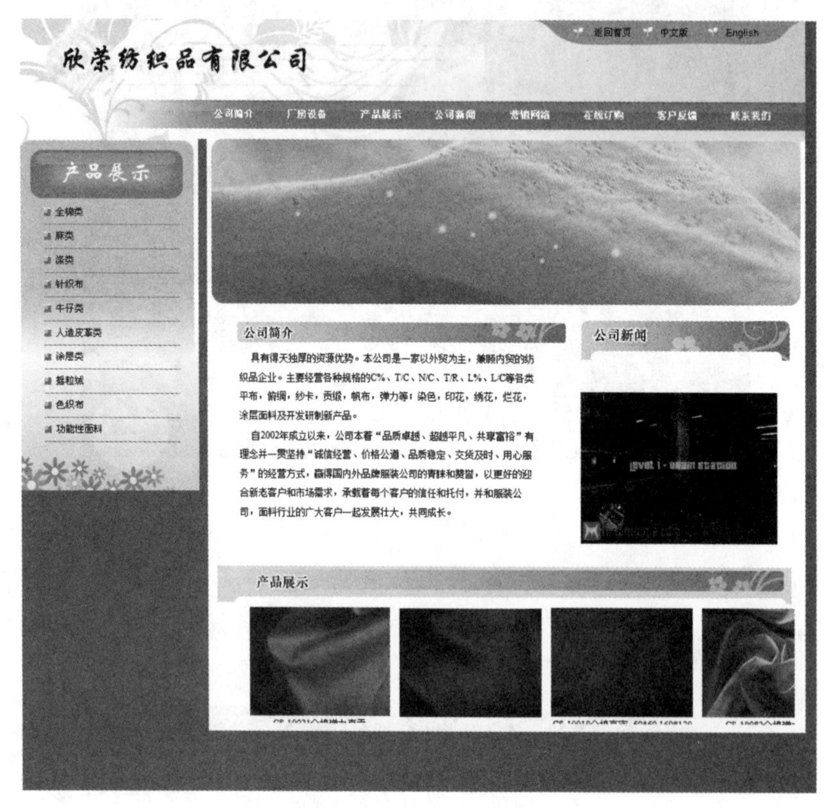

图 3-16 以橙色为主的网页

3.3.7 白色

在商业设计中白色具有洁白、明快、纯真、清洁的意象，通常需要和其他色彩搭配使用。纯白色给人以寒冷、严峻的感觉，所以在使用纯白色时都会掺加一些其他色彩，如象牙白、米白、乳白等。在生活用品和服饰用色上，白色是永远流行的主要色，可以和任何颜色搭配。

3.3.8 黑色

黑色也有很强大的感染力，它能够表现出特有的高贵，且黑色还经常用于表现死亡和神秘。在商业设计中，黑色是许多科技产品的用色，如电视、跑车、摄影机、音响、仪器的色彩大多采用黑色。在其他方面，黑色庄严的意象也常用在一些特殊场合的空间设计中。生活用品和服饰设计大多利用黑色来塑造高贵的形象。黑色也是一种永远流行的主要颜色，适合与多种色彩搭配。图 3-17 为以黑色为主的网页。

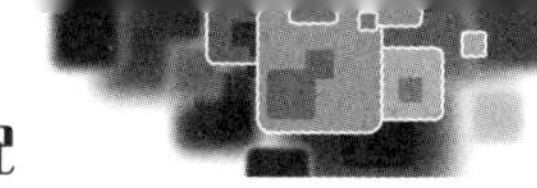

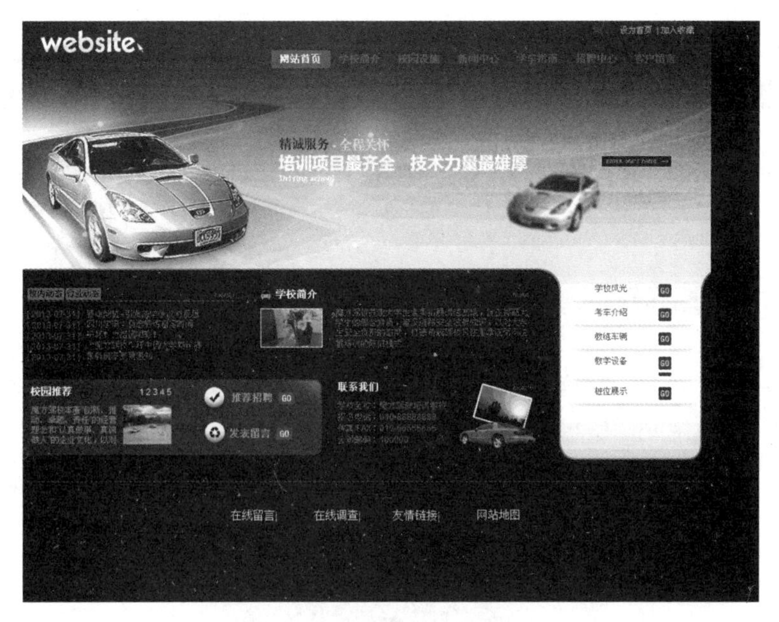

图 3-17　以黑色为主的网页

3.3.9　灰色

在商业设计中，灰色具有柔和、高雅的意象，而且属于中间性格，男女皆能接受，所以灰色也是永远流行的主要颜色。许多高科技产品，尤其是和金属材料有关的，几乎都采用灰色来传达高级、技术的形象。使用灰色时，大多利用不同层次的变化组合和与其他色彩搭配，才不会显得过于平淡、沉闷、呆板、僵硬。图 3-18 为以灰色为主的网页。

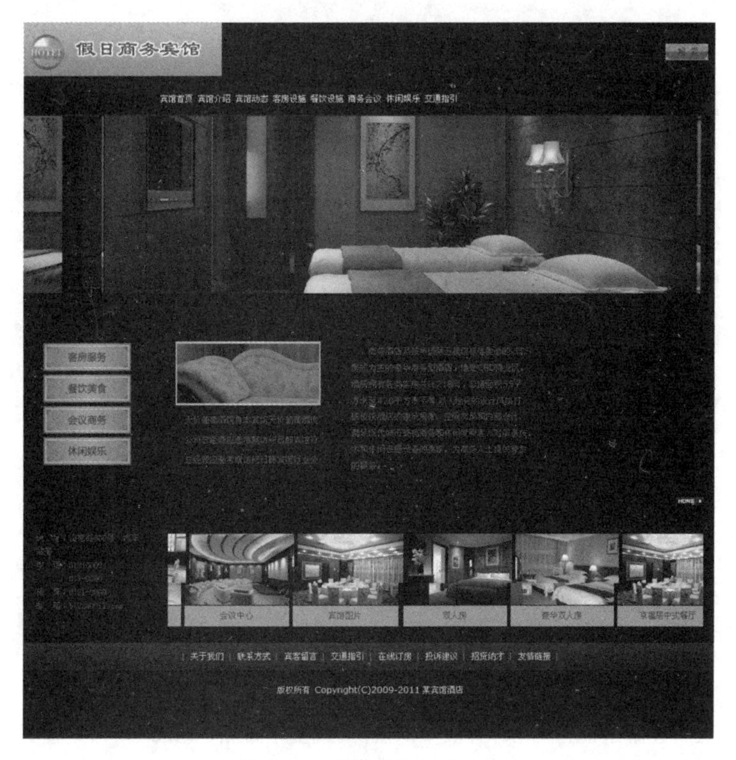

图 3-18　以灰色为主的网页

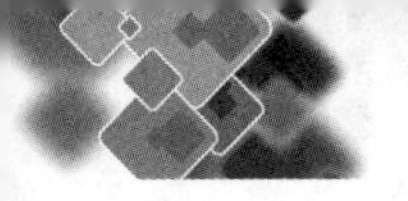

3.4 页面色彩搭配

在网页设计中，色彩搭配是树立网站形象的关键，色彩处理得当可以使网页锦上添花，达到事半功倍的效果。色彩搭配一定要合理，给人一种和谐、愉快的感觉，避免采用容易造成视觉疲劳的、纯度很高的单一色彩。

3.4.1 网页色彩搭配原理

在选择网页色彩时除了考虑网站本身的特点外，还要遵循一定的艺术规律，从而设计出精美的网页。

1. 色彩的鲜明性。网页的色彩要鲜艳，容易引人注目，如图 3-19 所示。

图 3-19 色彩的鲜明性

2. 色彩的独特性。要有与众不同的色彩，使大家对你的网页印象深刻，如图 3-20 所示。

图 3-20 色彩独特的网页

3. 色彩的合适性。也就是说色彩和你表达的内容气氛要相适合。图 3-21 为用橙黄色体现食品餐饮站点的丰富性。

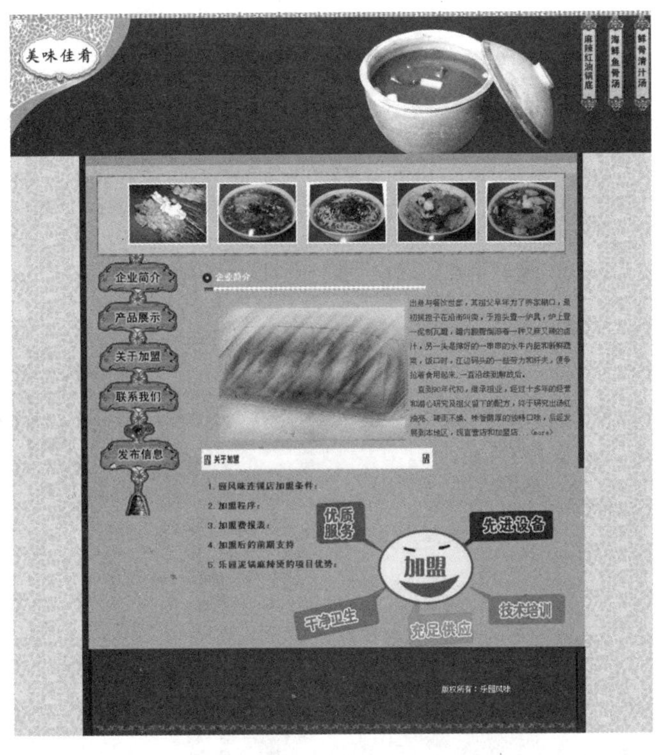

图 3-21 色彩的适合性

4. 色彩的联想性。不同色彩会产生不同的联想，例如蓝色会想到天空、黑色会想到黑夜、红色会想到喜事等，选择色彩要和网页的内涵相关联。

3.4.2 网页设计中色彩搭配的技巧

1．用一种色彩

这里是指先选定一种色彩，然后调整其透明度或者饱和度（说得通俗些就是将色彩变淡或加深），产生新的色彩，并用于网页。这样的页面看起来色彩统一、有层次感。图 3-22 为使用同一种色彩搭配的网页。

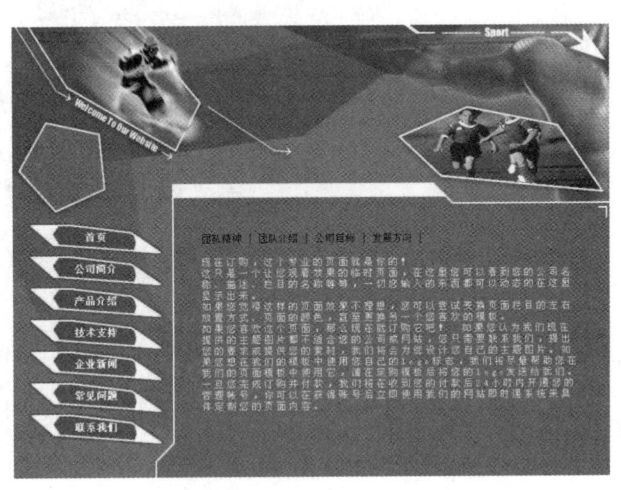

图 3-22 使用同一种色彩搭配

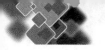

2. 原色对比搭配

色相的差别虽是因可见光度的长短差别所形成的，但不能完全根据波长的差别来确定色相的差别和色相的对比程度。因此在度量色相差时，不能只依靠测光器和可见光谱，而应借助色相环，色相环简称“色环”，如图 3-23 所示。

一般来说色彩的三原色（红、黄、蓝）最能体现色彩之间的差异。色彩的对比强，看起来就有诱惑力，能够起到集中视线的作用，对比色可以突出重点，产生强烈的视觉效果，如图 3-24 所示。通过合理使用对比色，能够使网站特色鲜明、重点突出。在设计时一般以一种颜色为主色调，对比色作为点缀，可以起到画龙点睛的作用。

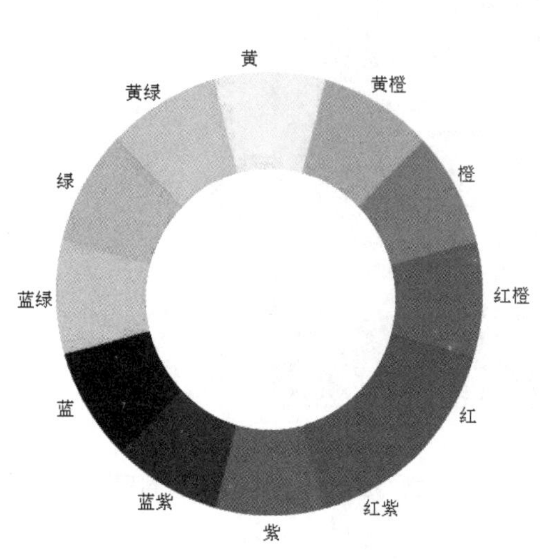

图 3-23　色环

图 3-24　原色对比搭配

3. 补色对比

在色环中色相距离在 180° 的对比为补色对比，即位于色环直径两端的颜色为补色。一对补色在一起，可以使对方的色彩更加鲜明。图 3-25 为橙色与蓝色、红色与绿色等；图 3-26 为补色对比。

图 3-25　互补色

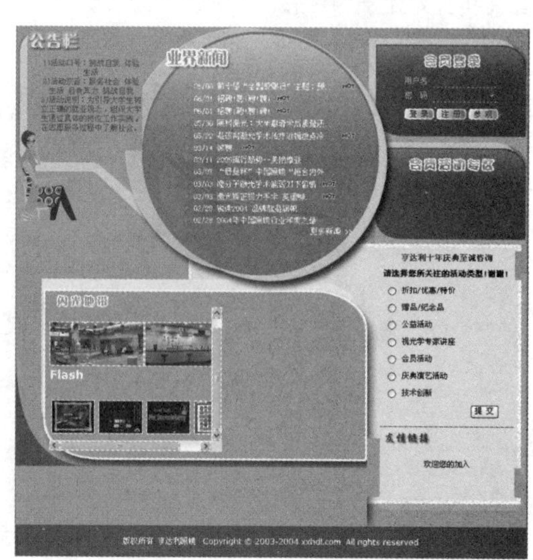

图 3-26　补色对比

4．间色对比

间色又称为“二次色”，它是由三原色调配出来的颜色，如红与黄调配出橙色；黄与蓝调配出绿色；红与蓝调配出紫色。在调配时，由于原色在分量多少上有所差别，所以能产生丰富的间色变化，色相对比略显柔和，如图 3-27 所示。

在网页中色彩搭配中间色对比的很多，如图 3-28 所示。如绿与橙，这样的对比都是活泼、鲜明，具有天然美的配色。间色是由三原色中的两原色调配而成的，因此在视觉刺激的强度上相对三原色来说缓和不少，属于较易搭配之色。但仍有很强的视觉冲击力，容易带来轻松、明快、愉悦的气氛。

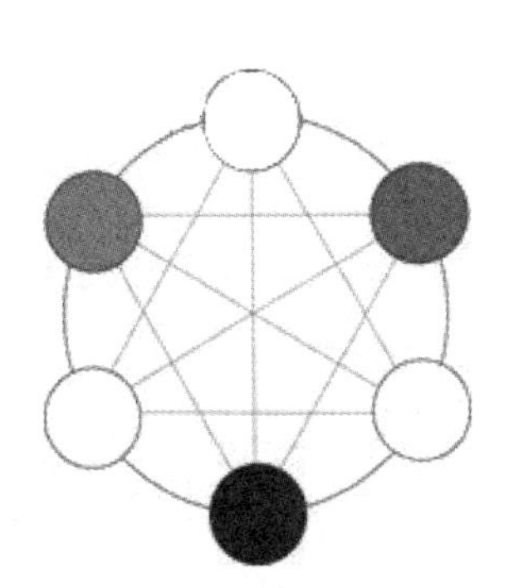

图 3-27　间色对比

图 3-28　绿与橙间色对比

5．色彩的面积对比

色彩的面积对比是指页面中各种色彩在面积上多与少、大与小的差别，可以影响页面的主次关系。在同一视觉范围内，色彩面积的不同会产生不同的对比效果，如图 3-29 所示。

图 3-29　色彩的面积对比

当两种颜色以相等的面积出现时，这两种颜色就会产生强烈的冲突，色彩对比自然强烈。

如果将比例变换为 3:1，一种颜色被削弱，整体的色彩对比也减弱了。当一种颜色在整个页面中占据主要位置时，则另一种颜色只能成为陪衬。这时，色彩对比的效果最弱。

同一种色彩，面积越大，明度、纯度越强；面积越小，明度、纯度越低。面积大的时候，亮的色显得更轻，暗的色显得更重。

根据设计主题的需要，在页面的面积上以一方为主色，其他颜色为次色，使页面的主次关系更突出，在统一的同时又富有变化。

第4章

熟悉 Dreamweaver CC

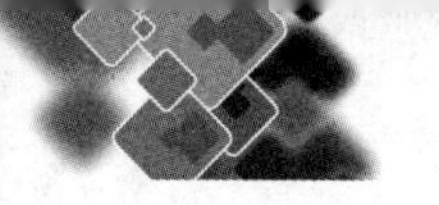

本章导读

随着网络技术的快速发展，互联网的应用越来越贴近生活，越来越多的人加入了制作网页的工作中。制作网页的工具软件有很多，目前使用最广泛的就是Dreamweaver。Dreamweaver CC是Dreamweaver的最新版本，用于对站点、页面和应用程序的设计、编码和开发，它不仅继承了前几个版本的重要功能，还在界面整合和易用性方面更加贴近用户。本章学习的内容主要包括Dreamweaver CC软件的工作界面和功能，以及站点的创建和管理方法。

技术要点：

- 认识Dreamweaver CC界面
- 掌握创建本地站点的方法
- 掌握管理站点的方法

4.1 认识 Dreamweaver CC 界面

Dreamweaver CC 是集网页制作和网站管理于一身的“所见即所得”的网页编辑软件，它以强大的功能和友好的操作界面备受广大网页设计者的欢迎，已经成为网页制作的首选软件。Dreamweaver CC 的工作界面主要由以下几部分组成：菜单栏、文档窗口、属性面板和面板组等，如图 4-1 所示。

图 4-1　Dreamweaver CC 的工作界面

4.1.1 文档工具栏

文档工具栏中包含“代码”“拆分”和“设计”按钮，这些按钮可以在文档的不同视图之间快速切换，工具栏中还包含一些与查看文档、在本地和远程站点之间传输文档有关的常用命令和选项，如图 4-2 所示。

图 4-2　文档工具栏

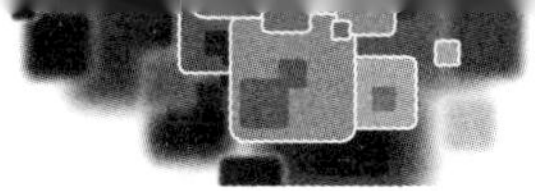

知识要点

- “代码”：显示“代码”视图，只在“文档”窗口中显示“代码”视图。
- “拆分”：显示“代码”视图和“设计”视图，将“文档”窗口拆分为“代码”视图和“设计”视图。当选择了这种组合视图时，“视图选项”菜单中顶部的“设计”视图选项变为可用。
- “设计”：只在“文档”窗口中显示“设计”视图。如果处理的是 XML、JavaScript、Java、CSS 或其他基于代码的文件类型，则不能在“设计”视图中查看文件，而且“设计”和“拆分”按钮将不可用。
- “文件管理”：显示“文件管理”菜单。

4.1.2 常用菜单命令

菜单栏中包括“文件（F）”“编辑 (E)”“查看（v）”“插入（I）”“修改（M）”“格式（O）”“命令（C）”“站点（S）”“窗口（W）”和“帮助（H）”10 个菜单，如图 4-3 所示。

Dw 文件(F) 编辑(E) 查看(V) 插入(I) 修改(M) 格式(O) 命令(C) 站点(S) 窗口(W) 帮助(H) 默认

图 4-3 菜单命令

知识要点

- “文件”菜单：用来管理文件，包括创建和保存文件、导入与导出文件、浏览和打印文件等。
- “编辑”菜单：用来编辑文本，包括撤消与恢复、复制与粘贴、查找与替换、参数设置和快捷键设置等。
- “查看”菜单：用来查看对象，包括代码的查看、网格线与标尺的显示、面板的隐藏和工具栏的显示等。
- “插入”菜单：用来插入网页元素，包括插入图像、多媒体、表格、布局对象、表单、电子邮件链接、日期和 HTML 等。
- “修改”菜单：用来实现对页面元素修改的功能，包括页面属性、CSS 样式、快速标签编辑器、链接、表格、框架、AP 元素与表格的转换、库和模板等。
- “格式”菜单：用来对文本进行操作，包括字体、字形、字号、字体颜色、HTML/CSS 样式、段落格式化、扩展、缩进、列表、文本的对齐方式等。
- “命令”菜单：收集了所有的附加命令项，包括应用记录、编辑命令清单、获得更多命令、扩展管理、清除 HTML/Word HTML、检查拼写和排序表格等。
- “站点”菜单：用来创建与管理站点，包括新建站点、管理站点、上传与存回和查看链接等。
- “窗口”菜单：用来打开与切换所有的面板和窗口，包括插入栏、“属性”面板、站点窗口和 CSS 面板等。
- “帮助”菜单：内含 Dreamweaver 帮助、Spry 框架帮助、Dreamweaver 支持中心、产品注册和更新等。

4.1.3 插入工具栏

插入栏有两种显示方式，一种是以菜单方式显示的，另一种是以制表符方式显示的。插入栏中放置

的是制作网页过程中经常用到的对象和工具，通过插入栏可以很方便地插入网页对象，可以通过从“类别”菜单中选择所需类别来进行切换，如图 4-4 所示。

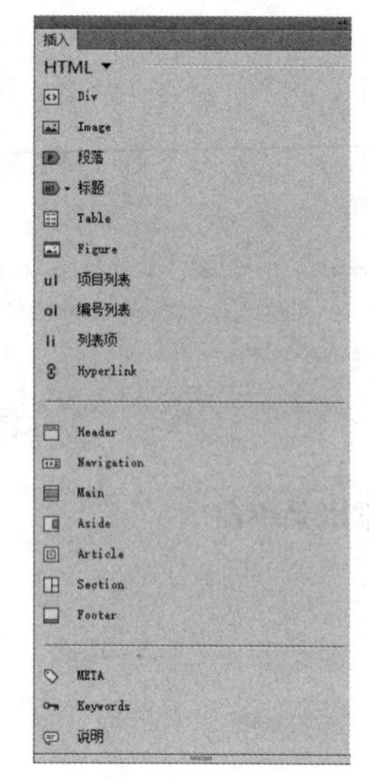

图 4-4　HTML 插入工具栏

4.1.4　属性面板

“属性”面板主要用于查看和更改所选对象的各种属性，每种对象都具有不同的属性。在“属性”面板中包括两种选项，一种是 HTML 选项，将默认显示文本的格式、样式和对齐方式等属性，如图 4-5 所示；另一种是 CSS 选项，单击“属性”面板中的 CSS 选项，可以在 CSS 选项中设置各种属性，如图 4-6 所示。

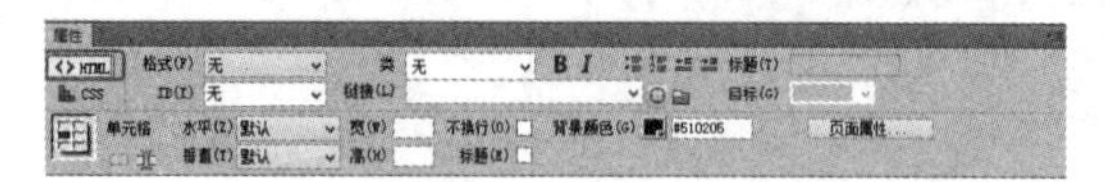

图 4-5　“属性”面板

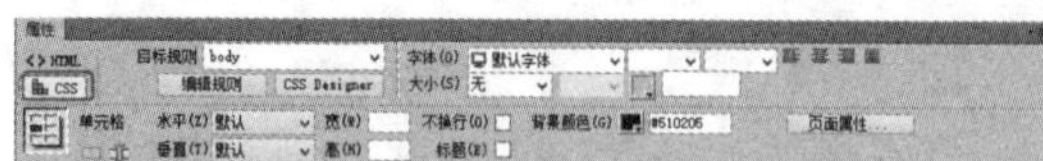

图 4-6　“CSS”选项

4.1.5　面板组

Dreamweaver 中的面板可以自由组合而成为面板组，每个面板组都可以展开和折叠，并且可以和其他面板组停靠在一起或取消停靠。面板组还可以停靠到集成的应用程序窗口中，这样就能够很容易地访问所需的面板，而不会使工作区变得混乱，如图 4-7 所示。

图 4-7　浮动面板组

4.2 创建本地站点

站点是管理网页文档的场所，Dreamweaver CC 是一个站点创建和管理工具，使用它不仅可以创建单独的文档，还可以创建完整的站点。

知识要点

什么是站点?

- Web 站点：一组位于服务器上的页，使用 Web 浏览器访问该站点的访问者可以对其进行浏览。
- 远程站点：服务器上组成 Web 站点的文件，这是从创建者的角度而不是访问者的角度来看的。
- 本地站点：与远程站点的文件对应的本地磁盘上的文件，创建者在本地磁盘上编辑文件，然后上传到远程站点。

在开始制作网页之前，最好先定义一个站点，这是为了更好地利用站点对文件进行管理，也可以尽可能地减少错误，如路径出错、链接出错。新手做网页条理性、结构性需要加强，往往这一个文件放这里，另一个文件放那里，或者所有文件都放在同一文件夹内，这样显得很乱。建议一个文件夹用于存放网站的所有文件，再在文件内建立几个文件夹，将文件分类，如图片文件放在 images 文件夹内，HTML 文件放在根目录下，如果站点比较大、文件比较多，可以先按栏目分类，在栏目里再分类。使用向导创建站点的具体操作步骤如下。

01 执行“站点”|“管理站点”命令，弹出“管理站点”对话框，在该对话框中单击“新建站点”按钮，如图 4-8 所示。

02 弹出“站点设置对象未命名站点 2”对话框，在该对话框中的“站点名称”文本框中输入名称，如图 4-9 所示。

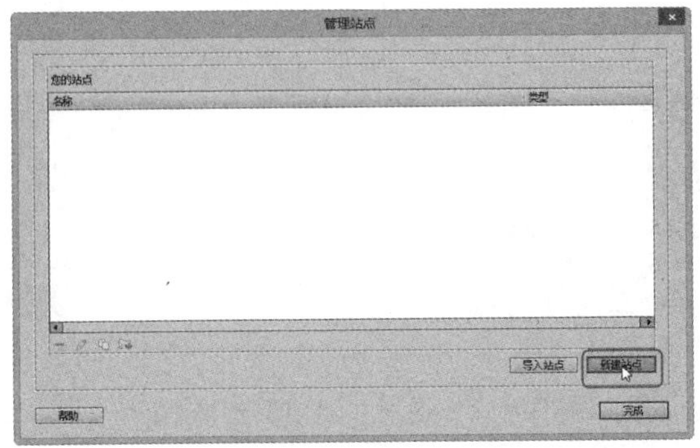

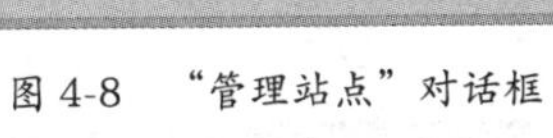

图 4-8　“管理站点”对话框

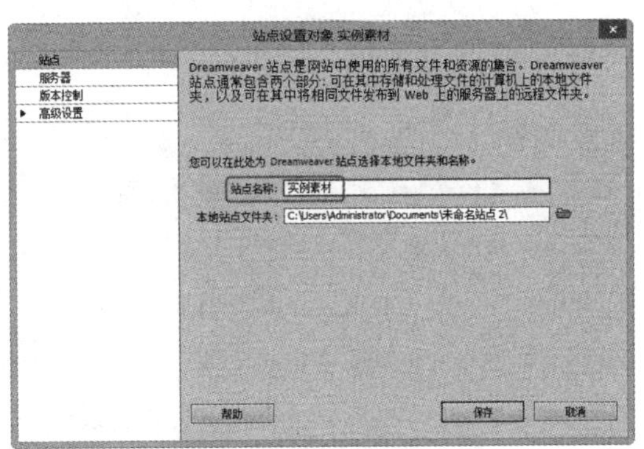

图 4-9　输入站点的名称

提示

执行“窗口”|“文件”命令，打开“文件”面板，在该面板中单击“管理站点”超链接，也可以弹出“管理站点”对话框。

03 单击“本地站点文件夹”文本框右侧的文件夹按钮，弹出“选择根文件夹”对话框，在该对话框中选择相应的位置，如图 4-10 所示。

04 单击“选择文件夹”按钮，选择文件位置，如图 4-11 所示。

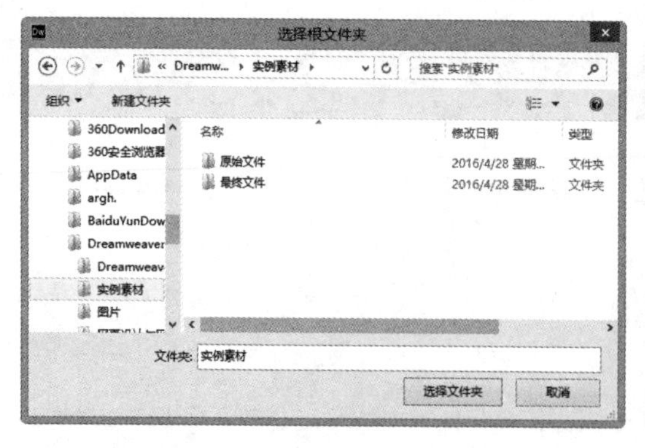

图 4-10 “选择根文件夹”对话框

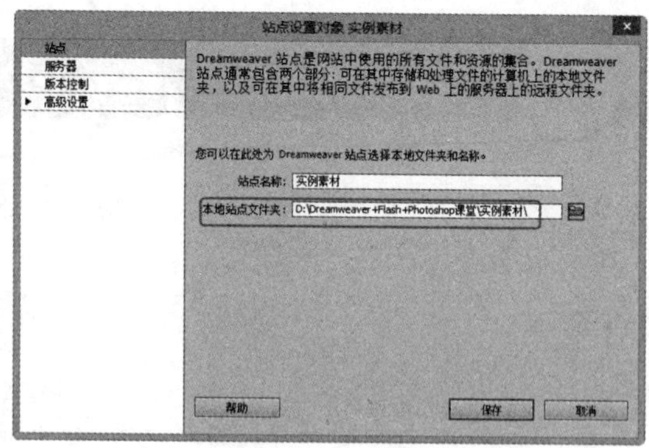

图 4-11 选择文件的位置

05 单击“保存”按钮返回“管理站点”对话框，该对话框中显示了新建的站点，如图 4-12 所示。

06 单击“完成”按钮，在“文件”面板中可以看到创建的站点中的文件，如图 4-13 所示。

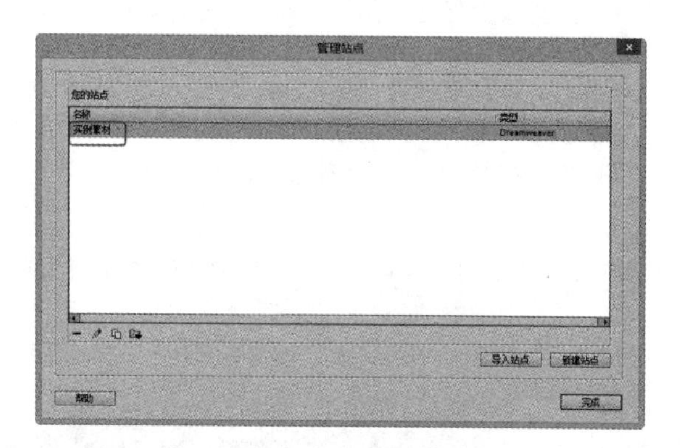

图 4-12 “管理站点”对话框

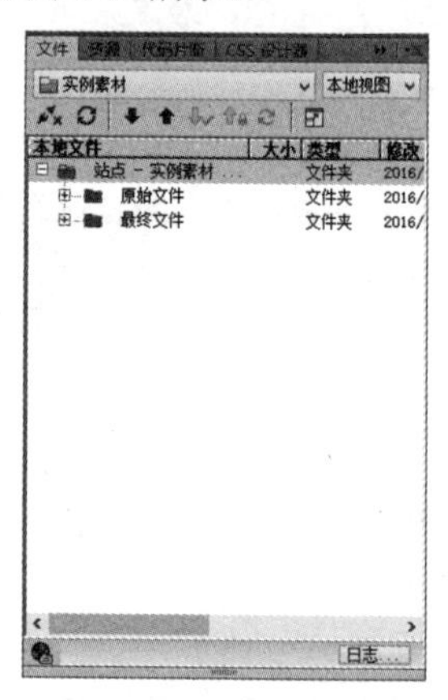

图 4-13 “文件”面板

指点迷津

在规划站点结构时，应该遵循哪些规则呢？

规划站点结构需要遵循的规则如下。

1. 每个栏目一个文件夹，把站点划分为多个目录。
2. 不同类型的文件放在不同的文件夹中，以利于调用和管理。
3. 在本地站点和远端站点中使用相同的目录结构，使在本地制作的站点原封不动地显示出来。

4.3 管理站点

在 Dreamweaver CC 中，可以对本地站点进行管理，如打开、编辑、删除和复制站点等。

4.3.1 打开站点

在运行 Dreamweaver CC 后，系统会自动打开上次退出 Dreamweaver CC 时编辑的站点。

如果想打开另一个站点，在“文件”面板左侧的下拉列表框中将会显示已定义的所有站点，如图 4-14 所示。在下拉列表中选择需要打开的站点，即可打开已定义的站点。

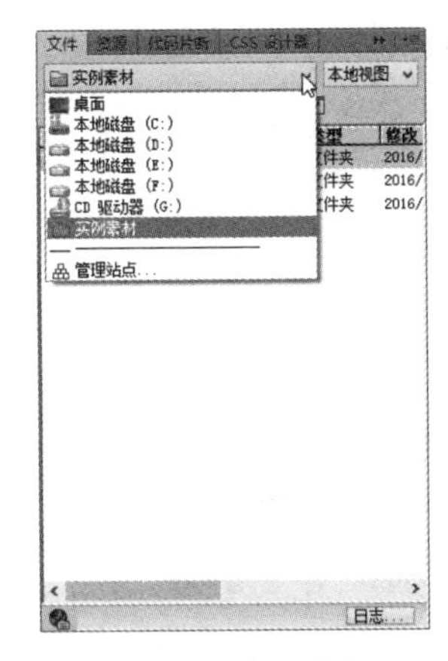

图 4-14　打开站点

4.3.2　编辑站点

编辑站点的具体操作步骤如下。

01 创建站点后，可以对站点进行编辑，执行“站点”|“管理站点”命令，弹出“管理站点”对话框，在该对话框中单击“编辑当前选定的站点”按钮，如图 4-15 所示。

02 即可弹出“站点设置对象”对话框，在“高级设置”选项卡中可以编辑站点的相关信息，如图 4-16 所示。

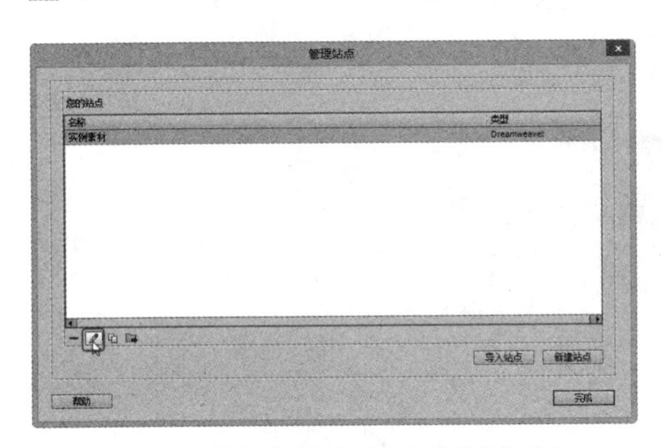

图 4-15　单击“编辑当前选定的站点”按钮

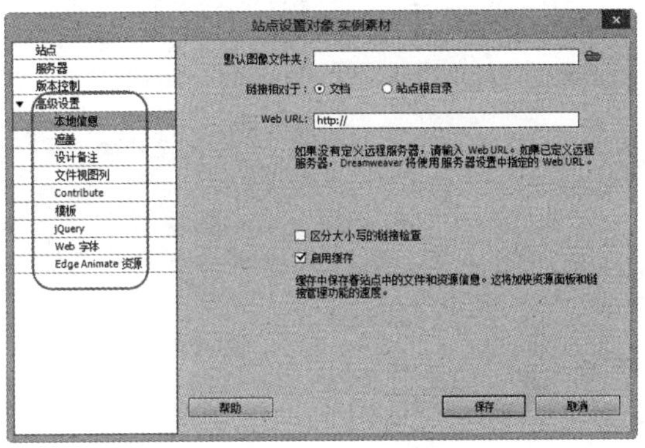

图 4-16　“站点设置对象”对话框

03 编辑完毕后，单击“确定”按钮，返回“管理站点”对话框，单击“完成”按钮，即可完成站点的编辑。

4.3.3　删除站点

删除站点的具体操作步骤如下。

01 如果不再需要该站点，可以将其从站点列表中删除，执行“站点”|“管理站点”命令，弹出“管理站点”对话框，在该对话框中选中要删除的站点，单击“删除当前选定的站点”按钮，如图 4-17 所示。

02 弹出 Adobe Dreamweaver CC 提示对话框，询问用户是否要删除本地站点，如图 4-18 所示。单击“是”按钮，即可将本地站点删除。

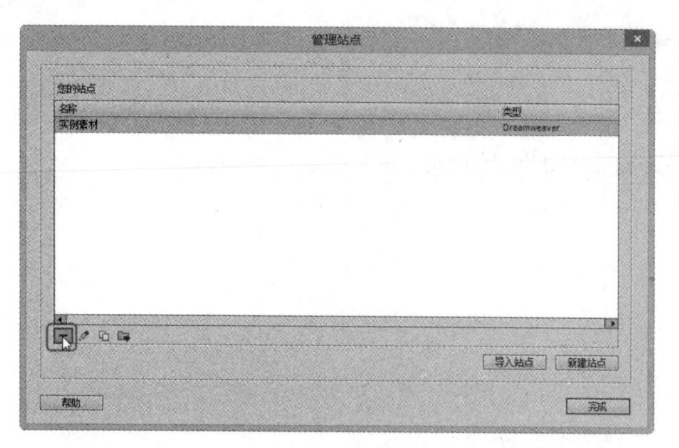

图 4-17　单击“删除当前选定的站点”按钮

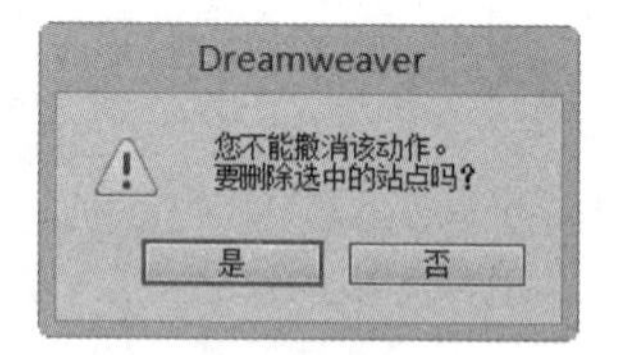

图 4-18　Dreamweaver 提示对话框

知识要点

该操作实际上只是删除了 Dreamweaver 同该站点之间的关系，但是实际本地站点内容，包括文件夹和文档等都仍然保存在磁盘的相应位置，可以重新创建指向其位置的新站点，重新对其进行管理。

4.3.4　复制站点

执行“站点”|“管理站点”命令，弹出“管理站点”对话框，在该对话框中选中要复制的站点，单击“复制当前选定的站点”按钮，如图 4-19 所示，即可将该站点复制，新复制出的站点名称会出现在“管理站点”对话框的站点列表中，单击“完成”按钮，完成对站点的复制操作。

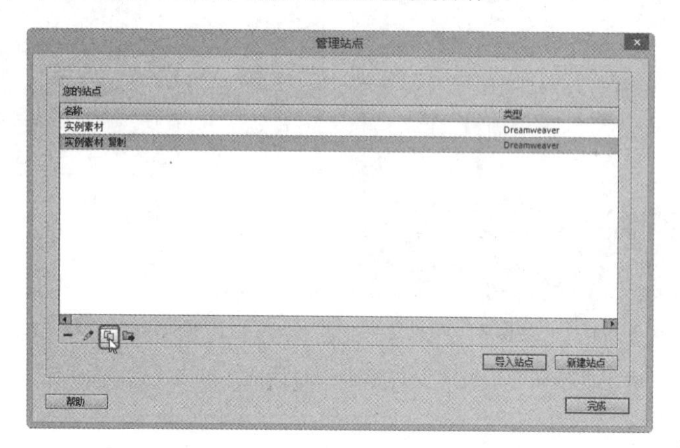

图 4-19　复制站点

4.4　综合实例——创建本地站点

要制作一个网站，第一步操作都是一样的，就是要创建一个“站点”，这样可以使整个网站的脉络结构清晰地展现出来，避免以后再进行纷杂的管理。站点是管理网页文档的场所，Dreamweaver CC 是一款站点创建和管理工具，使用它不仅可以创建单独的文档，还可以创建完整的站点。

01 执行“站点”|“管理站点”命令，弹出“管理站点”对话框，在该对话框中单击“新建站点”按钮，如图 4-20 所示。

02 弹出“站点设置对象 网站建设”对话框，在该对话框的“站点名称”文本框中输入名称，如图 4-21 所示。

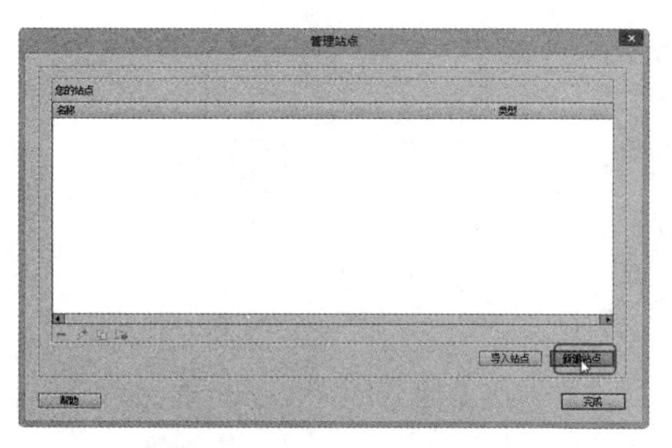

图 4-20 “管理站点”对话框

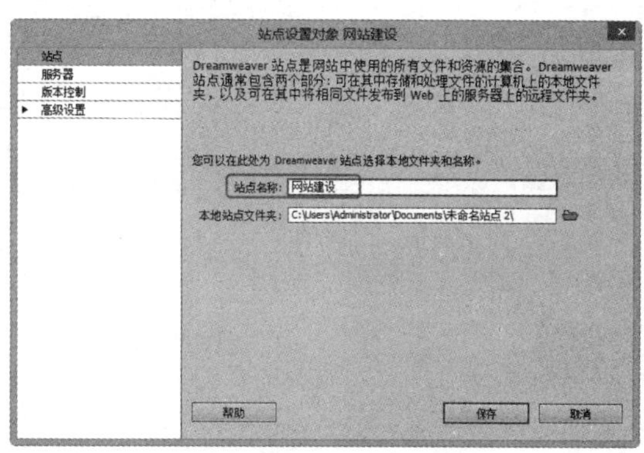

图 4-21 输入站点的名称

03 单击“本地站点文件夹”文本框右侧的文件夹按钮，弹出“选择根文件夹”对话框，在给对话框中选择相应的位置，如图 4-22 所示。

04 单击“选择文件夹”按钮，选择文件位置，如图 4-23 所示。

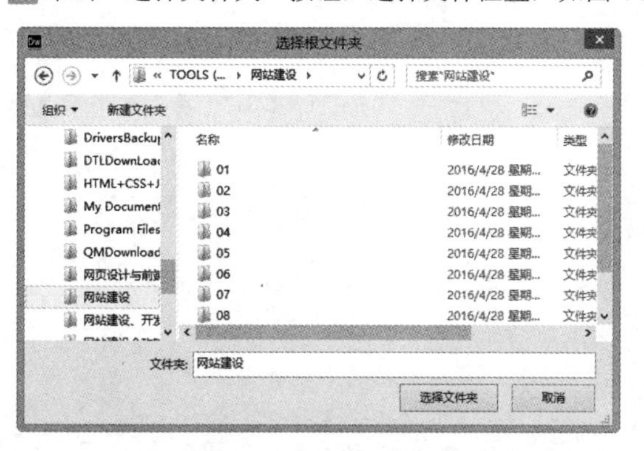

图 4-22 “选择根文件夹”对话框

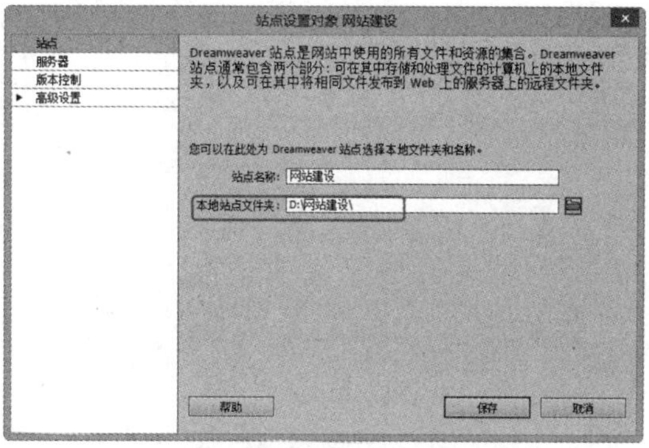

图 4-23 选择文件的位置

05 单击“保存”按钮返回“管理站点”对话框，该对话框中显示了新建的站点，如图 4-24 所示。

06 单击“完成”按钮，在“文件”面板中可以看到创建站点中的文件，如图 4-25 所示。

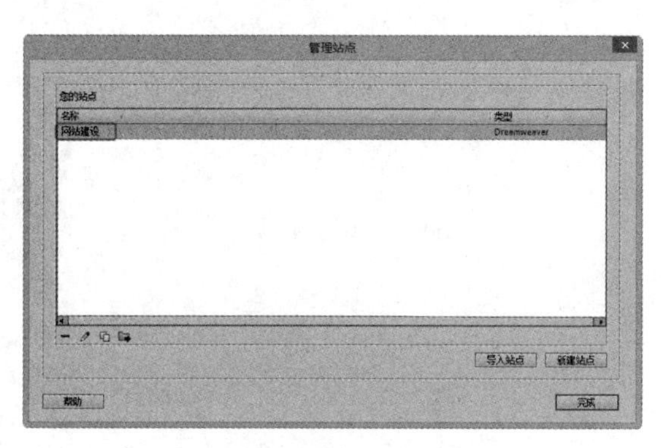

图 4-24 “管理站点”对话框

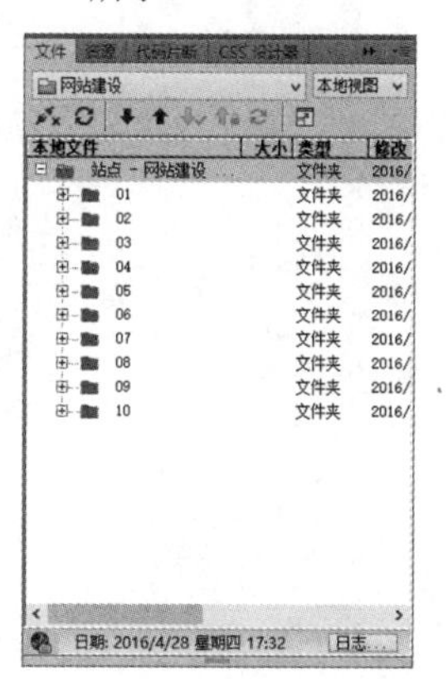

图 4-25 “文件”面板

第5章

为网页添加文字和图像

本章导读

本章将学习使用文本、图像、链接和多媒体制作华丽且动感十足的网页。文本是网页中最基本和最常用的元素，是网页信息传播的重要载体。学会在网页中使用文本和设置文本格式对于网页设计人员来说是至关重要的，图像有着丰富的色彩和表现形式，恰当地利用图像可以加深浏览者对网站的印象。这些图像是文本的说明及解释，而目前的网页也不再是单一的文本，图像、声音、视频和动画等多媒体技术更多地应用到了网页之中。

技术要点：

- ◆ 掌握文本的输入和编辑
- ◆ 掌握在网页中插入图像
- ◆ 掌握链接的设置
- ◆ 掌握插入媒体
- ◆ 制作图文混排的多媒体页面

5.1 文本的输入和编辑

一般来说，网页中显示最多的是文本，所以对文本的控制及布局在设计网页中占了很大的比重，能否对各种文本控制手段运用自如，是决定网页设计是否美观、是否富有创意及提高工作效率的关键。

5.1.1 输入文本

文本是基本的信息载体，是网页中的基本元素。浏览网页时，获取信息最直接、最直观的方式就是通过文本。在 Dreamweaver 中添加文本的方法非常简单，图 5-1 所示是添加文本后的效果，具体操作步骤如下。

图 5-1　添加文本效果

提示

网页文本的编辑是网页制作最基本的操作，灵活应用各种文本属性可以制作出更美观、条理更清晰的网页。文本属性较多，各种设置比较复杂，在学习时不要着急，一点点实验、体会。

01 打开网页文档，如图 5-2 所示。

02 将光标置于要输入文本的位置，并输入文本，如图 5-3 所示。

图 5-2 打开网页文档

图 5-3 输入文本

03 保存文档，按 F12 键在浏览器中预览，效果如图 5-1 所示。

提示

插入普通文本还有一种方法，即从其他应用程序中复制，然后粘贴到 Dreamweaver 文档窗口中。在添加文本时还要注意根据用户语言的不同，选择不同的文本编码方式，错误的文本编码方式可能导致文字显示为乱码。

5.1.2 设置文本属性

如果网页中的文本样式太单调，会大大降低网页的外观效果，通过对文本格式的设置可使文本变得美观，让网页更具魅力。选中需设置格式的文本，然后在“属性”面板中设置文本的具体属性。效果如图 5-4 所示。

图 5-4 设置文本属性效果

01 选中文字，执行“窗口”｜“属性”命令，打开“属性”面板，单击“大小”文本框右侧的按钮，在弹出的菜单中选择字体“大小”为 12 像素，如图 5-5 所示。

02 在“属性”面板中的“字体”下拉列表中选择“管理字体”选项，如图 5-6 所示。

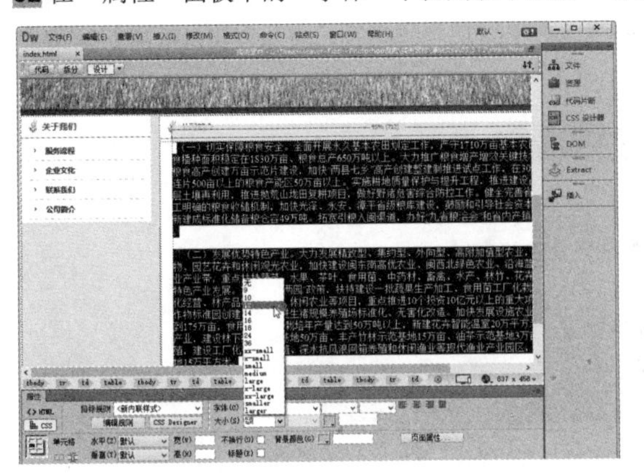

图 5-5　设置文字的大小

图 5-6　选择字体

03 在该对话框中选择“自定义字体堆栈”选项，在“可用字体”选项中选择要添加的字体，单击 << 按钮添加到左侧的“选择的字体：”列表框中，在“字体列表：”框中也会显示新添加的字体，如图 5-7 所示。重复以上操作即可添加多种字体，若要取消已添加的字体，可以选中该字体并单击 >> 按钮。

04 完成一个字体样式的编辑后，单击 + 按钮可以进行下一个样式的编辑。若要删除某个已经编辑的字体样式，可以选中该样式后单击 − 按钮。

05 完成字体样式的编辑后，单击“完成”按钮，关闭该对话框。

06 单击 Color 按钮，在弹出的颜色框中设置文本颜色为 #09F，如图 5-8 所示。

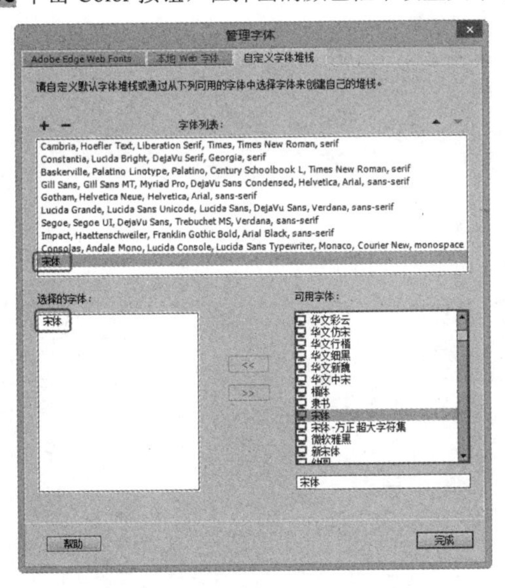

图 5-7　“管理字体”对话框

图 5-8　设置文本颜色

提示

如果调色板中的颜色不能满足需要时，单击□按钮，弹出“颜色”对话框，在该对话框中选择需要的颜色即可。

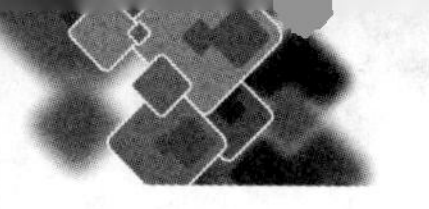

5.1.3　输入特殊字符

制作网页时，有时要输入一些键盘上没有的特殊字符，如日元符号、注册商标符号等，这就需要使用Dreamweaver的特殊字符功能。下面通过版权符号的插入方法讲述特殊字符的添加，效果如图5-9所示，具体操作步骤如下。

图5-9　特殊字符的添加效果

提示

许多浏览器（尤其是旧版本的浏览器，以及除Netscape Netvigator和Internet Explorer外的其他浏览器）无法正常显示很多特殊字符，因此应尽量少用特殊字符。

01 打开网页文档，将光标置于要插入版权符号的位置，如图5-10所示。

02 执行“插入”｜“HTML”｜“字符”｜“版权”命令，如图5-11所示。

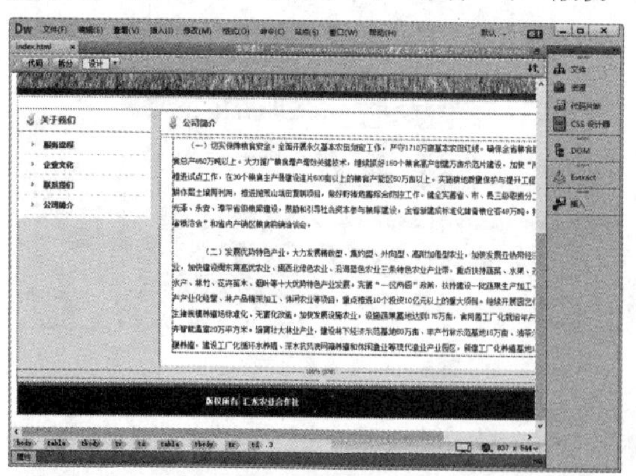

图5-10　打开网页文档

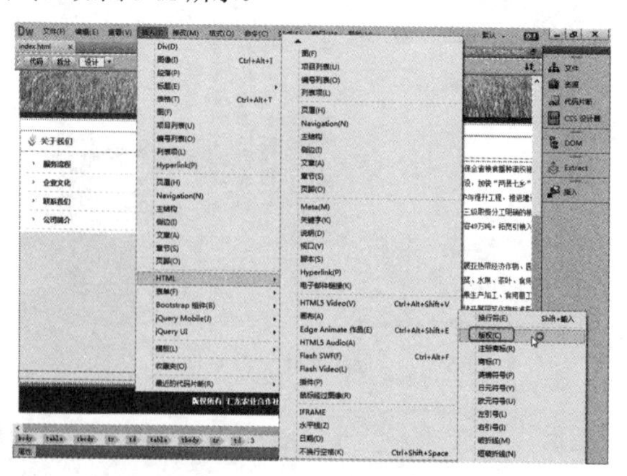

图5-11　执行“版权”命令

03 选择命令后，即可插入版权字符，如图5-12所示。

04 保存文档，按F12键在浏览器中预览，效果如图5-9所示。

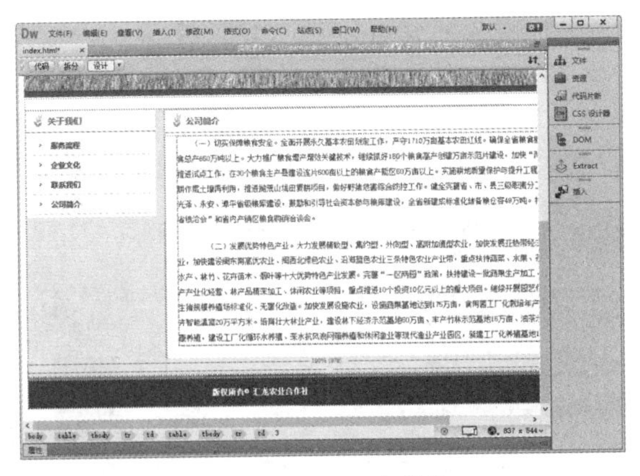

图 5-12　插入版权符号

5.2 在网页中插入图像

在使用图像前，一定要有目的地选择图像，最好运用图像处理软件美化图像，否则插入的图像可能不美观，无法吸引浏览者。

5.2.1 插入图像

图像是网页构成中最重要的元素之一，美观的图像会为网站增添生命力，同时也加深对网站风格的印象。下面通过如图 5-13 所示的实例讲述在网页中插入图像的方法，具体操作步骤如下。

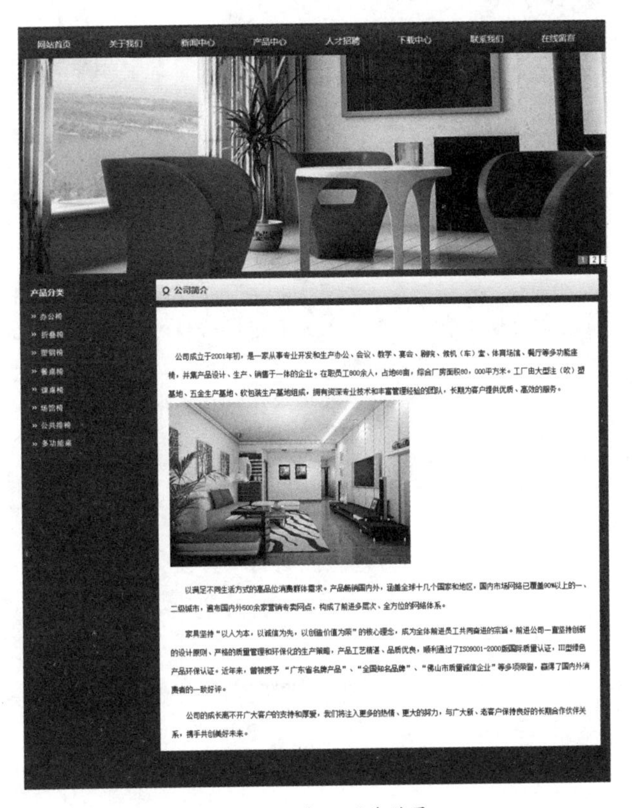

图 5-13　插入图像效果

01 打开网页文档，将光标置于要插入图像的位置，如图 5-14 所示。

02 执行“插入”|“图像”命令，弹出“选择图像源文件”对话框，在该对话框中选择图像 images/370_big .jpg，如图 5-15 所示。

图 5-14　打开网页文档

图 5-15　“选择图像源文件”对话框

03 单击“确定”按钮，插入图像，如图 5-16 所示。

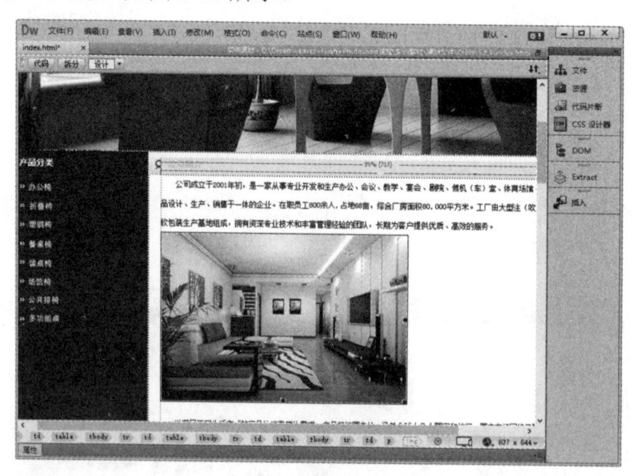

图 5-16　插入图像

提示

如果选中的文件不在本地网站的根目录下，则弹出如右图所示的对话框，系统要求用户复制图像文件到本地网站的根目录，单击“是”按钮，此时会弹出“拷贝文件为”对话框，让用户选择文件的存放位置，可选择根目录或根目录下的任何文件夹，这里建议新建一个名称为 images 的文件夹，今后可以把网站中的所有图像都放入到该文件夹中。

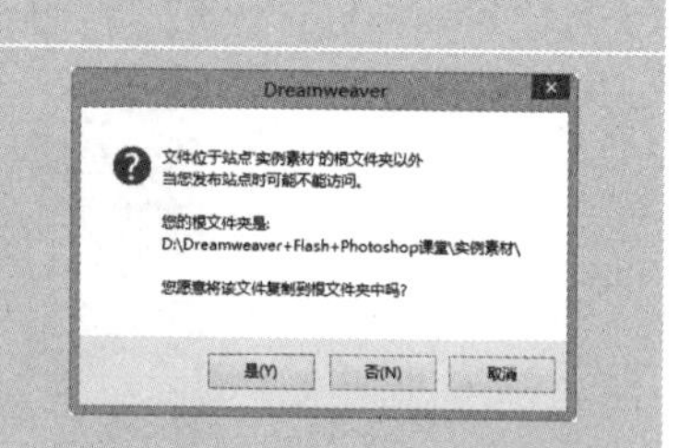

高手支招

使用以下方法也可以插入图像。

- 执行“窗口”|“资源”命令，打开“资源”面板，在该面板中单击按钮，展开图像文件夹，选定图像文件，然后拖曳到网页中合适的位置。
- 单击 HTML 插入栏中的按钮，弹出“选择图像源文件”对话框，在该对话框中选择需要的图像文件。

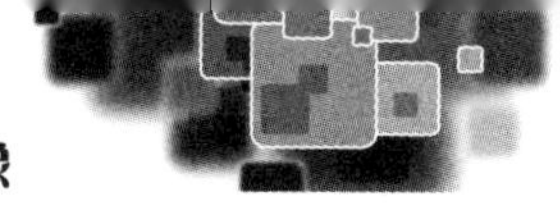

5.2.2 设置图像属性

下面通过实例讲述图像属性的设置方法，如图 5-17 所示，具体操作步骤如下。

图 5-17 调整图像属性后的效果

指点迷津

如何加快页面图片的下载速度？

有一种情况，首页图片过少，而其他页面图片过多，为了提高效率，当访问者浏览首页时，后台进行其他页面图片的下载。方法是在首页加入 <img src="1.jpg" width=0 height=0>，其中 width、height 要设置为 0，1.jpg 为提前下载的图片名。

01 打开网页文档，选中插入的图像，如图 5-18 所示。

02 右击鼠标，在弹出的菜单中选择“对齐” | “右对齐”命令，如图 5-19 所示。

图 5-18 打开网页文档

图 5-19 设置图像对齐方式

03 还可以根据需要，在属性面板中设置图像的其他属性，如图 5-20 所示。

04 保存文档，按 F12 键在浏览器中预览，效果如图 5-17 所示。

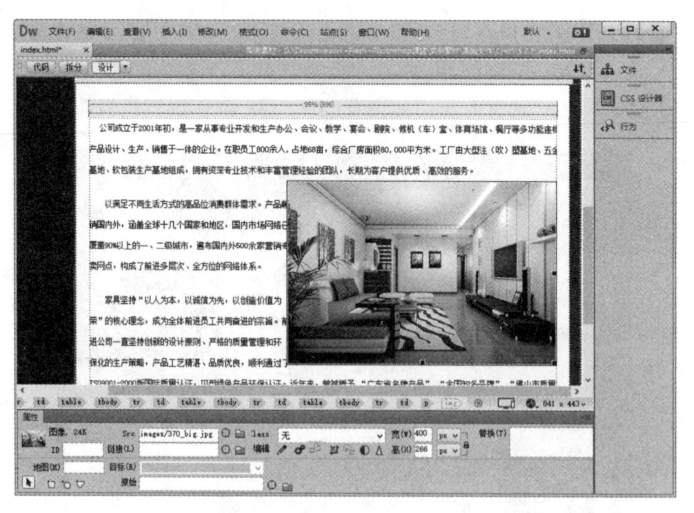

图 5-20　图像的属性面板

知识要点

图像属性面板中可以进行如下设置。

- 宽和高：以像素为单位设定图像的宽度和高度。当在网页中插入图像时，Dreamweaver 自动使用图像的原始尺寸。可以使用以下单位指定图像大小：点、英寸、毫米和厘米。在 HTML 源代码中，Dreamweaver 将这些值转换为以像素为单位。
- Src：指定图像的具体路径。
- 链接：为图像设置超级链接，可以单击按钮选择要链接的文件，或直接输入 URL 路径。
- 目标：链接时的目标窗口或框架。在其下拉列表中包括 4 个选项：
    - _blank：将链接的对象在一个未命名的新浏览器窗口中打开。
    - _parent：将链接的对象在含有该链接的框架的父框架集或父窗口中打开。
    - _self：将链接的对象在该链接所在的同一框架或窗口中打开。_self 是默认选项，通常不需要指定。
    - _top：将链接的对象在整个浏览器窗口中打开，因而会替代所有框架。
- 替换：图片的注释。当浏览器不能正常显示图像时，便在图像的位置用这个注释代替图像。
- 编辑：启动“外部编辑器”首选参数中指定的图像编辑器打开选定的图像。
    - 编辑：启动外部图像编辑器编辑选中的图像。
    - 编辑图像设置：弹出“图像预览”对话框，在该对话框中可以对图像进行设置。
    - 重新取样：将“宽”和“高”的值重新设置为图像的原始大小。调整所选图像大小后，此按钮显示在“宽”和“高”文本框的右侧。如果没有调整过图像的大小，该按钮不会显示出来。
    - 裁剪：修剪图像的大小，从所选图像中删除不需要的区域。
    - 亮度和对比度：调整图像的亮度和对比度。
    - 锐化：调整图像的清晰度。
- 地图：名称和“热点工具”标注和创建客户端图像地图。
- 垂直边距：图像在垂直方向与文本域或其他页面元素的间距。
- 原始：指定在载入主图像之前应该载入的图像。

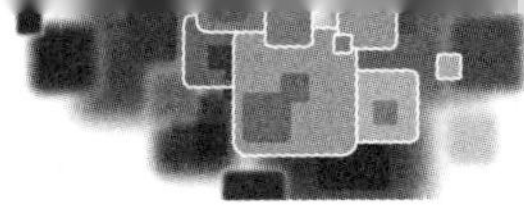

5.2.3　插入鼠标经过图像

在浏览器中查看网页时，当鼠标指针经过图像时，该图像就会变成另外一幅图像；当鼠标移开时，该图像就又变回原来的图像。这种效果在 Dreamweaver 中可以非常方便地制作出来。

鼠标未经过图像时的效果如图5-21所示；当鼠标经过图像时的效果如图5-22所示，具体操作步骤如下。

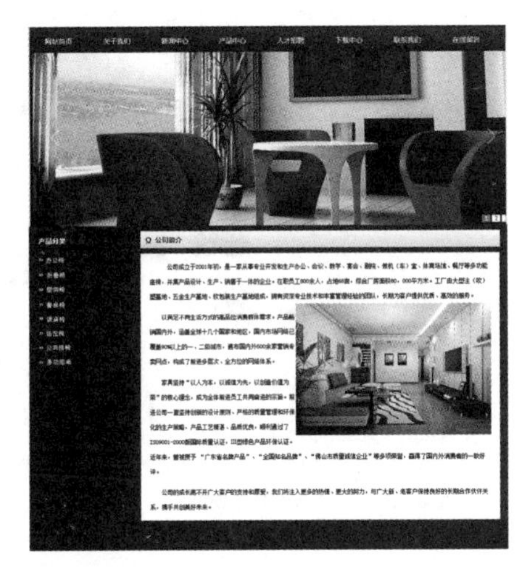

图 5-21　鼠标未经过图像时的效果

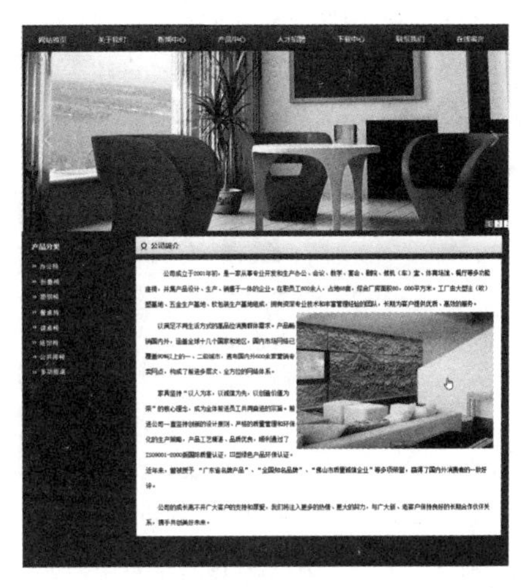

图 5-22　鼠标经过图像时的效果

01 打开网页文档，将光标置于插入鼠标经过图像的位置，如图 5-23 所示。

02 执行“插入”|“HTML”|“鼠标经过图像”命令，弹出“插入鼠标经过图像”对话框，如图 5-24 所示。

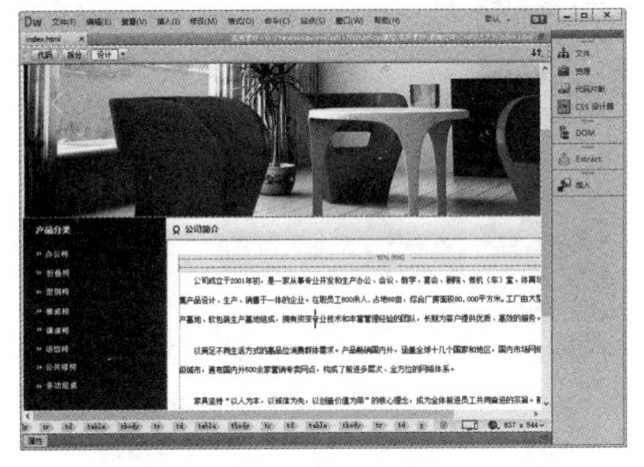

图 5-23　打开网页文档

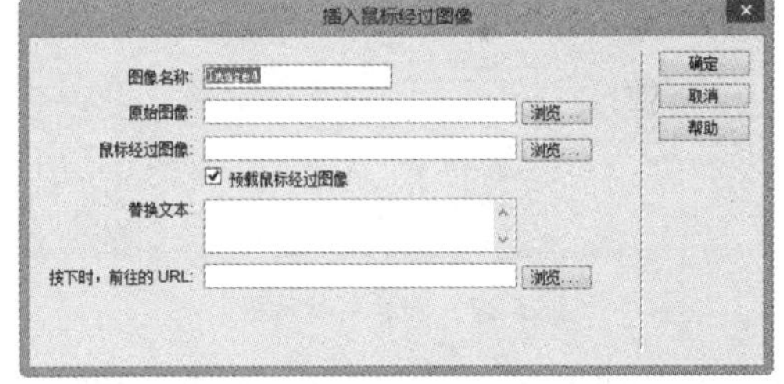

图 5-24　“插入鼠标经过图像”对话框

知识要点

“插入鼠标经过图像”对话框中可以进行如下设置。

- 图像名称：设置这个滚动图像的名称。
- 原始图像：滚动图像的原始图像，在其后的文本框中输入此原始图像的路径，或单击“浏览”按钮，打开“原始图像”对话框，在“原始图像”对话框中选择图像。
- 鼠标经过图像：用来设置鼠标经过图像时，原始图像替换成的图像。
- 预载鼠标经过图像：选中该复选框，网页打开就预下载替换图像到本地。当鼠标经过图像时，能迅速地切换到替换图像；如果取消选择该选项，当鼠标经过该图像时才下载替换图像，替换效果可能会出现不连贯的现象。

- 替换文本：用来设置图像的替换文本，当图像不显示时，显示这个替换文本。
- 按下时，前往的 URL：用来设置滚动图像上应用的超链接。

03 单击“原始图像”文本框右侧的“浏览”按钮，弹出“原始图像：”对话框，在该对话框中选择相应的图像 images/tu1.jpg，如图 5-25 所示，单击“确定”按钮，添加到该对话框中。

04 单击“鼠标经过图像”文本框右侧的“浏览”按钮，弹出“鼠标经过图像：”对话框，在该对话框中选择相应的图像 images/tu2.jpg，如图 5-26 所示。

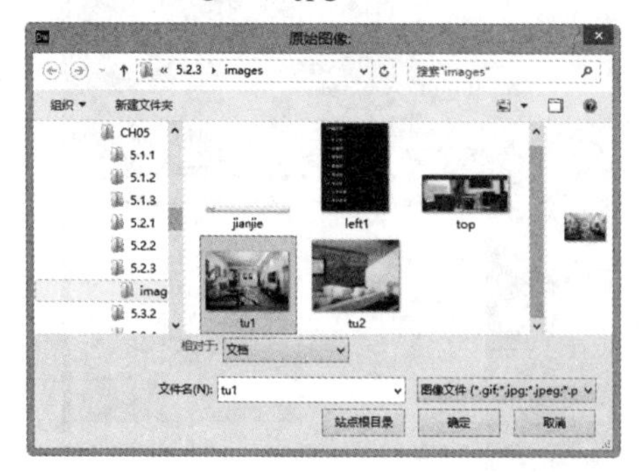

图 5-25 “原始图像：”对话框

图 5-26 “鼠标经过图像：”对话框

05 单击“确定”按钮，添加到该对话框中，如图 5-27 所示。

06 单击“确定”按钮，插入鼠标经过图像，如图 5-28 所示。

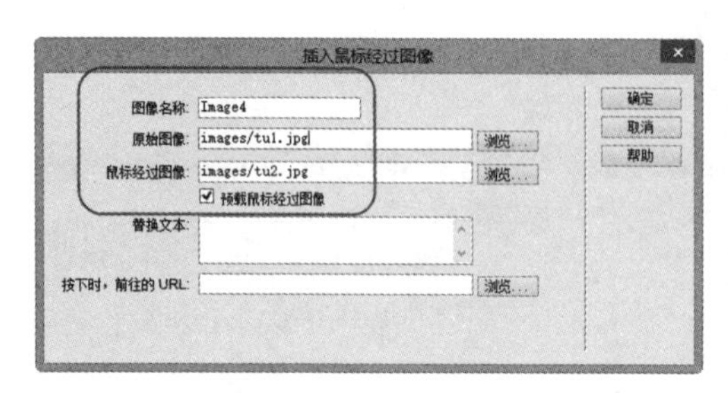

图 5-27 添加到对话框

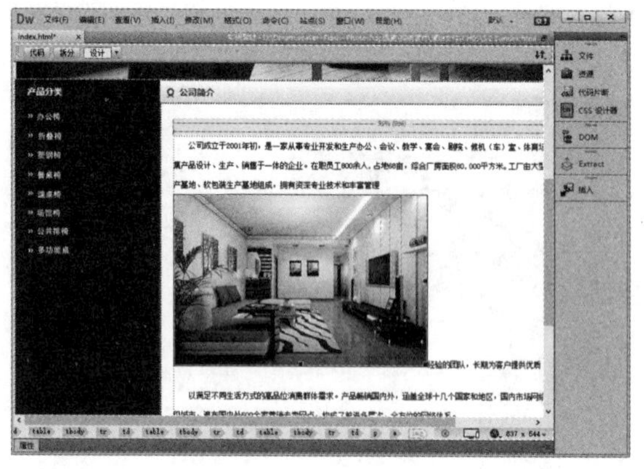

图 5-28 插入鼠标经过图像

07 选中插入的图像，右击鼠标，在弹出的菜单中选择“对齐”|“右对齐”选项，如图 5-29 所示。

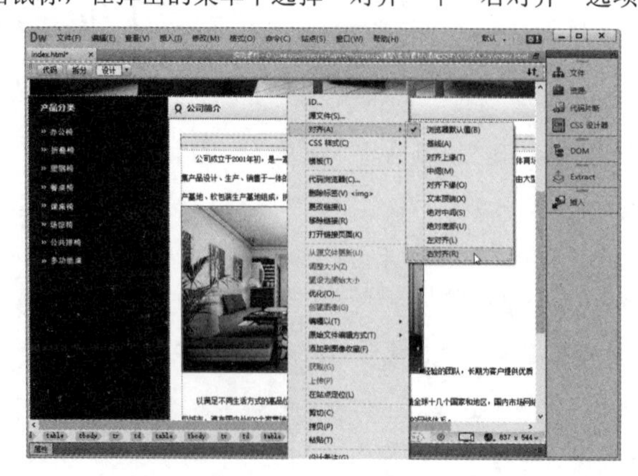

图 5-29 设置图像对齐方式

08 保存文档，按 F12 键在浏览器中预览，鼠标未经过图像时的效果如图 5-21 所示，鼠标经过图像时的效果如图 5-22 所示。

> **提示**
>
> 在插入鼠标经过图像时，如果不为该图像设置链接，Dreamweaver 将在 HTML 源代码中插入有一个空链接 #，该链接上将附加鼠标经过的图像行为，如果将该链接删除，鼠标经过图像将不起作用。

5.3 链接的设置

超级链接在本质上属于网页的一部分，它是一种允许我们同其他网页或站点之间进行连接的元素。各个网页链接在一起后，才能真正构成一个网站。

5.3.1 链接的类型

相对路径是对于大多数的本地链接来说的，是最适用的路径。在当前文档与所链接的文档处于同一文件夹内时，文档相对路径特别有用。文档相对路径还可以用来链接到其他的文件夹中的文档，方法是利用文件夹层次结构，指定从当前文档到所链接文档的路径，文档相对路径省略了对于当前文档和所链接的文档都相同的绝对 URL 部分，而只提供不同的路径部分。

使用相对路径的好处在于，可以将整个网站移植到另一个地址的网站中，而不需要修改文档中的链接路径。

绝对路径是包括服务器规范在内的完全路径，绝对路径不管源文件在什么位置，都可以非常精确地找到，除非目标文档的位置发生了变化，否则链接不会失败。

采用绝对路径的好处是，它与链接的源端点无关，只要网站的地址不变，则无论文档在站点中如何移动，都可以正常实现跳转而不会发生错误。另外，如果希望链接到其他站点上的文件，就必须用绝对路径。

采用绝对路径的缺点在于，这种方式的链接不利于测试，如果在站点中使用绝对地址，要想测试链接是否有效，就必须在 Internet 服务器端对链接进行测试，它的另一个缺点是不利于站点的移植。

5.3.2 设置文本链接和图像链接

当浏览网页时，鼠标经过图像时，会出现一个手形图标，提示浏览者这是带链接的图像。此时单击鼠标，会打开所链接的网页，这就是图像超级链接。图像链接的效果如图 5-30 所示，具体操作步骤如下。

图 5-30　创建图像链接效果

01 打开网页文档，选中要创建链接的图像，如图 5-31 所示。

02 打开“属性”面板，在该面板中单击“链接”文本框右侧的“浏览文件”按钮，弹出“选择文件”对话框，选择要链接的文件 jieshao，如图 5-32 所示。

图 5-31 打开网页文档

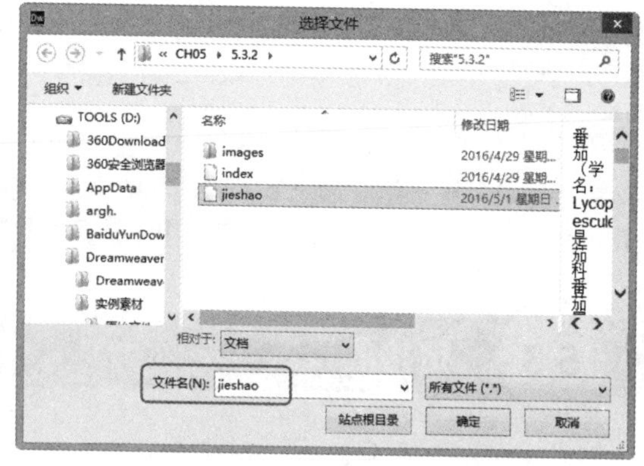

图 5-32 “选择文件” 对话框

03 单击“确定”按钮，文件即可被添加到“链接”文本框中，如图 5-33 所示。

04 同以上步骤，在文档中选中要设置链接的文本“西红柿”，在属性面板中输入链接地址，如图 5-34 所示。

图 5-33 输入链接

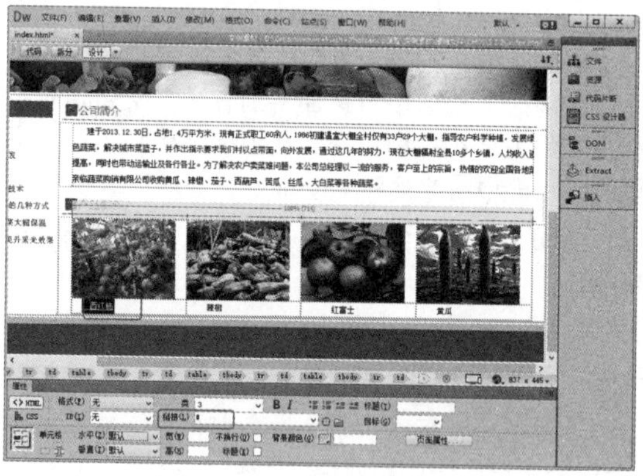

图 5-34 输入文字链接

05 保存文档，按 F12 键在浏览器中预览，效果如图 5-30 所示。

5.3.3 创建图像热点链接

创建过程中，首先选中图像，然后在“属性”面板中选择热点工具在图像上绘制热区，创建图像热点链接后，当单击图像“网站首页”时会出现一个手形图标，效果如图 5-35 所示，具体操作步骤如下。

图 5-35 图像热点链接效果

提示

当预览网页时，热点链接不会显示，当鼠标光标移至热点链接上时会变为手形，以提示浏览者该处有超链接。

01 打开网页文档，选中要创建热点链接的图像，如图 5-36 所示。

02 执行“窗口” | “属性”命令，打开“属性”面板，在“属性”面板中单击“矩形热点工具”按钮□，选择“矩形热点工具”，如图 5-37 所示。

图 5-36　打开网页文档

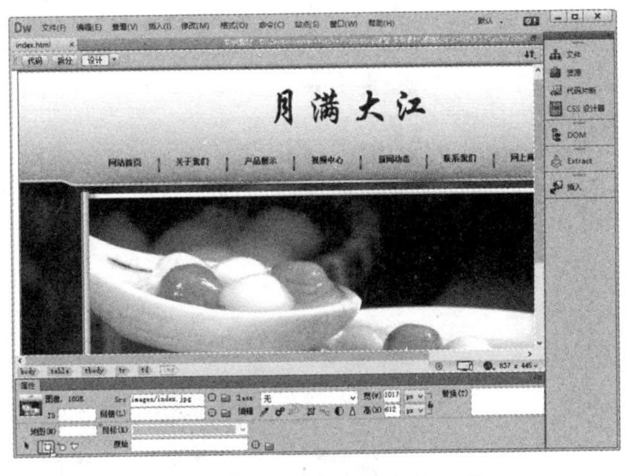

图 5-37　选择矩形热点工具

指点迷津

除了可以使用“矩形热点工具”外，还可以使用“椭圆形热点工具”和“多边形热点工具”来绘制椭圆形热点区域和多边形热点区域，绘制的方法和矩形热点相同。

03 将光标置于图像上要创建热点的部分，绘制一个矩形热点，如图 5-38 所示。

04 同以上步骤绘制其他的热点并设置热点链接，如图 5-39 所示。

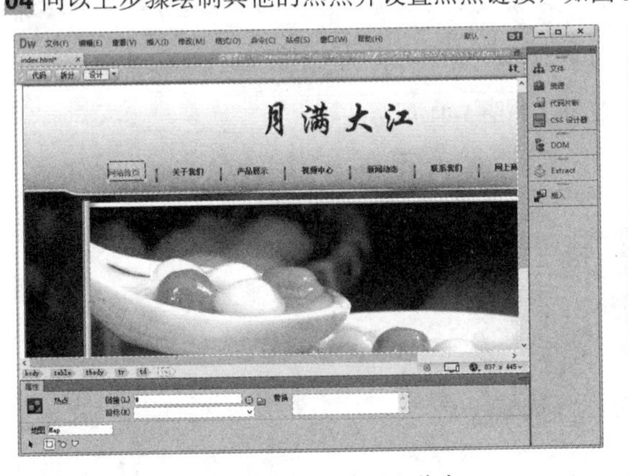

图 5-38　绘制一个矩形热点

图 5-39　绘制其他的热点

05 保存文档，按 F12 键在浏览器中预览，单击图像“网站首页”后的效果如图 5-35 所示。

指点迷津

图像热点链接和图像链接有很多相似之处，有些情况下在浏览器中甚至都分辨不出它们。虽然它们的最终效果基本相同，但两者实现的原理还是有很大差异的。读者在为网页加入链接之前，应根据具体的情况选择和使用适合的链接方式。

5.3.4 创建电子邮件链接

电子邮件地址作为超链接的链接目标与其他链接目标不同。当用户在浏览器上单击指向电子邮件地址的超链接时，将会打开默认的邮件管理器的新邮件窗口，其中会提示用户输入信息并将该信息传送给指定的E-mail地址。下面对文字“联系我们”创建电子邮件链接，当单击文字“联系我们”时效果如图5-40所示，具体操作步骤如下。

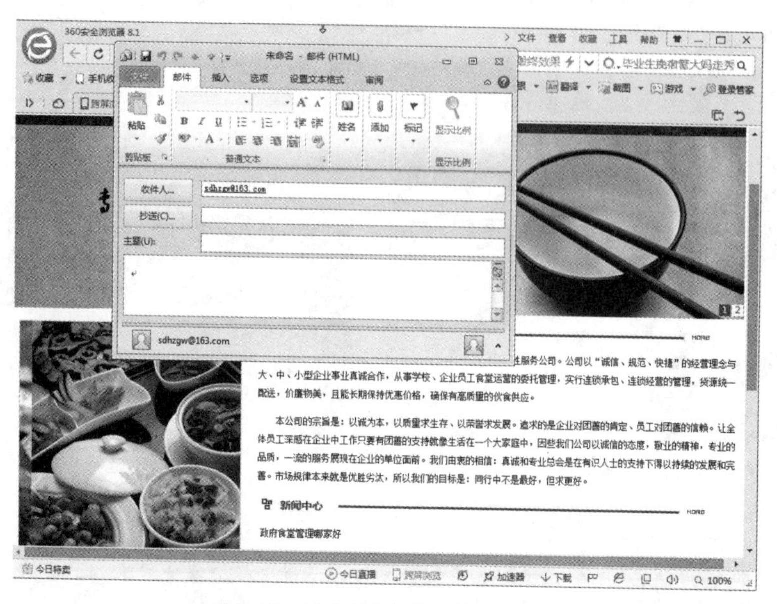

图 5-40　创建电子邮件链接的效果

提示

单击电子邮件链接后，系统将自动启动电子邮件软件，并在收件人地址中自动填写上电子邮件链接所指定的邮箱地址。

01 打开网页文档，将光标置于要创建电子邮件链接的位置，如图5-41所示。

02 执行“插入”|“HTML”|“电子邮件链接”命令，如图5-42所示。

图 5-41　打开网页文档

图 5-42　执行“电子邮件链接”命令

03 弹出“电子邮件链接”对话框，在该对话框的“文本”文本框中输入“联系我们”，在E-mail文本框中输入mailto:sdhzgw@163.com，如图5-43所示。

04 单击“确定”按钮，创建电子邮件链接，如图5-44所示。

图 5-43 “电子邮件链接”对话框

图 5-44 创建电子邮件链接

高手支招

单击“HTML”插入栏中的“电子邮件链接”按钮，也可以弹出“电子邮件链接”对话框。

05 保存文档，按 F12 键在浏览器中预览，单击“联系我们”文字链接，效果如图 5-40 所示。

指点迷津

如何避免页面电子邮件地址被搜索到？

经常会收到不请自来的垃圾邮件，如果拥有一个站点并发布了 E-Mail 链接，那么其他人会利用特殊工具搜索到这个地址并加入到他们的数据库中。要想避免 E-Mail 地址被搜索到，可以在页面上不按标准格式书写 E-Mail 链接，如 yourname at mail.com，它等同与 yourname@mail.com。

5.3.5 创建下载文件的链接

如果要在网站中提供下载资料服务，就需要为文件提供下载链接，如果超级链接指向的不是一个网页文件，而是其他文件例如 zip、mp3、exe 文件等，单击链接的时候就会下载该文件。创建下载文件的链接效果如图 5-45 所示，具体操作步骤如下。

图 5-45 下载文件的链接效果

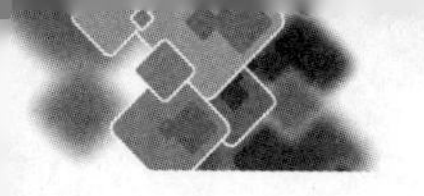

提示

网站中每个下载文件必须对应一个下载链接，而不能为多个文件或则一个文件夹建立下载链接，如果需要对多个文件或文件夹提供下载，只能利用压缩软件将这些文件或文件夹压缩为一个文件。

01 打开网页文档，选中要创建链接的文字，如图 5-46 所示。

02 执行“窗口”|“属性”命令，打开“属性”面板，在该面板中单击“链接”文本框右侧的按钮，弹出“选择文件”对话框，在该对话框中选择要下载的文件，如图 5-47 所示。

图 5-46　打开网页文档

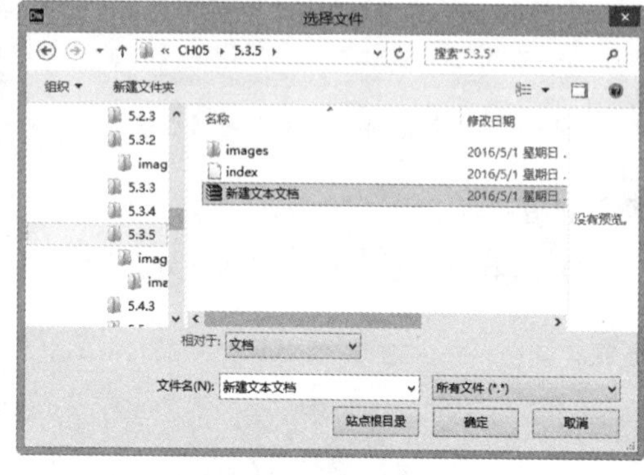

图 5-47　“选择文件”对话框

03 单击“确定”按钮，添加到“链接”文本框中，如图 5-48 所示。

04 保存文档，按 F12 键在浏览器中预览，单击文字“更多”，效果如图 5-45 所示。

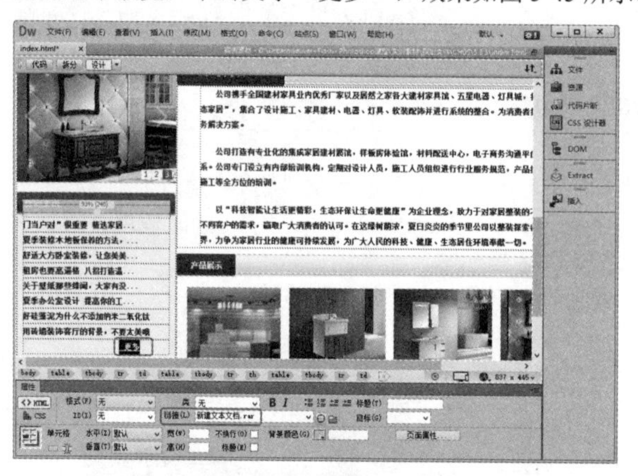

图 5-48　添加链接

5.4 插入媒体

多媒体技术的发展使网页设计者能轻松地在页面中加入声音、动画、影片等内容，给访问者增添了几分欣喜，媒体对象在网页上一直是一道亮丽的风景线，正因为有了多媒体，网页才丰富起来。

5.4.1 插入 Flash 动画

在网页中插入 Flash 影片可以增加网页的动感，使网页更具吸引力，因此多媒体元素在网页中的应用越来越广泛。下面通过图 5-49 的效果讲述在网页中插入 Flash 影片的方法，具体操作步骤如下。

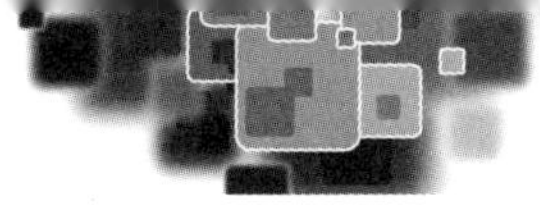

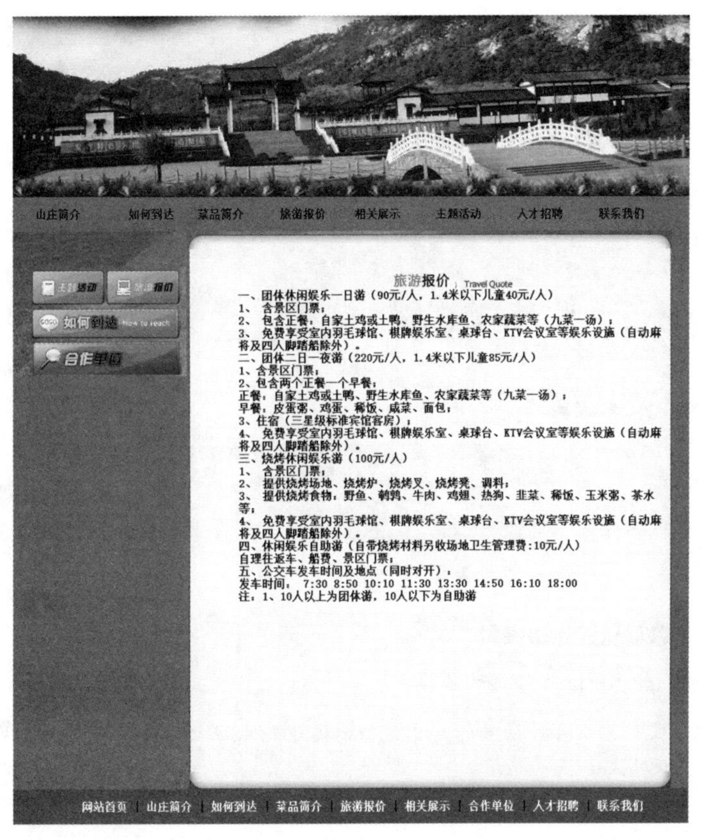

图 5-49　插入 Flash 影片效果

01 打开网页文档，将光标置于要插入 Flash 影片的位置，如图 5-50 所示。

02 执行“插入”｜“HTML”｜“Flash SWF”命令，弹出“选择 SWF”对话框，在该对话框中选择相应的 Flash 文件，如图 5-51 所示。

图 5-50　打开网页文档

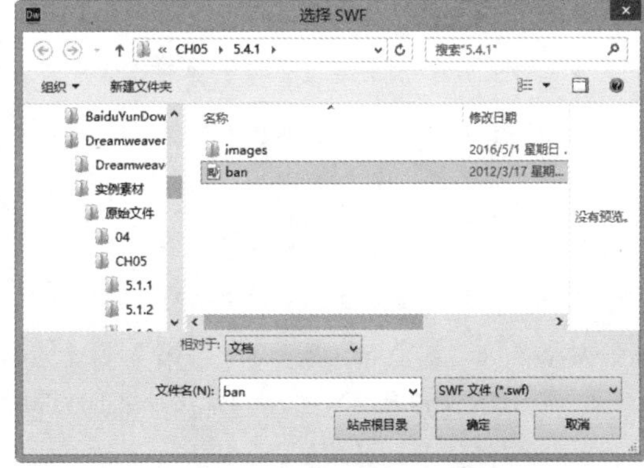

图 5-51　“选择 SWF”对话框

03 在该对话框中选择 ban.swf，单击“确定”按钮，插入 Flash 影片，如图 5-52 所示。

04 保存文档，按 F12 键在浏览器中预览，效果如图 5-49 所示。

提示：插入 Flash 动画还有两种方法。

单击 HTML 插入栏中的媒体按钮，在弹出的菜单中选择 SWF 选项，弹出【选择 SWF】对话框，插入 SWF 影片。

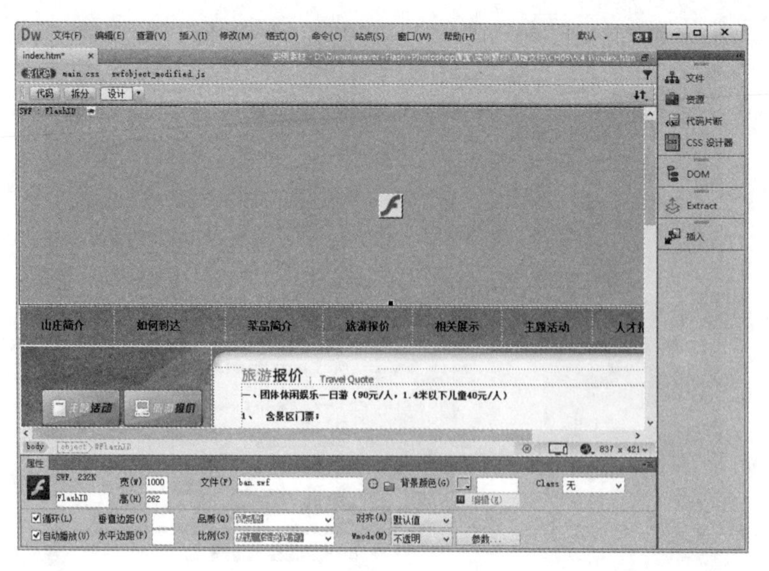

图 5-52　插入 Flash 影片

知识要点：Flash 属性面板的各项设置

- Flash 文本框：输入 Flash 动画的名称。
- 宽、高：设置文档中 Flash 动画的尺寸，可以通过输入数值改变其大小，也可以在文档中拖曳缩放手柄来改变其大小。
- Class：可用于对影片应用 CSS 类。
- 文件：指定 Flash 文件的路径。
- 背景颜色：指定影片区域的背景颜色。在不播放影片时（在加载时和在播放后）也显示此颜色。
- 循环：勾选此复选框可以重复播放 Flash 动画。
- 自动播放：勾选此复选框，当在浏览器中载入网页文档时，自动播放 Flash 动画。
- 垂直边距和水平边距：指定动画边框与网页上边界和左侧界的距离。
- 品质：设置 Flash 动画在浏览器中的播放质量，包括“低品质”“自动低品质”“自动高品质”和“高品质”4 个选项。
- 比例：设置显示比例，包括“全部显示”“无边框”和“严格匹配”3 个选项。
- 对齐：设置 Flash 在页面中的对齐方式。
- Wmode：默认值是不透明，这样在浏览器中，DHTML 元素就可以显示在 SWF 文件的上面。如果 SWF 文件包括透明度，并且希望 DHTML 元素显示在它们的后面，选择“透明”选项。
- 参数：打开一个对话框，可在其中输入传递给影片的附加参数。影片必须已设计好，可以接收这些附加参数。

5.4.2　插入视频

随着宽带技术的发展和推广，出现了许多视频网站。越来越多的人选择观看在线视频，同时也有很多的网站提供在线视频服务。

下面通过图 5-53 的效果讲述在网页中插入 Flash 视频的方法，具体操作步骤如下。

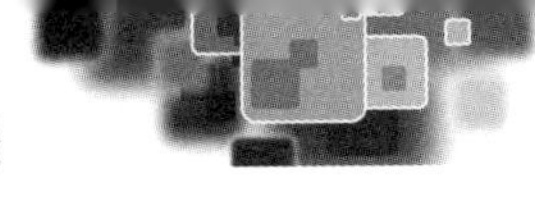

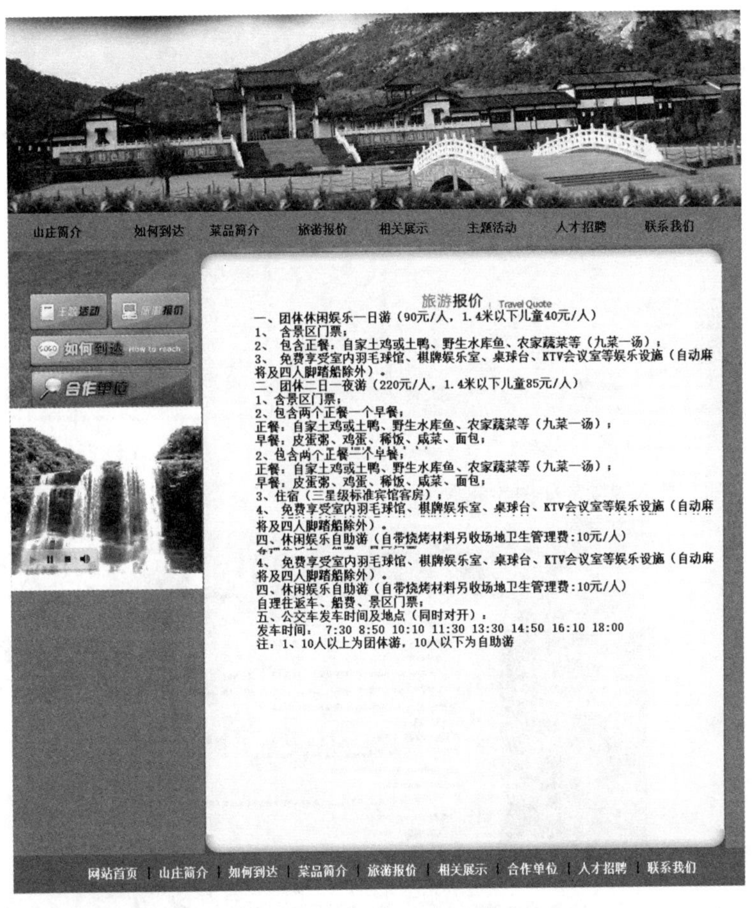

图 5-53　插入 Flash 视频效果

01 打开网页文档，将光标置于要插入视频的位置，如图 5-54 所示。

02 执行“插入”｜“HTML”｜“Flash Video”命令，弹出“插入 FLV”对话框，在该对话框中单击 URL 后面的“浏览”按钮，如图 5-55 所示。

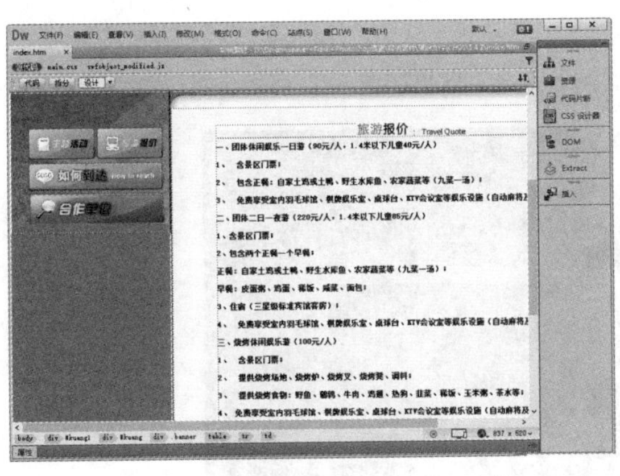

图 5-54　打开网页文档

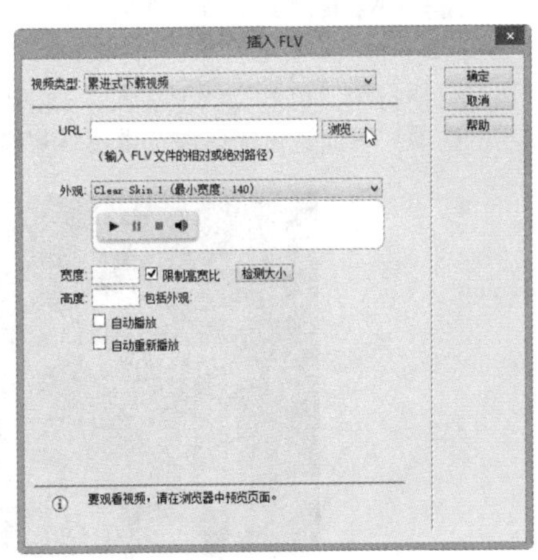

图 5-55　“插入 FLV”对话框

03 在弹出的“选择 FLV”对话框中选择视频文件，如图 5-56 所示。

04 单击“确定”按钮，返回到“插入 FLV”对话框，在该对话框中进行相应的设置，如图 5-57 所示。

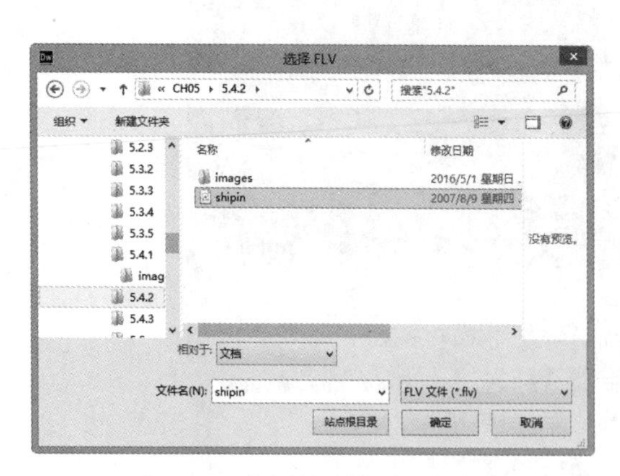

图 5-56 “选择 FLV”对话框

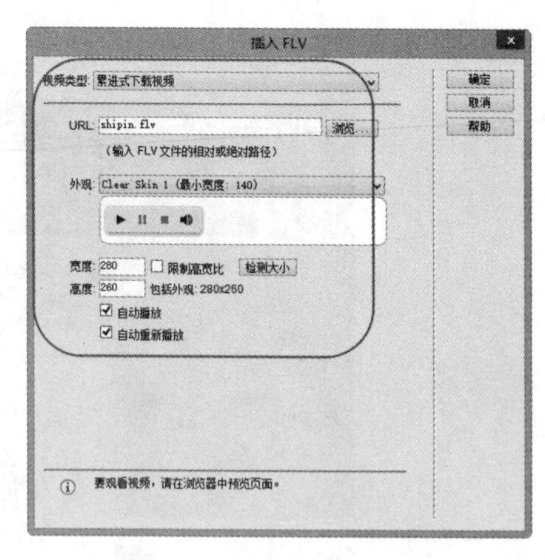

图 5-57 “插入 FLV”对话框

05 单击“确定”按钮，插入视频，如图 5-58 所示。

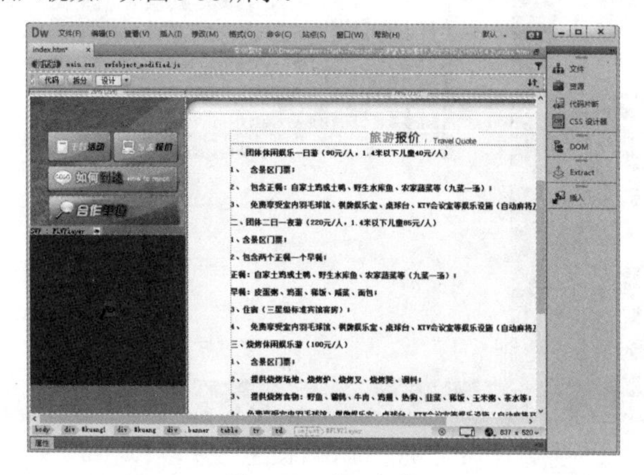

图 5-58 插入视频

06 保存文档，按 F12 键在浏览器中预览效果，如图 5-53 所示。

5.4.3 插入网页背景音乐网页

通过代码提示，可以在代码视图中插入代码。在输入某些字符时，将显示一个列表，列出完成条目所需要的选项。下面通过代码提示讲述背景音乐的插入方法，效果如图 5-59 所示，具体操作步骤如下。

图 5-59 插入背景音乐效果

01 打开网页文档，如图 5-60 所示。

02 切换到代码视图，在代码视图中找到标签 <body>，并在其后面输入“<”以显示标签列表，输入“<”时会自动弹出一个列表框，向下滚动该列表并选中标签 bgsound，如图 5-61 所示。

图 5-60 打开网页文档

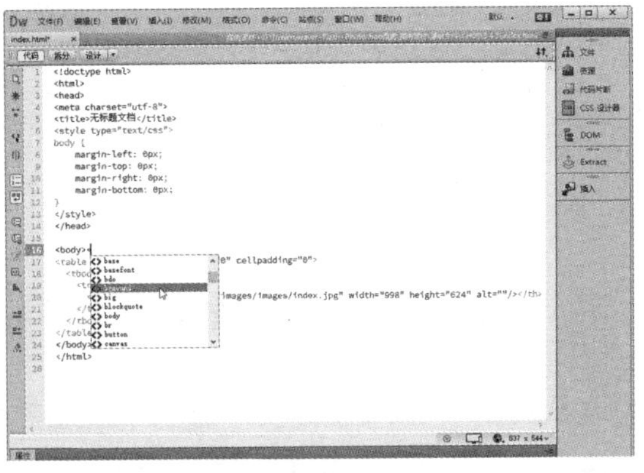

图 5-61 选中标签 bgsound

指点迷津

Bgsound 标签共有 5 个属性，其中 balance 用于设置音乐的左右均衡；delay 用于设置进行播放过程中的延时；loop 用于控制循环次数；src 用于存放音乐文件的路径；volume 用于调节音量。

03 双击插入该标签，如果该标签支持属性，则按空格键以显示该标签允许的属性列表，从中选择属性 src，如图 5-62 所示。这个属性用来设置背景音乐文件的路径。

04 按 Enter 键后，出现“浏览”字样，单击以弹出“选择文件”对话框，在该对话框中选择音乐文件，如图 5-63 所示。

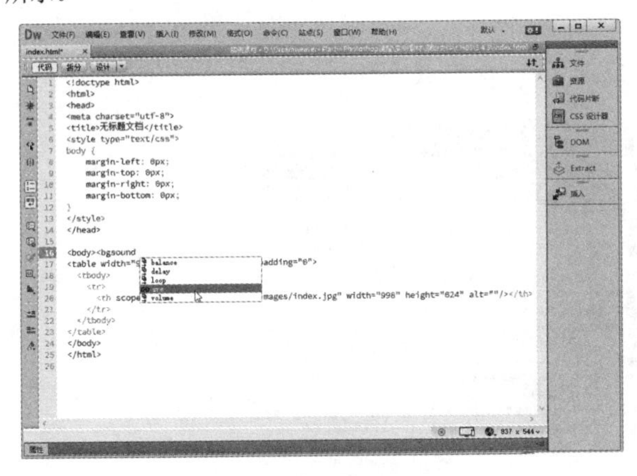

图 5-62 选择属性 src

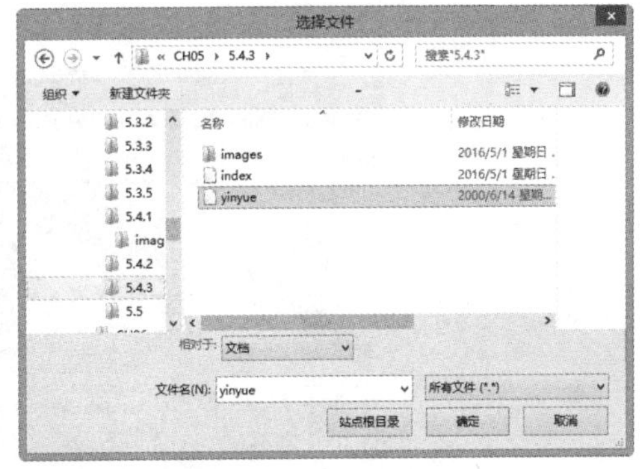

图 5-63 “选择文件”对话框

指点迷津

播放背景音乐的文件尺寸不要太大，否则很可能整个网页都浏览完了，音乐文件却还没有下载完。在背景音乐格式方面，mid 格式是最好的选择，它不仅拥有不错的音质，最关键的是它的容量非常小，一般只有几十 KB。

05 选择音乐文件后，单击“确定”按钮。在新插入的代码后按空格键，在属性列表中选择属性 loop，如图 5-64 所示。

06 出现“-1”并选中。在最后的属性值后，为该标签输入“>”，如图 5-65 所示。

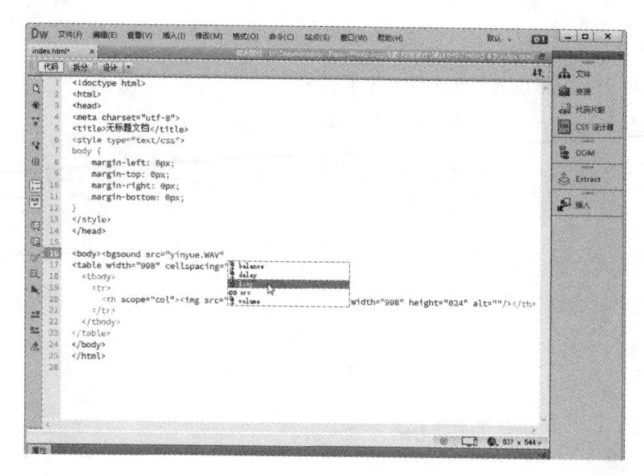

图 5-64　选择属性 loop

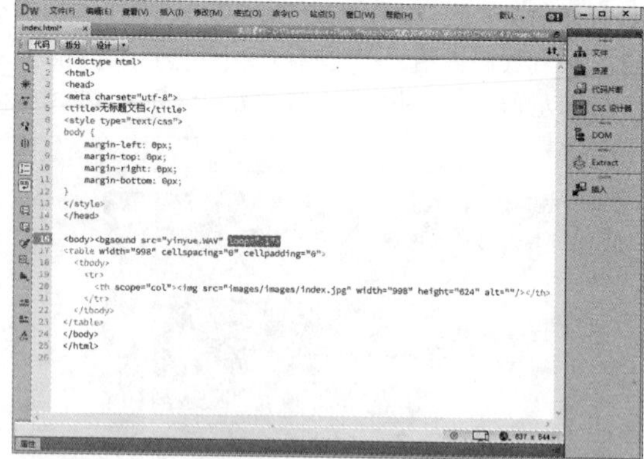

图 5-65　输入“>”

07 保存文档，按 F12 键在浏览器中预览，效果如图 5-59 所示。

提示

浏览器可能需要某种附加的音频支持程序来播放声音，因此，具有不同插件的不同浏览器所播放声音的效果通常会有所不同。

5.5 综合实例——制作图文混排的多媒体页面

可以使用 Dreamweaver 中的可视化工具向页面中添加各种内容，包括文本、图像、影片、声音和其他媒体形式等。在本章中学习了图像和多媒体的添加方法，本节将通过实例来讲述具体的应用。效果如图 5-66 所示，具体操作步骤如下。

图 5-66　图文混排的多媒体页面

指点迷津：如何使文字和图片内容共处？

在 Dreamweaver 中，图片对象是需要独占一行的，那么文字内容只能在与其平行的一行位置上，怎么样才可以让文字围绕着图片显示呢？需要选中图片，右击鼠标，在弹出的列表中选择“对齐”|“右对齐”选项，此时会发现文字已均匀地排列在图片的右侧了。

01 打开网页文档，如图 5-67 所示。

02 将光标置于要输入文字的地方，输入相应的文字，如图 5-68 所示。

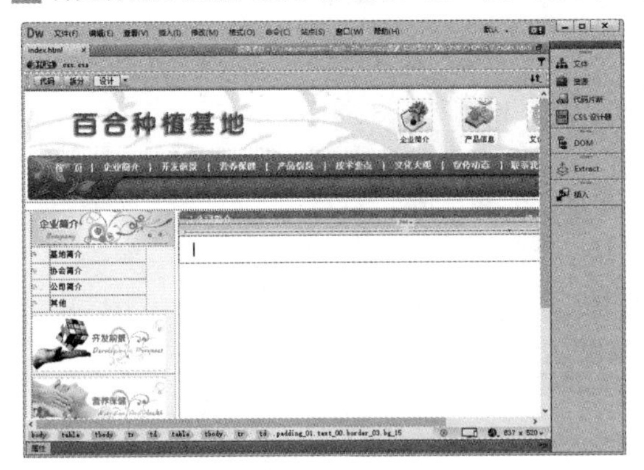

图 5-67　打开网页文档

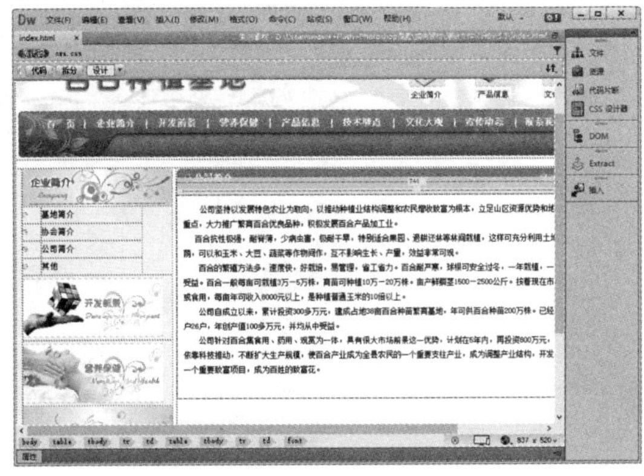

图 5-68　输入文字

03 将光标置于文字中，执行“插入”｜“图像”命令，弹出“选择图像源文件”对话框，在该对话框中选择图像 images/25.gif，如图 5-69 所示。

04 单击“确定”按钮，插入图像，如图 5-70 所示。

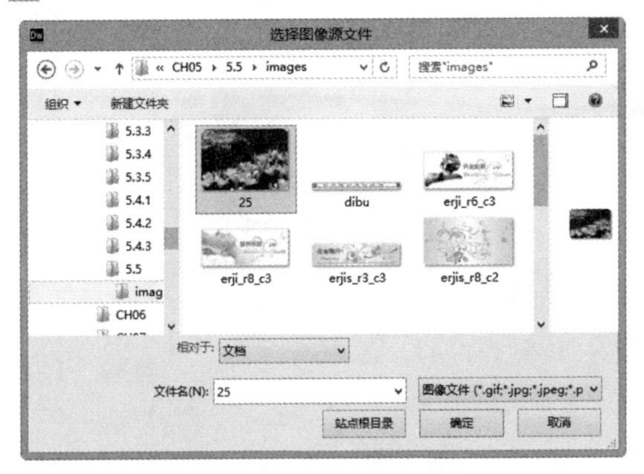

图 5-69　“选择图像源文件”对话框

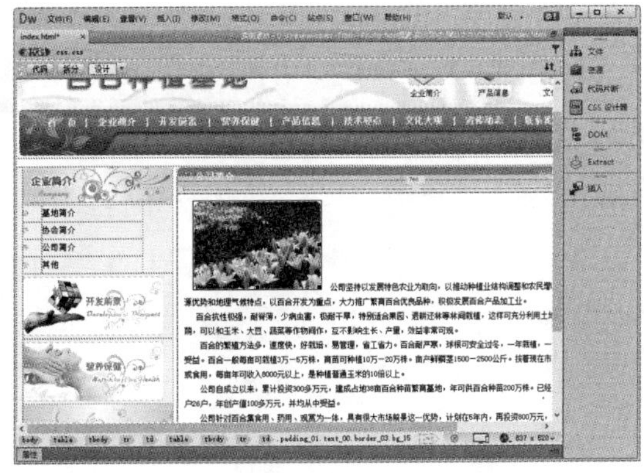

图 5-70　插入图像

05 选中插入的图像，右击鼠标，在弹出的菜单中选择“对齐”｜“左对齐”选项，如图 5-71 所示。

06 将光标置于要插入 Flash 动画的位置，执行“插入”｜“HTML”｜“Flash SWF”命令，弹出“选择 SWF”对话框，在该对话框中选择文件 top.swf，如图 5-72 所示。

图 5-71　设置图像的对齐方式

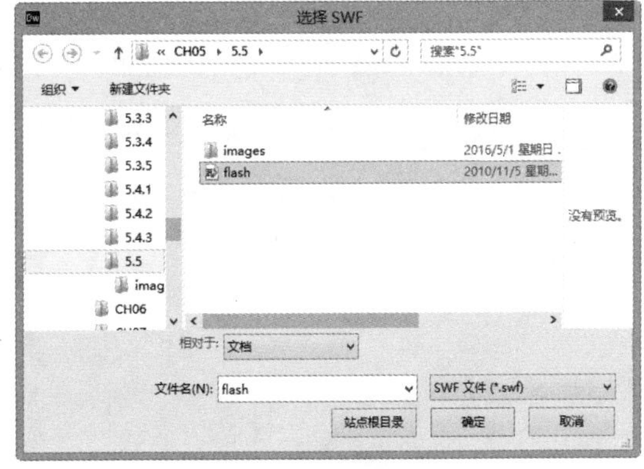

图 5-72　“选择 SWF”对话框

07 单击“确定”按钮，插入 SWF 动画，如图 5-73 所示。

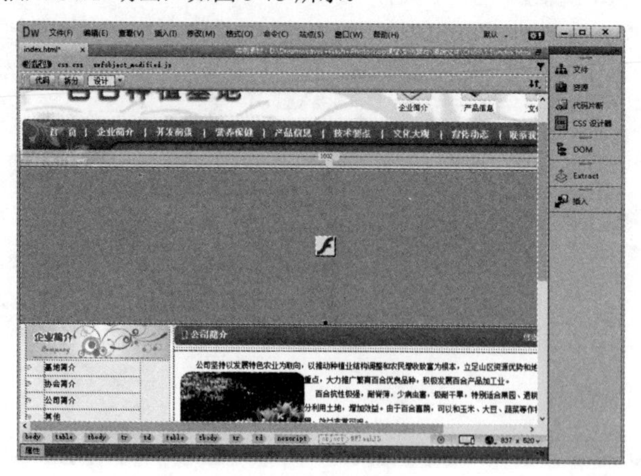

图 5-73 插入动画

08 保存文档，按 F12 键在浏览器中预览，效果如图 5-66 所示。

第6章

使用行为和 JavaScript 添加网页特效

本章导读

Dreamweaver CC提供了快速制作网页特效的功能，可以让即使不会编程的设计者也能制作出漂亮的网页特效。本章将学习行为的使用方法，行为是Dreamweaver内置的JavaScript程序库，在页面中使用行为可以制作出具有动态效果与交互效果的网页。

技术要点：

- 掌握特效中的行为和事件
- 掌握使用Dreamweaver内置行为的方法
- 利用脚本制作特效网页

6.1 特效中的行为和事件

在 Dreamweaver 中，行为是事件和动作的组合。事件是特定的时间或用户在某时所发出的指令后紧接着发生的，而动作是事件发生后，网页所要做出的反应。

6.1.1 动作

所谓的动作就是设定更换图片、弹出警告信息框等特殊的 JavaScript 效果，在设定的事件发生时运行动作。表 6-1 为 Dreamweaver 提供的常见动作。

表 6-1 Dreamweaver 提供的常见动作

动 作	内 容
调用 JavaScript	调用 JavaScript 函数
改变属性	改变选择对象的属性
检查插件	确认是否设有运行网页的插件
拖曳 AP 元素	允许在浏览器中自由拖曳 AP Div
转到 URL	可以转到特定的站点或网页文档上
跳转菜单	可以创建若干个链接的跳转菜单
跳转菜单开始	在跳转菜单中选定要移动的站点之后，只有单击 GO 按钮才可以移动到链接的站点上
打开浏览器窗口	在新窗口中打开 URL
弹出消息	设置的事件发生之后，弹出警告信息
预先载入图像	为了在浏览器中快速显示图片，事先下载图片之后显示出来
设置框架文本	在选定的帧上显示指定的内容
设置状态栏文本	在状态栏中显示指定的内容
设置文本域文字	在文本字段区域显示指定的内容
显示 - 隐藏元素	显示或隐藏特定的 AP Div
交换图像	发生设置的事件后，用其他图片来取代选定的图片
恢复交换图像	在运用交换图像动作之后，显示原来的图片
检查表单	在检查表单文档有效性的时候使用

6.1.2　事件

事件用于指定选定的行为动作在何种情况下发生。如想应用单击图像时跳转到指定网站的行为，则需要把事件指定为单击瞬间 onClick。表 6-2 所示为 Dreamweaver 中常见的事件。

表 6-2　Dreamweaver 中常见的事件

内　容	事　件
onAbort	在浏览器窗口中停止加载网页文档的操作时发生的事件
onMove	移动窗口或框架时发生的事件
onLoad	选定的对象出现在浏览器上时发生的事件
onResize	访问者改变窗口或帧的大小时发生的事件
onUnLoad	访问者退出网页文档时发生的事件
onClick	用鼠标单击选定元素的一瞬间发生的事件
onBlur	鼠标指针移动到窗口或帧外部，即在这种非激活状态下发生的事件
onDragDrop	拖曳并放置选定元素的那一瞬间发生的事件
onDragStart	拖曳选定元素的那一瞬间发生的事件
onFocus	鼠标指针移动到窗口或帧上，激活之后发生的事件
onMouseDown	右击鼠标一瞬间发生的事件
onMouseMove	鼠标指针指向字段并在字段内移动时发生的事件
onMouseOut	鼠标指针经过选定元素之外时发生的事件
onMouseOver	鼠标指针经过选定元素上方时发生的事件
onMouseUp	右击鼠标，然后释放时发生的事件
onScroll	访问者在浏览器上移动滚动条时发生的事件
onKeyDown	当访问者按下任意键时发生的事件
onKeyPress	当访问者按下和释放任意键时发生的事件
onKeyUp	在键盘上按下特定键并释放时发生的事件
onAfterUpdate	更新表单文档内容时发生的事件
onBeforeUpdate	改变表单文档项目时发生的事件
onChange	访问者修改表单文档的初始值时发生的事件
onReset	将表单文档重设置为初始值时发生的事件
onSubmit	访问者传送表单文档时发生的事件
onSelect	访问者选定文本字段中的内容时发生的事件
onError	在加载文档的过程中，发生错误时发生的事件
onFilterChange	运用于选定元素的字段发生变化时发生的事件
Onfinish Marquee	用功能来显示的内容结束时发生的事件
Onstart Marquee	开始应用功能时发生的事件

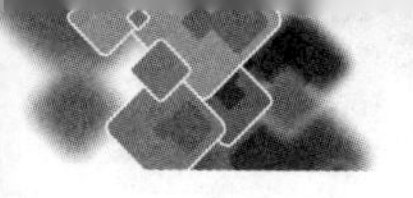

6.2 使用 Dreamweaver 内置行为

使用行为可以提高网站的交互性。在 Dreamweaver 中插入行为，实际上是给网页添加了一些 JavaScript 代码，这些代码能实现动感网页效果。

6.2.1 交换图像

“交换图像”动作是将一幅图像替换成另外一幅图像，一个交换图像其实是由两幅图像组成的。下面通过实例讲述创建交换图像的方法，鼠标未经过图像时的效果如图 6-1 所示，当鼠标经过图像时的效果如图 6-2 所示，具体操作步骤如下。

图 6-1　鼠标未经过图像时的效果

图 6-2　鼠标经过图像时的效果

01 打开网页文档，选中要添加行为的图像，如图 6-3 所示。

02 执行“窗口”|“行为”命令，打开“行为”面板，在该面板中单击“添加行为”按钮 +，在弹出的菜单中选择“交换图像”选项，如图 6-4 所示。

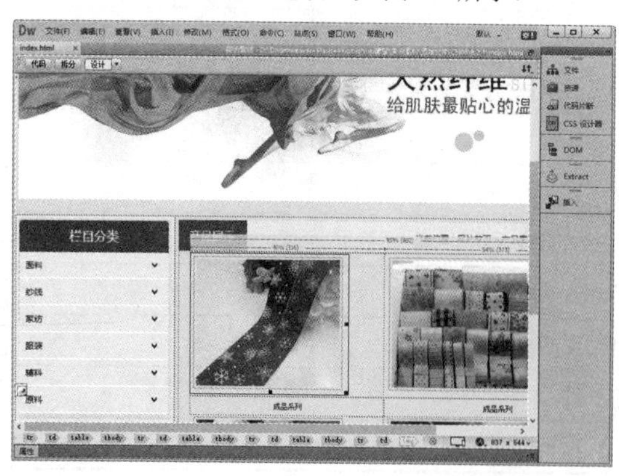

图 6-3　打开网页文档

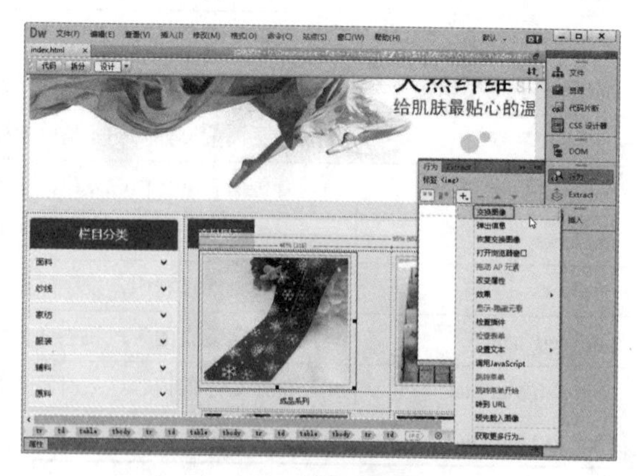

图 6-4　选择“交换图像”选项

03 弹出“交换图像”对话框，在该对话框中单击“设定原始档为”文本框右侧的“浏览”按钮，如图 6-5 所示。

04 在弹出的“选择图像源文件”对话框中选择预载入的图像 images/4.jpg，如图 6-6 所示。

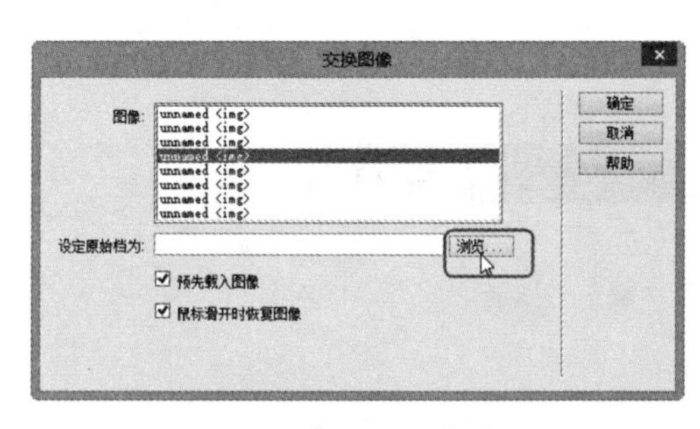

图 6-5 “交换图像”对话框

图 6-6 “选择图像源文件”对话框

知识要点：“交换图像”对话框中可以进行如下设置。

- 图像：在列表中选择要更改的源图像。
- 设定原始档为：单击“浏览”按钮选择新图像文件，文本框中显示新图像的路径和文件名。
- 预先载入图像：勾选该复选框，这样在载入网页时，新图像将载入到浏览器的缓存中，防止当图像该出现时由于下载而导致延迟。
- 鼠标滑开时恢复图像：勾选复选框表示当鼠标离开图片时，图片会自动恢复为原始图像。

05 单击“确定”按钮，添加到文本框中，如图 6-7 所示。

06 单击“确定”按钮，添加行为到“行为”面板中，如图 6-8 所示。

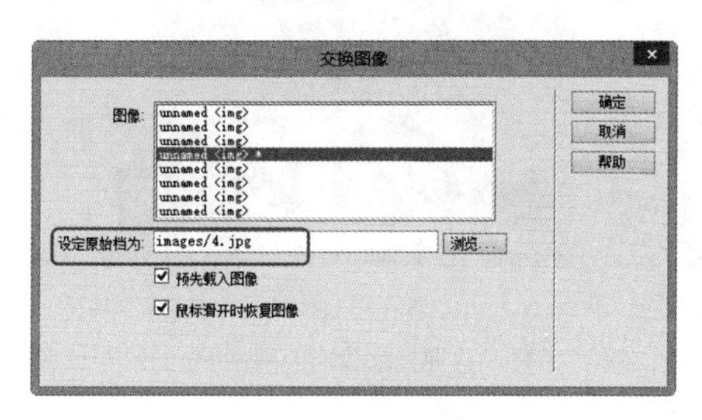

图 6-7 添加到对话框

图 6-8 添加行为

07 保存文档，按 F12 键在浏览器中预览，鼠标指针未接近图像时的效果如图 6-1 所示，鼠标指针接近图像时的效果如图 6-2 所示。

提示

“交换图像”动作自动预先载入在“交换图像”对话框中选择“预先载入图像”选项时所有高亮显示的图像，因此当使用“交换图像”时不需要手动添加预先载入图像。

指点迷津

如果没有为图像命名，“交换图像”动作仍将起作用；当将该行为附加到某个对象时，它将为未命名的图像自动命名。但是，如果所有图像都预先命名，则在“交换图像”对话框中更容易区分它们。

6.2.2 弹出提示信息

弹出信息显示一个带有指定信息的警告窗口，因为该警告窗口只有一个“确定”按钮，所以使用此动作可以提供信息，而不能为用户提供选择。创建弹出提示信息网页的效果如图 6-9 所示，具体操作步骤如下。

图 6-9　弹出提示信息效果

01 打开网页文档，单击文档窗口中左下脚的 <body> 标签，如图 6-10 所示。

02 执行“窗口”|“行为”命令，打开“行为”面板，在“行为”面板中单击“添加行为”按钮 +，在弹出的菜单中选择“弹出信息”选项，如图 6-11 所示。

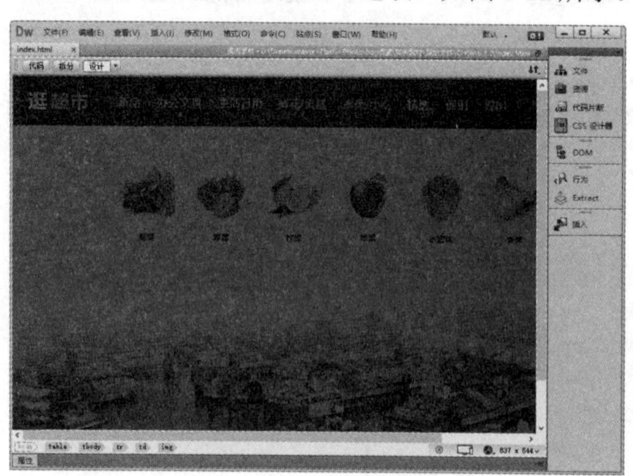

图 6-10　打开网页文档

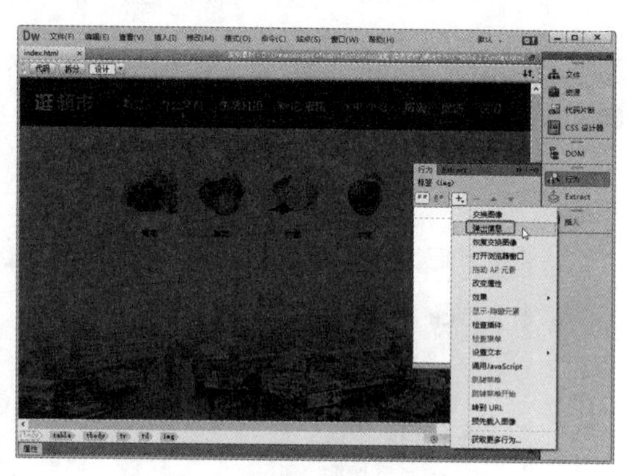

图 6-11　选择“弹出信息”选项

03 弹出“弹出信息”对话框，在该对话框中输入文本“您好，欢迎光临我们的网站！”如图 6-12 所示。

04 单击“确定”按钮添加行为，如图 6-13 所示。

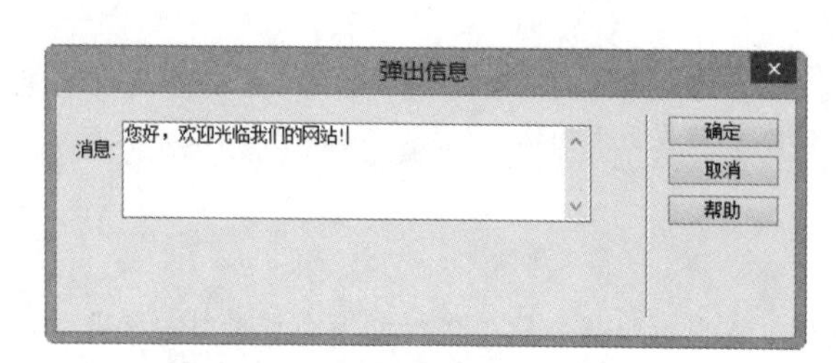

图 6-12　“弹出信息”对话框

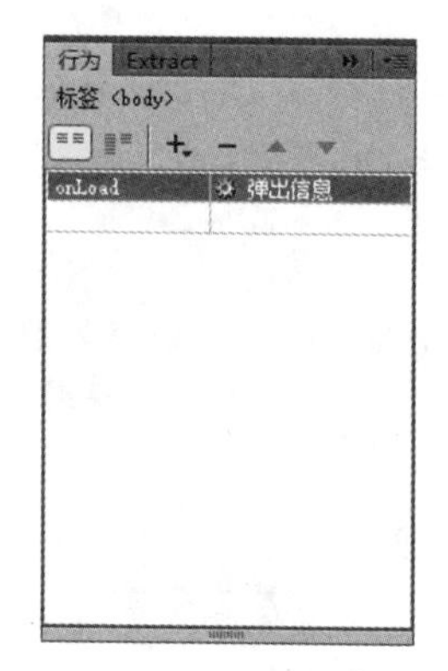

图 6-13　添加行为

05 保存文档，按 F12 键在浏览器中即可看到弹出的提示信息，网页效果如图 6-9 所示。

> **提示**
>
> 信息一定要简短，如果超出状态栏的大小，浏览器将自动截短该信息。

6.2.3 打开浏览器窗口

使用“打开浏览器窗口”动作在打开当前网页的同时，还可以再打开一个新的窗口。创建打开浏览器窗口网页的效果如图 6-14 所示，具体操作步骤如下。

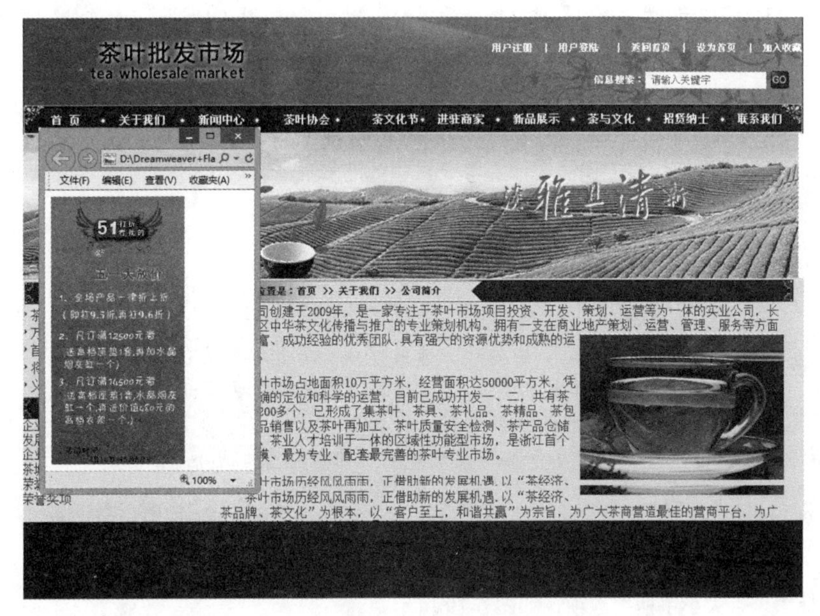

图 6-14 打开浏览器窗口网页的效果

01 打开网页文档，如图 6-15 所示。

02 单击文档窗口中的 <body> 标签，执行“窗口”|“行为”命令，打开“行为”面板，在该面板中单击“添加行为”按钮 **+.**，在弹出的菜单中选择“打开浏览器窗口”选项，如图 6-16 所示。

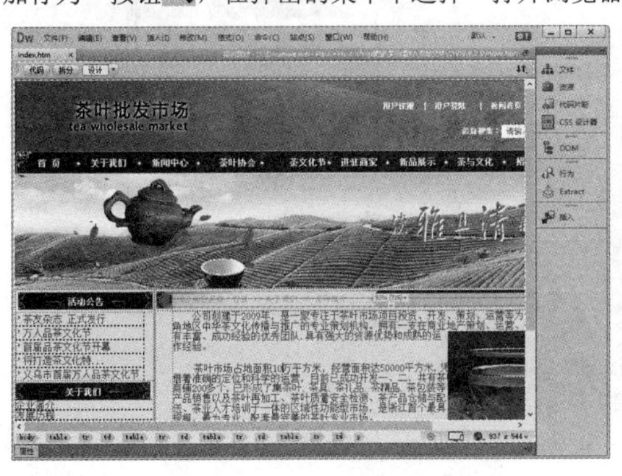

图 6-15 打开网页文档

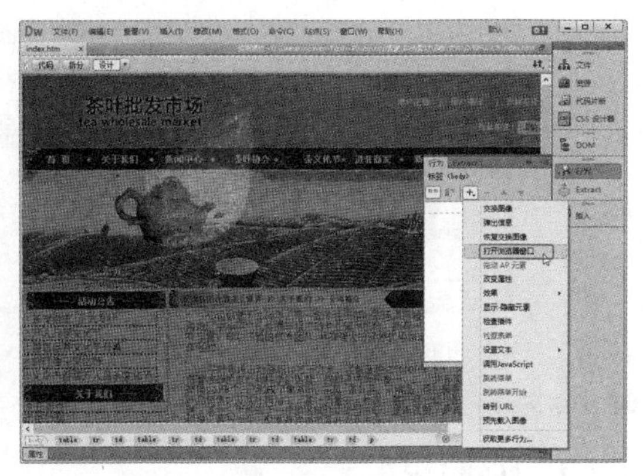

图 6-16 选择“打开浏览器窗口”选项

03 选中选项后，弹出“打开浏览器窗口”对话框，在该对话框中单击“要显示的 URL”文本框右侧的“浏览”按钮，如图 6-17 所示。

04 弹出“选择文件”对话框，在该对话框中选择 images/tu.jpg 文件，单击“确定”按钮，如图 6-18 所示。

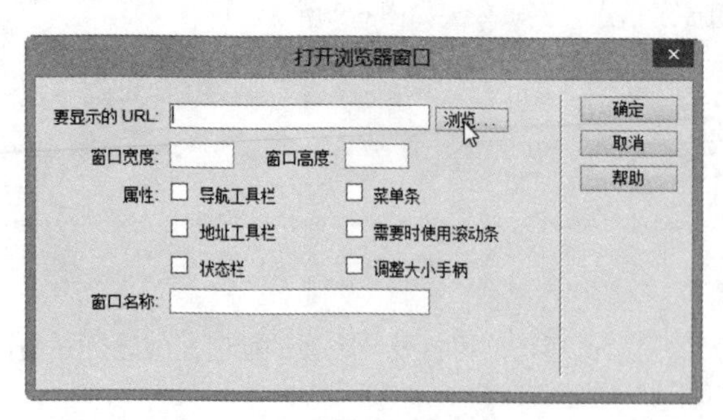

图 6-17 “打开浏览器窗口”对话框

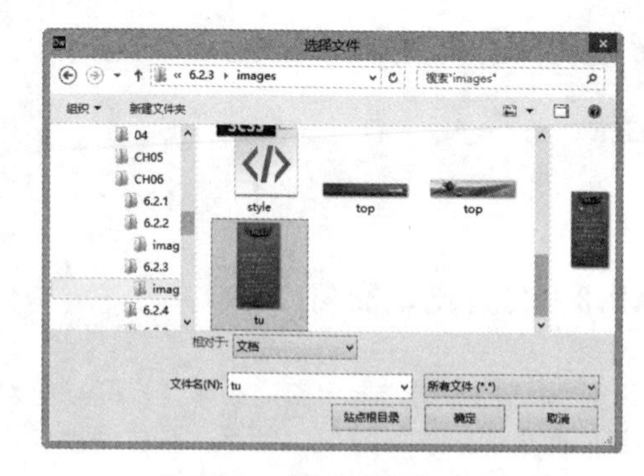

图 6-18 “选择文件”对话框

指点迷津

“打开浏览器窗口”对话框中可以进行如下设置。

- 要显示的 URL：填入浏览器窗口中要打开链接的路径，可以单击“浏览”按钮找到要在浏览器窗口打开的文件。
- 窗口宽度：设置窗口的宽度。
- 窗口高度：设置窗口的高度。
- 属性：设置打开浏览器窗口的一些参数。选中“导航工具栏”为包含导航条；选中“菜单条”为包含菜单条；选中“地址工具栏”后在打开的浏览器窗口中显示地址栏；选中“需要时使用滚动条”，如果窗口中内容超出窗口大小，则显示滚动条；选中“状态栏”后可以在弹出窗口中显示滚动条；选中“调整大小手柄”，浏览者可以调整窗口大小。
- 窗口名称：为当前窗口命名。

05 单击“确定”按钮，添加到文本框，将“宽”设置为455，“高”设置为900，“窗口名称”中输入名称，“属性”中选择“调整大小手柄”选项，如图 6-19 所示。

06 单击“确定”按钮，将行为添加到“行为”面板中，如图 6-20 所示。

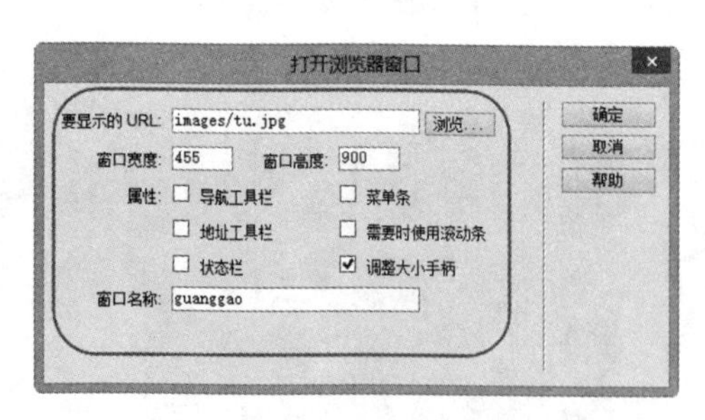

图 6-19 设置“打开浏览器窗口”对话框

图 6-20 添加行为

07 保存文档，按 F12 键在浏览器中预览，效果如图 6-14 所示。

6.2.4 转到 URL

“转到 URL”动作是设置链接时使用的动作。通常的链接是在单击后跳转到相应的网页文档中，但是“转到 URL”动作在把鼠标放上或者双击时，都可以设置不同的事件来加以链接。跳转前的效果和跳转后的效果分别如图 6-21 和图 6-22 所示，具体操作步骤如下。

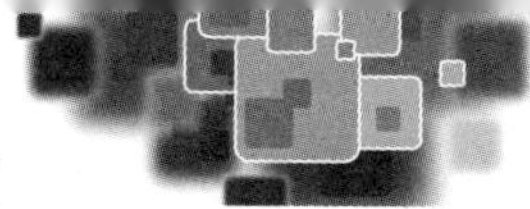

图 6-21 跳转前的效果

图 6-22 跳转后的效果

01 打开网页文档，如图 6-23 所示。

02 单击文档窗口中的 <body> 标签，执行“窗口”|“行为”命令，打开“行为”面板，在该面板中单击“添加行为”按钮 +，在弹出的菜单中选择“转到 URL”选项，如图 6-24 所示。

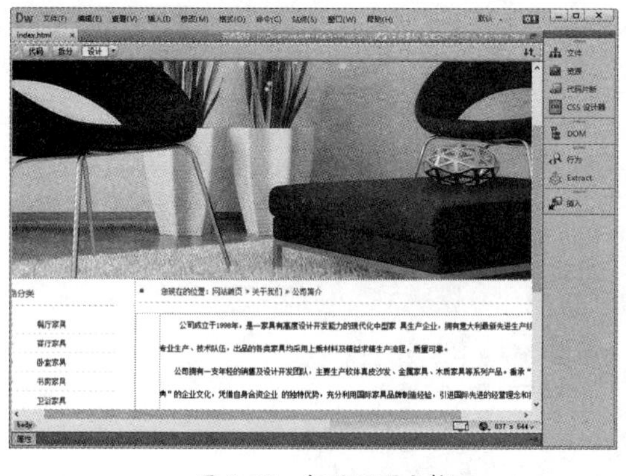

图 6-23 打开网页文档

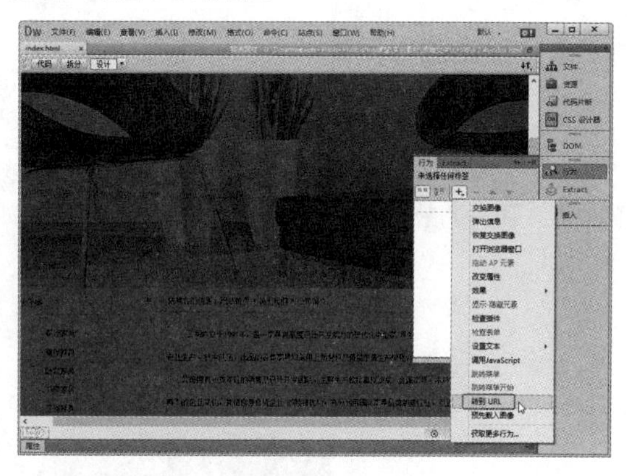

图 6-24 选择“转到 URL”选项

03 弹出“转到 URL”对话框，在该对话框中单击 URL 文本框右侧的“浏览”按钮，如图 6-25 所示。

04 弹出“选择文件”对话框，在该对话框中选择 index1.htm，如图 6-26 所示。

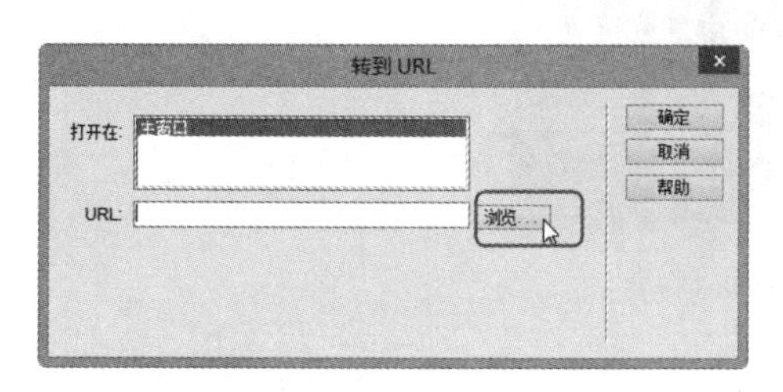

图 6-25 “转到 URL”对话框

图 6-26 “选择文件”对话框

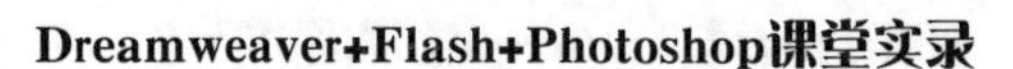

高手支招

"转到 URL" 对话框中可以进行如下设置。

- 打开在：选择打开链接的窗口。如果是框架网页，选择打开链接的框架。
- URL：输入链接的地址，也可以单击"浏览"按钮在本地硬盘中查找链接的文件。

05 单击"确定"按钮，添加到文本框中，如图 6-27 所示。

06 单击"确定"按钮，将行为添加到"行为"面板中，如图 6-28 所示。

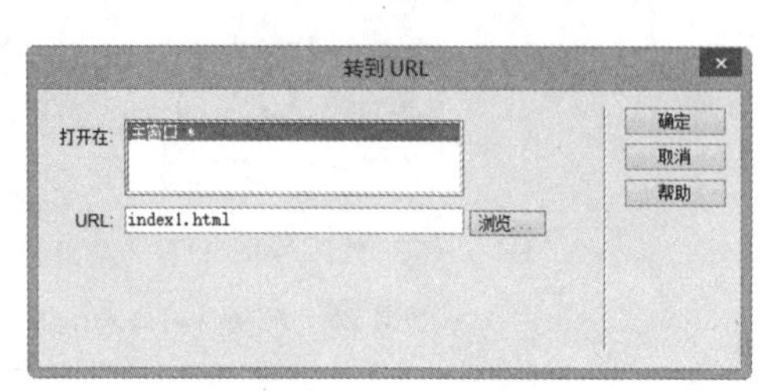

图 6-27 添加到文本框

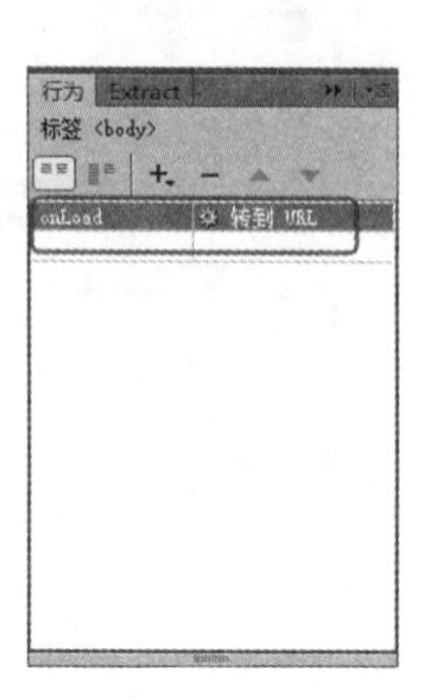

图 6-28 添加行为

07 保存文档，按 F12 键在浏览器中预览，跳转前的效果和跳转后的效果分别如图 6-21 和图 6-22 所示。

6.2.5 预先载入图像

"预先载入图像"动作将不会使网页中选中的图像（如那些将通过行为或 JavaScript 调入的图像）立即出现，而是先将它们载入到浏览器缓存中。这样做可以防止当图像应该出现时由于下载而导致延迟。预先载入图片的效果如图 6-29 所示，具体操作步骤如下。

图 6-29 预先载入图片的效果

01 打开网页文档，选中图像，如图 6-30 所示。

02 执行“窗口”｜“行为”命令，打开“行为”面板，在该面板中单击“添加行为”按钮 +，在弹出的菜单中选择“预先载入图像”选项，如图 6-31 所示。

图 6-30　打开网页文档

图 6-31　选择“预先载入图像”选项

03 弹出“预先载入图像”对话框，单击“图像源文件”文本框右侧的“浏览”按钮，如图 6-32 所示。

04 在弹出的“选择图像源文件”对话框中选择预先载入的图像 images/1151037.jpg，如图 6-33 所示。

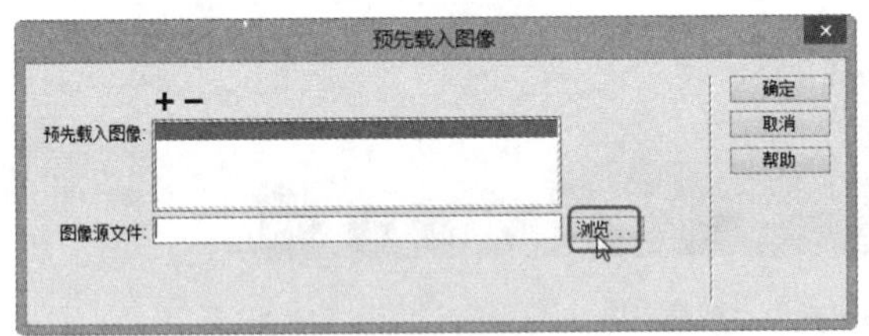

图 6-32　“预先载入图像”对话框

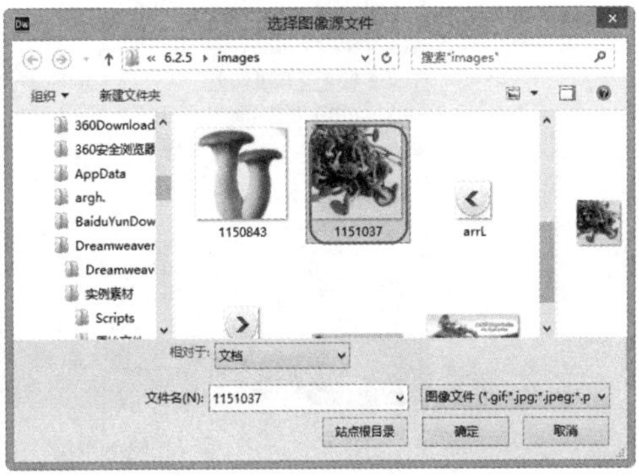

图 6-33　“选择图像源文件”对话框

05 单击“确定”按钮，将其添加到文本框中，如图 6-34 所示。

06 单击“确定”按钮，添加行为到“行为”面板中，如图 6-35 所示。

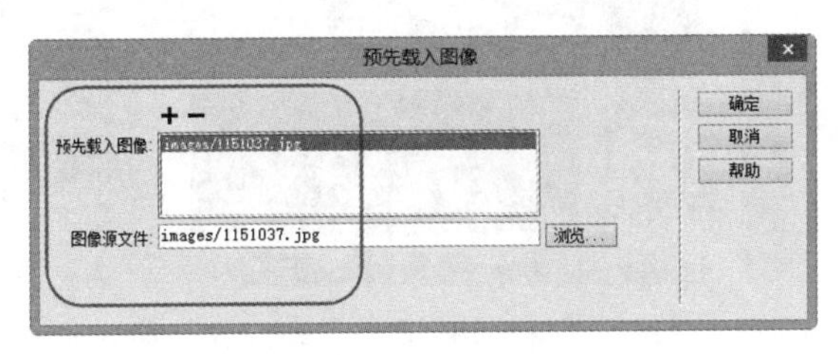

图 6-34　添加到文本框

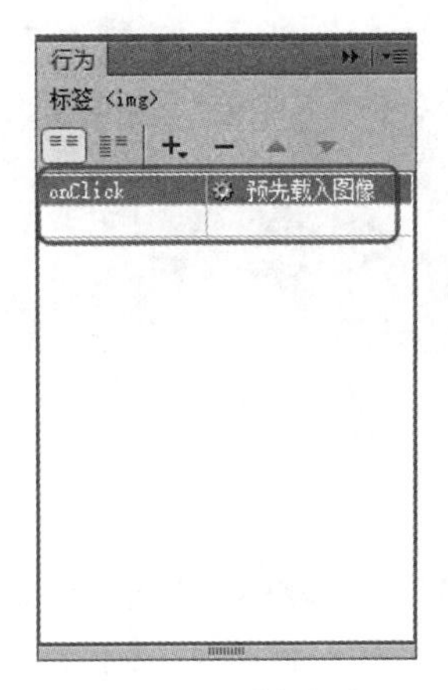

图 6-35　添加行为

07 保存文档，按 F12 键在浏览器中预览，效果如图 6-29 所示。

6.2.6 检查表单

“检查表单”动作检查指定文本域的内容以确保用户输入了正确的数据类型。使用 onBlur 事件将此动作分别附加到各文本域，在用户填写表单时对文本域进行检查；或使用 onSubmit 事件将其附加到表单，在用户单击“提交”按钮时对多个文本域进行检查。将此动作附加到表单，防止表单提交到服务器后文本域包含无效的数据。“检查表单”动作的效果如图 6-36 所示，具体操作步骤如下。

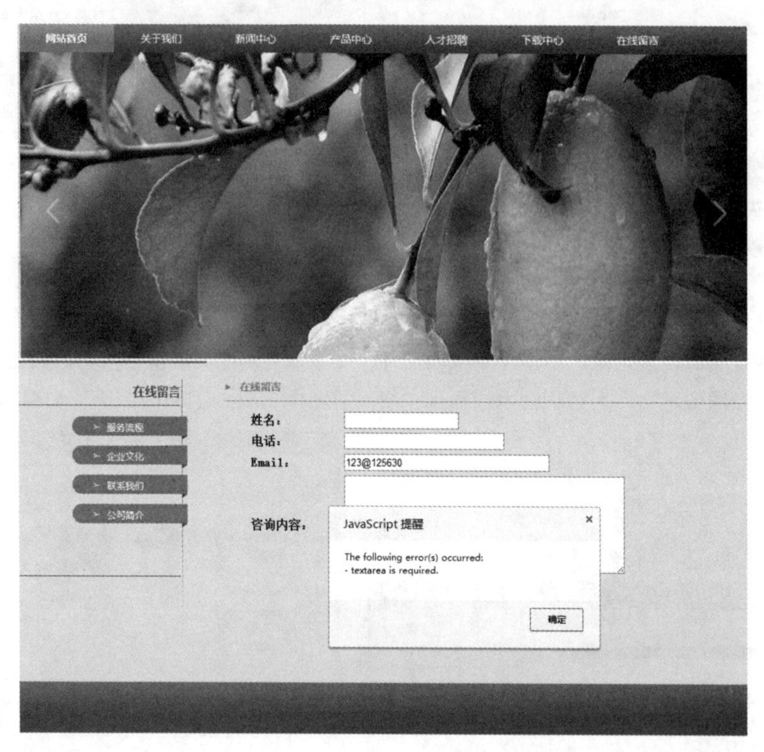

图 6-36 “检查表单”动作效果

01 打开网页文档，如图 6-37 所示。

02 选中表单域，执行“窗口”|“行为”命令，打开“行为”面板，在该面板中单击“添加行为”按钮 +，在弹出菜单中选择“检查表单”选项，如图 6-38 所示。

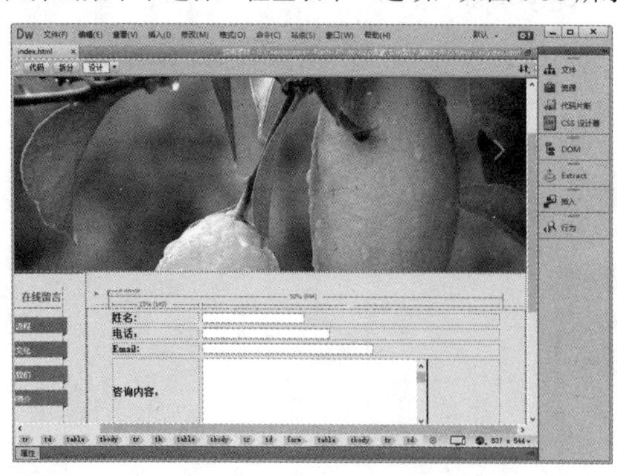

图 6-37 打开网页文档

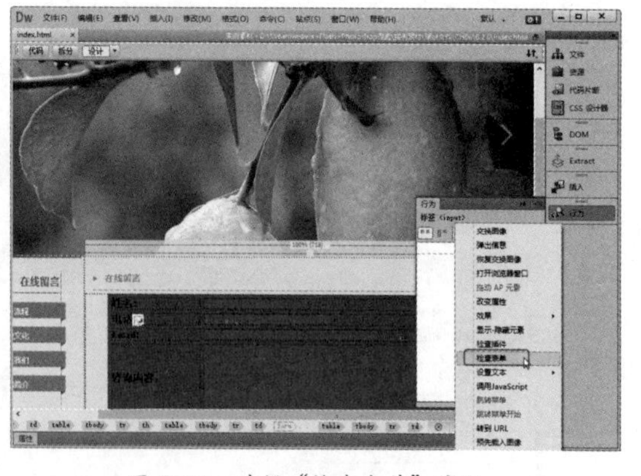

图 6-38 选择“检查表单”选项

03 选择该选项后，弹出“检查表单”对话框，在该对话框中进行相应的设置，如图 6-39 所示。

04 单击“确定”按钮，添加到“行为”面板中，如图 6-40 所示。

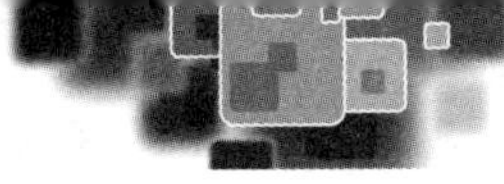

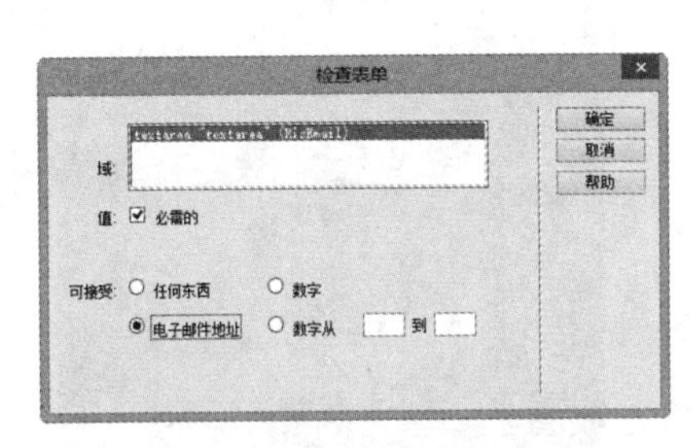

图 6-39　“检查表单”对话框

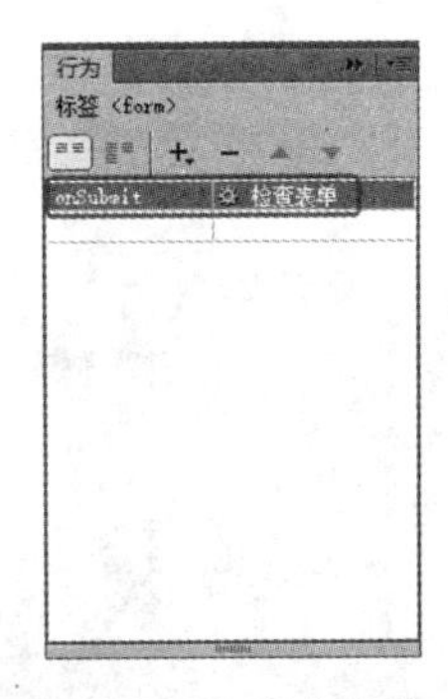

图 6-40　添加行为

知识要点

在该对话框默认状态的“可接受”选项组中，可以进行如下设置。

- 任何东西：如果该文本域是必需的，但不需要包含任何特定类型的数据，则使用“任何东西”。
- 电子邮件地址：使用“电子邮件地址”检查该域是否包含一个 @ 符号。
- 数字：使用“数字”检查该文本域是否只包含数字。
- 数字从：使用“数字从”检查该文本域是否包含特定范围内的数字。

05 保存文档，按 F12 键在浏览器中预览效果。当在文本域中输入不规则电子邮件地址和姓名时，表单将无法正常提交到后台服务器，这时会出现提示信息框，并要求重新输入，效果如图 6-36 所示。

6.2.7　设置状态栏文本

“设置状态栏文本”用于设置状态栏中显示的信息，当被适当的触发事件触发后，在状态栏中显示信息。下面通过实例讲述状态栏文本的设置方法，效果如图 6-41 所示，具体操作步骤如下。

图 6-41　状态栏文本设置效果

01 打开网页文档，如图 6-42 所示。

02 单击文档窗口中左下角的 <body> 标签，打开“行为”面板，单击“添加行为”按钮 +，在弹出的菜单中选择“设置文本”|“设置状态栏文本”选项，如图 6-43 所示。

图 6-42 打开网页文档

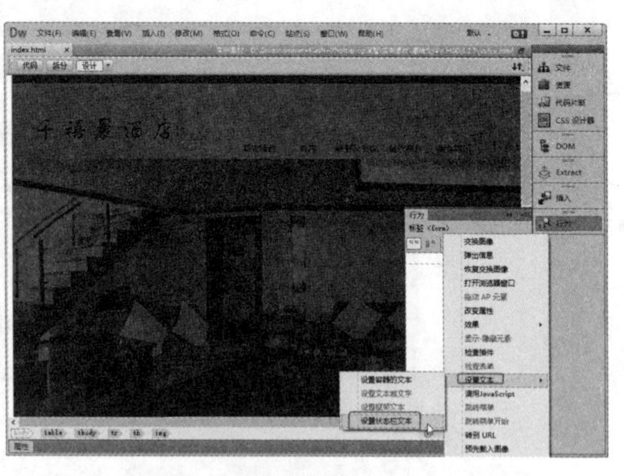

图 6-43 选择“设置状态栏文本”选项

03 弹出“设置状态栏文本”对话框，在“消息”文本框中输入“千禧晨酒店欢迎您！”如图 6-44 所示。

04 单击“确定”按钮，添加到“行为”面板中，如图 6-45 所示。

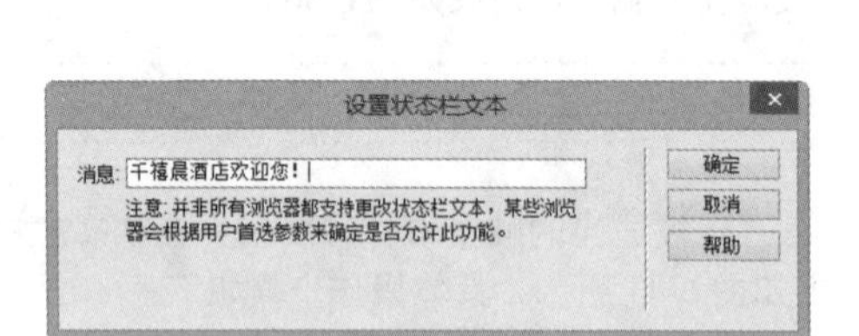

图 6-44 “设置状态栏文本”对话框

图 6-45 添加行为

提示

在“设置状态栏文本”对话框的“消息”文本框中输入消息文字，保持该消息简明扼要。如果消息不能完全放在状态栏中，浏览器将截断消息。

05 保存文档，按 F12 键在浏览器中预览，效果如图 6-41 所示。

6.3 利用脚本制作特效网页

JavaScript 是互联网上最流行的脚本语言，它存在于全世界所有的 Web 浏览器中，能够增强用户与网站之间的互动。可以自己编写 JavaScript 代码，也可以使用 JavaScript 库中提供的代码。

6.3.1 制作滚动公告网页

不少的网页上都有滚动公告栏，这不但使网页有限的空间显示更多内容，也使网页增加了动态效果。下面通过代码提示讲述在网页中插入 <marquee> 标签制作滚动公告栏的方法。滚动公告栏的应用将使整个网页更具动感，显得很有生气，流动公告栏的效果如图 6-46 所示，具体操作步骤如下。

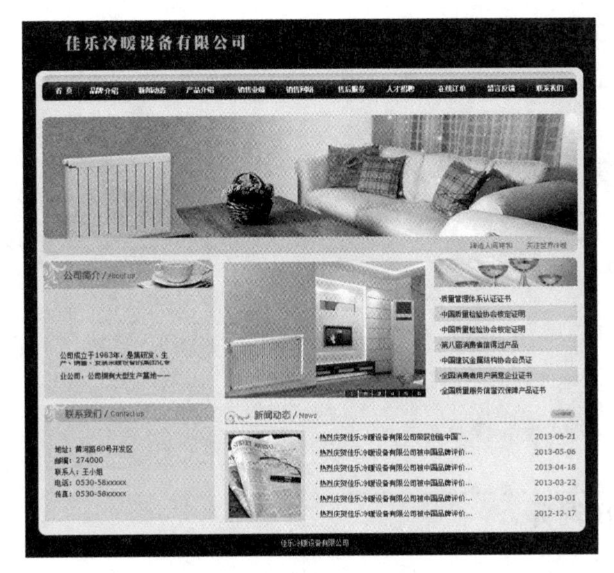

图 6-46　滚动公告效果

01 打开网页文档，选中文字，如图 6-47 所示。

02 进入“代码”视图状态，在文字的前面输入以下代码，如图 6-48 所示。

```
<marquee behavior="scroll"  direction="up"width="199"  height="130"
scrollAmount="1" scrollDelay="1">
```

图 6-47　打开网页文档

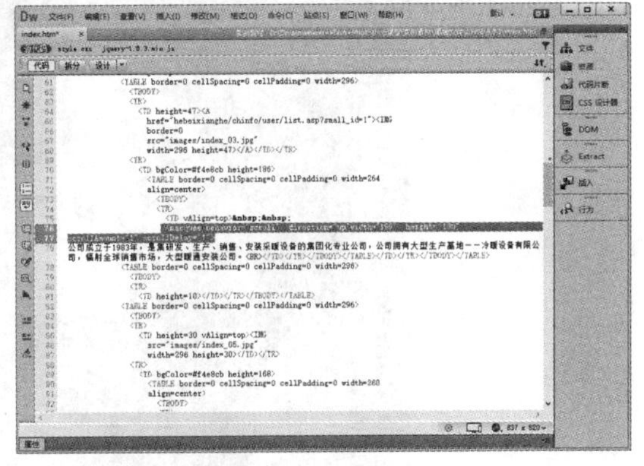

图 6-48　输入代码

03 在文字的后边加上代码 </marquee>，如图 6-49 所示

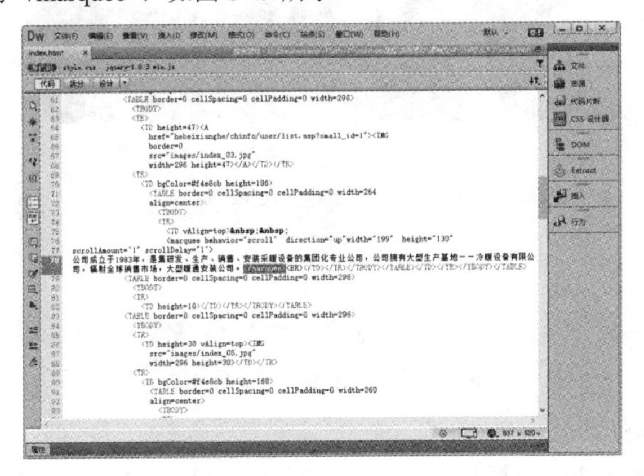

图 6-49　输入代码

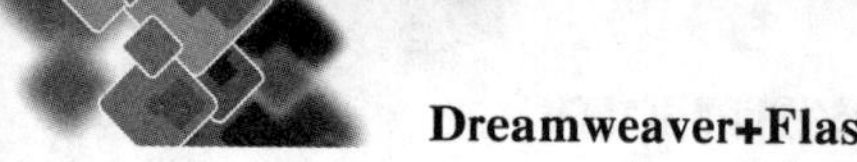

04 保存文档，按 F12 键在浏览器中预览，效果如图 6-46 所示。

提示

<marquee> 主要有下列属性。

- align：字幕文字对齐方式；
- width：字幕宽度；
- high：字幕高度；
- direction：文字滚动方向，其值可取 right、left、up、down；
- scrolldelay：滚动延迟时间，单位为毫秒；
- scrollamount：滚动数量，单位为像素。

6.3.2 制作自动关闭网页

下面创建一个调用 JavaScript 自动关闭网页的效果，如图 6-50 所示，具体操作步骤如下。

图 6-50　自动关闭网页的效果

01 打开网页文档，如图 6-51 所示。

02 单击文档窗口中左下角的 <body> 标签，执行“窗口” | “行为”命令，打开“行为”面板，在该面板

中单击“添加行为”按钮+，在弹出的菜单中选择“调用 JavaScript”选项，如图 6-52 所示。

图 6-51 打开网页文档

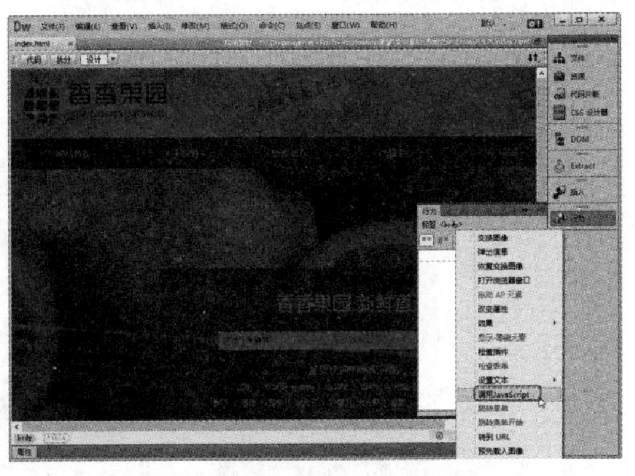

图 6-52 选择“调用 JavaScript”选项

03 选择该选项后，弹出“调用 JavaScript”对话框，在该对话框的 JavaScript 文本框中输入 window.close()，如图 6-53 所示。

04 单击“确定”按钮，添加到“行为”面板中，将事件设置为 onload，如图 6-54 所示。

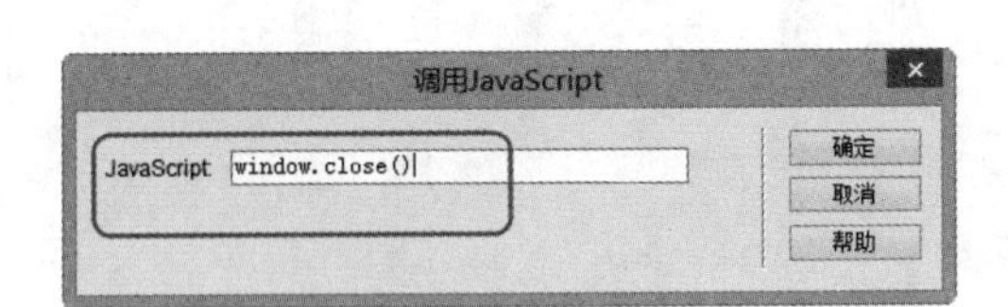

图 6-53 “调用 JavaScript”对话框

图 6-54 添加行为

05 保存文档，按 F12 键在浏览器中预览，效果如图 6-50 所示。

第7章

创建表单

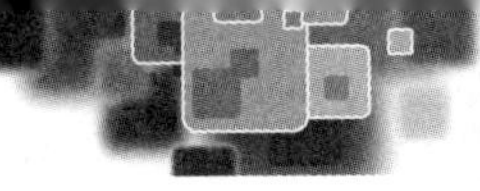

本章导读

在网站中，表单是实现网页上数据传输的基础，其作用就是实现访问者与网站之间的交互功能。利用表单，可以根据访问者输入的信息，自动生成页面反馈给访问者，还可以为网站收集访问者输入的信息。表单可以包含允许进行交互的各种对象，包括文本域、列表框、复选框、单选按钮、图像域、按钮，以及其他表单对象。本章就来讲述表单对象的使用方法和表单网页的常见技巧。

技术要点：

- 表单概述
- 插入输入类表单对象的使用方法
- 掌握制作电子邮件表单的方法

7.1 表单概述

一个完整的表单设计应该很明确地分为两部分——表单对象部分和应用程序部分，它们分别由网页设计师和程序设计师来设计完成。其过程是这样的，首先由网页设计师制作出一个可以让浏览者输入各项资料的表单页面，这部分属于在浏览器上可以看得到的内容，此时的表单只是一个外壳而已，不具有真正的工作能力，需要后台程序的支持。接着由程序设计师通过 ASP 或者 CGI 程序，来编写处理各项表单资料和反馈信息等操作所需的程序，这部分浏览者虽然看不见，但却是表单处理的核心部分。

表单用 <form></form> 标记来创建，在 <form></form> 标记之间的部分都属于表单的内容。<form> 标记具有 action、method 和 target 属性。

- action 的值是处理程序的程序名，如 <form action="URL">，如果这个属性是空值（""），则当前文档的 URL 将被使用，当用户提交表单时，服务器将执行这个程序。
- method 属性用来定义处理程序从表单中获得信息的方式，可取 GET 或 POST 中的一个。GET 方式是处理程序从当前 HTML 文档中获取数据，这种方式传送的数据量是有所限制的，一般限制在 1KB（255 个字节）以下；POST 方式传送的数据比较大，它是当前的 HTML 文档把数据传送给处理程序，传送的数据量要比使用 GET 方式大得多。
- target 属性用来指定目标窗口或目标帧。可选当前窗口 _self、父级窗口 _parent、顶层窗口 _top 和空白窗口 _blank。

7.2 插入输入类表单对象

可以使用 Dreamweaver 创建带有文本域、密码域、单选按钮、复选框、选择、按钮，以及其他输入类型的表单，这些输入类型又被称为“表单对象”。

7.2.1 插入表单域

使用表单必须具备的条件有两个：一个是含有表单元素的网页文档；另一个是具备服务器端的表单处理应用程序或客户端脚本程序，它能够处理用户输入到表单的信息。下面创建一个基本的表单，具体操作步骤如下。

01 打开网页文档，如图 7-1 所示。将光标置于文档中要插入表单的位置。

02 执行“插入”|“表单”|“表单”命令，如图 7-2 所示。

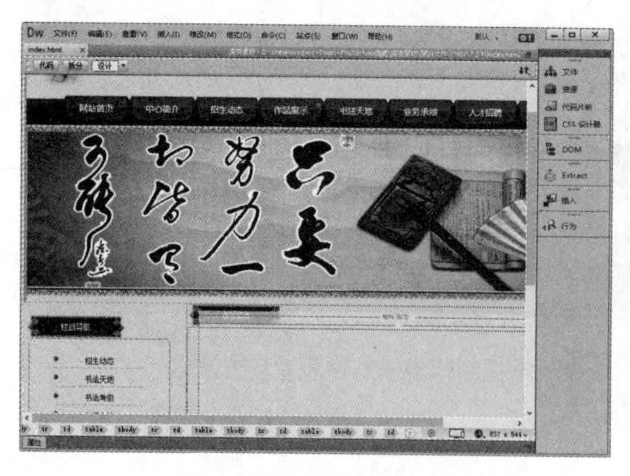

图 7-1 打开网页文档

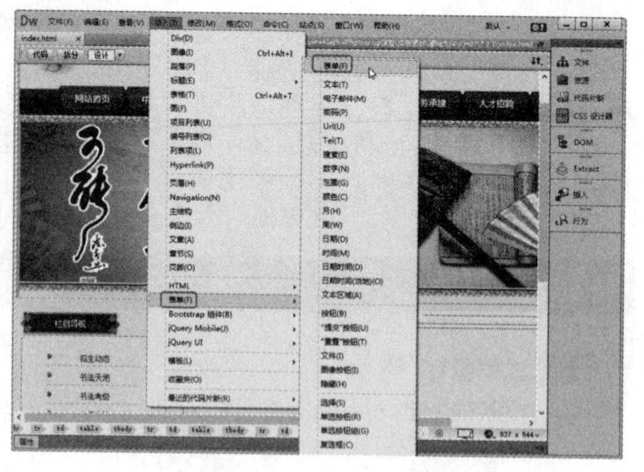

图 7-2 执行“表单”命令

提示

在“表单”插入栏中单击“表单”按钮，也可以插入表单。

03 执行命令后，页面中就会出现红色的虚线，这条虚线就是表单，如图 7-3 所示。

04 选中表单，在“属性”面板中，设置表单的属性，如图 7-4 所示。

图 7-3 插入表单

图 7-4 表单的属性面板

提示

执行命令后，如果看不到红色虚线的表单，可以执行“查看”|“可视化助理”|“不可见元素”命令，就可以看到插入的表单了。

知识要点

在表单的“属性”面板中可以设置以下参数。

- form ID：输入标识该表单的唯一名称。
- action：指定处理该表单的动态页或脚本的路径。可以在“动作”文本框中输入完整的路径，也可以单击文件夹图标浏览应用程序。如果没有相关程序支持，也可以使用 E-Mail 的方式来传输表单信息，这种方式需要在“动作”文本框中输入“mailto: 电子邮件地址”的内容，例如 mailto:jsxson@sohu.com，表示提交的信息将会发送到作者的邮箱中。

- method：在 method 下拉列表中，选择将表单数据传输到服务器的传送方式，包括 3 个选项。可以选择速度快但携带数据量小的 GET 方法，或者数据量大的 POST 方法。一般情况下应该使用 POST 方法，这在数据保密方面也比较有好处。
  - POST：用标准输入方式将表单内的数据传送给服务器，服务器用读取标准输入的方式读取表单内的数据。
  - GET：将表单内的数据附加到 URL 后面传送给服务器，服务器用读取环境变量的方式读取表单内的数据。
  - Method：用浏览器默认的方式，一般默认为 GET。
- enctype：用来设置发送数据的 MIME 编码类型，一般情况下应选择 application/x- www-form-urlencoded。
- Target：在“目标”下拉列表中指定一个窗口，该窗口中显示应用程序或者脚本程序，将表单处理完成后所显示的结果。
- _blank：反馈网页将在新开窗口里打开。
- _parent：反馈网页将在副窗口里打开。
- _self：反馈网页将在原窗口里打开。
- _top：反馈网页将在顶层窗口里打开。
- Class：在“类”下拉列表中选择要定义的表单样式。

7.2.2 插入文本域

文本域接受任何类型的字母、数字输入内容。文本域主要用于单行信息的输入，创建文本域的具体操作步骤如下。

01 将光标置于表单中，执行“插入”|“表格”命令，弹出 Table 对话框，在该对话框中将“行数”设置为 10，“列”设置为 2，如图 7-5 所示。

02 单击“确定”按钮，插入表格，如图 7-6 所示。

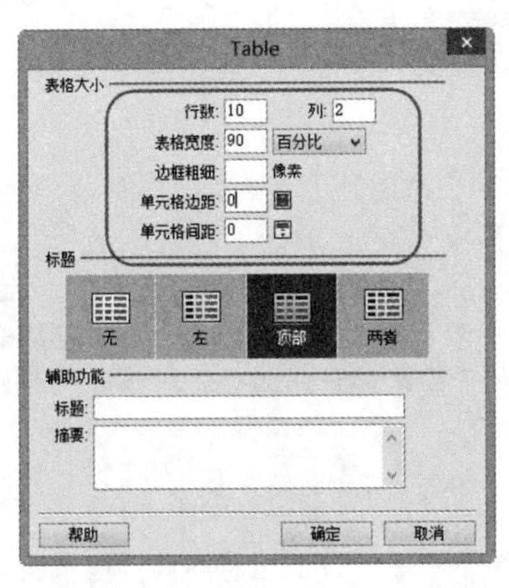

图 7-5 Table 对话框

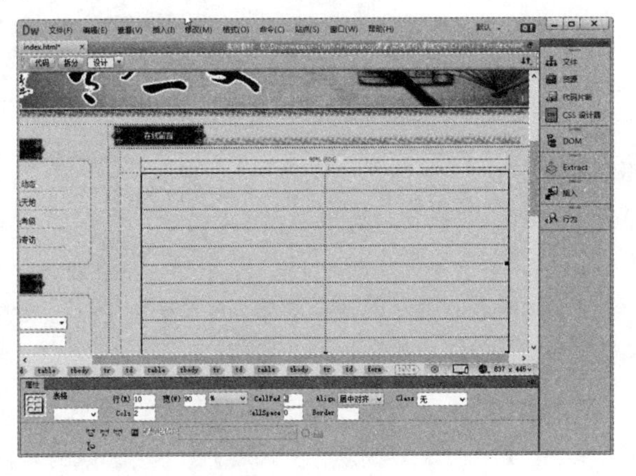

图 7-6 插入表格

03 将光标置于表格的第 1 行第 1 列单元格中，输入文字“姓名：”如图 7-7 所示。

04 将光标置于表格的第 1 行第 2 列单元格中，执行“插入”|“表单”|“文本”命令，插入文本域，如图 7-8 所示。

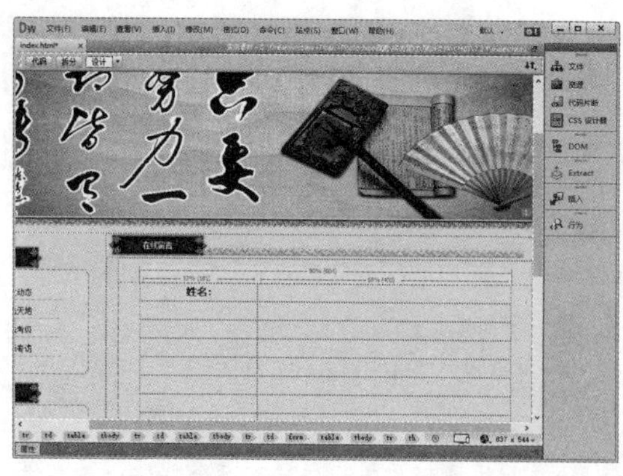

图 7-7　输入文字

图 7-8　插入文本域

提示

在"表单"插入栏中单击"文本"按钮 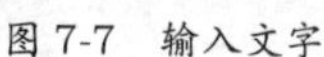，可以插入文本域。

05 选中插入的文本域，打开"属性"面板，在该面板中设置文本域的相关属性，如图 7-9 所示。

图 7-9　文本域属性面板

指点迷津

在文本域属性面板中主要有以下参数。

- Name：在文本框中为该文本域指定一个名称，每个文本域都必须有一个唯一的名称。文本域名称不能包含空格或特殊字符，可以使用字母、数字、字符和下画线的任意组合。所选名称最好与输入的信息有关。
- Size：设置文本域可显示的字符宽度。
- MaxLength：设置单行文本域中最多可输入的字符数。使用"最多字符数"将邮政编码限制为 6 个字符，将密码限制为 10 个字符等。如果将"最多字符数"文本框保留为空白，则可以输入任意数量的文本，如果文本超过字符宽度，文本将滚动显示。如果输入超过最大字符数，则表单会发生警告声。
- Pattern：可用于指定 JavaScript 正确表达式模式以验证输入，省略前导斜杠和结尾斜杠。
- List：可用于编辑属性检查器中未列出的属性。

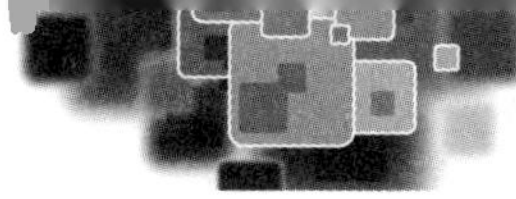

7.2.3　插入密码域

使用密码域输入的密码及其他信息在发送到服务器时并未进行加密处理。所传输的数据可能会以字母、数字的文本形式被截获并被读取。因此，始终应对要确保安全的数据进行加密。创建密码域的具体操作步骤如下。

01 将光标置于表格的第 3 行第 1 列中，输入文字“密码：”如图 7-10 所示。

02 将光标置于表格的第 3 行第 2 列单元格中，执行“插入”|“表单”|“密码”命令，插入密码域，如图 7-11 所示。

图 7-10　输入文字

图 7-11　插入密码域

高手支招

最好对不同内容的文本域进行不同数量的限制，防止个别浏览者恶意输入大量数据，维护系统的稳定性，例如用户名可以设置为 30 个字符；密码可以设置为 20 个字符；邮政编码可以设置为 6 个字符等。

7.2.4　插入多行文本域

如果希望创建多行文本域，则需要使用文本区域，插入文本区域的具体操作步骤如下。

01 将光标置于第 9 行第 1 列单元格中，输入文字“留言内容：”如图 7-12 所示。

02 将光标置于第 9 行第 2 列中，执行“插入”|“表单”|“文本区域”命令，插入文本区域，如图 7-13 所示。

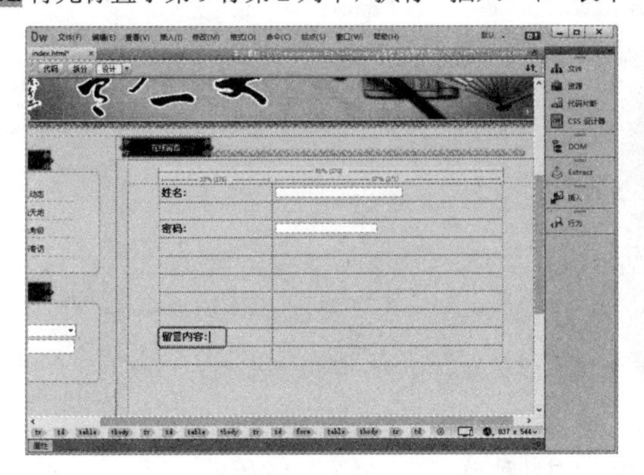

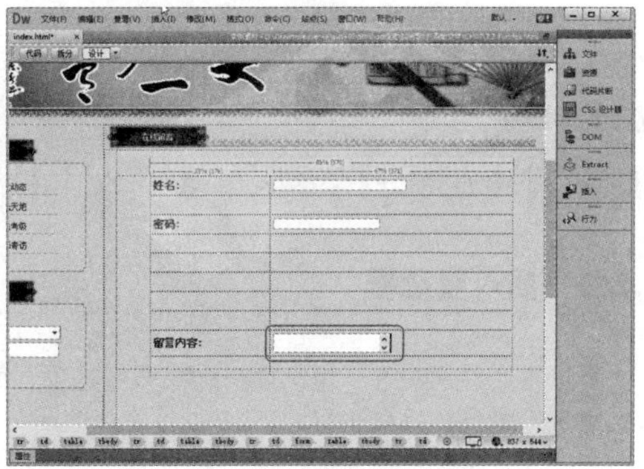

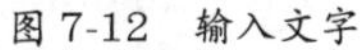

图 7-12　输入文字

图 7-13　插入文本区域

提示

在“表单”插入栏中单击“文本区域”按钮，也可插入多行文本域。

03 选中插入的文本区域，打开“属性”面板，在该面板中设置其属性，如图 7-14 所示。

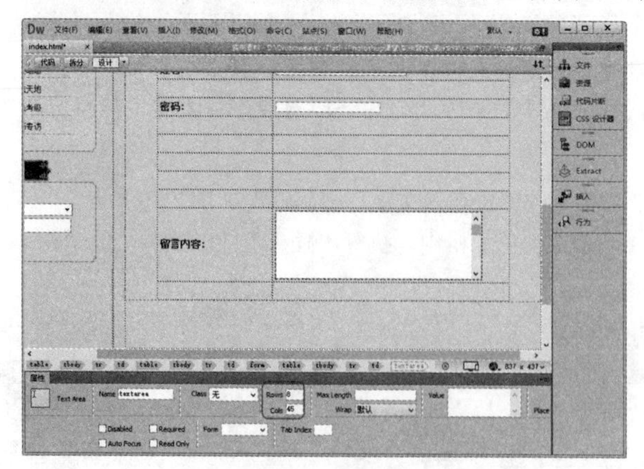

图 7-14　文本区域的属性面板

7.2.5　插入隐藏域

可以使用隐藏域存储并提交非用户输入的信息，该信息对用户而言是隐藏的。

将光标置于要插入隐藏域的位置，执行“插入” | “表单” | “隐藏”命令，插入隐藏域，如图 7-15 所示。

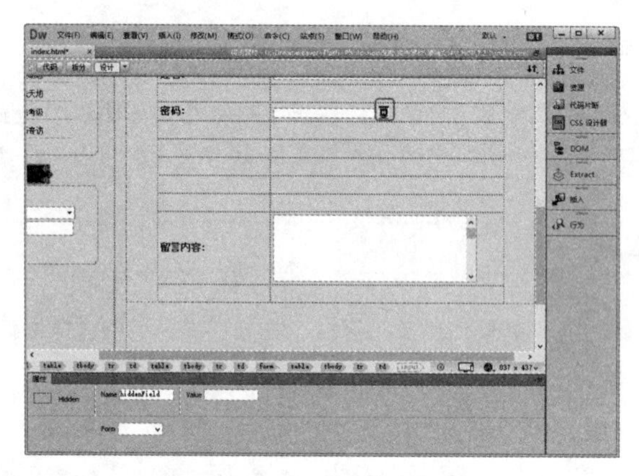

图 7-15　插入隐藏域

指点迷津

单击“表单”插入栏中的“隐藏域”按钮，也可以插入隐藏域。

7.2.6　插入复选框

复选框允许用户在一组选项中选择多个选项，每个复选框都是独立的，所以必须有一个唯一的名称。插入复选框的具体操作步骤如下。

01 将光标置于表格的第 4 行第 1 列单元格中，输入文字“书法种类：”，如图 7-16 所示。

02 将光标置于表格的第 4 行第 2 列单元格中，执行“插入” | “表单” | “复选框”命令，插入复选框，如图 7-17 所示。

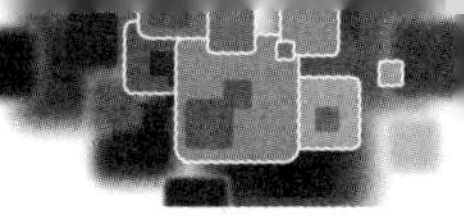

提示

在"表单"插入栏中单击"复选框"按钮☑，也可以插入复选框。

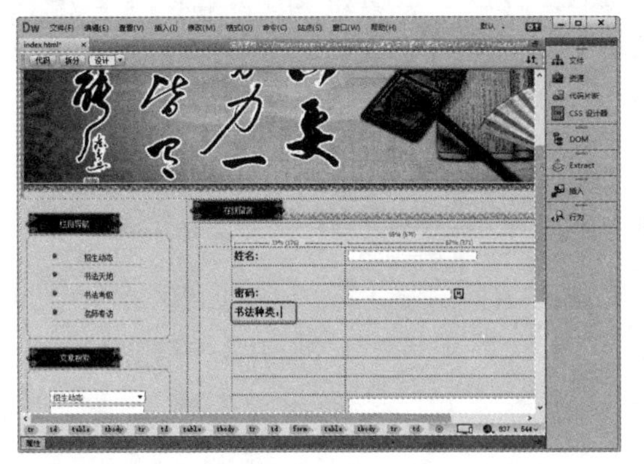

图 7-16　输入文字

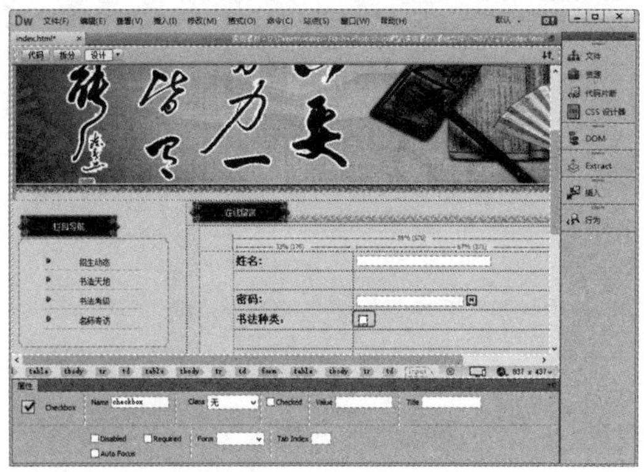

图 7-17　插入复选框

03 将光标置于复选框的右侧，输入文字"楷书"，如图 7-18 所示。

04 将光标置于文字的右侧，插入其他的复选框，并输入相应的文字，如图 7-19 所示。

图 7-18　输入文字

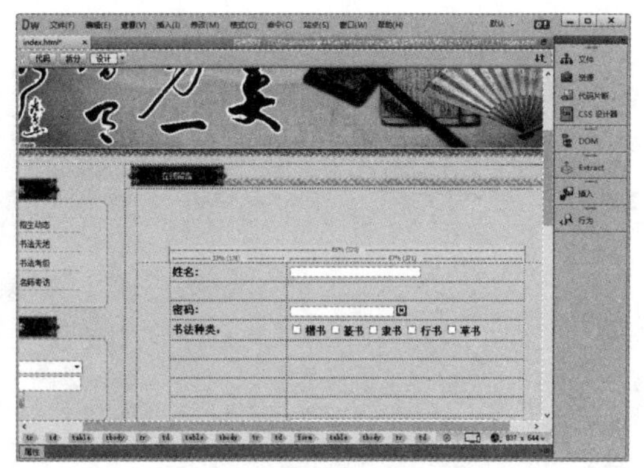

图 7-19　输入其他的复选框

7.2.7　插入单选按钮

单选按钮只允许从多个选项中选择一个选项。单选按钮通常会成组使用，在同一个组中的所有单选按钮必须具有相同的名称。插入单选按钮的具体操作步骤如下。

01 将光标置于表格的第 2 行第 1 列单元格中，输入文字"性别："如图 7-20 所示。

02 将光标置于表格的第 4 行第 2 列单元格中，执行"插入"|"表单"|"单选按钮"命令，插入单选按钮，如图 7-21 所示。

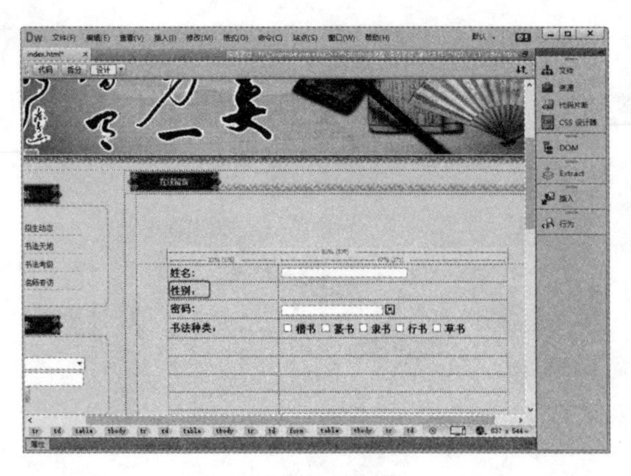

图 7-20　输入文字

图 7-21　插入单选按钮

提示

在“表单”插入栏中单击“单选按钮”按钮◉，也可以插入单选按钮。

03 将光标置于单选按钮的右侧，输入文字“男”，如图 7-22 所示。

04 按照步骤 2 ～ 4 的方法，插入第二个单选按钮，并输入文字“女”，如图 7-23 所示。

图 7-22　输入文字

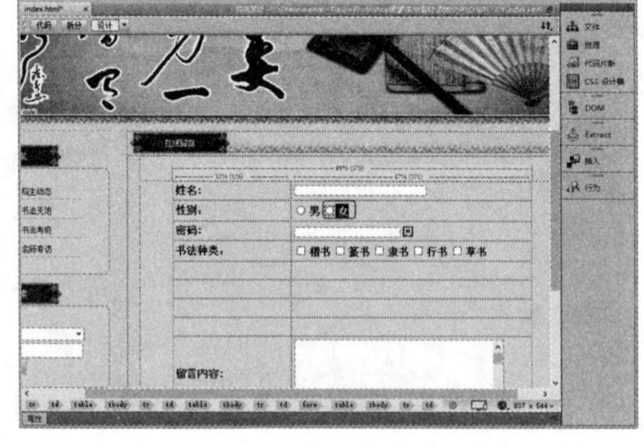

图 7-23　插入其他单选按钮

7.2.8　插入列表 / 菜单

选择框使访问者可以从列表中选择一个或多个项目。当空间有限，但需要显示许多项目时，选择框非常有用。如果想要对返回给服务器的值予以控制，也可以使用选择框。选择框与文本域不同，在文本域中用户可以随心所欲地输入任何信息，甚至包括无效的数据，而使用选择框则可以设置某个菜单返回的确切值。具体操作步骤如下。

01 将光标置于表格的第 8 行第 1 列单元格中，输入文字“书法培训：”如图 7-24 所示。

02 将光标置于表格的第 8 行第 2 列单元格中，执行“插入” | “表单” | “选择”命令，插入选择框，如图 7-25 所示。

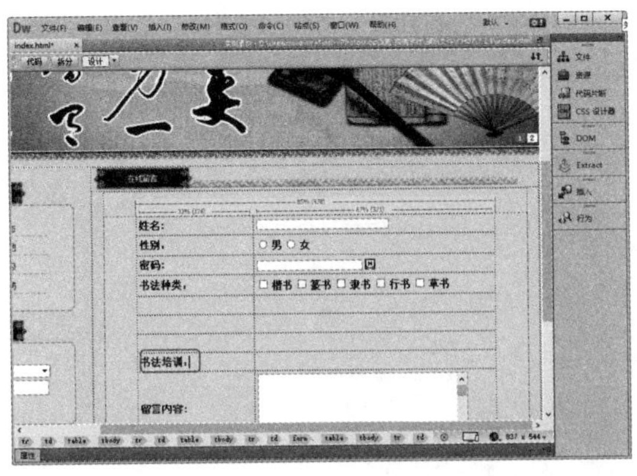

图 7-24　输入文字

图 7-25　插入选择框

提示

在“表单”插入栏中单击“选择”按钮，也可以插入选择。

03 选中选择框，在属性面板中单击 列表值... 按钮，如图 7-26 所示。

04 弹出“列表值”对话框，在该对话框中单击 + 按钮添加相应的内容，如图 7-27 所示。

图 7-26　选择属性面板

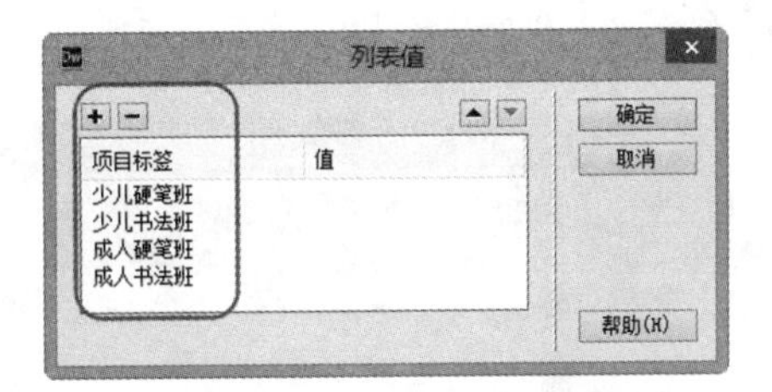

图 7-27　“列表值”对话框

指点迷津

列表 / 菜单的属性面板中主要有以下参数。

- Name：在其文本框中输入列表 / 菜单的名称。
- Size：用于指定要在列表菜单中显示的行数，仅选择列表类型时才可用。
- Selected：可用于指定用户是否可以从列表中一次选择多个选项，仅选择列表类型时才可用。
- 列表值：单击 列表值... 按钮，弹出“列表值”对话框，在该对话框中向菜单中添加菜单项。

05 单击“确定”按钮，添加列表值，如图 7-28 所示。

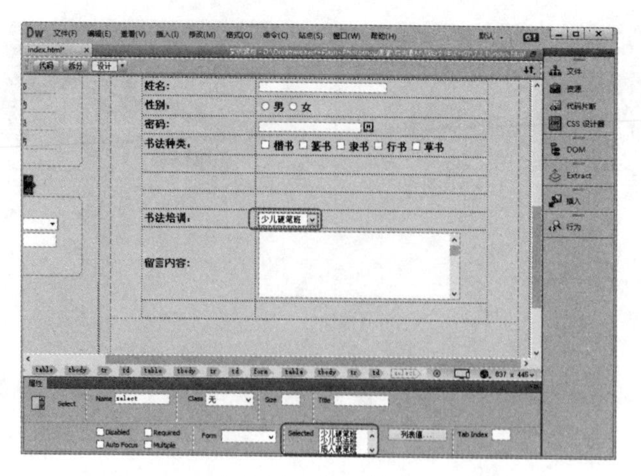

图 7-28　添加列表值

7.2.9　插入 Tel

插入 Tel 的具体操作步骤如下。

01 将光标置于表格的第 5 行第 1 列单元格中，输入文字“电话：”如图 7-29 所示。

02 将光标置于表格的第 4 行第 2 列单元格中，执行“插入”|“表单”|“Tel”命令，插入 Tel，如图 7-30 所示。

提示

在“表单”插入栏中单击 Tel 按钮，也可以插入 Tel。

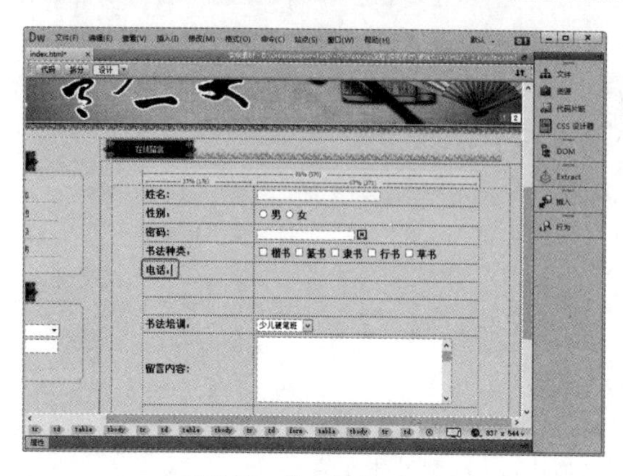

图 7-29　输入文字

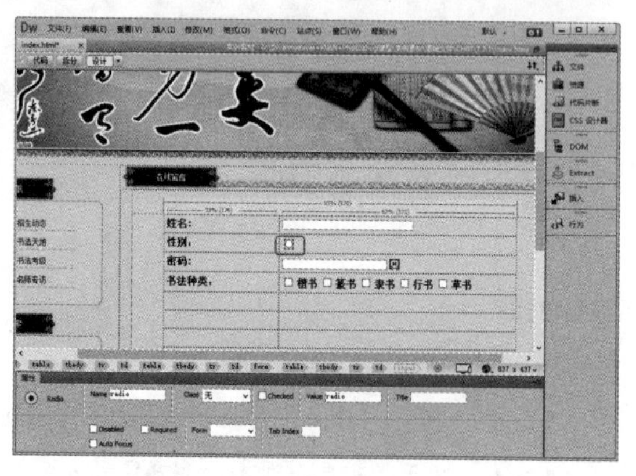

图 7-30　插入 Tel

7.2.10　插入文件域

可以创建文件域，文件域使浏览者可以选择其计算机上的文件，如字处理文档或图像文件，并将该文件上传到服务器。文件域的外观与文本域类似，只是文件域还包含一个“浏览”按钮。浏览者可以手动输入要上传的文件路径，也可以使用“浏览”按钮定位并选择该文件。具体操作步骤如下。

01 将光标置于表格的第 7 行第 1 列单元格中，输入文字“上传文件：”如图 7-31 所示。

02 将光标置于表格的第 7 行第 2 列单元格中，执行“插入”|“表单”|“文件”命令，插入文件域，如图 7-32 所示。

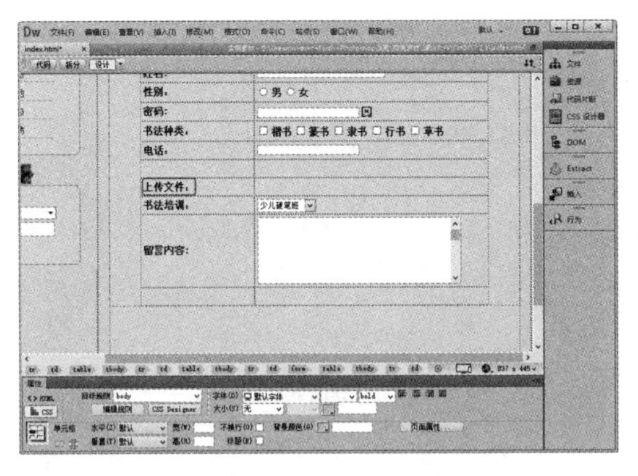

图 7-31 输入文字

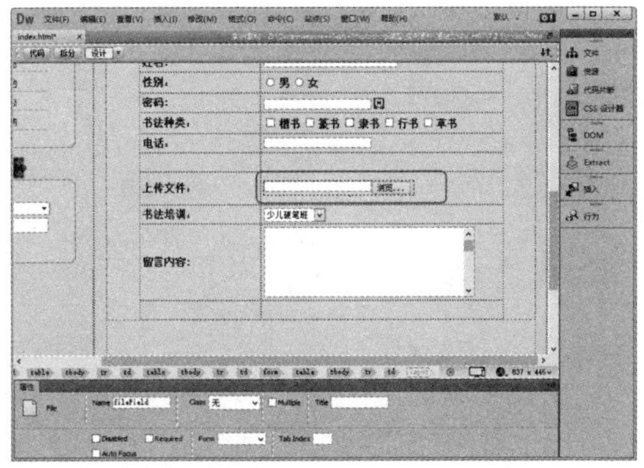

图 7-32 插入文件域

提示

在"表单"插入栏中单击"文件"按钮，可插入文件。

7.2.11 插入图像域

在 Dreamweaver 中，可以使用指定的图像作为按钮。如果使用图像来执行任务而不是提交数据，则需要将某种行为附加到表单对象上。创建图像按钮的具体操作步骤如下。

01 将光标置于表格的第 6 行第 1 列单元格中，输入文字"验证码："如图 7-33 所示。

02 将光标置于表格的第 7 行第 2 列单元格中，执行"插入" | "表单" | "文本"命令，插入文本域，如图 7-34 所示。

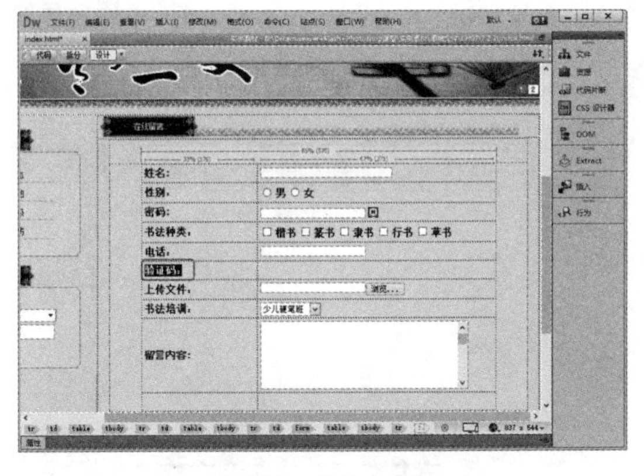

图 7-33 输入文字

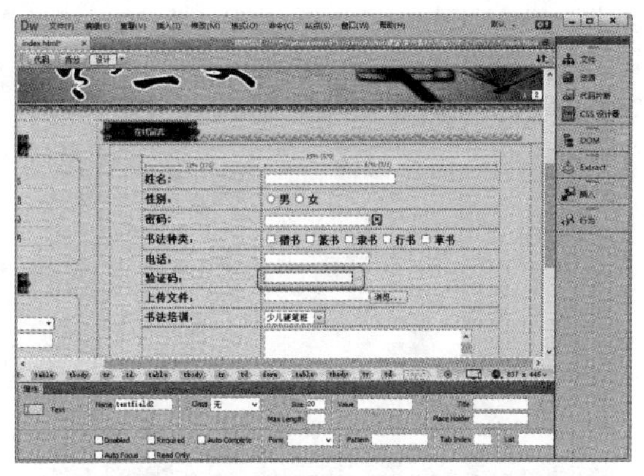

图 7-34 插入文本域

03 将光标置于文本域的右侧，执行"插入" | "表单" | "图像按钮"命令，弹出"选择图像源文件"对话框，选择图像源文件 images/icon_04.gif，如图 7-35 所示。

04 单击"确定"按钮，插入图像按钮，如图 7-36 所示。

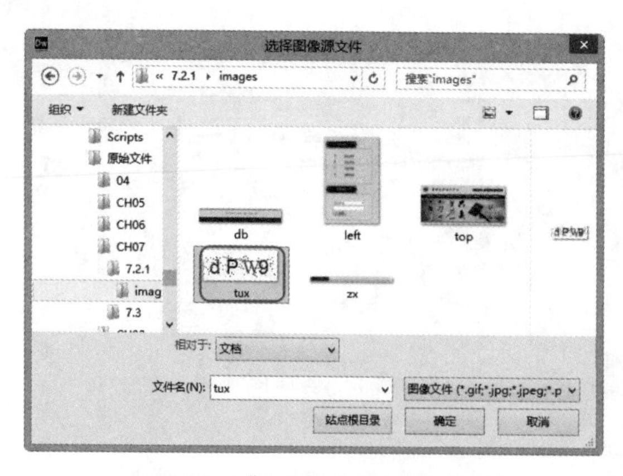

图 7-35 “选择图像源文件”对话框

图 7-36 插入图像域

提示

在“表单”插入栏中单击“图像”按钮，可插入图像域。

7.2.12 插入按钮

对表单而言按钮是非常重要的，它能够控制对表单内容的操作，如“提交”或“重置”。要将表单内容发送到远端服务器上，使用“提交”按钮；要清除现有的表单内容，使用“重置”按钮。插入按钮的具体操作步骤如下。

01 将光标置于表格的第 10 行第 2 列单元格中，执行“插入”|“表单”|“提交”命令，插入提交按钮，如图 7-37 所示。

02 将光标置于提交按钮右侧，执行“插入”|“表单”|“重置按钮”命令，插入重置按钮，并在属性面板中设置相关属性，如图 7-38 所示。

03 保存文档，完成表单对象的制作。

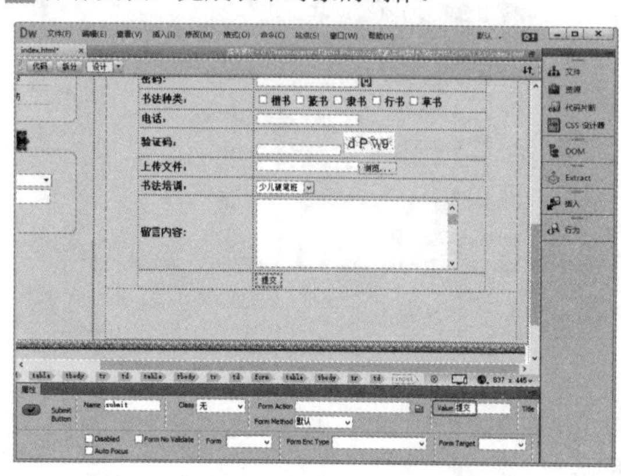

图 7-37 插入提交按钮

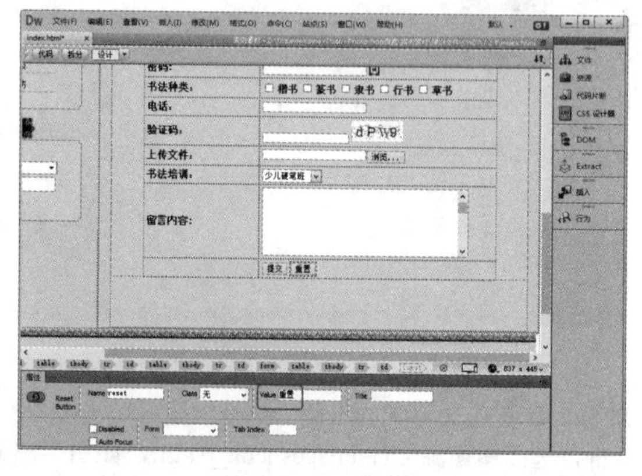

图 7-38 插入重置按钮

7.3 综合实例——制作电子邮件表单

表单是网站的管理者与访问者进行交互的重要工具，一个没有表单的页面传递信息的能力是有限的，所以表单经常用来制作用户登录、会员注册及信息调查等页面。

在实际应用中，这些表单对象很少单独使用，一般一个表单中会有各种类型的表单对象，以便于浏览者对不同类型的问题做出最方便、快捷的回答。因此，在这一节中，我们将会带领读者，一步一步亲手制作一个完整的电子邮件表单，效果如图 7-39 所示，具体的操作步骤如下。

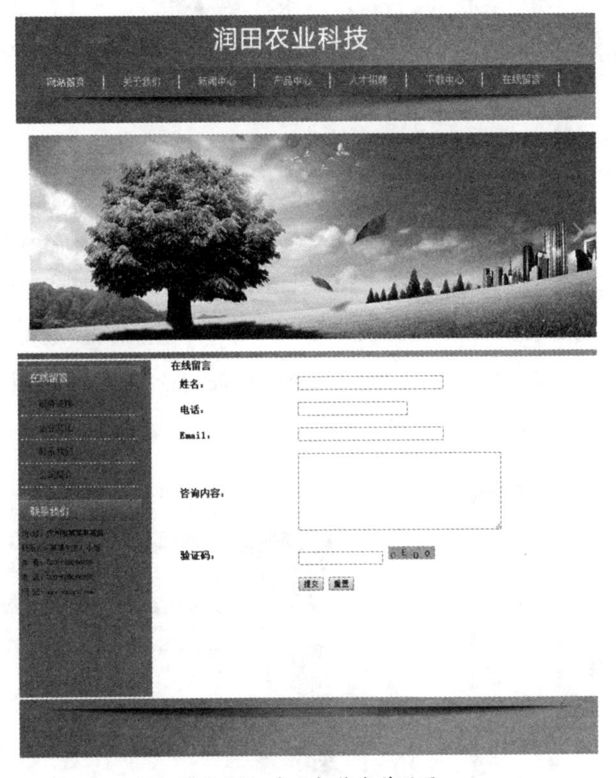

图 7-39　电子邮件表单效果

01 打开网页文档，如图 7-40 所示。

02 执行“插入”｜“表单”｜“表单”命令，如图 7-41 所示。

图 7-40　打开网页文档

图 7-41　执行“表单”命令

03 执行命令后，页面中就会出现红色的虚线，这条虚线就是表单，如图 7-42 所示。

04 选中表单，在“属性”面板中设置表单的属性，如图 7-43 所示。

图 7-42　插入表单

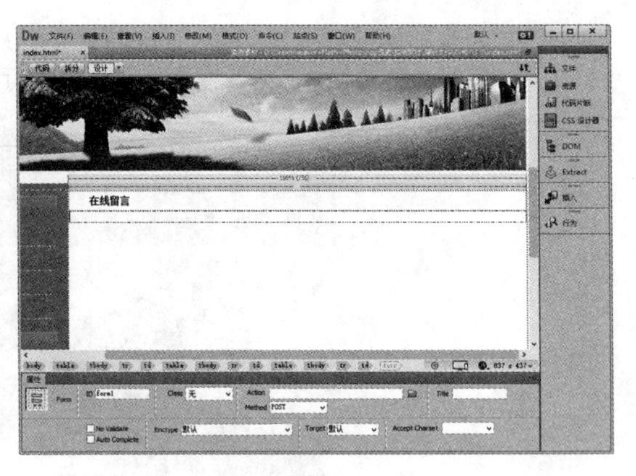

图 7-43　设置表单的属性

05 将光标置于表单中，执行“插入”｜“表格”命令，弹出 Table 对话框，在该对话框中将“行数”设置为 6，“列”设置为 2，如图 7-44 所示。

06 单击“确定”按钮，插入表格，如图 7-45 所示。

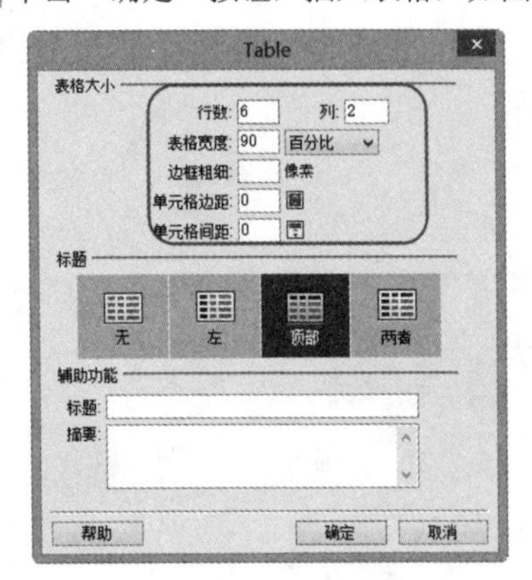

图 7-44　Table 对话框

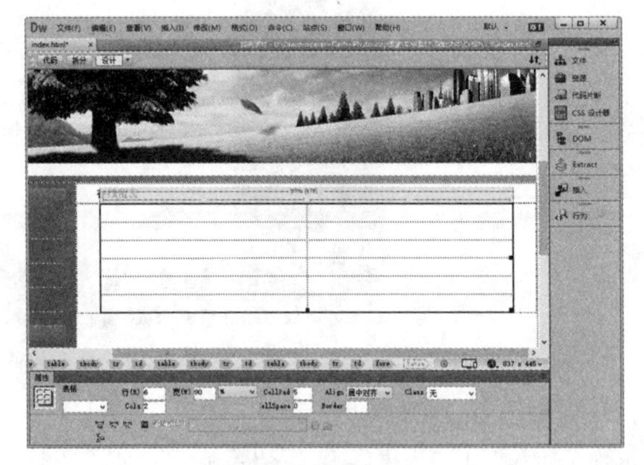

图 7-45　插入表格

07 将光标置于表格的第 1 行第 1 列单元格中，输入文字“姓名：”如图 7-46 所示。

08 将光标置于表格的第 1 行第 2 列单元格中，执行“插入”｜“表单”｜“文本”命令，插入文本域，如图 7-47 所示。

图 7-46　输入文字

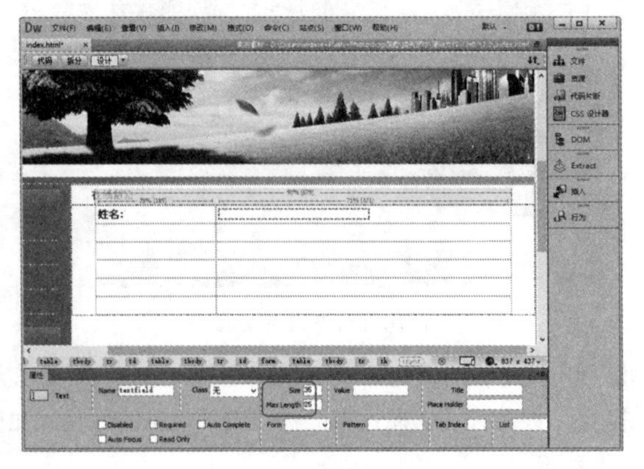

图 7-47　插入文本域

09 将光标置于表格的第 2 行第 1 列单元格中，输入文字“电话：”如图 7-48 所示。

10 将光标置于表格的第 2 行第 2 列单元格中，执行“插入”｜“表单”｜“Tel”命令，插入 Tel，如图 7-49 所示。

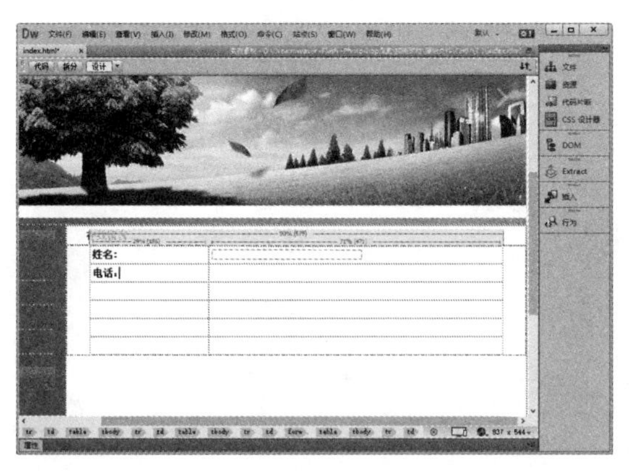

图 7-48 输入文字

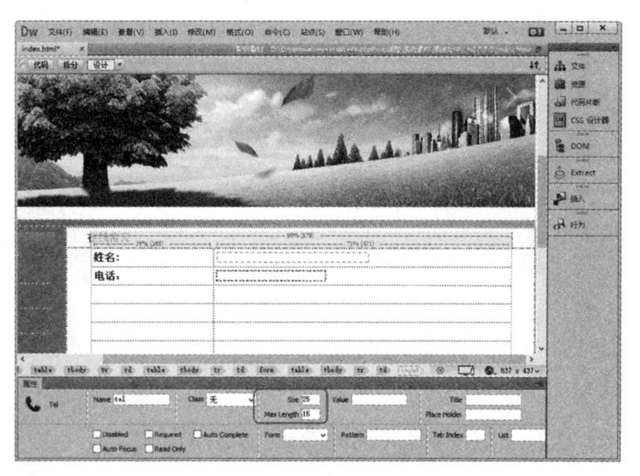

图 7-49 插入 Tel

11 将光标置于表格的第 3 行第 1 列单元格中，输入文字“Email：”如图 7-50 所示。

12 将光标置于表格的第 3 行第 2 列单元格中，执行“插入”｜“表单”｜“电子邮件”命令，插入电子邮件，如图 7-51 所示。

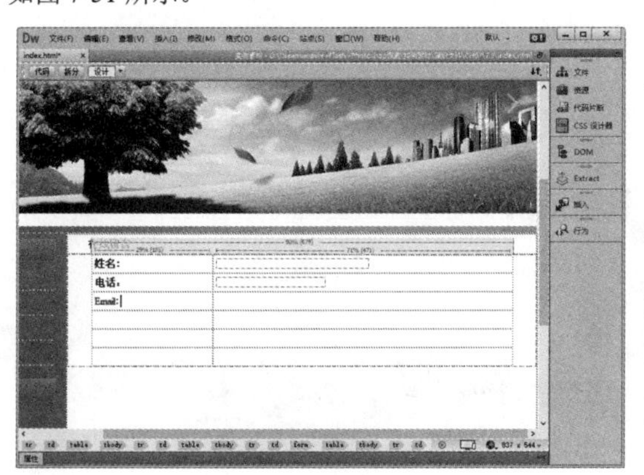

图 7-50 输入文字

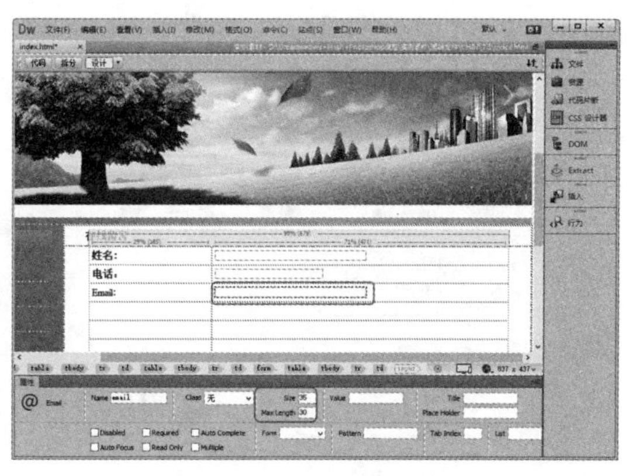

图 7-51 插入电子邮件

13 将光标置于表格的第 4 行第 1 列单元格中，输入文字“咨询内容：”如图 7-52 所示。

14 将光标置于表格的第 4 行第 2 列单元格中，执行“插入”｜“表单”｜“文本区域”命令，插入文本区域，如图 7-53 所示。

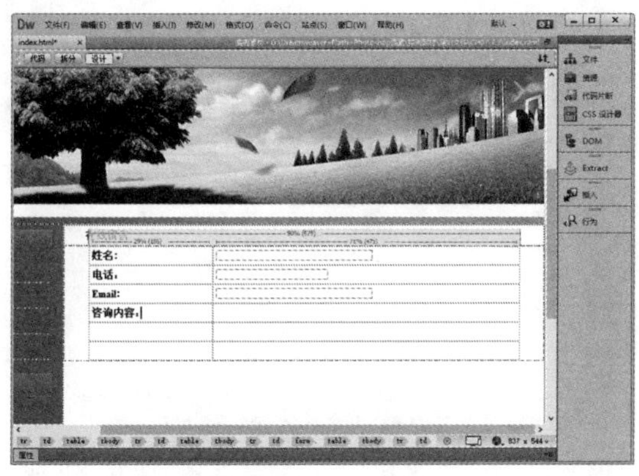

图 7-52 输入文字

图 7-53 插入文本区域

15 将光标置于表格的第 5 行第 1 列单元格中，输入文字“验证码：”如图 7-54 所示。

16 将光标置于表格的第 5 行第 2 列单元格中，执行“插入”｜“表单”｜“文本”命令，插入文本域，如图 7-55 所示。

图 7-54 输入文字

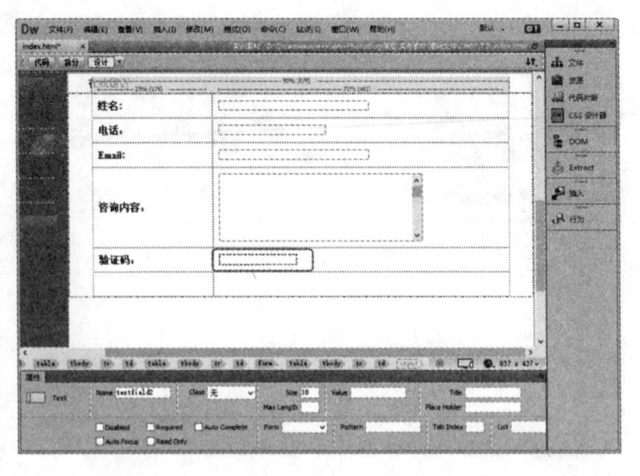

图 7-55 插入文本域

17 将光标置于文本域的右侧，执行“插入”|“表单”|“图像按钮”命令，弹出“选择图像源文件”对话框，在该对话框中选择文件 images/yanzhengma.jpg，如图 7-56 所示。

18 单击“确定”按钮，插入图像按钮，如图 7-57 所示。

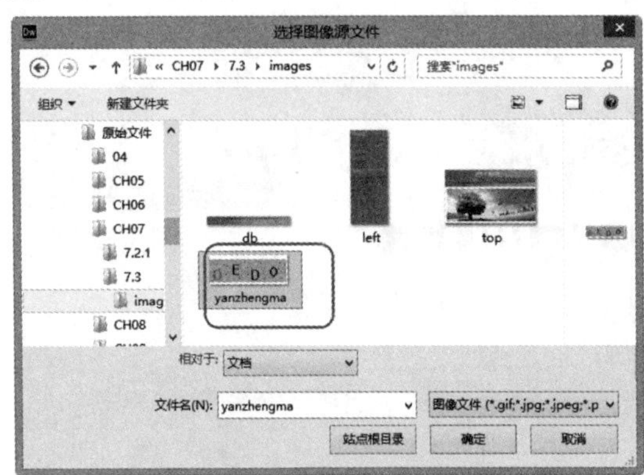

图 7-56 “选择图像源文件”对话框

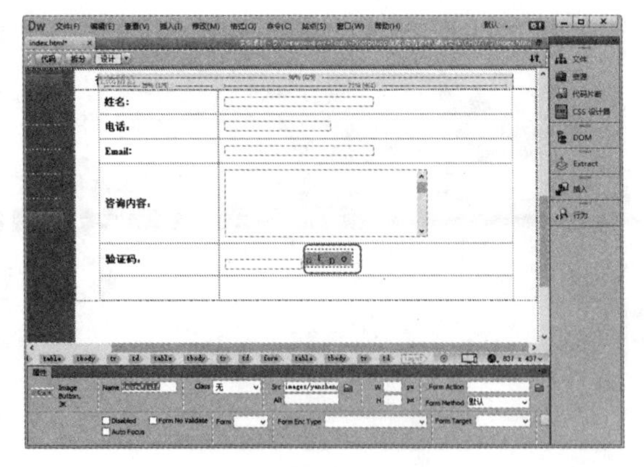

图 7-57 插入图像按钮

19 将光标置于表格的第 6 行第 2 列单元格中，执行“插入”|“表单”|“提交按钮”命令，插入提交按钮，如图 7-58 所示。

20 将光标置于表格的第 6 行第 2 列单元格中，执行“插入”|“表单”|“重置按钮”命令，插入重置按钮，如图 7-59 所示。

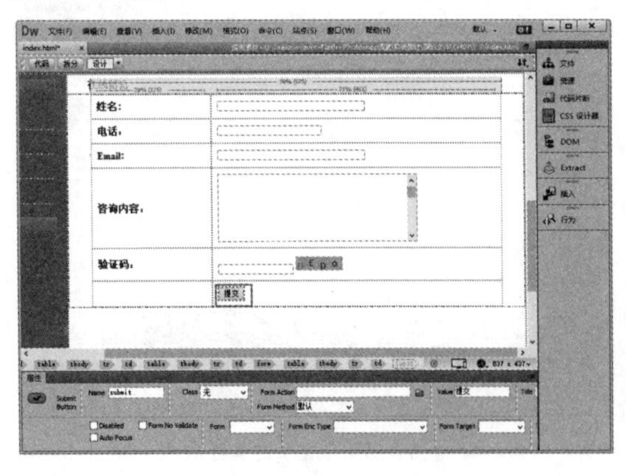

图 7-58 插入提交按钮

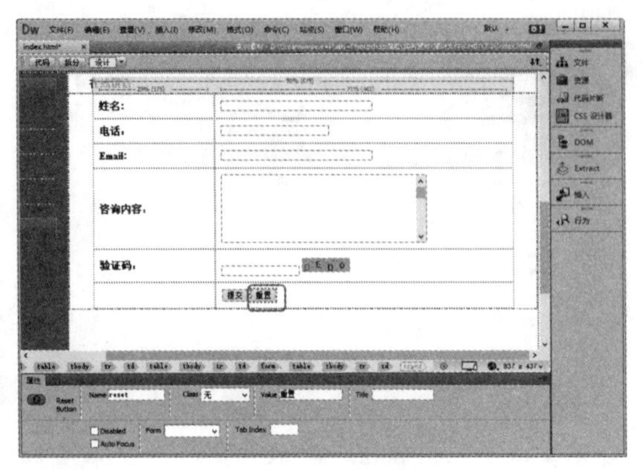

图 7-59 插入重置按钮

21 保存文档，完成电子邮件表单的制作，如图 7-39 所示。

第8章

用表格排版网页

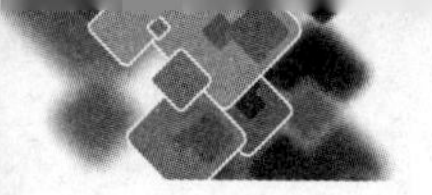

本章导读

表格是网页排版设计的常用工具，表格在网页中不仅可以用来排列数据，而且可以对页面中的图像、文本等元素进行准确定位，得页面在形式上既丰富多彩又有条理，从而使页面显得更加整齐有序。本章主要讲述表格的创建、表格属性的设置、表格的基本操作、表格的排序和导入表格式数据等。

技术要点：

- ◆ 掌握在网页中插入表格的方法
- ◆ 掌握设置表格属性的方法
- ◆ 掌握表格的基本操作
- ◆ 掌握表格的其他功能
- ◆ 利用表格排版页面
- ◆ 创建网页圆角表格

8.1 在网页中插入表格

在 Adobe Dreamweaver CC 中，表格可以用于安排网页文档的整体布局，起着非常重要的作用。

8.1.1 插入表格

在 Dreamweaver 中，表格可以用于制作简单的图表，还可以用于安排网页文档的整体布局，起着非常重要的作用。在网页中插入表格的方法非常简单，具体操作步骤如下。

01 打开网页文档，将光标置于要插入表格的位置，如图 8-1 所示。

02 执行“插入” | “表格”命令，弹出 Table 对话框，在该对话框中将“行数”设置为 3，“列”设置为 2，“表格宽度”设置为 80%，如图 8-2 所示。

图 8-1　打开网页文档

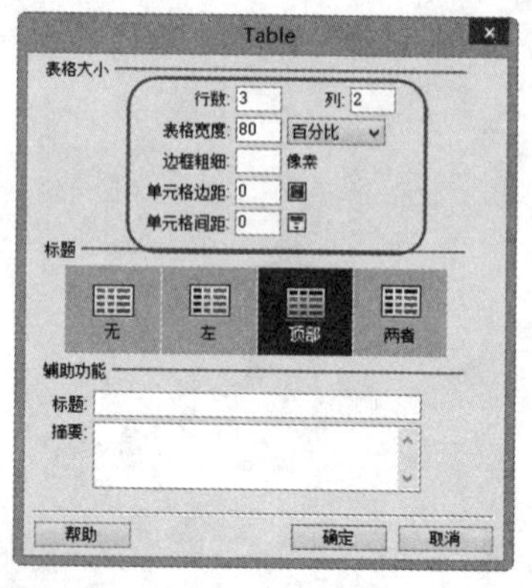

图 8-2　Table 对话框

知识要点

在 Table 对话框中可以进行如下设置。

- “行数”：在该文本框中输入新建表格的行数。
- “列”：在该文本框中输入新建表格的列数。
- “表格宽度”：用于设置表格的宽度，其中右侧的下拉列表中包含“百分比”和“像素”。
- “边框粗细”：用于设置表格边框的宽度，如果设置为 0，在浏览时则看不到表格的边框。
- “单元格边距”：单元格内容和单元格边界之间的像素数。

- “单元格间距”：单元格之间的像素数。
- “标题”：可以定义表头样式，4种样式可以任选其一。
- “辅助功能”：定义表格的标题。
- “标题”：用来定义表格标题的对齐方式。
- “摘要”：用来对表格进行注释。

03 单击“确定”按钮，插入表格，如图8-3所示。

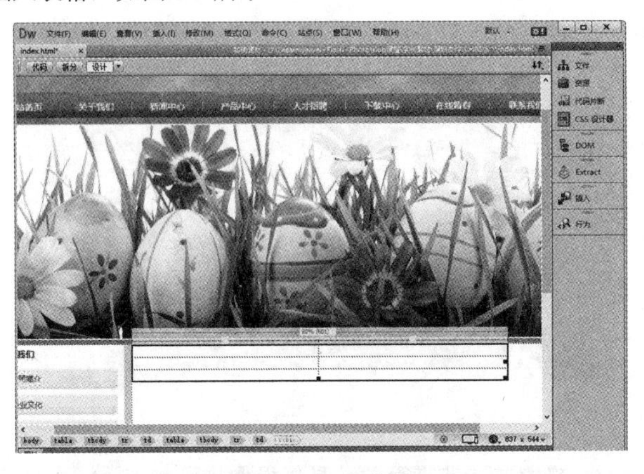

图8-3 插入表格

提示

如果没有明确指定单元格间距和单元格边距，大多数浏览器都将单元格边距设置为1，单元格间距设置为2来显示表格。若要确保浏览器不显示表格中的边距和间距，可以将单元格边距和间距设置为0。大多数浏览器按边框设置为1显示表格。

8.1.2 添加内容到单元格

表格建立以后，就可以向表格中添加各种元素了，如文本、图像、表格等。在表格中添加文本就如同在文档中操作一样，除了直接输入文本，还可以先利用其他文本编辑器编辑文本，然后将文本复制到表格里，这也是在文档中添加文本的一种简洁而快速的方法。将光标置于单元格中，在每个单元格中分别输入相应的文字，如图8-4所示。

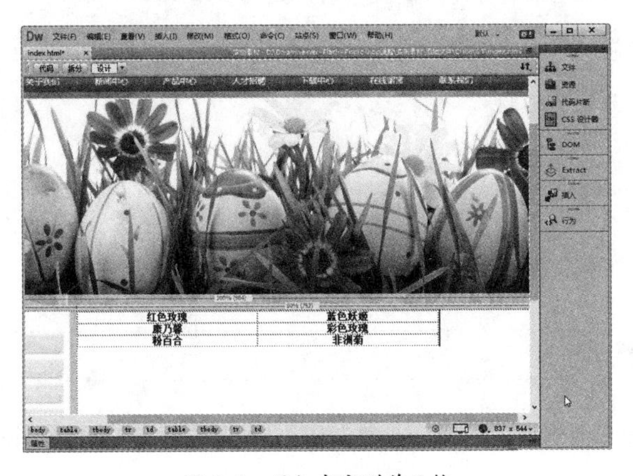

图8-4 添加内容到单元格

8.2 设置表格属性

创建完表格后可以根据实际需要对表格的属性进行设置，如宽度、边框、对齐等，也可以只对某些单元格进行设置。

8.2.1 设置单元格属性

将光标置于单元格中，该单元格将处于选中状态，此时“属性”面板中显示出所有允许设置的单元格属性的选项，如图8-5所示。

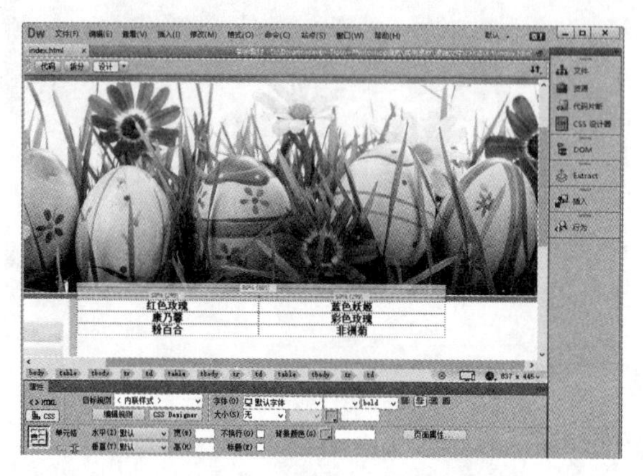

图8-5 设置单元格属性

高手支招

在单元格“属性”面板中可以设置以下参数。

- “水平”：设置单元格中对象的对齐方式，“水平”下拉列表中包含“默认”“左对齐”“居中对齐”和“右对齐”4个选项。
- “垂直”：也是用来设置单元格中对象的对齐方式，“垂直”下拉列表中包含“默认”“顶端”“居中”“底部”和“基线”5个选项。
- “宽”和“高”：用于设置单元格的宽与高。
- “不换行”：表示单元格的宽度将随文字长度的不断增加而加长。
- “标题”：将当前单元格设置为标题行。
- “背景颜色”：用于设置单元格的颜色。
- “页面属性”：设置单元格的页面属性。
- ▭：合并所选单元格，使用跨度按钮。
- ⌶：拆分单元格行或列按钮。

8.2.2 设置表格属性

设置表格属性之前首先要选中表格，在“属性”面板中将显示表格的属性，并进行相应的设置，如图8-6所示。

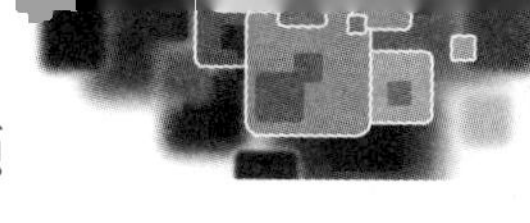

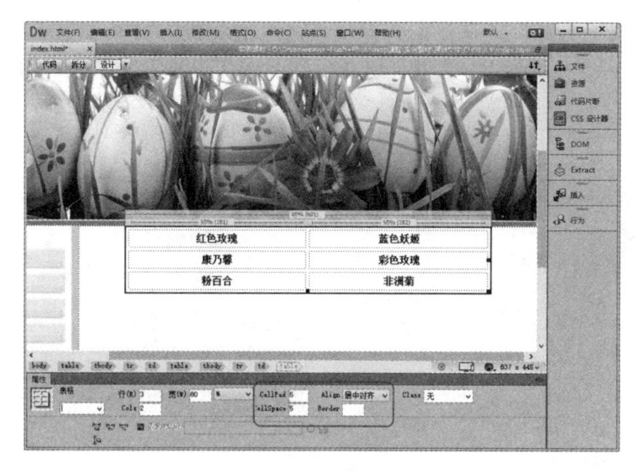

图 8-6　设置表格属性

高手支招

表格“属性”面板参数如下。

- “表格”：输入表格的名称。
- “行”和 Cols：输入表格的行数和列数。
- “宽”：输入表格的宽度，其单位可以是“像素”或“百分比”。
- “像素”：选择该项，表明该表格的宽度值单位为像素。此时表格的宽度是绝对宽度，不随浏览器窗口的变化而变化。
- “百分比”：选择该项，表明该表格的宽度值是表格宽度与浏览器窗口宽度的百分比数值。这时表格的宽度是相对宽度，会随着浏览器窗口大小的变化而变化。
- Cellpad：单元格内容和单元格边界之间的像素数。
- CellSpace：相邻的表格单元格之间的像素数。
- Align：设置表格的对齐方式，有“默认”“左对齐”“居中对齐”和“右对齐”4个选项。
- Border：用来设置表格边框的宽度。
- ：用于清除列宽。
- ：将表格宽由百分比转为像素。
- ：将表格宽由像素转换为百分比。
- ：用于清除行高。

8.3 表格的基本操作

创建表格后，用户要根据网页设置需要对表格进行处理，例如选择表格、调整表格和单元格的大小、添加或删除行或列、拆分单元格、合并单元格等，熟练掌握表格的基本操作，可以提高制作网页的速度。

8.3.1 选定表格

要想对表格进行编辑，那么首先要选择它，主要有以下 4 种方法选取整个表格。

- 将光标置于表格的左上角，按住鼠标的左键不放，拖曳鼠标指针到表格的右下角，将整个表格中的单元格选中，单击鼠标的右键，在弹出的菜单中选择“表格”|“选择表格”选项，如图 8-7 所示。
- 单击表格边框线的任意位置，即可选中表格，如图 8-8 所示。

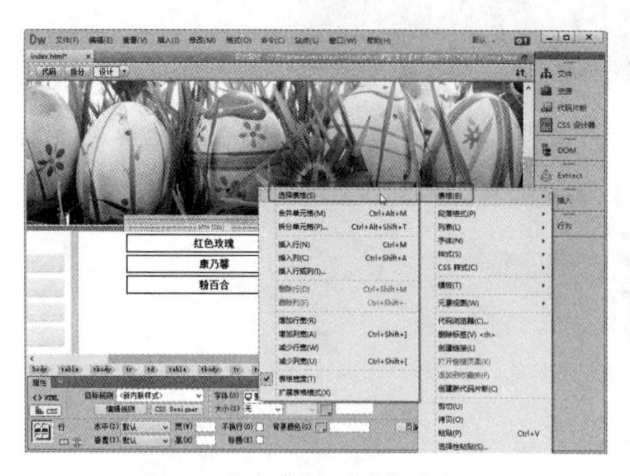

图 8-7 执行“选择表格”命令

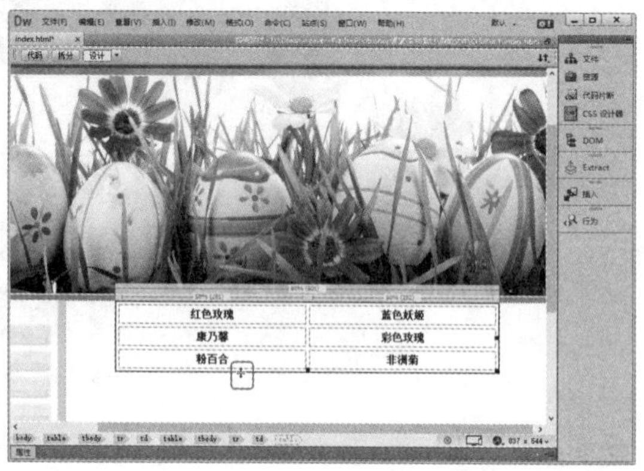

图 8-8 单击表格边框线

- 将光标置于表格内任意位置，执行“修改”|“表格”|“选择表格”命令，如图 8-9 所示。
- 将光标置于表格内任意位置，单击文档窗口左下角的 <table> 标签，如图 8-10 所示。

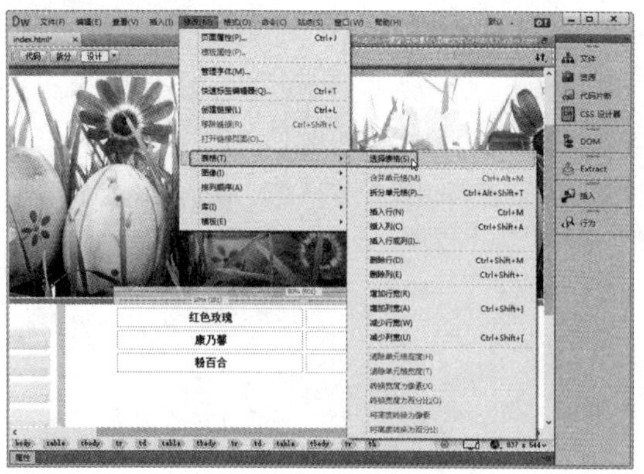

图 8-9 执行“选择表格”命令

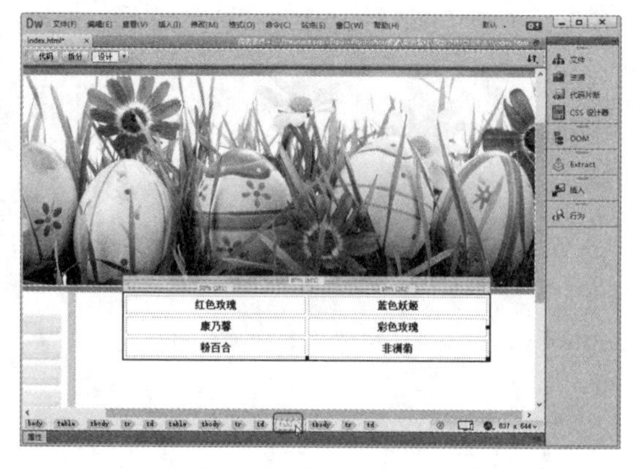

图 8-10 单击 <table> 标签

8.3.2 添加行或列

可以执行“修改”|“表格”子菜单中的命令，增加或减少行与列。增加行与列可以使用以下方法。

- 将光标置于相应的单元格中，执行“修改”|“表格”|“插入行”命令，即可插入一行。
- 将光标置于相应的位置，执行“修改”|“表格”|“插入列”命令，即可在相应的位置插入一列。
- 将光标置于相应的位置，执行“修改”|“表格”|“插入行或列”命令，弹出“插入行或列”对话框，在该对话框中进行相应的设置，如图 8-11 所示。单击“确定”按钮，即可在相应的位置插入行或列，如图 8-12 所示。

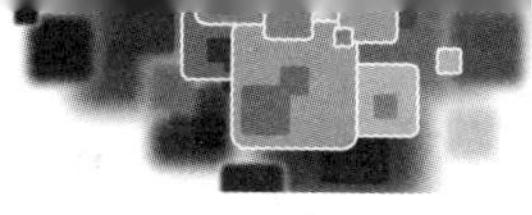

图 8-11 “插入行或列”对话框

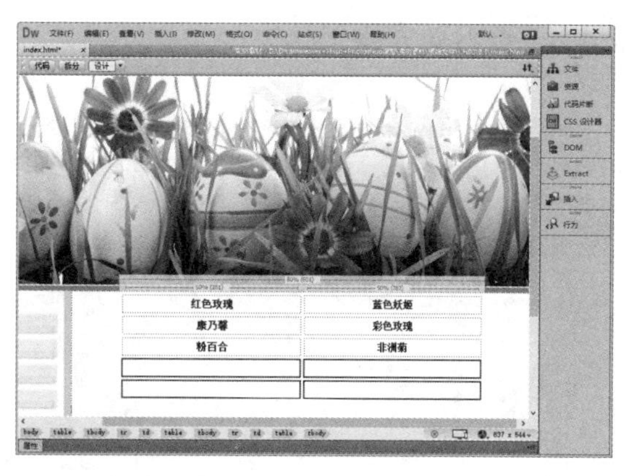

图 8-12 插入行

提示

在“插入行或列”对话框中可以进行如下设置。

- 插入：包含“行”和“列”两个单选按钮，一次只能选择其中一个来插入行或者列。该选项组的初始状态选择的是“行”选项，所以下面的选项就是“行数”。如果选择的是“列”选项，那么下面的选项就变成了“列数”，在“列数”文本框内可以直接输入要插入的列数。
- 位置：包含“所选之上”和“所选之下”两个单选按钮。如果“插入”选项选择的是“列”选项，那么“位置”选项后面的两个单选按钮就会变成“在当前列之前”和“在当前列之后”。

8.3.3 删除行或列

删除行或列有以下几种方法。

- 将光标置于要删除行或列的位置，执行“修改”|“表格”|“删除行”命令，或执行“修改”|“表格”|“删除列”命令，即可删除行或列，如图 8-13 所示。

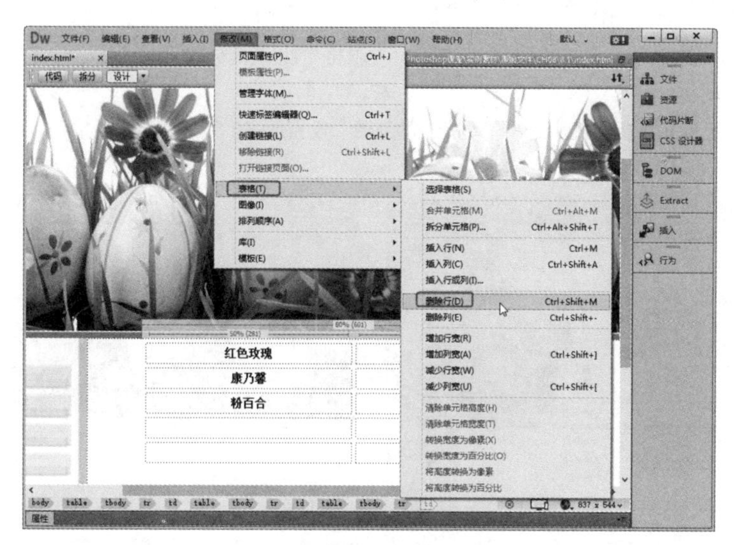

图 8-13 删除行

- 选中要删除的行或列，执行“编辑”|“清除”命令，即可删除行或列。
- 选中要删除的行或列，按 Delete 键或按 BackSpace 键也可删除行或列。

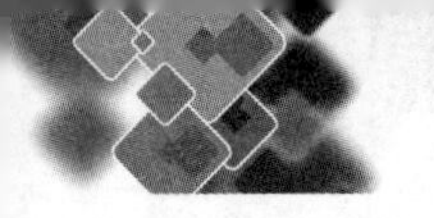

8.3.4 合并单元格

合并单元格就是将选中表格单元格的内容合并到一个单元格中。合并单元格，首先将要合并的单元格选中，然后执行“修改”｜“表格”｜“合并单元格”命令，如图 8-14 所示，将多个单元格合并成一个单元格。或选中单元格单击右键，在弹出的菜单中选择“表格”｜“合并单元格”选项，将多个单元格合并成一个单元格，如图 8-15 所示。

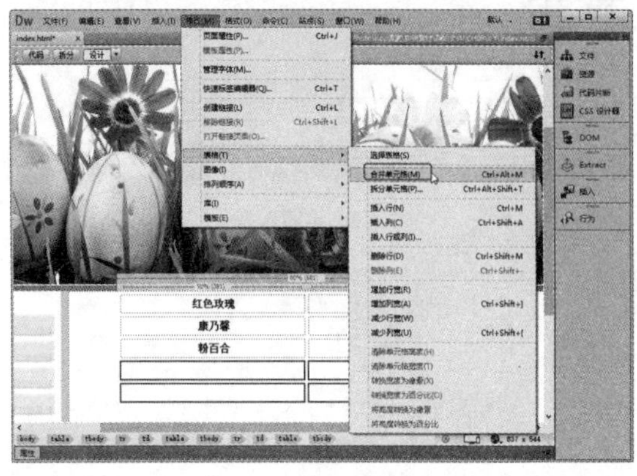

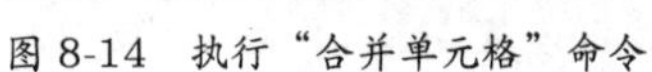

图 8-14　执行“合并单元格”命令

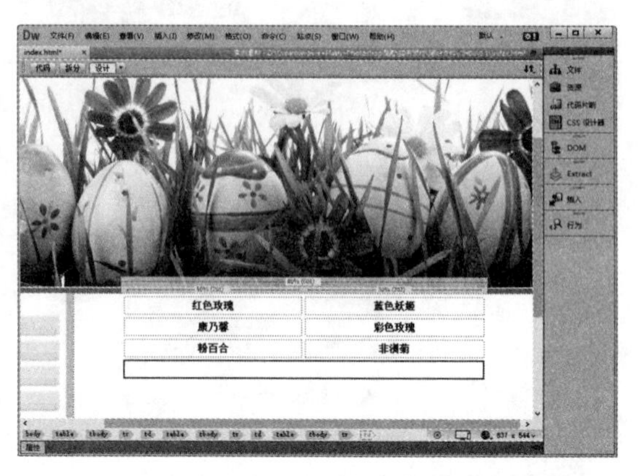

图 8-15　合并单元格

提示

也可以单击“属性”面板中的“合并所选单元格，使用跨度”按钮▭，它往往是创建复杂表格的重要步骤。

8.3.5 拆分单元格

在使用表格的过程中，有时需要拆分单元格以达到自己所需的效果。拆分单元格就是将选中的表格单元格拆分为多行或多列，具体操作步骤如下。

01 将光标置于要拆分的单元格中，执行“修改”｜“表格”｜“拆分单元格”命令，弹出“拆分单元格”对话框，如图 8-16 所示。

02 在该对话框的“把单元格拆分”中选择“列”，“列数”设置为 3，单击“确定”按钮，即可将单元格拆分，如图 8-17 所示。

图 8-16　“拆分单元格”对话框

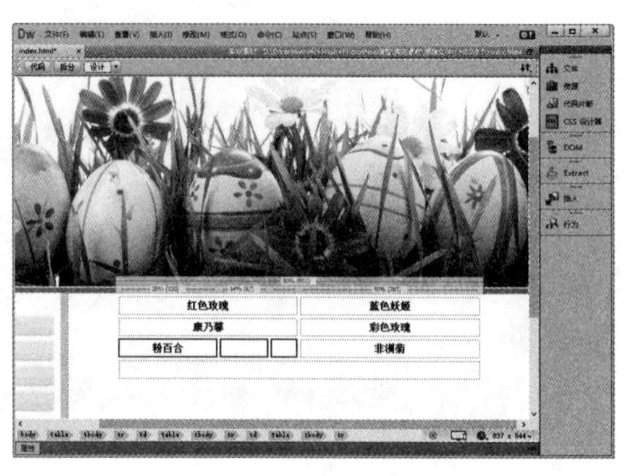

图 8-17　拆分单元格

高手支招

拆分单元格还有以下两种方法。

- 将光标置于拆分的单元格中，右击鼠标，在弹出的菜单中选择“表格”｜“拆分单元格”选项，弹出“拆分单元格”对话框，然后进行相应的设置。
- 单击属性面板中的“拆分单元格为行或列”按钮，它往往是创建复杂表格的重要步骤。

8.3.6　调整表格大小

用“属性”面板中的“宽”和“高”文本框能精确地调整表格的大小，而用鼠标拖曳调整则显得更为方便、快捷，调整表格大小的方法如下。

- 调整表格的宽：选中整个表格，将光标置于表格右侧框控制点上，当光标变成双箭头时，如图 8-18 所示，拖曳鼠标即可调整表格的整体宽度，调整后如图 8-19 所示。

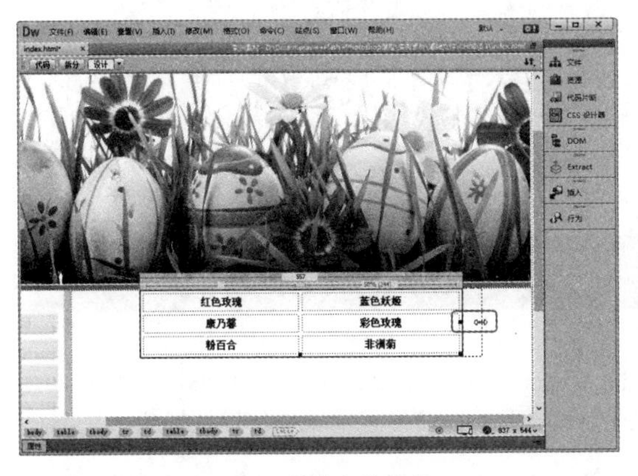

图 8-18　调整表格的宽

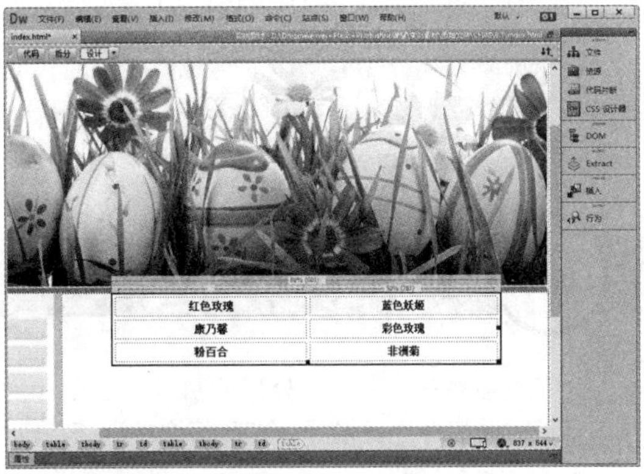

图 8-19　调整表格宽后的效果

- 调整表格的高：选中整个表格，将光标置于表格低边框控制点上，当光标变成双箭头时，如图 8-20 所示，拖曳鼠标即可调整表格的整体高度，调整后如图 8-21 所示。

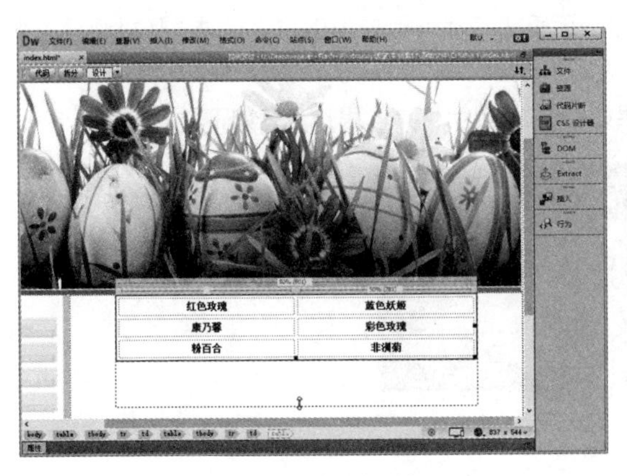

图 8-20　调整表格高

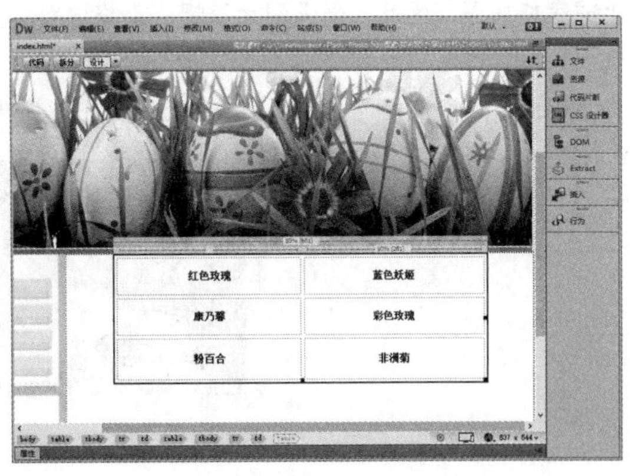

图 8-21　调整表格高后的效果

- 同时调整表宽和高：选中整个表格，将光标置于表格右下角控制点上，当光标变成双箭头时，如图 8-22 所示，拖曳鼠标即可调整表格的整体高度和宽度，各列会被均匀调整，调整后如图 8-23 所示。

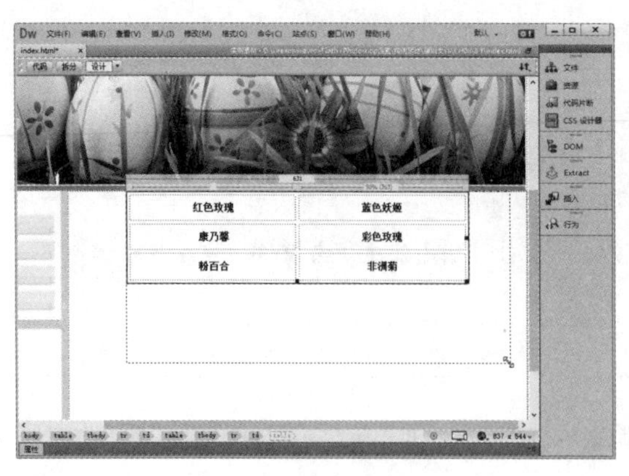

图 8-22　同时调整表格的宽和高

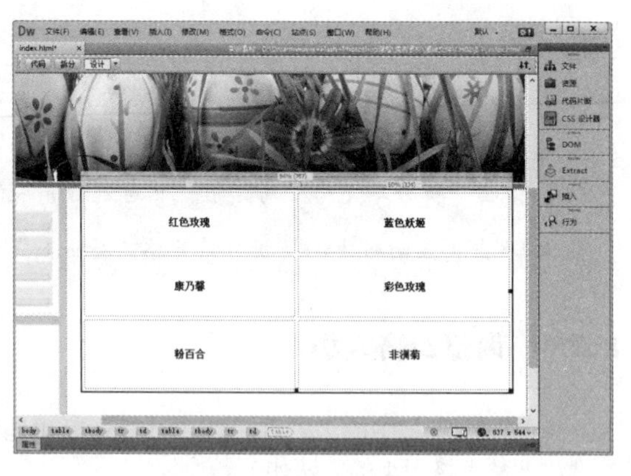

图 8-23　调整后的效果

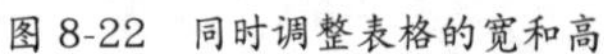

指点迷津

使用布局表格排版时应注意什么?

在 Dreamweaver 中有一个非常重要的功能，即利用布局模式来给网页排版。在布局模式下，可以在网页中直接拖出表格与单元格，还可以自由拖曳。利用布局模式对网页定位非常方便，但生成的表格比较复杂，不适合大型网站使用，一般只应用于中小型网站。

8.4　表格的其他功能

为了更加快速、有效地处理网页中的表格和内容，Dreamweaver CC 提供了多种自动处理功能，包括导入表格数据和排序表格等。本节将介绍表格自动化处理的技巧，以提升网页表格的设计技能。

8.4.1　导入表格式数据

Dreamweaver 中导入表格式数据功能能够根据素材来源的结构，为网页自动建立相应的表格，并自动生成表格数据，因此，当遇到大篇幅的表格内容编排，而手头又拥有相关表格式素材时，便可使网页编排工作轻松得多。

下面通过实例讲述导入表格式数据的方法，效果如图 8-24 所示，具体操作步骤如下。

图 8-24　导入表格式数据效果

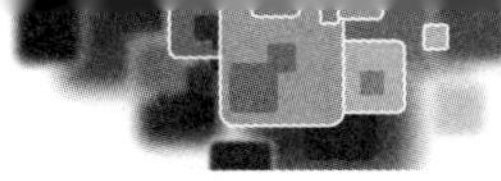

01 打开网页文档，将光标置于要导入表格式数据的位置，如图 8-25 所示。

02 执行“文件”|“导入”|“导入表格式数据”命令，弹出“导入表格式数据”对话框，在该对话框中单击“数据文件”文本框右侧的“浏览”按钮，如图 8-26 所示。

图 8-25 打开网页文档

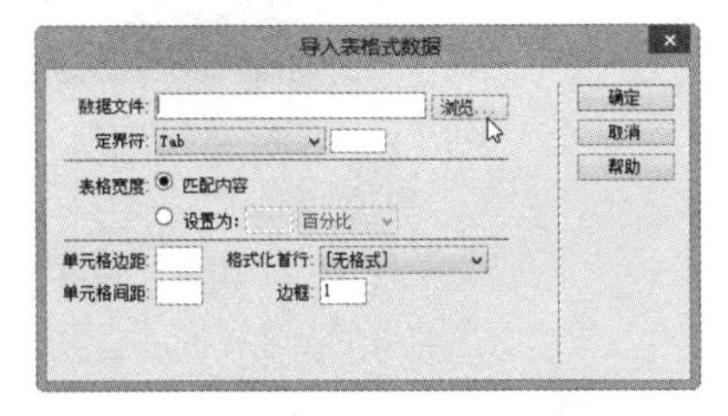

图 8-26 “导入表格式数据”对话框

指点迷津

在“导入表格式数据”对话框中可以进行如下设置。

- 数据文件：输入要导入的数据文件的保存路径和文件名，或单击右侧的“浏览”按钮进行选择。
- 定界符：选择定界符，使之与导入的数据文件格式匹配。有“Tab”“逗点”“分号”“引号”和“其他”5个选项。
- 表格宽度：设置导入表格的宽度。
- 匹配内容：选中此单选按钮，创建一个根据最长文件进行调整的表格。
- 设置为：选中此单选按钮，在后面的文本框中输入表格的宽度及设置其单位。
- 单元格边距：单元格内容和单元格边界之间的像素数。
- 单元格间距：相邻的表格单元格之间的像素数。
- 格式化首行：设置首行标题的格式。
- 边框：以像素为单位设置表格边框的宽度。

03 弹出“打开”对话框，在该对话框中选择数据文件，如图 8-27 所示。

04 单击“打开”按钮，添加到文本框中，在“导入表格式数据”对话框中的“定界符”下拉表中选择“逗点”选项，“表格宽度”选中“匹配内容”单选按钮，如图 8-28 所示。

图 8-27 “打开”对话框

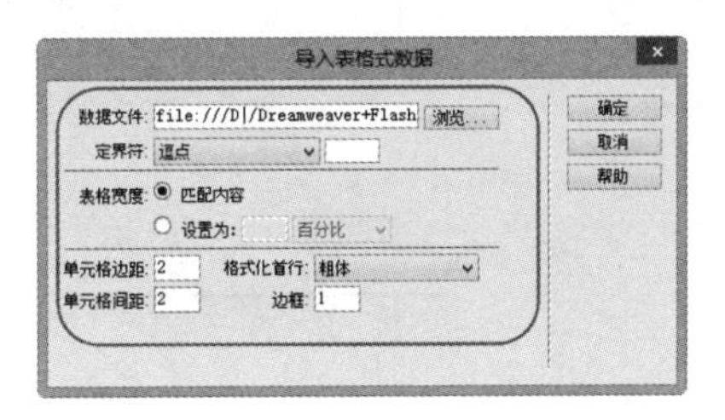

图 8-28 “导入表格式数据”对话框

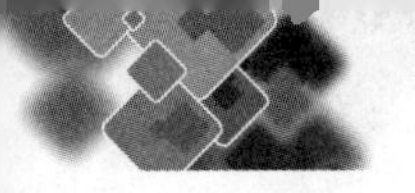

提示

在导入数据表格时注意定界符必须是逗号，否则可能会造成表格格式的混乱。

05 单击“确定”按钮，导入表格式数据，如图 8-29 所示。

06 保存文档，按 F12 键在浏览器中预览，效果如图 8-24 所示。

图 8-29　导入表格式数据

8.4.2　排序表格

排序表格的主要功能是针对具有格式数据的表格而言的，是根据表格列表中的数据来排序的。下面通过实例讲述排序表格的方法，效果如图 8-30 所示，具体操作步骤如下。

图 8-30　排序表格效果

01 打开网页文档，如图 8-31 所示。

02 执行“命令”｜“排序表格”命令，弹出“排序表格”对话框，在该对话框中将“排序按”设置为列 2，“顺序”设置为“按数字顺序”，在右侧的下拉列表中选择“升序”，如图 8-32 所示。

图 8-31　打开网页文档

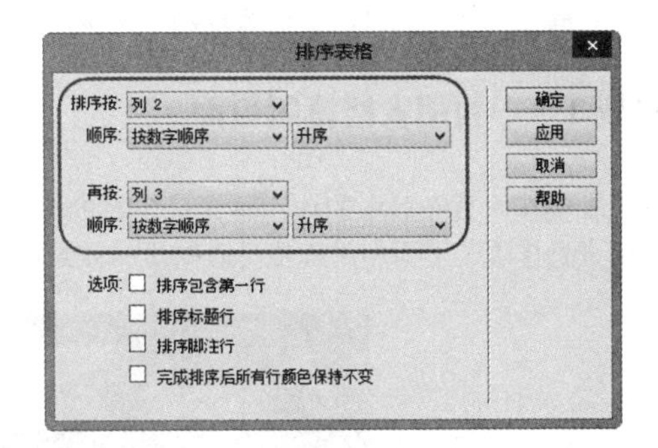

图 8-32　“排序表格”对话框

提示

在“排序表格”对话框中可以设置如下参数。

- 排序按：确定哪个列的值将用于对表格排序。
- 顺序：确定是按字母还是按数字顺序，以及升序还是降序对列排序。
- 再按：确定在不同列上第二种排列方法的排列顺序。在其后面的下拉列表中指定应用第二种排列方法的列，在后面的下拉列表中指定第二种排序方法的排序顺序。
- 排序包含第一行：指定表格的第一行应该包括在排序中。
- 排序标题行：指定使用与 body 行相同的条件对表格 thead 部分中的所有行排序。
- 排序脚注行：指定使用与 body 行相同的条件对表格 tfoot 部分中的所有行排序。
- 完成排序后所有行颜色保持不变：指定排序之后表格行属性应该与同一内容保持关联。

03 单击“确定”按钮，对表格进行排序，如图 8-33 所示。

04 保存文档，按 F12 键在浏览器中预览，效果如图 8-30 所示。

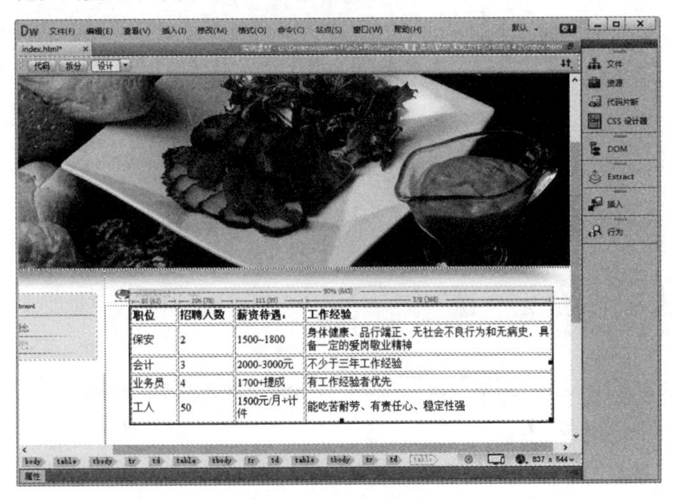

图 8-33　对表格进行排序

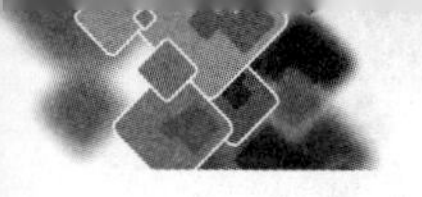

8.5 综合实例

表格最基本的作用就是让复杂的数据变得更有条理，让人容易看懂。在设计页面时，往往要利用表格来布局定位网页元素。下面通过两个实例掌握表格的使用方法。

实战 1——利用表格排版页面

表格在网页布局中的作用是无处不在的，无论使用简单的静态网页还是动态功能的网页，都要使用表格进行排版。下面利用表格排版网页，效果如图 8-34 所示。

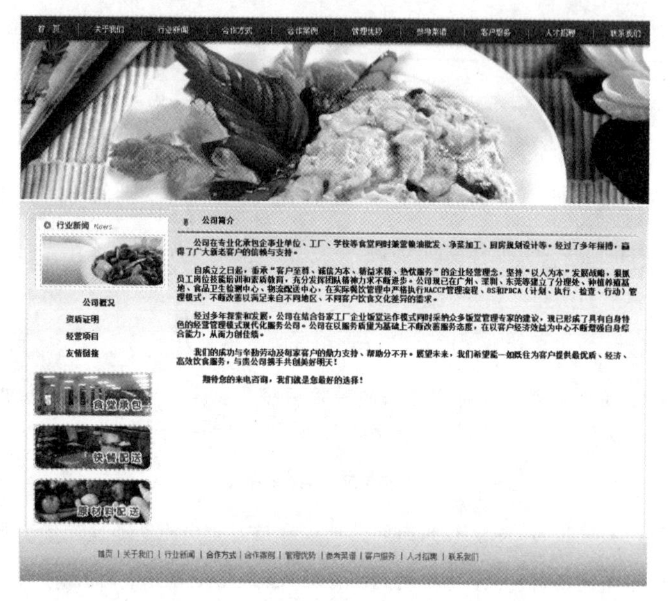

图 8-34　利用表格排版网页的效果

01 执行“文件”|“新建”命令，弹出“新建文档”对话框，在该对话框中选择“空白页”|“HTML”|“无”选项，如图 8-35 所示。

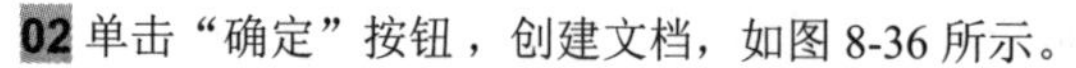

02 单击“确定”按钮，创建文档，如图 8-36 所示。

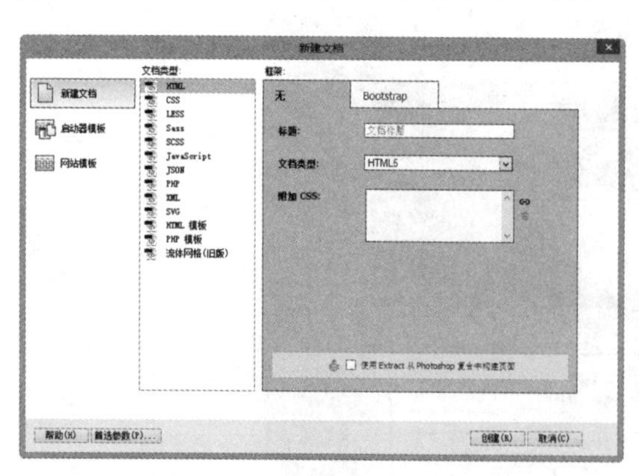

图 8-35　“新建文档”对话框

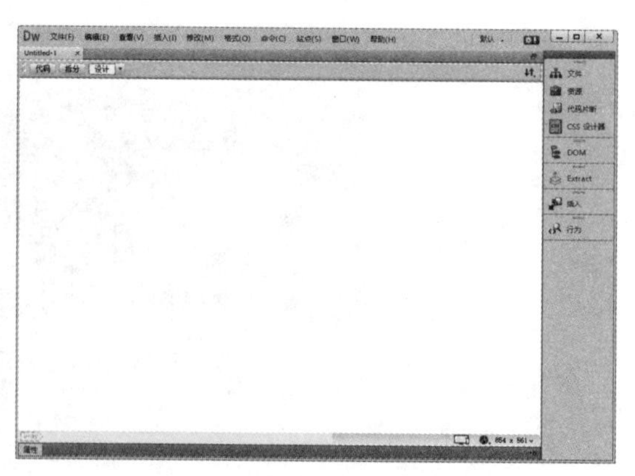

图 8-36　创建文档

03 执行“文件”|“另存为”命令，弹出“另存为”对话框，在该对话框的名称文本框中输入名称，如图 8-37 所示。

04 单击“确定”按钮，保存文档，将光标置于页面中，执行“修改”|“页面属性”命令，弹出“页面属性”对话框，在该对话框中将“上边距”“下边距”“右侧距”和“左侧距”均设置为0，“大小”设置为12像素，“页面字体”设置为宋体，“文本颜色”设置为#333333，如图8-38所示。

图8-37　“另存为”对话框

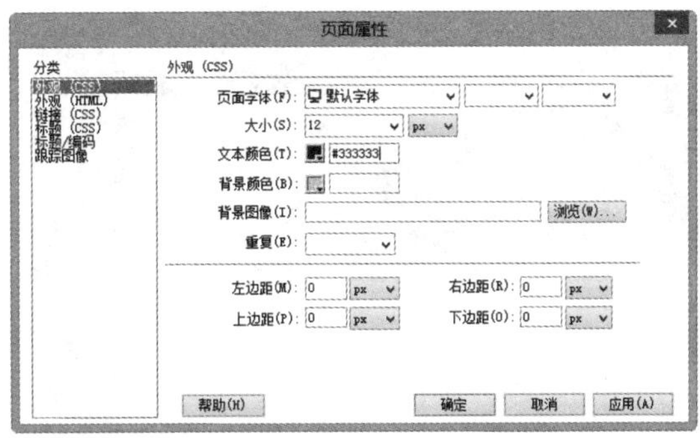

图8-38　“页面属性”对话框

05 单击“确定”按钮，修改页面属性，将光标置于页面中，执行“插入”|“表格”命令，弹出Table对话框，在该对话框中将“行数”设置为3，“列”设置为1，“表格宽度”设置为1001像素，如图8-39所示。

06 单击“确定”按钮，插入表格，此表格记为表格1，如图8-40所示。

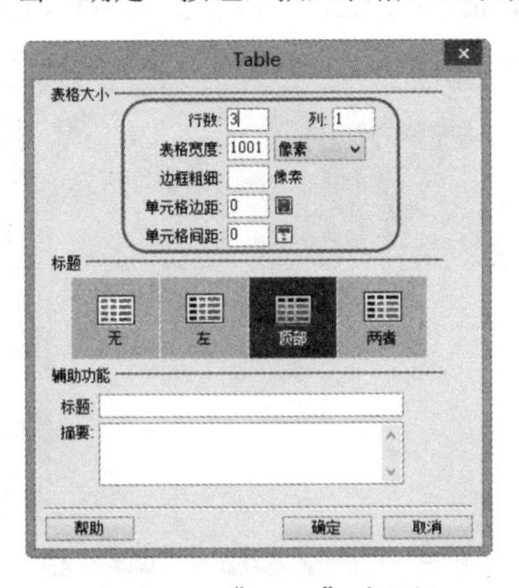

图8-39　“Table”对话框

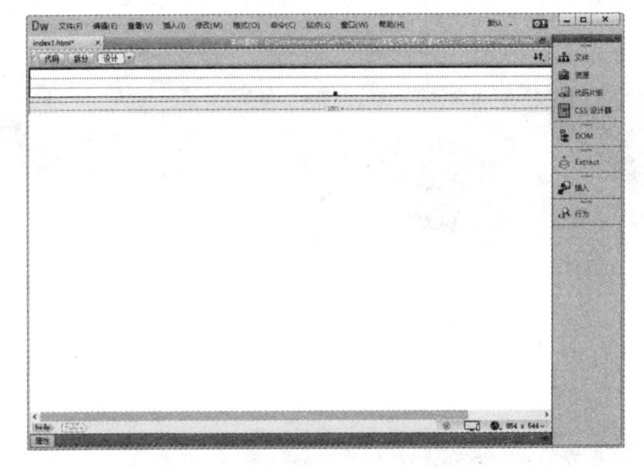

图8-40　插入表格1

07 将光标置于表格1的第1行单元格中，执行“插入”|“图像”命令，弹出“选择图像源文件”对话框，在该对话框中选择图像文件images/top.jpg，如图8-41所示。

08 单击“确定”按钮，插入图像，如图8-42所示。

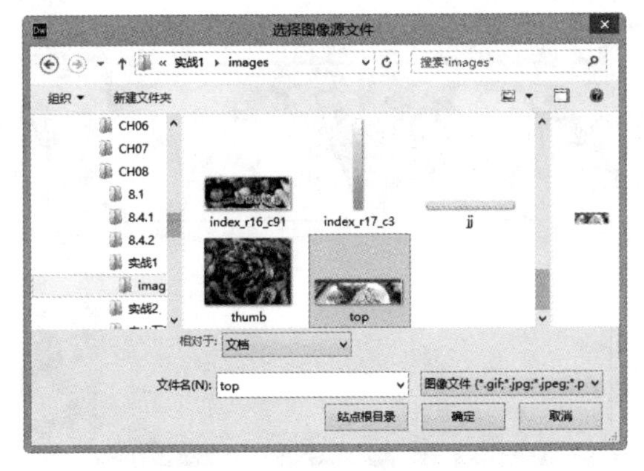

图8-41　“选择图像源文件”对话框

图8-42　插入图像

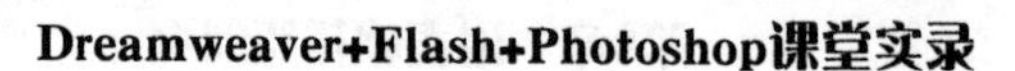

09 将光标置于表格1的第2行单元格中，执行“插入”|“表格”命令，插入1行3列的表格，此表格记为表格2，如图8-43所示。

10 将光标置于表格2的第1列单元格中，打开代码视图，在代码中输入背景图像代码background=images/b.jpg width=19，如图8-44所示。

图 8-43　插入表格 2

图 8-44　输入代码

11 回到设计视图，可以看到插入的背景图像，如图8-45所示。

12 将光标置于背景图像上，执行“插入”|“图像”命令，插入图像images/index_r4_c1.jpg，如图8-46所示。

图 8-45　插入背景图像

图 8-46　插入图像

13 将光标置于表格2的第2列单元格中，打开代码视图，在代码中输入背景图像代码background=images/index_r4_c5.jpg，如图8-47所示。

14 返回设计视图，可以看到插入的背景图像，如图8-48所示。

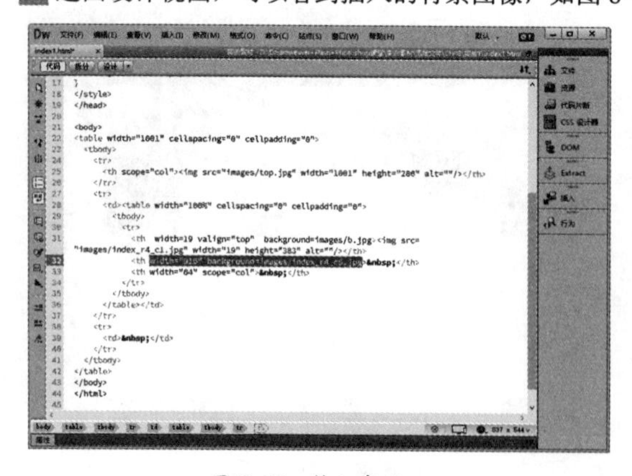

图 8-47　输入代码

图 8-48　插入背景图像

15 将光标置于背景图像上，执行“插入”|“表格”命令，插入1行2列的表格，此表格记为表格3，如图8-49所示。

16 将光标置于表格3的第1列单元格中，插入5行1列的表格，此表格记为表格4，如图8-50所示。

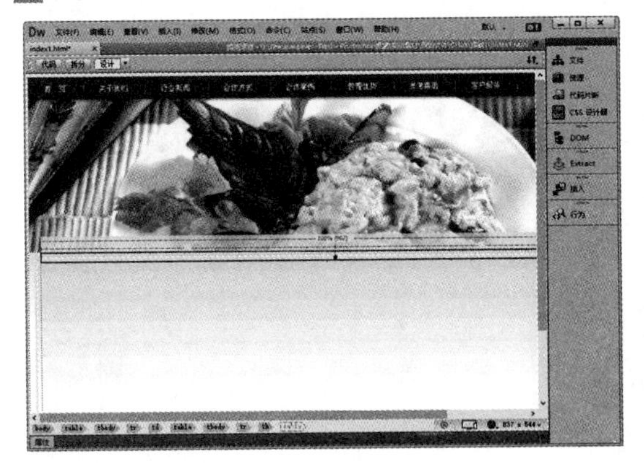

图 8-49　插入表格 3

图 8-50　插入表格 4

17 将光标置于表格4的第1行单元格中，执行“插入”|“图像”命令，插入图像 images/index_r4_c2.jpg，如图8-51所示。

18 将光标置于表格4的第2行单元格中，输入相应的文字，如图8-52所示。

图 8-51　插入图像

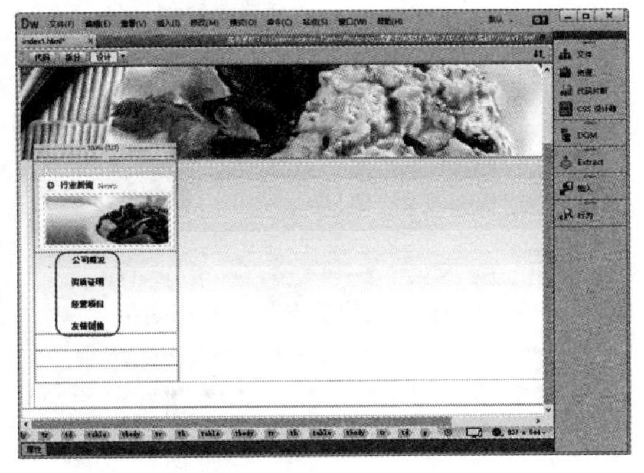

图 8-52　输入文字

19 在表格4的其他单元格中也插入相应的图像文件，如图8-53所示。

20 将光标置于表格3的第2列单元格中，插入2行1列的表格，此表格记为表格5，如图8-54所示。

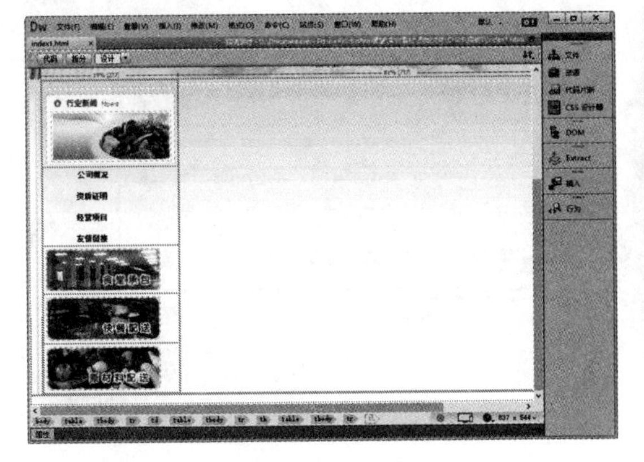

图 8-53　插入图像

图 8-54　插入表格 5

21 将光标置于表格 5 的第 1 行单元格中，打开代码视图，在代码中输入背景图像代码 height=55 background =images/jj.jpg，如图 8-55 所示。

22 返回设计视图，可以看到插入的背景图像，并在背景图像上输入文字“公司简介”，如图 8-56 所示。

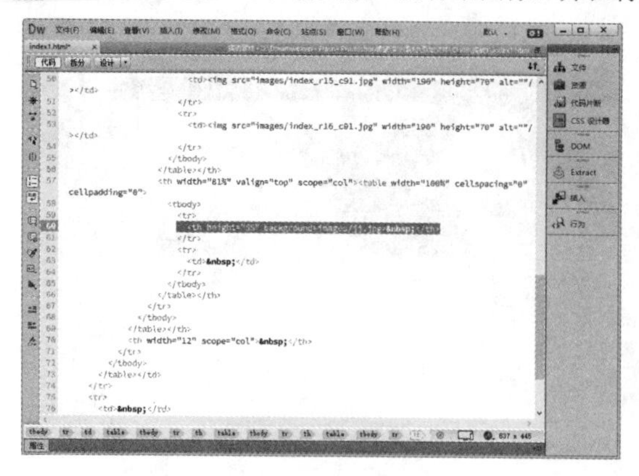

图 8-55 输入代码

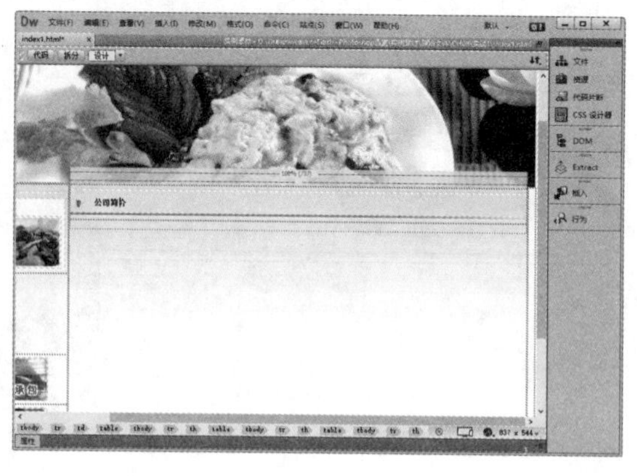

图 8-56 输入文字

23 将光标置于表格 5 的第 2 行单元格中，输入文字，如图 8-57 所示。

24 将光标置于表格 2 的第 3 列单元格中，打开代码视图，在代码中输入背景图像代码 background=images/ b1.jpg，如图 8-58 所示。

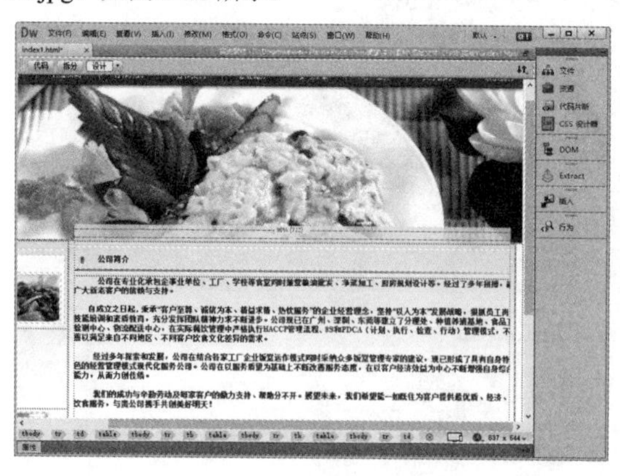

图 8-57 输入文字

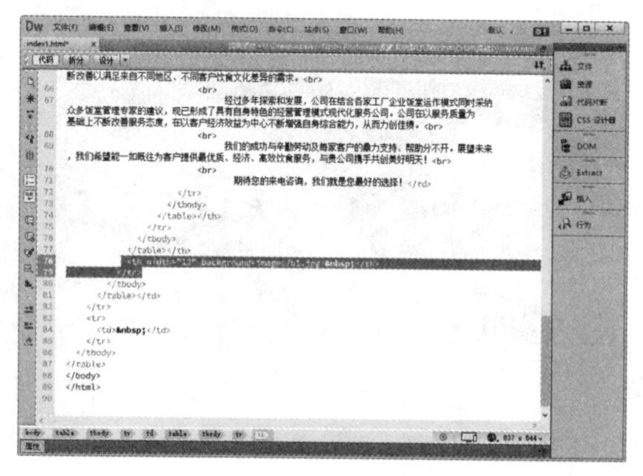

图 8-58 输入代码

25 返回设计视图，可以看到插入的背景图像，如图 8-59 所示。

26 将光标置于背景图像上，执行“插入”|“图像”命令，插入图像 images/index_r4_c10.jpg，如图 8-60 所示。

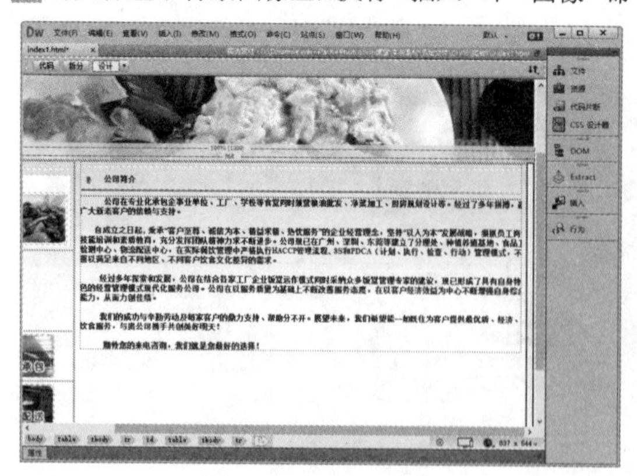

图 8-59 插入背景图像

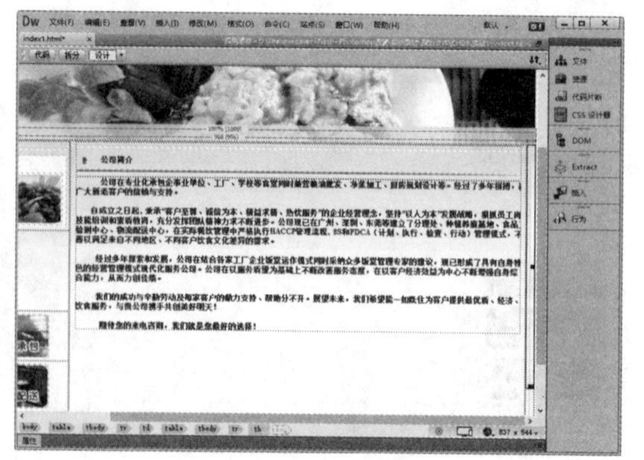

图 8-60 插入图像

27 将光标置于表格 1 的第 3 行单元格中，执行“插入”|“图像”命令，插入图像 images/dibu.jpg，如图 8-61 所示。

28 保存文档，完成利用表格排列页面的操作，效果如图 8-30 所示。

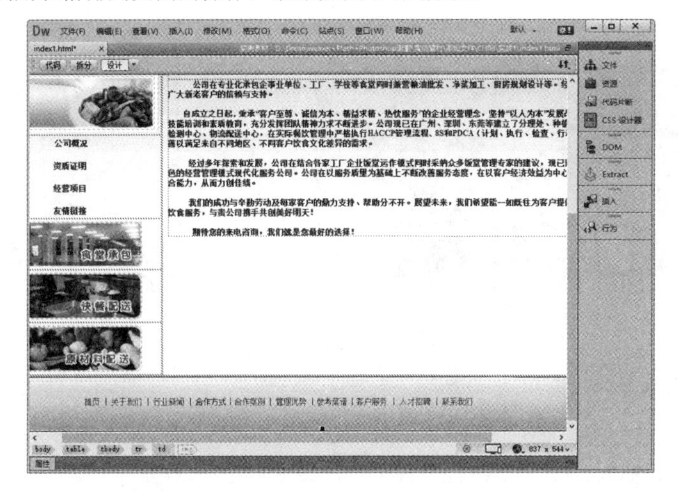

图 8-61 插入图像

实战 2——创建网页圆角表格

首先把这个圆角做成图像，然后再插入到表格中来，下面通过实例讲述创建圆角表格的方法，效果如图 8-62 所示，具体操作步骤如下。

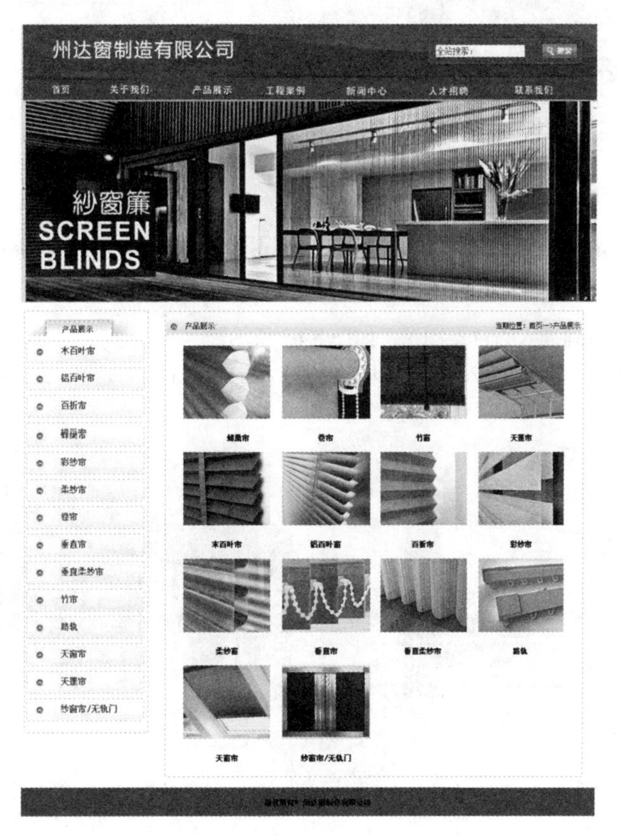

图 8-62 创建网页圆角表格效果

01 打开网页文档，如图 8-63 所示。

02 将光标置于页面中，执行“插入”|“表格”命令，弹出 Table 对话框，在该对话框中将“行数”设置为 1，“列”设置为 1，“表格宽度”设置为 737，如图 8-64 所示。

图 8-63 打开网页文档

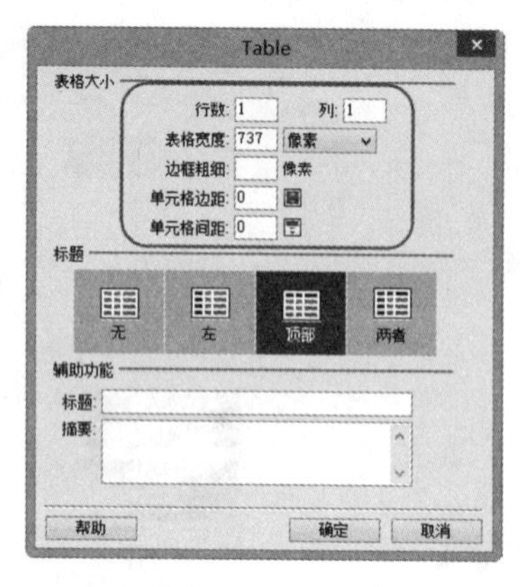

图 8-64 Table 对话框

03 单击“确定”按钮，插入表格，此表格记为表格 1，如图 8-65 所示。

04 将光标置于表格 1 的单元格中，打开代码视图，在代码中输入背景图像 background=images/bj_02.jpg，如图 8-66 所示。

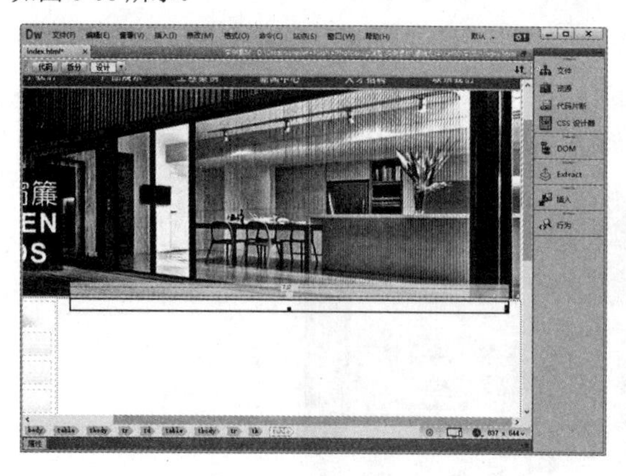

图 8-65 插入表格 1

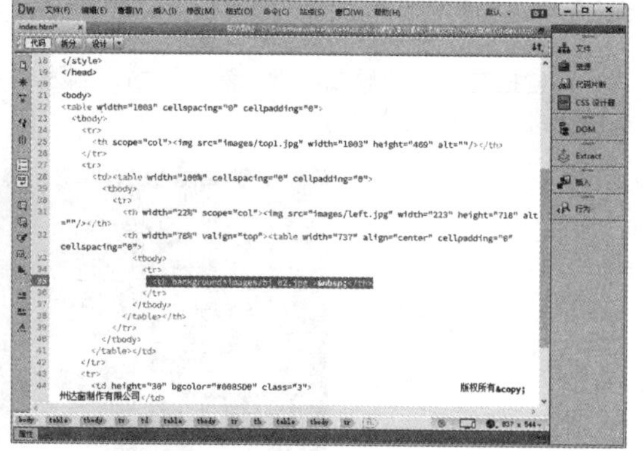

图 8-66 输入代码

05 返回设计视图，可以看到插入的背景图像，如图 8-67 所示。

06 将光标置于背景图像上，执行“插入”|“表格”命令，插入 3 行 1 列的表格，此表格记为表格 2，如图 8-68 所示。

图 8-67 插入背景图像

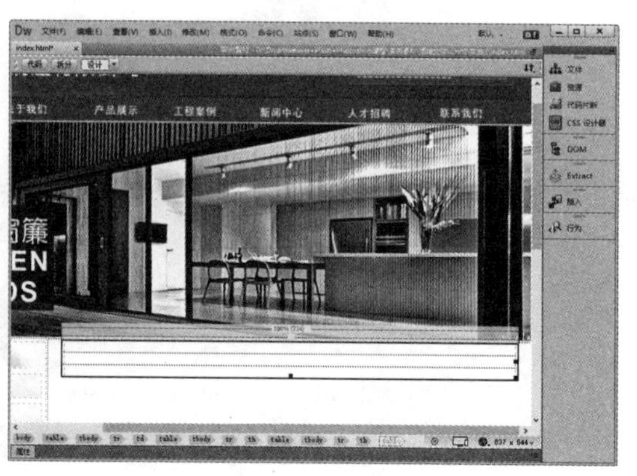

图 8-68 插入表格 2

07 将光标置于表格 2 的第 1 行单元格中，执行“插入”｜“图像”命令，弹出“选择图像源文件”对话框，在该对话框中选择圆角图像文件，如图 8-69 所示。

08 单击“确定”按钮，插入圆角图像，如图 8-70 所示。

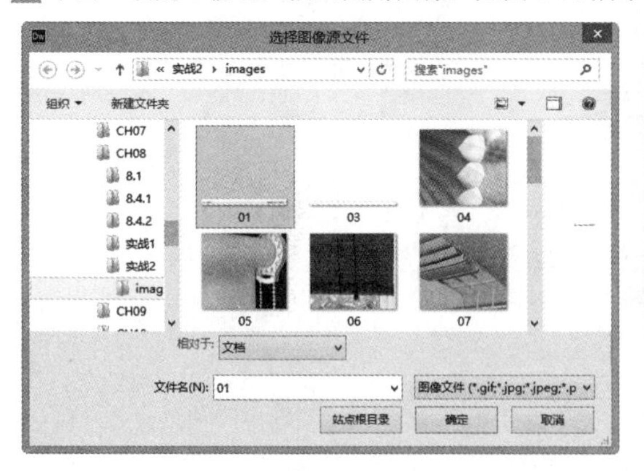

图 8-69　“选择图像源文件”对话框

图 8-70　插入圆角图像

09 将光标置于表格 2 的第 2 行单元格中，执行“插入”｜“表格”命令，插入 8 行 4 列的表格，此表格记为表格 3，如图 8-71 所示。

10 将光标置于表格 3 的第 1 行第 1 列单元格中，执行“插入”｜“图像”命令，插入图像，如图 8-72 所示。

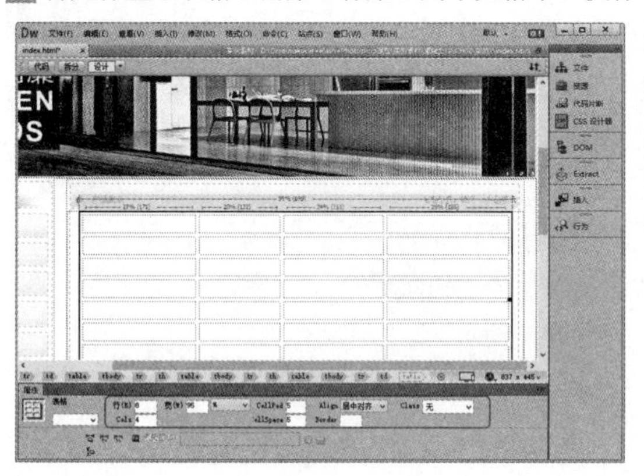

图 8-71　插入表格 3

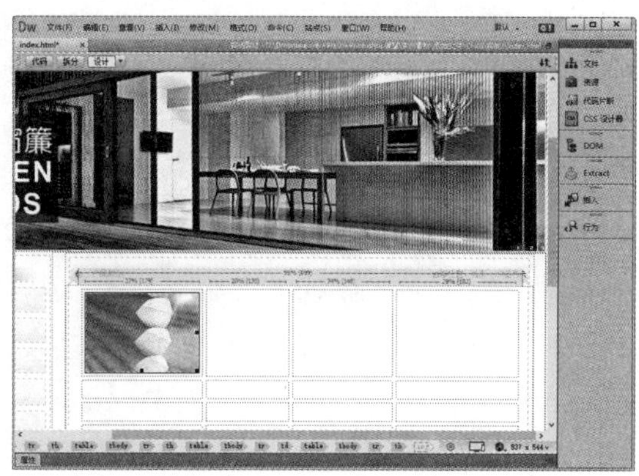

图 8-72　插入图像

11 将光标置于表格 3 的第 2 行第 1 列单元格中，输入相应的文字，如图 8-73 所示。

12 同步骤 10~11 在表格 3 的其他单元格中插入图像，并输入相应的文字，如图 8-74 所示。

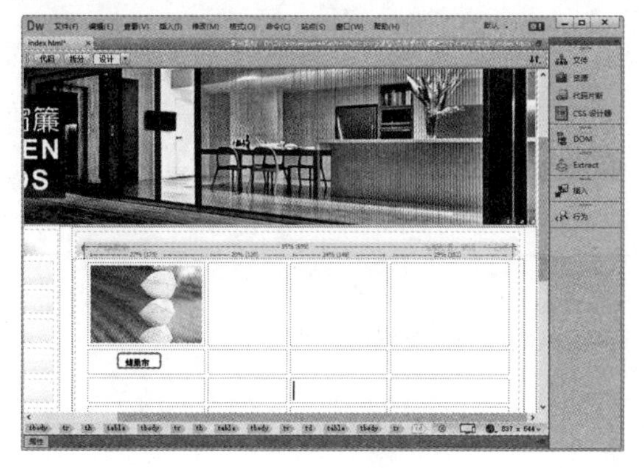

图 8-73　输入文字

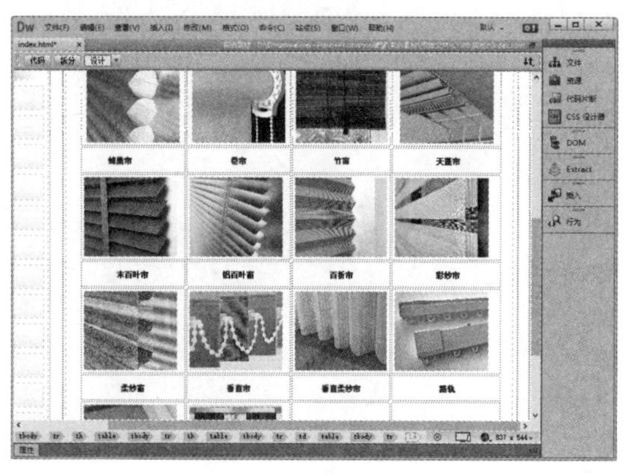

图 8-74　输入其他内容

13 将光标置于表格 2 的第 3 行单元格中，执行“插入” | “图像”命令，插入圆角图像，如图 8-75 所示。

14 保存文档，完成圆角表格的制作，如图 8-62 所示。

图 8-75　插入圆角图像

第9章

使用模板和库快速创建网页

本章导读 本章主要学习如何提高网页的制作效率，这就是利用“模板”和“库”。它们不是网页设计师在设计网页时必须要使用的技术，但是如果合理使用它们将会大大提高工作效率，合理地使用模板和库也是创建整个网站的重中之重。

技术要点：

- 认识模板
- 创建模板
- 掌握创建基于模板的页面
- 掌握库的创建、管理与应用
- 掌握创建完整企业网站模板的方法

9.1 认识模板

模板是一种特殊类型的文档，用于设计“固定的”页面布局；然后可以基于模板创建文档，创建的文档会继承模板的页面布局。设计模板时，可以指定在基于模板的文档中哪些内容是用户“可编辑的”。使用模板，模板创作者控制哪些页面元素可以由模板用户（如作家、图形艺术家或其他 Web 开发人员）进行编辑。模板创作者可以在文档中包括数种类型的模板区域。

使用模板可以控制大的设计区域，以及重复使用完整的布局。如果要重复使用个别设计元素，如站点的版权信息或徽标，可以创建库项目。

使用模板可以一次更新多个页面。从模板创建的文档与该模板保持连接状态（除非以后分离该文档）。可以修改模板并立即更新基于该模板的所有文档中的设计。

Dreamweaver 中的模板与某些其他 Adobe Creative Suite 软件中的模板的不同之处在于，默认情况下模板的页面中的各部分是固定（即不可编辑）的。

9.2 创建模板

在网页制作中很多劳动是重复的，如页面的顶部和底部在很多页面中都一样，而同一栏目中除了某一块区域外，版式、内容完全一样。如果将这些工作简化，就能够大幅度提高效率，而 Dreamweaver 中的模板就可以解决这一问题，模板主要用于同一栏目中的页面制作。

9.2.1 在空白文档中创建模板

直接创建模板的具体操作步骤如下。

01 执行“文件”｜“新建”命令，弹出“新建文档”对话框，在该对话框中选择“空白页”选项卡中的“文档类型”｜“HTML 模板”｜“无”选项，如图 9-1 所示。

02 单击“创建”按钮，即可创建一个模板网页，如图 9-2 所示。

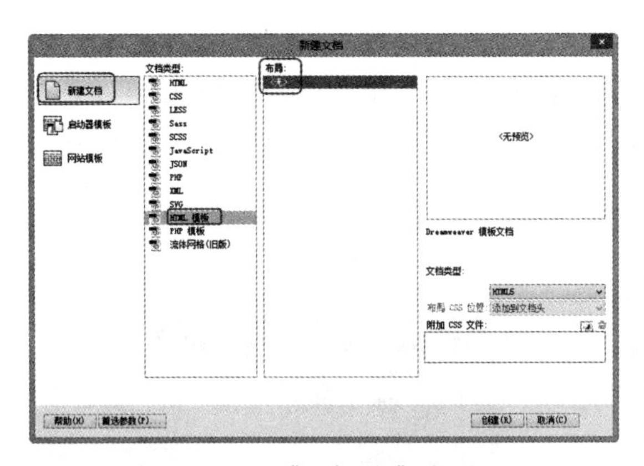

图 9-1　“新建文档”对话框

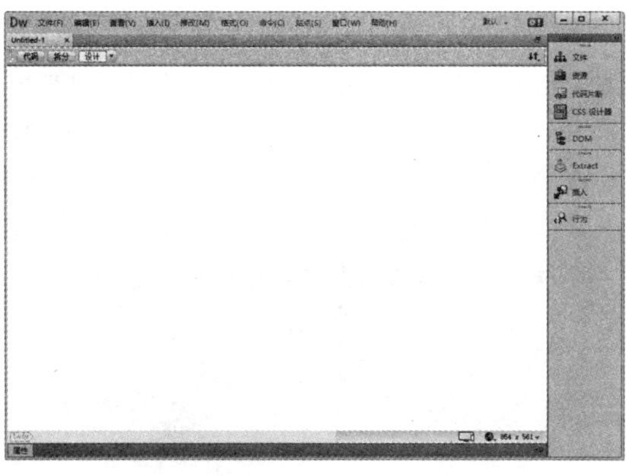

图 9-2　创建空白文档

03 执行“文件”|“保存”命令，弹出 Dreamweaver 提示框，如图 9-3 所示，单击“确定”按钮。

04 弹出“另存模板”对话框，在该对话框的“另存为”文本框中输入名称，如图 9-4 所示。

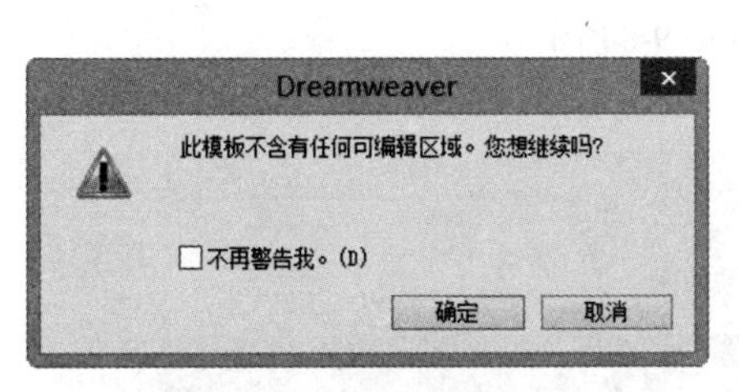

图 9-3　Dreamweaver 提示框

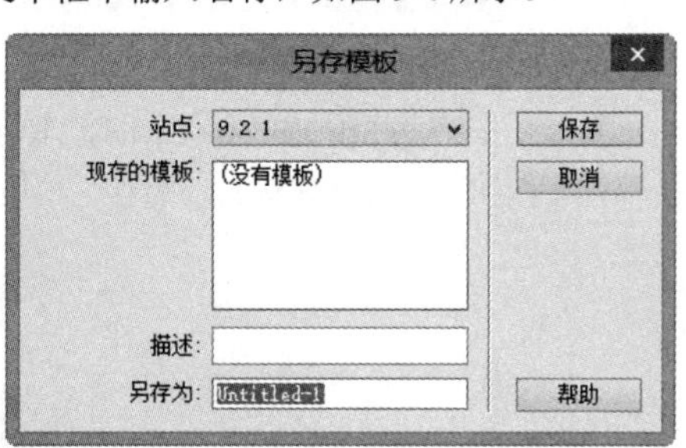

图 9-4　“另存模板”对话框

05 单击“保存”按钮，即可保存模板文件，如图 9-5 所示。

图 9-5　保存模板文件

9.2.2　从现有文档创建模板

在 Dreamweaver 中，有两种方法可以创建模板。一种是将现有的网页文件另存为模板，然后根据需要再进行修改；另外一种是直接新建一个空白模板，再在其中插入需要显示的文档内容。

从现有文档中创建模板的具体操作步骤如下。

01 打开网页文档，如图 9-6 所示。执行“文件”｜“另存为模板”命令，弹出“另存模板”对话框。

02 在该对话框中的“站点”下拉列表中选择 9.2.2，在“另存为”文本框中输入 moban，如图 9-7 所示。

图 9-6 打开网页文档

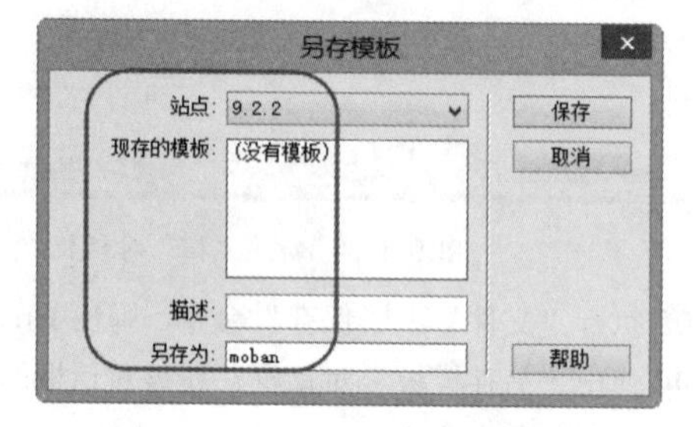

图 9-7 “另存模板”对话框

03 单击“保存”按钮，弹出 Dreamweaver 提示对话框，如图 9-8 所示。

04 单击“是”按钮，即可将现有文档另存为模板，如图 9-9 所示。

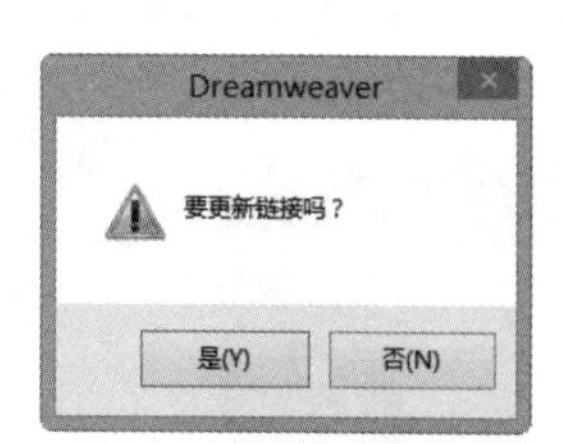

图 9-8 Dreamweaver 提示对话框

图 9-9 保存模板文件

提示

不要随意移动模板到 Templates 文件夹之外或者将任何非模板文件放在 Templates 文件夹中。此外，不要将 Templates 文件夹移动到本地根文件夹之外，以免引用模板时路径出错。

9.2.3 创建可编辑区域

可编辑区域就是基于模板文档的未锁定区域，是网页套用模板后可以编辑的区域。在创建模板后，模板的布局就固定了，如果要在模板中针对某些内容进行修改，即可为该内容创建可编辑区。创建可编辑区域的具体操作步骤如下。

01 打开模板文档，如图 9-10 所示。

02 将光标置于要创建可编辑区域的位置，执行“插入”｜“模板”｜“可编辑区域”命令，如图 9-11 所示。

图 9-10　打开模板文档

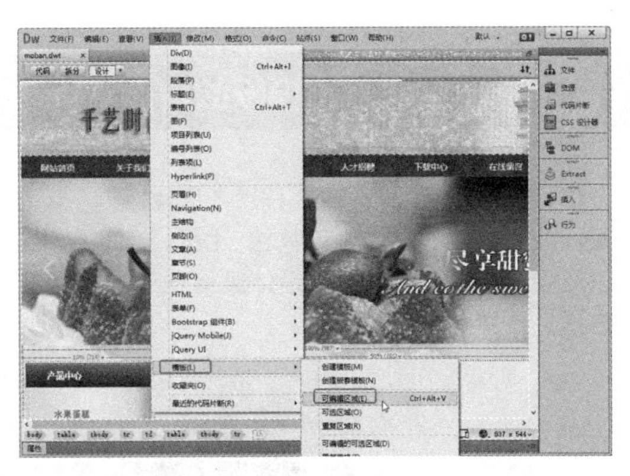

图 9-11　执行“可编辑区域”命令

提示

模板中除了可以插入最常用的“可编辑区域”外，还可以插入一些其他类型的区域，它们分别为：“可选区域”“重复区域”“可编辑的可选区域”和“重复表格”。由于这些类型需要使用代码操作，并且在实际的工作中并不经常使用，因此这里我们只简单介绍一下。

- “可选区域”是用户在模板中指定为可选的区域，用于保存有可能在基于模板的文档中出现的内容。使用可选区域，可以显示和隐藏特别标记的区域，在这些区域中用户将无法编辑内容。
- “重复区域”是可以根据需要在基于模板的页面中复制任意次数的模板区域。使用重复区域，可以通过重复特定项目来控制页面布局，如目录项、说明布局或者重复数据行。重复区域本身不是可编辑区域，要使重复区域中的内容可编辑，可以在重复区域内插入可编辑区域。
- “可编辑的可选区域”是可选区域的一种，模板可以设置显示或隐藏所选区域，并且可以编辑该区域中的内容，该可编辑的区域是由条件语句控制的。
- “重复表格”是重复区域的一种，使用重复表格可以创建包含重复行的表格格式的可编辑区域，可以定义表格属性并设置哪些表格单元格可编辑。

03 选择命令后，弹出“新建可编辑区域”对话框，在“名称”文本框中输入名称，如图 9-12 所示。

04 单击“确定”按钮，创建可编辑区域，如图 9-13 所示。

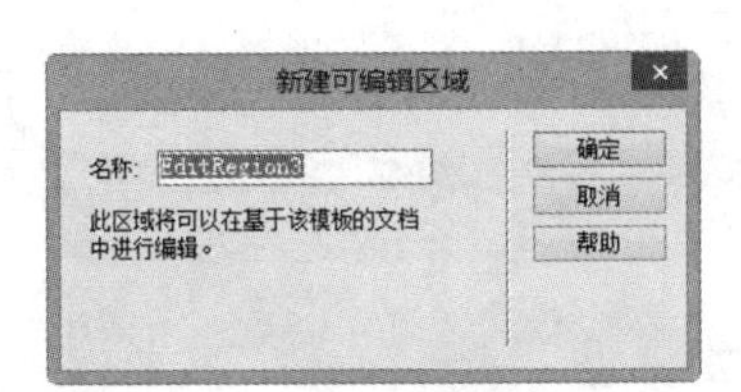

图 9-12　“新建可编辑区域”对话框

图 9-13　创建可编辑区域

提示

作为一个模板，Dreamweaver 会自动锁定文档中的大部分区域。模板设计者可以定义基于模板的文档中哪些区域是可编辑的。创建模板时，可编辑区域和锁定区域都可以更改。但是，在基于模板的文档中，模板用户只能在可编辑区域中进行修改，至于锁定区域则无法进行任何操作。

9.3 创建基于模板的页面

模板实际上也是一种文档，它的扩展名为.dwt，存放在根目录下的Templates文件夹中，如果该Templates文件夹在站点中不存在，Dreamweaver将在保存新建模板时自动将其创建。模板创建好之后，就可以应用模板快速、高效地设计风格一致的网页，下面通过如图9-14所示的实例讲述应用模板创建网页的方法，具体操作步骤如下。

图9-14 利用模板创建网页

提示

在创建模板时，可编辑区和锁定区域都可以进行修改。但是，在利用模版创建的网页中，只能在可编辑区中进行更改，而无法修改锁定区域中的内容。

01 执行“文件”|“新建”命令，弹出“新建文档”对话框，在该对话框中选择“网站模板”|“站点9.3”|“moban”命令，如图9-15所示。

02 单击“创建”按钮，利用模板创建网页，如图9-16所示。

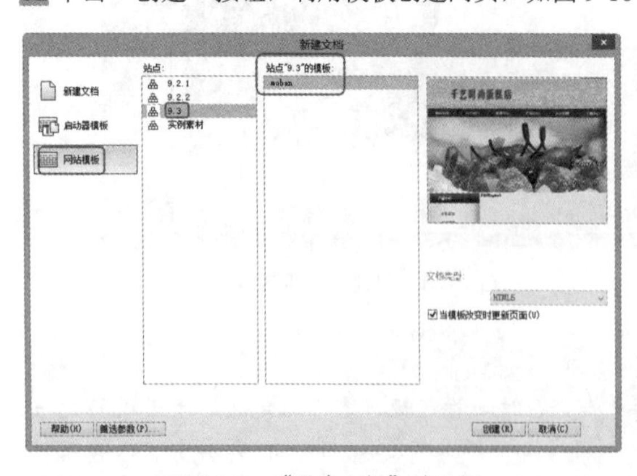

图9-15 “新建文档”对话框

图9-16 利用模板创建网页

03 执行“文件”|“保存”命令，弹出“另存为”对话框，在该对话框的“文件名”文本框中输入名称，如图 9-17 所示。

04 单击“保存”按钮，保存文档，将光标置于页面中，执行“插入”|“表格”命令，弹出 Table 对话框，在该对话框中将“行数”设置为 2，“列”设置为 1，“表格宽度”设置为 100%，如图 9-18 所示。

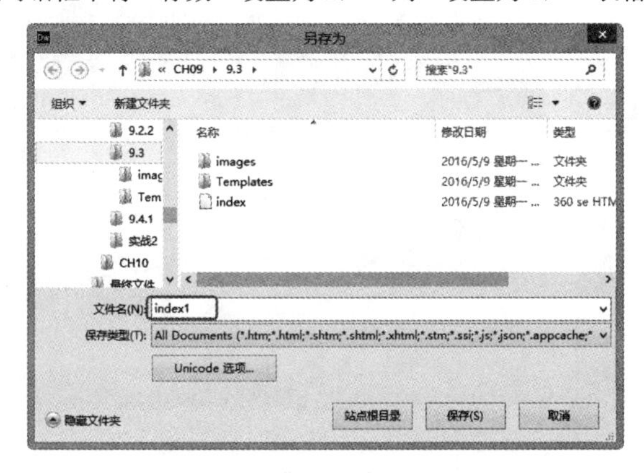

图 9-17　“另存为”对话框

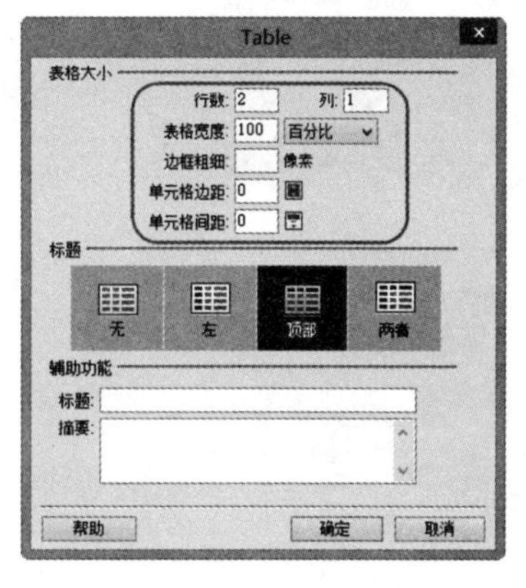

图 9-18　Table 对话框

05 单击“确定”按钮，插入表格，如图 9-19 所示。

06 将光标置于第 1 行单元格中，执行“插入”|“图像”命令，弹出“选择图像源文件”对话框，在该对话框中选择图像文件，如图 9-20 所示。

图 9-19　插入表格

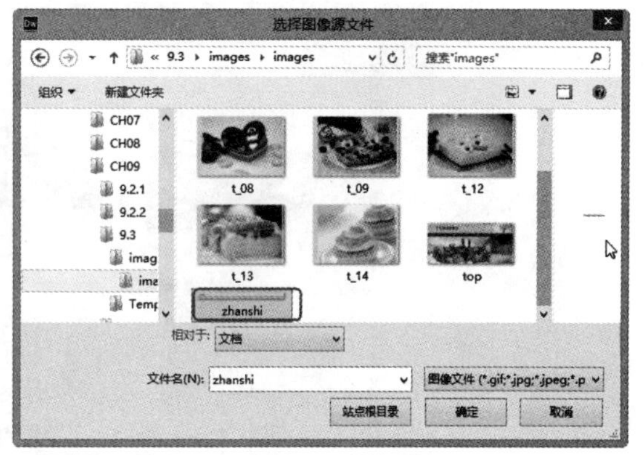

图 9-20　“选择图像源文件”对话框

07 单击“确定”按钮，插入图像，如图 9-21 所示。

08 将光标置于第 2 行单元格中，执行“插入”|“表格”命令，插入 4 行 3 列的表格，如图 9-22 所示。

图 9-21　插入图像

图 9-22　插入表格

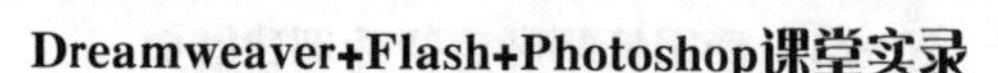

09 将光标置于第1行第1列单元格中，执行“插入”|“图像”命令，插入图像images/images/t_07.jpg，如图9-23所示。

10 将光标置于第2行第1列单元格中，输入文字，如图9-24所示。

图 9-23　插入图像

图 9-24　输入文字

11 同步骤9~10在表格的其他单元格中插入图像并输入相应的文字，如图9-25所示。

12 保存文档，按F12键在浏览器中预览，效果如图9-14所示。

图 9-25　输入内容

9.4 库的创建、管理与应用

库是一种特殊的Dreamweaver文件，其中包含已创建以便放在网页上的单独“资源”或“资源”副本的集合，库里的这些资源被称为“库项目”。库项目是可以在多个页面中重复使用的存储页面的对象元素，每当更改某个库项目的内容时，都可以同时更新所有使用了该项目的页面。不难发现，在更新这一点上，模板和库都是为了提高工作效率而存在的。

9.4.1 创建库项目

创建库项目的效果如图9-26所示，具体操作步骤如下。

图 9-26 库项目效果

01 执行“文件”|“新建”命令，弹出“新建文档”对话框，在该对话框中选择“新建文档”|“文档类型”|“HTML”|“无”选项，如图 9-27 所示。

02 单击“创建”按钮，创建文档，如图 9-28 所示。

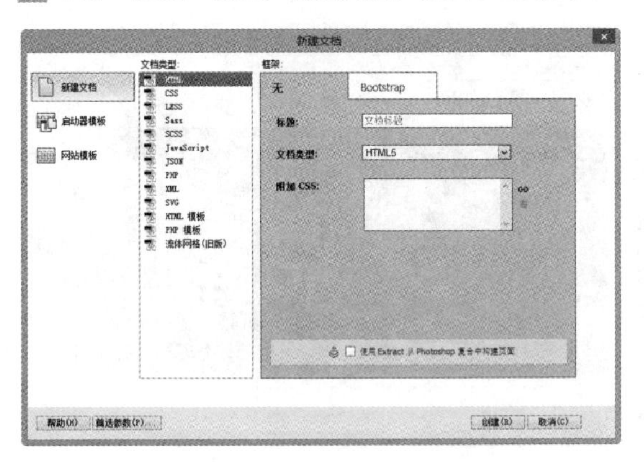

图 9-27 “新建文档”对话框

图 9-28 创建文档

03 将光标置于页面中，执行“插入”|“表格”命令，弹出 Table 对话框，在该对话框中将“行数”设置为 1，“列”设置为 1，“表格宽度”设置为 978 像素，如图 9-29 所示。

04 单击“确定”按钮，插入表格，如图 9-30 所示。

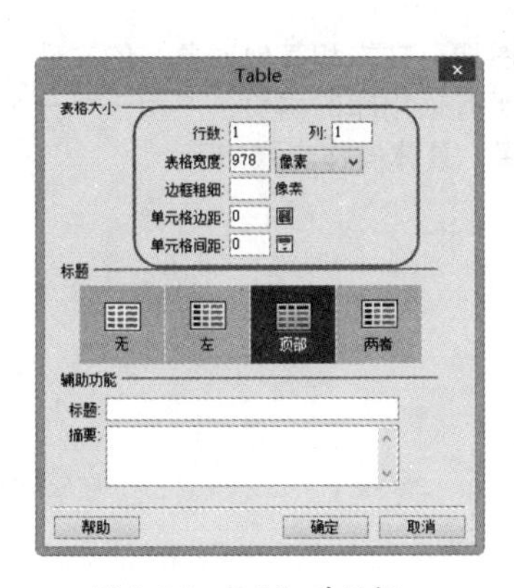

图 9-29 Table 对话框

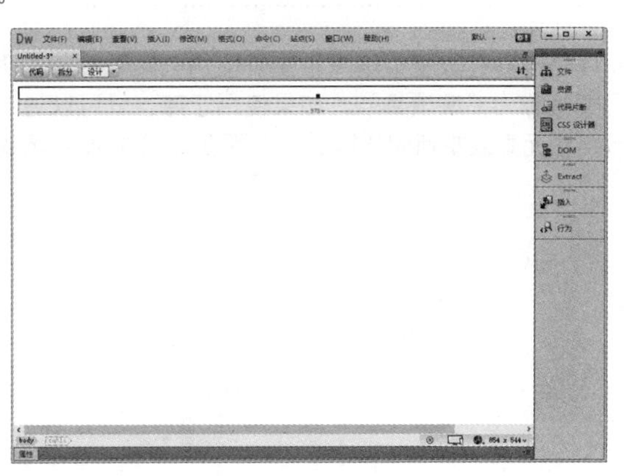

图 9-30 插入表格

05 将光标置于表格，执行“插入” | “图像”命令，弹出“选择图像源文件”对话框，在该对话框中选择图像文件，如图 9-31 所示。

06 单击“确定”按钮，插入图像，如图 9-32 所示。

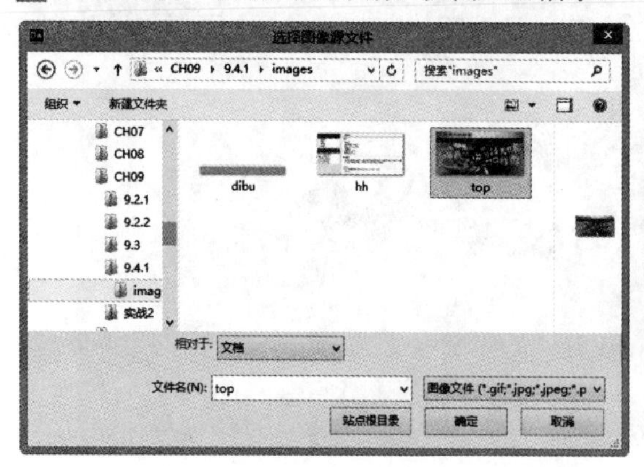

图 9-31 “选择图像源文件”对话框

图 9-32 插入图像

07 执行“文件” | “保存”命令，弹出“另存为”对话框，在该对话框的“文件名”文本框中输入 top，如图 9-33 所示。

08 单击“保存”按钮，保存为库文件，如图 9-34 所示。

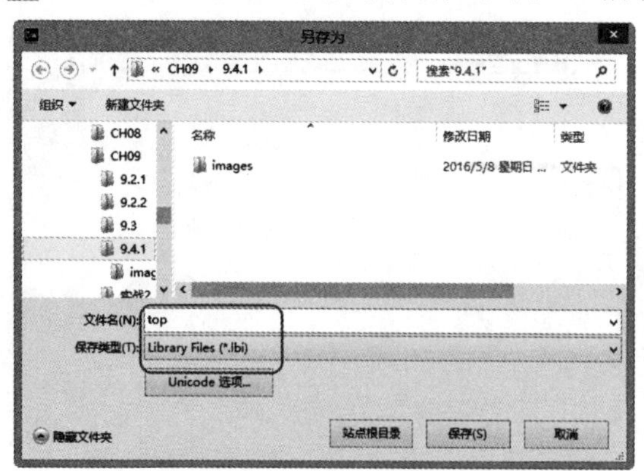

图 9-33 “另存为”对话框

图 9-34 保存为库文件

09 在浏览器中预览库文件，效果如图 9-26 所示。

9.4.2 库项目的应用

库是一种存放整个站点中重复使用或频繁更新的页面元素（如图像、文本和其他对象）的文件，这些元素被称为“库项目”。如果使用了库，就可以通过改动库更新所有采用库的网页，不用一个一个地修改网页元素或重新制作网页。下面在如图 9-35 所示的网页中应用库，具体操作步骤如下。

图 9-35　在网页中应用库效果

01 打开网页文档，执行“窗口”｜“资源”命令，如图 9-36 所示。

02 打开“资源”面板，在该面板中单击“库”按钮，显示库项目，如图 9-37 所示。

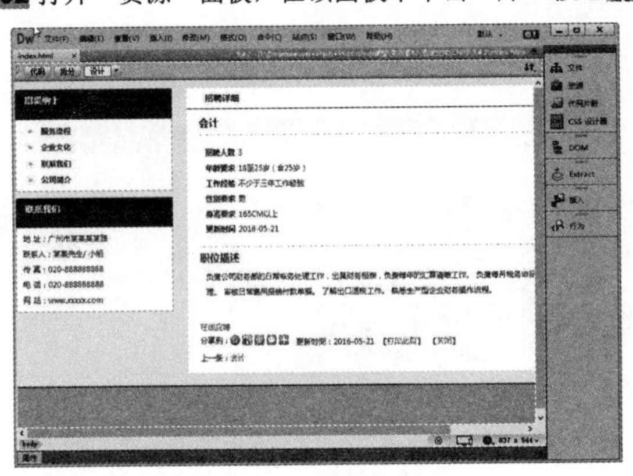

图 9-36　打开网页文档

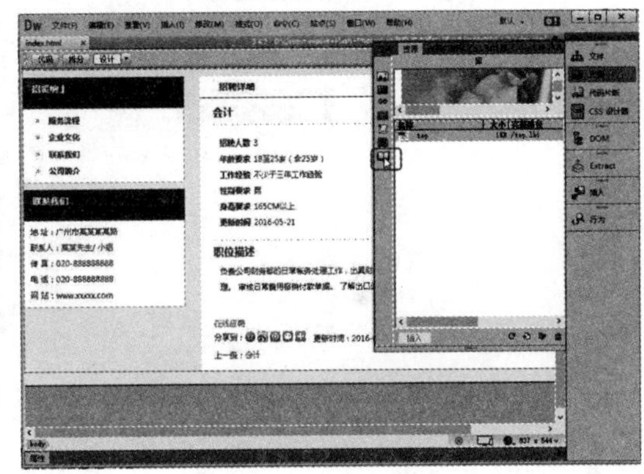

图 9-37　显示库项目

03 将光标置于要插入库的位置，选中库文件，单击左下角的“插入”按钮，如图 9-38 所示。

04 即可插入库项目，如图 9-39 所示。

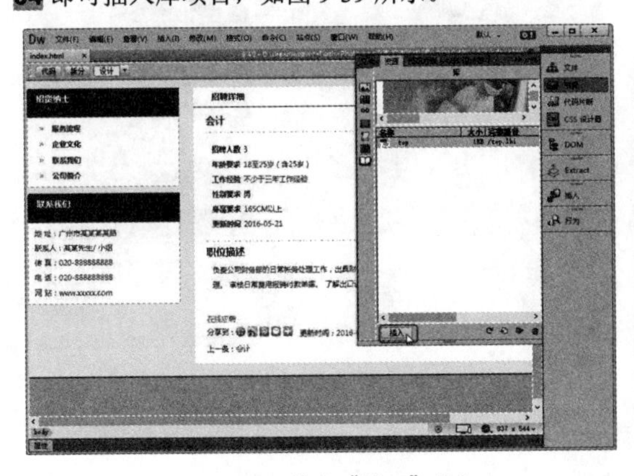

图 9-38　单击“插入”按钮

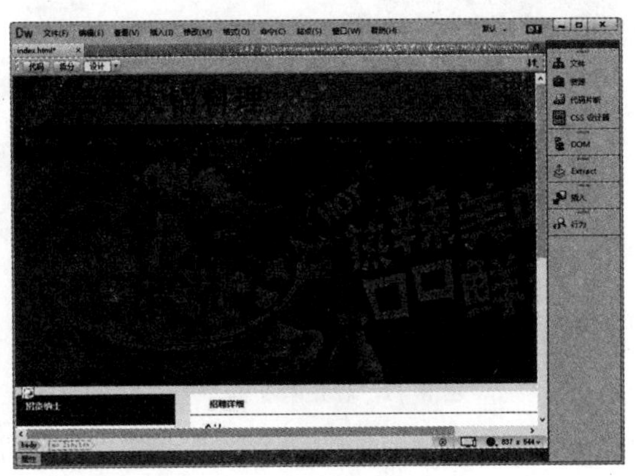

图 9-39　插入库文件

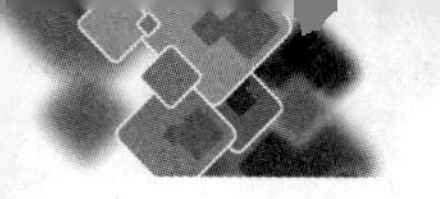

> **提示**
>
> 如果希望仅仅添加库项目内容对应的代码，而不希望它作为库项目出现，则可以按住 Ctrl 键，再将相应的库项目从“资源”面板中拖曳到文档窗口，这样插入的内容就以普通文档的形式出现。

05 保存文档，按 F12 键在浏览器中预览，效果如图 9-35 所示。

9.4.3 编辑库项目

创建库项目后，根据自己的需要还可以编辑或更改其中的内容，效果如图 9-40 所示。具体操作步骤如下。

图 9-40　更新库项目效果

01 打开库项目，选中图像，如图 9-41 所示。

02 打开属性面板，在该面板中选择“矩形热点”工具，如图 9-42 所示。

图 9-41　打开库项目

图 9-42　选择矩形热点工具

03 将光标置于图像上，绘制矩形热点，并输入相应的链接，如图 9-43 所示。

04 同步骤 2~3 在图像上绘制其他热点链接，如图 9-44 所示。

图 9-43　绘制矩形热点

图 9-44　绘制其他矩形热点链接

05 保存库文件，执行“修改”|“库”|“更新页面”命令，打开“更新页面”对话框，如图 9-45 所示。

06 单击“开始”按钮，即可按照提示更新文件，如图 9-46 所示。

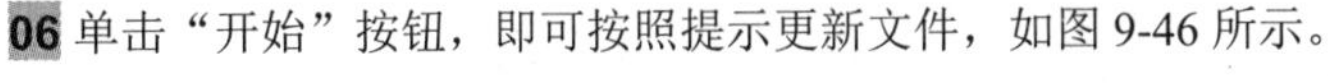

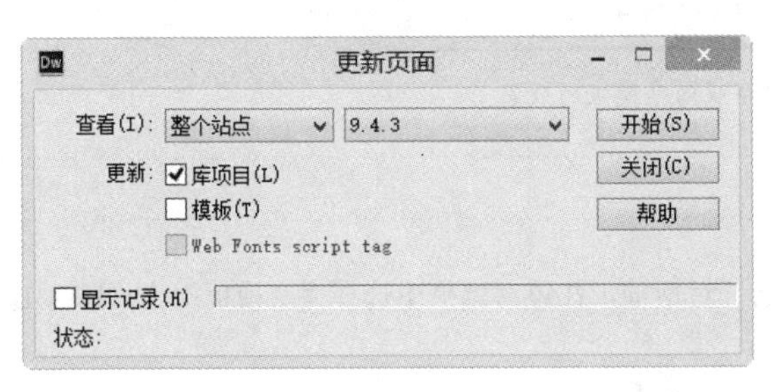

图 9-45　“更新页面”对话框

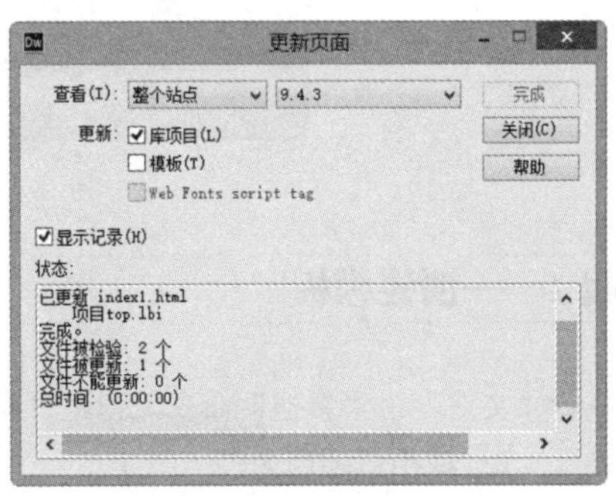

图 9-46　显示更新文件

07 打开应用库文件的文档，可以看到文档已经更新，如图 9-47 所示。

08 保存文件，按 F12 键在浏览器中预览，效果如图 9-40 所示。

图 9-47　更新文件

9.5　综合实例——创建完整的企业网站模板

在网页中使用模板可以统一整个站点的页面风格，使用库项目可以对页面的局部统一风格，在制作网页时使用库和模板可以节省大量的工作时间，并且对日后的升级带来很大的方便。下面通过实例讲述模板的创建和应用，创建企业网站模板的效果如图 9-48 所示，具体操作步骤如下。

图 9-48　创建企业网站模板的效果

实战 1——创建模板

01 执行“文件”｜“新建”命令，弹出“新建文档”对话框，在该对话框中选择“空模板”｜“HTML 模板”｜“无”选项，如图 9-49 所示。

02 单击“创建”按钮，创建一个空白文档网页，如图 9-50 所示。

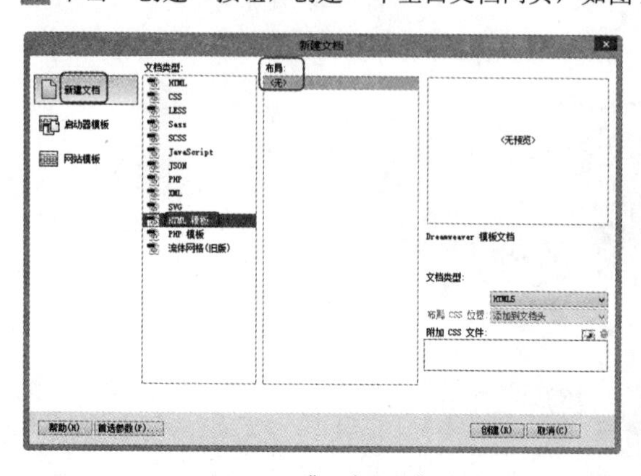

图 9-49　“新建文档”对话框

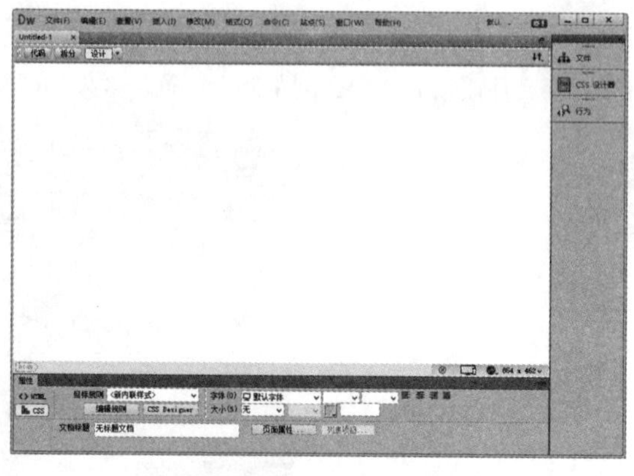

图 9-50　创建文档网页

03 执行“文件”｜“保存”命令，弹出 Dreamweaver 提示对话框，如图 9-51 所示。

04 单击“确定”按钮，弹出“另存模板”对话框，在该对话框的“另存为”文本框中输入名称，如图 9-52 所示。

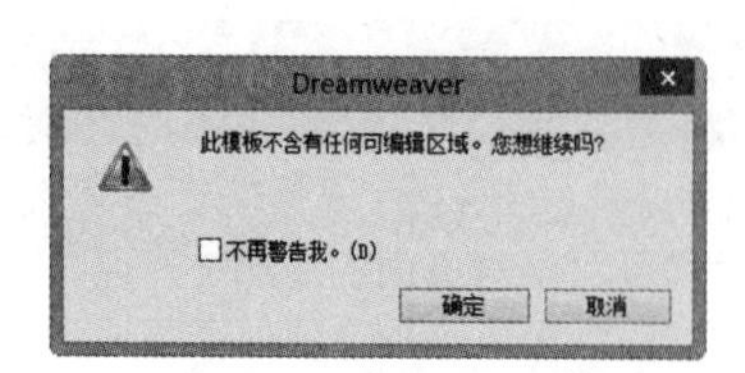

图 9-51　提示对话框

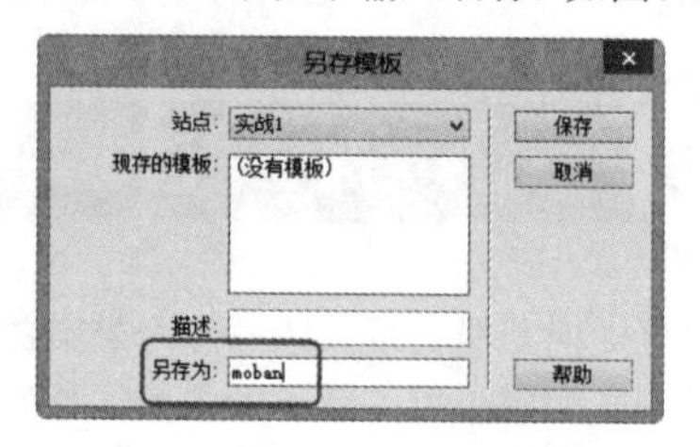

图 9-52　“另存模板”对话框

05 单击“保存”按钮，保存文档，将光标置于页面中，执行“修改”｜“页面属性”命令，弹出“页面属性”对话框，在该对话框中进行相应的设置，如图 9-53 所示。

06 单击“确定”按钮，修改页面属性，执行“插入”｜“表格”命令，弹出 Table 对话框，在该对话框中将“行数”设置为 4，“列”设置为 1，“表格宽度”设置为 978 像素，如图 9-54 所示。

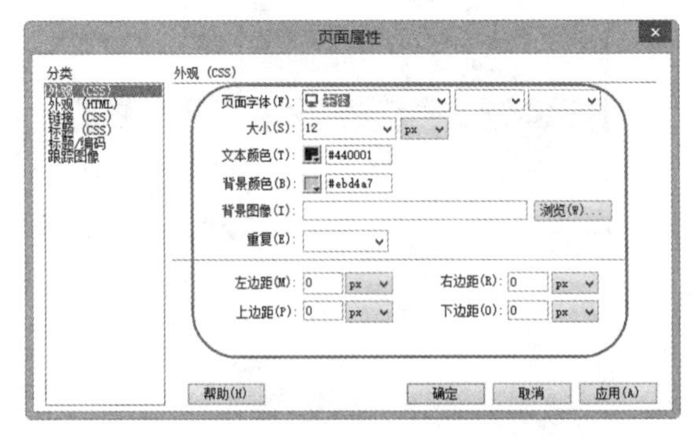

图 9-53　“页面属性”对话框

图 9-54　Table 对话框

07 单击“确定”按钮，插入表格，此表格记为表格 1，如图 9-55 所示。

08 将光标置于表格 1 的第 1 行单元格中，执行“插入”｜“图像”命令，弹出“选择图像源文件”对话框，在该对话框中选择图像文件，如图 9-56 所示。

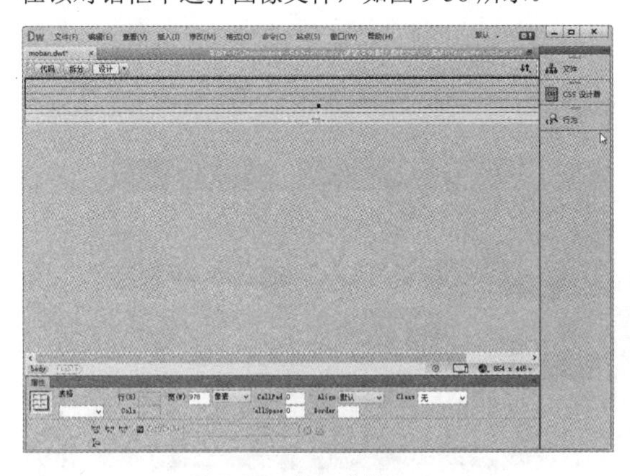

图 9-55　插入表格 1

图 9-56　“选择图像源文件”对话框

09 单击“确定”按钮，插入图像 ../images/top1.jpg，如图 9-57 所示。

10 将光标置于表格 1 的第 2 行单元格中，执行“插入”｜“图像”命令，插入图像 ../images/top.jpg，如图 9-58 所示。

图 9-57　插入图像

图 9-58　插入图像

11 将光标置于表格 1 的第 3 行单元格中，执行“插入” | “表格”命令，插入 1 行 2 列的表格，此表格记为表 2，如图 9-59 所示。

12 将光标置于表格 2 的第 1 列单元格中，将单元格的背景颜色设置为 #F0DAA1，如图 9-60 所示。

图 9-59 插入表格 2

图 9-60 设置单元格颜色

13 执行“插入” | “表格”命令，插入 3 行 1 列的表格，此表格记为表格 3，如图 9-61 所示。

14 将光标置于表格 3 的第 1 行单元格后，执行“插入” | “图像”命令，插入图像 ../images/leftbot_01.gif，如图 9-62 所示。

图 9-61 插入表格 3

图 9-62 插入图像

15 将光标置于表格 3 的第 2 行单元格中，打开代码视图，在代码中输入背景图像代码 background=../images/bg_09.gif，如图 9-63 所示。

16 返回设计视图，可以看到插入的背景图像，如图 9-64 所示。

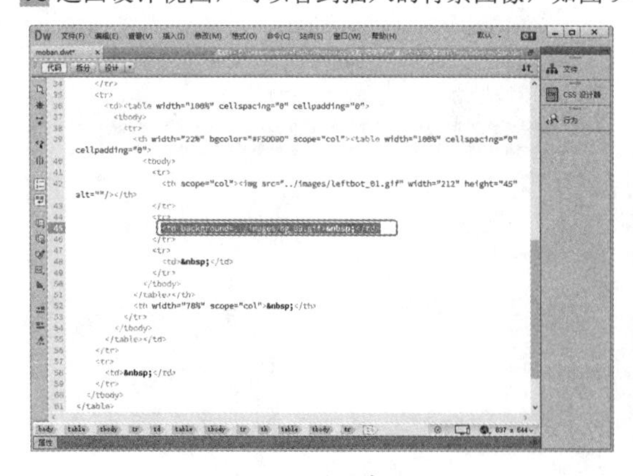

图 9-63 输入代码

图 9-64 插入背景图像

17 将光标置于背景图像上，执行“插入”|“表格”命令，插入4行1列的表格，此表格记为表格4，如图9-65所示。

18 将光标置于表格4的第1行单元格中，打开代码视图，在代码中输入背景图像代码 background=../images/leftbg_01b.gif，如图9-66所示。

图 9-65　插入表格 4

图 9-66　输入代码

19 返回设计视图，可以看到插入的背景图像，并在背景图像上输入文字，如图9-67所示。

20 同步骤18~19，在表格4的第2、3、4行单元格中，输入相应的内容，如图9-68所示。

图 9-67　输入文字

图 9-68　输入内容

21 将光标置于表格3的第3行单元格中，执行“插入”|“表格”命令，插入3行1列的表格，此表格记为表格5，如图9-69所示。

22 在表格5的单元格中，分别插入相应的图像，如图9-70所示。

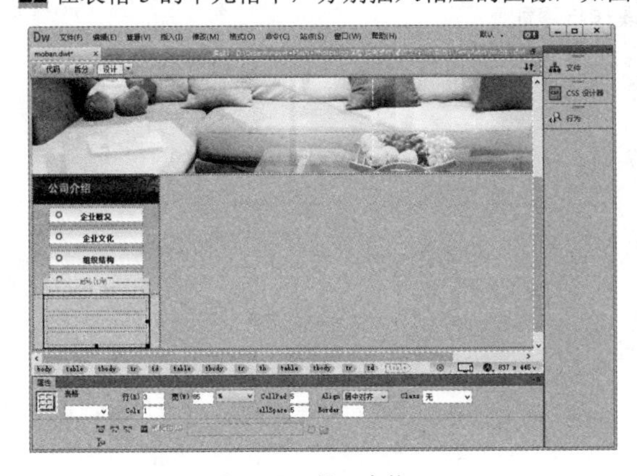

图 9-69　插入表格 5

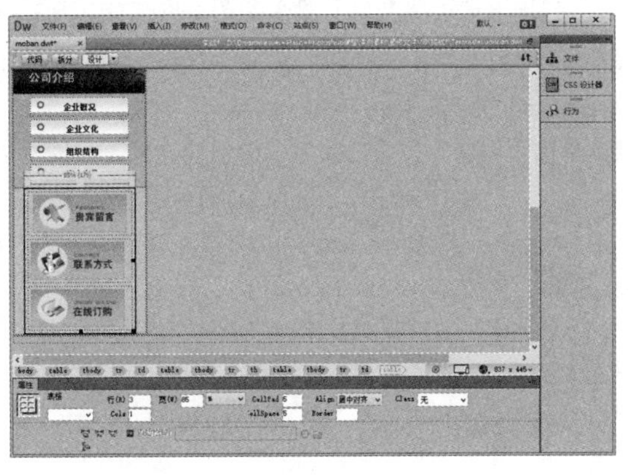

图 9-70　插入图像

23 将光标置于表格 2 的第 2 列单元格中，执行“插入”|“模板”|“可编辑区域”命令，如图 9-71 所示。

24 弹出“新建可编辑区域”对话框，在该对话框的名称文本框中输入名称，如图 9-72 所示。

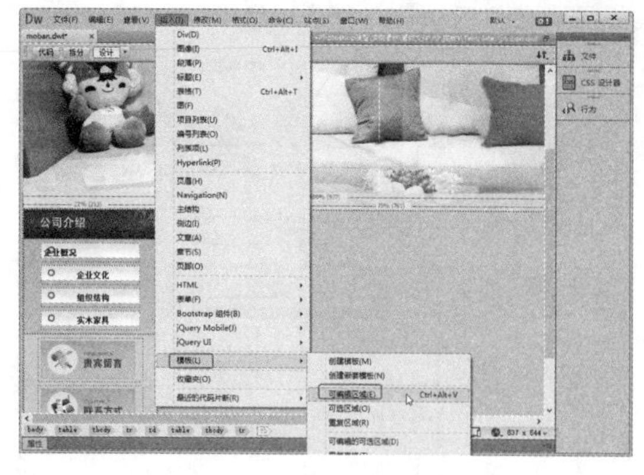

图 9-71　执行“可编辑区域”命令

图 9-72　“新建可编辑区域”对话框

25 单击“确定”按钮，创建可编辑区域，如图 9-73 所示。

26 将光标置于表格 1 的第 4 行单元格中，执行“插入”|“图像”命令，插入图像 ../images/dibu.jpg，如图 9-74 所示。

图 9-73　创建可编辑区域

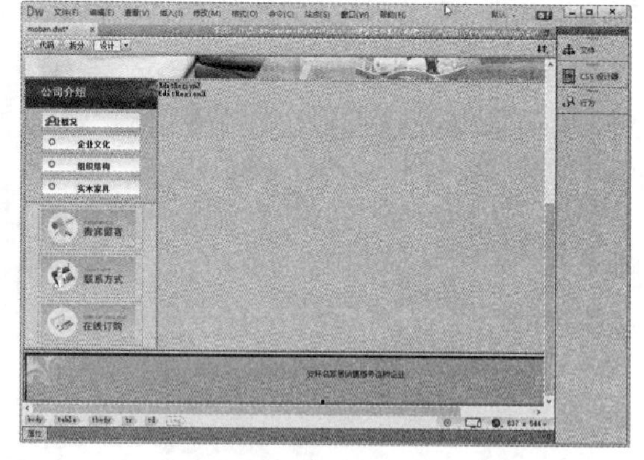

图 9-74　插入图像

27 保存文档，完成模板的创建，如图 9-48 所示。

实战 2——利用模板创建网页

利用模板创建网页的效果如图 9-75 所示，具体操作步骤如下。

01 执行“文件”|“新建”命令，弹出“新建文档”对话框，在该对话框中选择“网站模板”|“实战 2”|“moban”选项，如图 9-76 所示。

02 单击“创建”按钮，利用模板创建文档，如图 9-77 所示。

图 9-75　利用模板创建网页效果

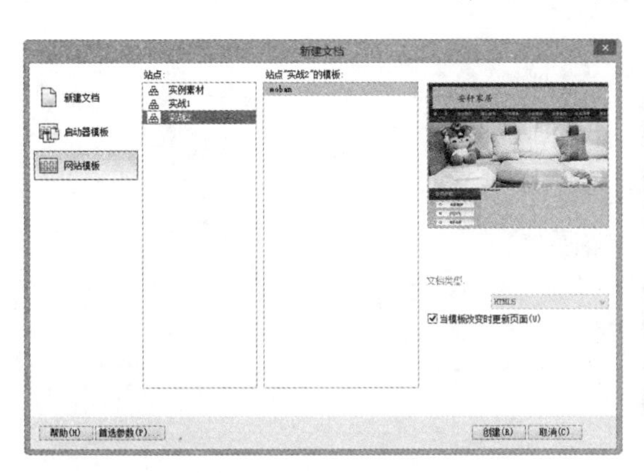

图 9-76　“新建文档”对话框

图 9-77　利用模板创建文档

03 执行“文件”|“保存”命令，弹出“另存为”对话框，在该对话框的“文件名”文本框中输入名称，如图 9-78 所示。单击“保存”按钮，保存文档。

04 将光标置于可编辑区域中，执行“插入”|“表格”命令，弹出 Table 对话框，将“行数”设置为 2，“列”设置为 1，如图 9-79 所示。

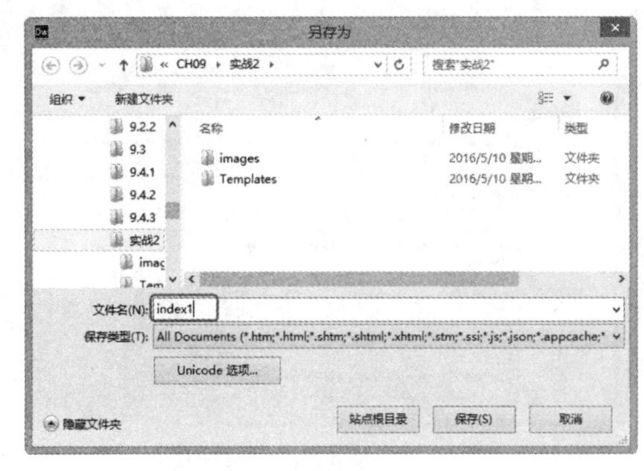

图 9-78　“另存为”对话框

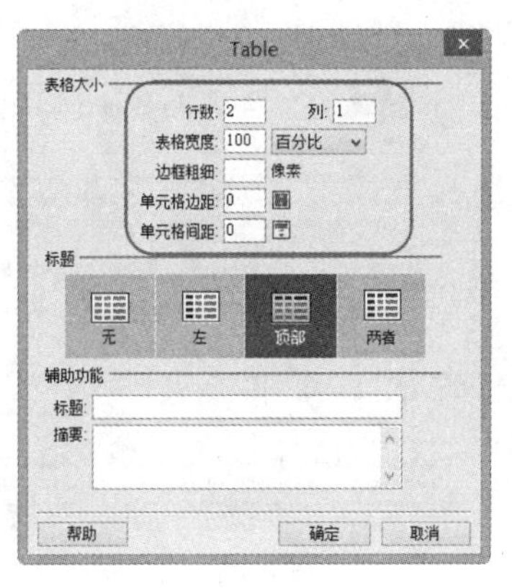

图 9-79　Table 对话框

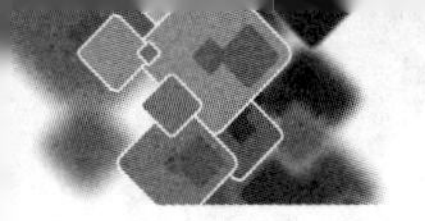

05 单击“确定”按钮，插入表格，此表格记为表格 1，如图 9-80 所示。

06 将光标置于表格 1 的第 1 行单元格中，执行“插入”|“图像”命令，弹出“选择图像源文件”对话框，在该对话框选择图像文件，如图 9-81 所示。

图 9-80 插入表格 1

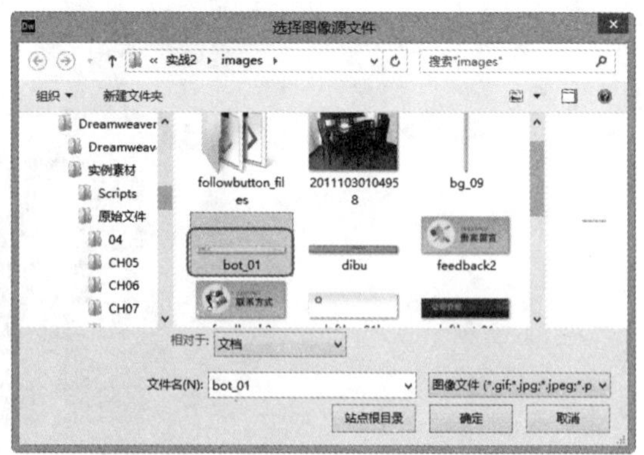

图 9-81 “选择图像源文件”对话框

07 单击“确定”按钮，插入图像，如图 9-82 所示。

08 将光标置于表格 1 的第 2 行单元格中，执行“插入”|“表格”命令，插入 1 行 1 列的表格，此表格记为表格 2，如图 9-83 所示。

图 9-82 插入图像

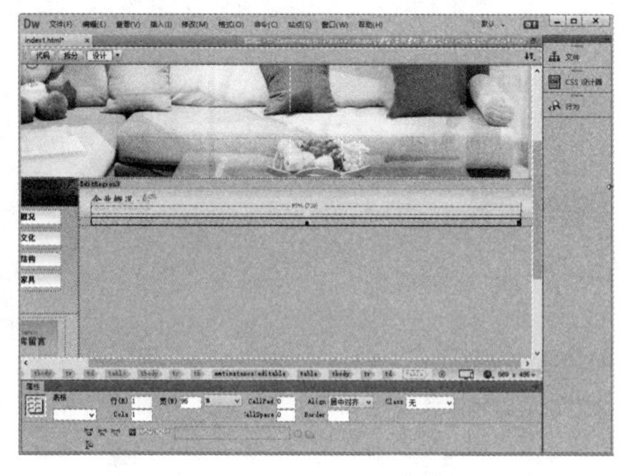

图 9-83 插入表格 2

09 将光标置于表格 2 的单元格中，在单元格中输入相应的文字，字体颜色设置为 #44000，如图 9-84 所示。

10 将光标置于文字中，执行“插入”|“图像”命令，插入图像 images/tu.jpg，如图 9-85 所示。

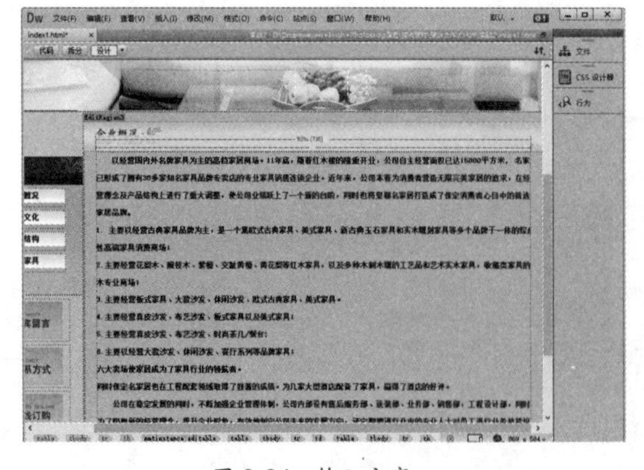

图 9-84 输入文字

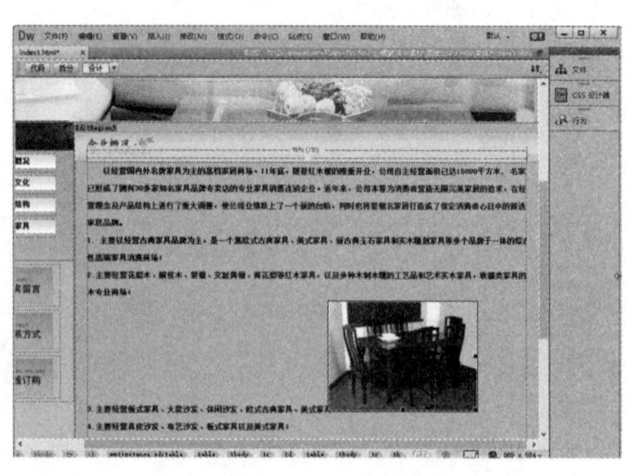

图 9-85 插入图像

11 选中插入的图像，右击鼠标，在弹出的菜单中选择“对齐”｜“右对齐”选项，如图 9-86 所示。

12 保存文档，完成利用模板创建网页文档的制作，效果如图 9-75 所示。

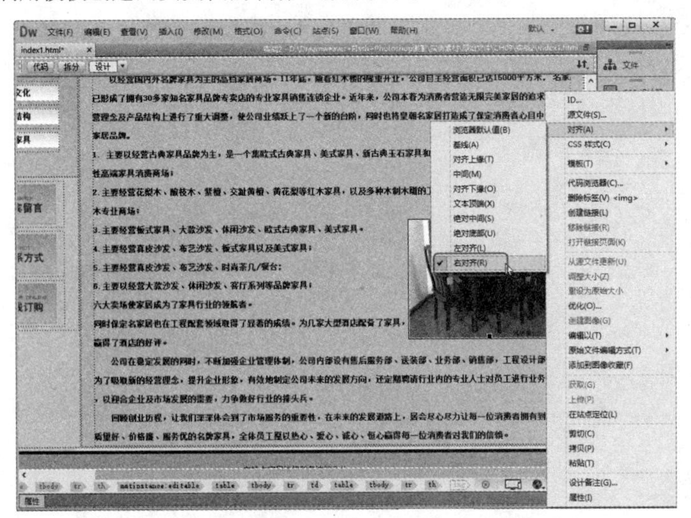

图 9-86　选择“右对齐”选项

第10章

使用 CSS 样式美化网页

本章导读

精美的网页离不开CSS技术，采用CSS技术可以有效地对页面的布局、字体、颜色、背景和其他效果实现更加精确的控制。使用CSS样式可以制作出更加复杂和精美的网页，网页维护和更新起来也更加容易和方便。本章主要介绍CSS样式的基本概念和语法、CSS样式表的创建、CSS样式的设置和CSS样式的应用实例。

技术要点：

- 初识css
- 掌握定义css样式属性的方法
- 掌握编辑css样式的方法
- 掌握css样式美化文字的方法
- 掌握应用css样式制作阴影文字的方法

10.1 初识CSS

CSS是Cascading Style Sheet的缩写，有些书上称为“层叠样式表”或“级联样式表”，是一种网页制作新技术，现在已经为大多数的浏览器所支持，成为网页设计必不可少的工具之一。

10.1.1 CSS概述

所谓样式就是层叠样式表，用来控制一个文档中的某一文本区域外观的一组格式属性。使用CSS能够简化网页代码，加快下载显示速度，也减少了需要上传的代码数量，大大减少了重复劳动的工作量。样式表是对HTML语法的一次重大革新，如今网页的排版格式越来越复杂，很多效果需要通过CSS来实现，Adobe Dreamweaver CC在CSS功能设计上做了很大的改进。同HTML相比，使用CSS样式表的好处除了在于它可以同时链接多个文档之外，当CSS样式更新或修改后，所有应用了该样式表的文档都会被自动更新。

CSS样式表的功能一般可以归纳为以下几点。

- 可以更加灵活地控制网页中文字的字体、颜色、大小、间距、风格及位置。
- 可以灵活地设置一段文本的行高、缩进，并可以为其加入三维效果的边框。
- 可以方便地为网页中的任何元素设置不同的背景颜色和背景图像。
- 可以精确地控制网页中各元素的位置。
- 可以为网页中的元素设置阴影、模糊、透明等效果。
- 可以与脚本语言结合，从而产生各种动态效果。
- 使用CSS格式的网页，打开速度更快。

10.1.2 CSS的作用

CSS（Cascading Style Sheet，层叠样式表）是一种制作网页必不可少的技术之一，现在已经被大多数的浏览器所支持。实际上，CSS是一系列格式规格或样式的集合，主要用于控制页面的外观，是目前网页设计中的常用技术与手段。

CSS具有强大的页面美化功能。通过CSS可以控制许多仅使用HTML标记无法控制的属性，并能轻而易举地实现各种特效。

CSS的每个样式表都是由相对应的样式规则组成的，使用HTML中的<style>标签可以将样式规则加

入到 HTML 中。<style> 标签位于 HTML 的 head 部分，其中也包含网页的样式规则。可以看出，CSS 的语句是可以内嵌在 HTML 文档内。所以，编写 CSS 的方法和编写 HTML 的方法是一样的。

下面是一个在 HTML 网页中嵌入的 CSS 样式。

```
<html>
<head>
<meta http-equiv=" Content-Type"  content=" text/html; charset=gb2312" />
<title></title>
<style type=" text/css" >
<!--
.y {
    font-size: 12px;
    font-style: normal;
    line-height: 20px;
    color: #FF0000;
    text-decoration: none;
}
-->
</style>
</head>
<body>
</body>
</html>
```

CSS 还具有便利的自动更新功能，在更新 CSS 样式时，所有使用该样式的页面元素的格式都会自动地更新为当前所设定的新样式。

10.1.3 基本 CSS 语法

样式表基本语法如下：

HTML 标志 { 标志属性：属性值；标志属性：属性值；标志属性：属性值；…… }

现在首先讨论在 HTML 页面内直接引用样式表的方法。这个方法必须把样式表信息包括在 <style> 和 </style> 标记中，为了使样式表在整个页面中产生作用，应把该组标记及其内容放到 <head> 和 </head> 中。

例如，要设置 HTML 页面中所有 H1 标题字显示为蓝色，其代码如下：

```
<html>
<head>
<title>This is a CSS samples</title>
<style type=" text/css" >
<!--
H1 {color: blue}
-->
</style>
</head>
<body>
... 页面内容 ...
</body>
</html>
```

在使用样式表过程中，经常会有几种标志用到同一个属性，例如规定HTML 页面中凡是粗体字、斜体字、1 号标题字则显示为红色，按照上面介绍的方法应书写为：

```
B{ color: red}
I{ color: red}
H1{ color: red}
```

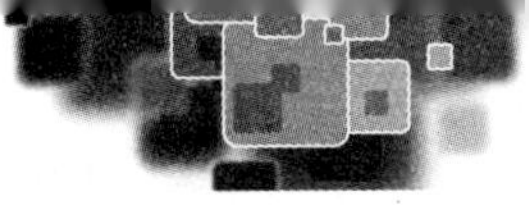

显然这样书写十分麻烦，引进分组的概念会使其变得简洁明了，可以写成：

```
B,I,H1{color: red}
```

用逗号分隔各个 HTML 标志，把 3 行代码合并成 1 行。

此外，同一个 HTML 标志，可能定义多种属性，例如，规定把 H1 ～ H6 各级标题定义为红色黑体字，带下画线，则应写为：

```
H1, H2, H3, H4, H5, H6 {
color: red;
text-decoration: underline;
font-family: " 黑体 "}
```

10.2 添加 CSS 的方法

通过使用 CSS 我们可以大大提升网页开发的工作效率，在页面中插入 CSS 样式表的方法如下。

1. 行内式样式

即使用 style 属性，将 CSS 直接写在 HTML 标签中。

例如：<p style="color:red"> 这行段落将显示为红色。</p>

注意：style 属性可以用在 <body> 内的所有（X）HTML 标签上，但不能应用于 <body> 以外的标签，如 <title><head> 等标签。

2. 嵌入式样式表

嵌入式样式表使用“<style></style>”标签嵌入到（X）HTML 文件的头部中，代码如下：

```
<head>
<style type="text/css">
<!--
.class{
color:red;
}
-->
</style>
</head>
```

注意：对于一些不能识别 <style> 标签的浏览器，使用（X）HTML 的注释标签 <!-- 注释文字 --> 把样式包含进来。这样，不支持 <style> 标签的浏览器会忽略样式内容，而支持 <style> 标签的浏览器会解读样式表。

3. 外部样式表

在 <head> 标签内使用 <link> 标签将样式表文件链接到（X）HTML 文件中。

代码如下：

```
<head>
<link style="stylesheet" href="myclass.css" type="text/css" />
</head>
```

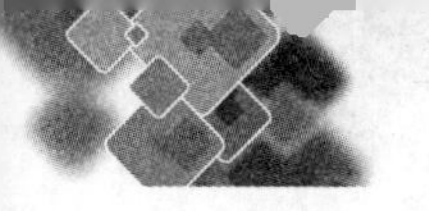

10.3 定义CSS样式的属性

控制网页元素外观的CSS样式用来定义字体、颜色、边距和字间距等属性，可以使用Dreamweaver来对所有的CSS属性进行设置。CSS属性被分为9大类：类型、背景、区块、方框、边框、列表、定位、扩展和过滤，下面分别进行介绍。

10.3.1 文本样式的定义

在CSS规则定义对话框左侧的“分类”列表框中选择“类型”选项，在右侧可以设置CSS样式的类型参数，如图10-1所示。

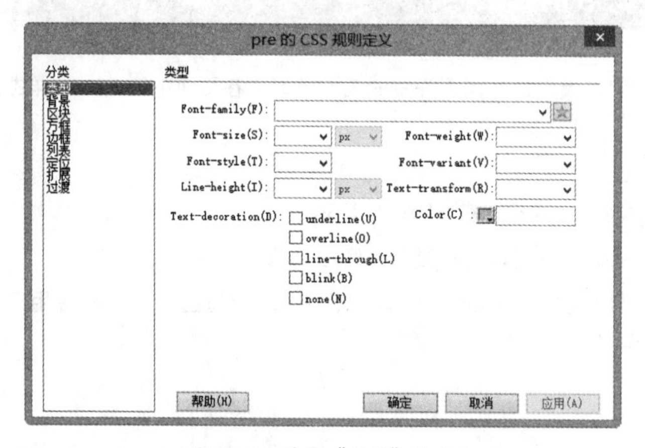

图10-1 选择“类型”选项

在“类型”中的各选项参数如下。

- Font-family：用于设置当前样式所使用的字体。
- Font-size：定义文本大小。可以通过选择数字和度量单位来选择特定的大小，也可以选择相对大小。
- Font-style：将“正常”“斜体”或“偏斜体”指定为字体样式，默认设置是“正常”。
- Line-height：设置文本所在行的高度。该设置传统上称为“前导”。选择“正常”自动计算字体大小的行高，或输入一个确切的值并选择一种度量单位。
- Text-decoration：向文本中添加下画线、上画线或删除线，或使文本闪烁。正常文本的默认设置是“无”。“链接”的默认设置是“下画线”。将“链接”设置为“无”时，可以通过定义一个特殊的类删除链接中的下画线。
- Font-weight：对字体应用特定或相对的粗体量。“正常”等于400，“粗体”等于700。
- Font-variant：设置文本的小型大写字母变量。Dreamweaver不在文档窗口中显示该属性。
- Text-transform：将选定内容中的每个单词的首字母大写或将文本设置为全部大写或小写。
- color：设置文本颜色。

10.3.2 背景样式的定义

使用“CSS规则定义”对话框的“背景”类别中可以定义CSS样式的背景设置。可以对网页中的任何元素应用背景属性，如图10-2所示。

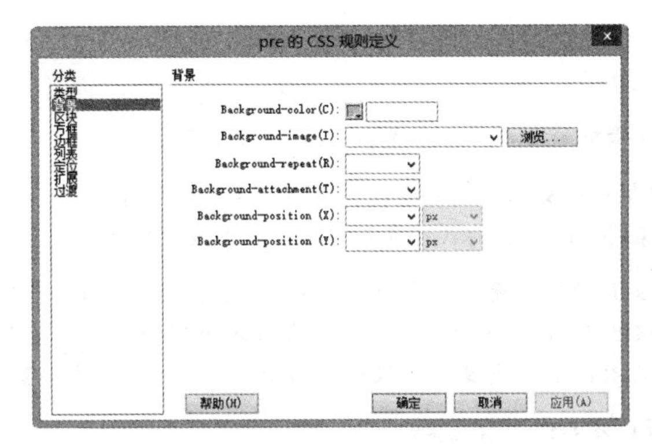

图 10-2　选择“背景”选项

在 CSS 的“背景”选项中可以设置以下参数。

- Background-color：设置元素的背景颜色。
- Background-image：设置元素的背景图像。可以直接输入图像的路径和文件，也可以单击“浏览”按钮选择图像文件。
- Background Repeat：确定是否以及如何重复背景图像，包含 4 个选项：“不重复”指在元素开始处显示一次图像；“重复”指在元素的后面水平和垂直平铺图像；“横向重复”和“纵向重复”分别显示图像的水平带区和垂直带区，图像被剪辑以适合元素的边界。
- Background Attachment：确定背景图像是固定在它的原始位置，还是随内容一起滚动。
- Background Position (X) 和 Background Position (Y)：指定背景图像相对于元素的初始位置，这可以用于将背景图像与页面中心垂直和水平对齐。如果附件属性为“固定”，则位置相对于文档窗口而不是元素。

10.3.3　区块样式的定义

使用“CSS 规则定义”对话框的“区块”类别，可以定义标签和属性的间距和对齐方式，该对话框中左侧的“分类”列表中选择“区块”选项，在右侧可以设置相应的 CSS 样式，如图 10-3 所示。

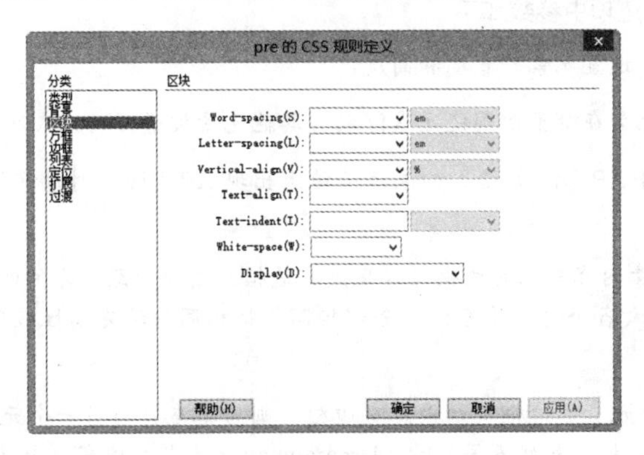

图 10-3　选择“区块”选项

在 CSS 的“区块”各选项中参数如下。

- word-spacing：设置单词的间距，若要设置特定的值，在下拉列表中选择“值”，然后输入一个数值，在第二个下拉列表中选择度量单位。
- letter-spacing：增加或减小字母或字符的间距。若要减少字符间距，指定一个负值，字母间距设置覆盖对齐的文本设置。

- Vertical-align：指定应用它的元素的垂直对齐方式。仅当应用于 <img> 标签时，Dreamweaver 才在文档窗口中显示该属性。
- Text-align：设置元素中的文本对齐方式。
- Text-indent：指定第一行文本缩进的程度。可以使用负值创建凸出，但显示取决于浏览器。仅当标签应用于块级元素时，Dreamweaver 才在文档窗口中显示该属性。
- white-space：确定如何处理元素中的空白。从下面 3 个选项中选择："正常"指收缩空白；"保留"的处理方式与文本被括在 <pre> 标签中一样（即保留所有空白，包括空格、制表符和换行）；"不换行"指定仅当遇到
 标签时文本才换行。Dreamweaver 不在文档窗口中显示该属性。
- Display：指定是否以及如何显示元素。

10.3.4 方框样式的定义

使用"CSS 规则定义"对话框的"方框"类别中，可以为用于控制元素在页面上的放置方式的标签和属性进行设置。可以在应用填充和边距设置时将设置应用于元素的各个边，也可以使用"全部相同"设置将相同的设置应用于元素的所有边。

CSS 的"方框"类别可以为控制元素在页面上的放置方式的标签和属性进行设置，如图 10-4 所示。

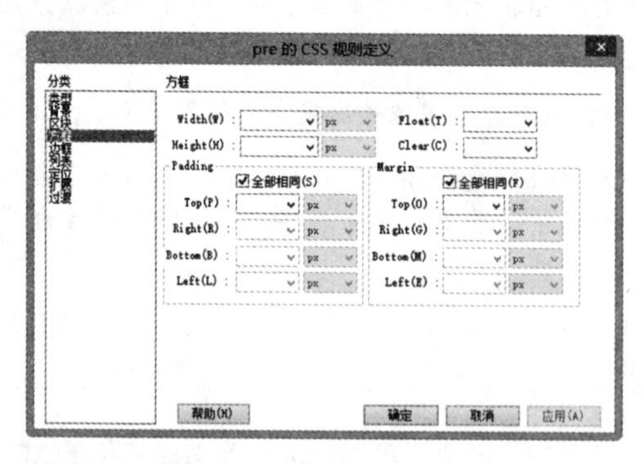

图 10-4 选择"方框"选项

在 CSS 的"方框"各选项中参数如下。

- Width 和 Height：设置元素的宽度和高度。
- Float：设置其他元素在哪条边围绕元素浮动。其他元素按通常的方式环绕在浮动元素的周围。
- Clear：定义不允许 AP Div 的边。如果清除边上出现 AP Div，则带清除设置的元素将移到该 AP Div 的下方。
- Padding：指定元素内容与元素边框（如果没有边框，则为边距）之间的间距。取消选择"全部相同"选项可设置元素各个边的填充；"全部相同"将相同的填充属性应用于元素的 Top、Right、Bottom 和 Left 侧。
- Margin：指定一个元素的边框（如果没有边框，则为填充）与另一个元素之间的间距。仅当应用于块级元素（段落、标题和列表等）时，Dreamweaver 才在文档窗口中显示该属性。取消选择"全部相同"可设置元素各个边的边距；"全部相同"将相同的边距属性应用于元素的 Top、Right、Bottom 和 Left 侧。

10.3.5 边框样式的定义

CSS 的"边框"类别可以定义元素周围边框的设置，如图 10-5 所示。

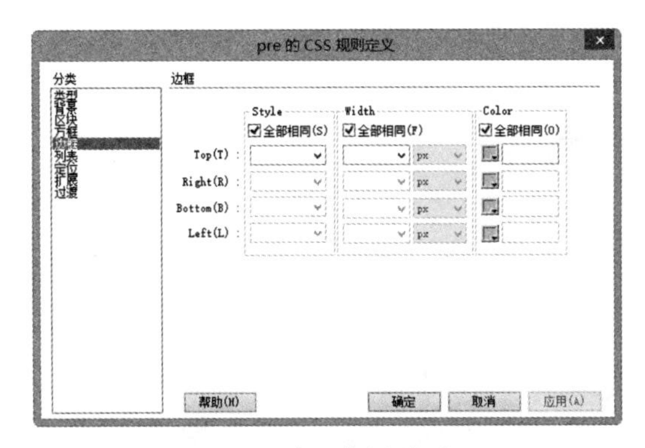

图 10-5　选择“边框”选项

在 CSS 的“边框”各选项中参数如下。

- Style：设置边框的样式外观。样式的显示方式取决于浏览器。Dreamweaver 在文档窗口中将所有样式呈现为实线。取消选择“全部相同”可设置元素各个边的边框样式；“全部相同”将相同的边框样式属性应用于元素的 Top、Right、Bottom 和 Left 侧。
- Width：设置元素边框的粗细。取消选择“全部相同”可设置元素各个边的边框宽度；“全部相同”将相同的边框宽度应用于元素的 Top、Right、Bottom 和 Left 侧。
- Color：设置边框的颜色。可以分别设置每个边的颜色。取消选择“全部相同”可设置元素各个边的边框颜色；“全部相同”将相同的边框颜色应用于元素的 Top、Right、Bottom 和 Left 侧。

10.3.6　列表样式的定义

CSS 的“列表”类别为列表标签定义列表设置，如图 10-6 所示。

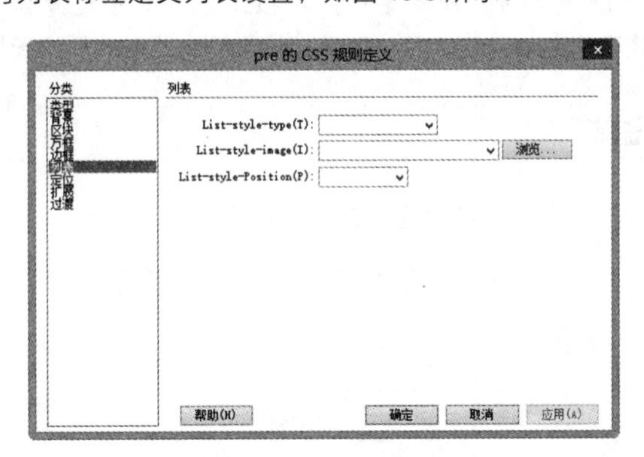

图 10-6　选择“列表”选项

在 CSS 的“列表”各选项中参数如下。

- List-style-type：设置项目符号或编号的外观。
- List-style-image：可以为项目符号指定自定义图像。单击“浏览”按钮选择图像，或输入图像的路径。
- List-style-position：设置列表项文本是否换行和缩进（外部），以及文本是否换行到左侧距（内部）。

10.3.7　定位样式的定义

CSS 的“定位”样式属性使用“层”首选参数中定义层的默认标签，将标签或所选文本块更改为新层，如图 10-7 所示。

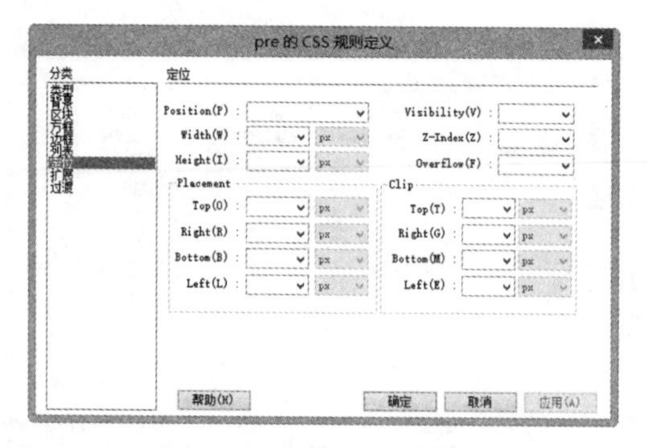

图 10-7　选择“定位”选项

在 CSS 的“定位”选项中各参数如下。

- Position：在 CSS 布局中，Position 发挥着非常重要的作用，很多容器的定位都是用 Position 来完成的。Position 属性有 4 个可选值，它们分别是 static、absolute、fixed 和 relative。
  - absolute：能够很准确地将元素移动到你想要的位置，绝对定位元素的位置。
  - fixed：相对于窗口的固定定位。
  - relative：相对定位是相对于元素默认位置的定位。
  - static：该属性值是所有元素定位的默认情况，在一般情况下，我们不需要特别去声明它，但有时候遇到继承的情况，我们不愿意见到元素所继承的属性影响本身，因而可以用 position:static 取消继承，即还原元素定位的默认值。
- visibility：如果不指定可见性属性，则默认情况下大多数浏览器都继承父级的值。
- placement：指定 AP Div 的位置和大小。
- clip：定义 AP Div 的可见部分。如果指定了剪辑区域，可以通过脚本语言访问它，并操作属性以创建像擦除这样的特殊效果。通过使用“改变属性”行为可以设置这些擦除效果。

10.3.8　扩展样式的定义

“扩展”样式属性包含两部分，如图 10-8 所示。

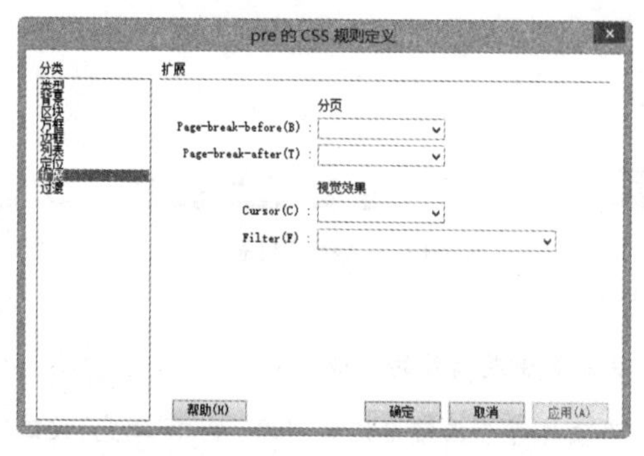

图 10-8　选择“扩展”选项

- Page-break-before：这个属性的作用是为打印的页面设置分页符。
- Page-break-after：检索或设置对象后出现的页分割符。
- Cursor：指针位于样式所控制的对象上时改变指针图像。
- Filter：对样式所控制的对象应用特殊效果。

10.3.9　CSS 过渡

“过渡”样式可以将元素从一种样式或状态更改为另一种样式或状态。“过渡”样式属性如图 10-9 所示。

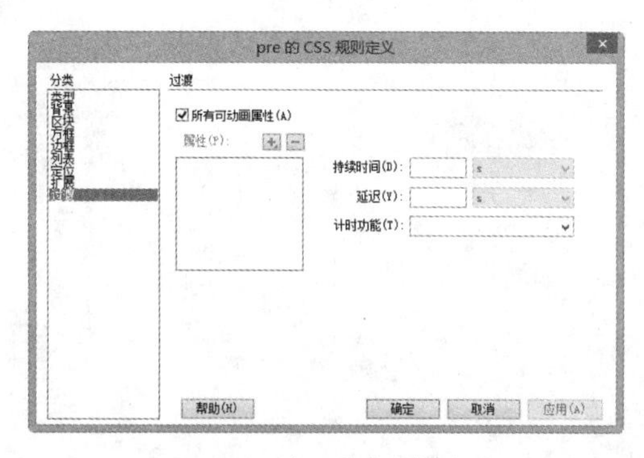

图 10-9　选择“过渡”选项

第11章

CSS+DIV 布局方法

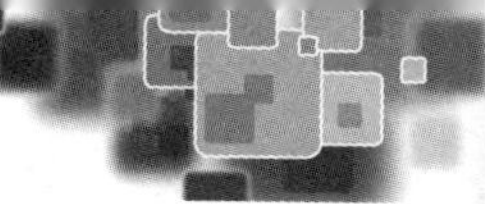

本章导读

CSS＋DIV是网站标准中常用的术语之一，CSS和DIV的结构被越来越多的人采用，很多人都抛弃了表格而使用CSS来布局页面，它的好处很多，可以使结构简洁，定位更灵活，CSS布局的最终目的是搭建完善的页面架构。利用CSS排版的页面，更新起来十分容易，甚至连页面的结构都可以通过修改CSS属性来重新定位。

技术要点：

- 网站与Web标准
- CSS布局理念
- 固定宽度布局方法
- 可变宽度布局方法
- CSS布局与表格布局对比

11.1 网站与 Web 标准

Web 标准，即网站标准。目前通常所说的 Web 标准一般指网站建设采用基于 XHTML 语言的网站设计语言，Web 标准中典型的应用模式是 CSS+Div。实际上，Web 标准并不是某一个标准，而是一系列标准的集合。

11.1.1　什么是 Web 标准

Web 标准是由 W3C 和其他标准化组织制定的一套规范集合，Web 标准的目的在于创建一个统一的用于 Web 表现层的技术标准，以便于通过不同浏览器或终端设备向最终用户展示信息内容。

网页主要由三部分组成：结构（Structure）、表现（Presentation）和行为（Behavior）。对应的网站标准也分三方面：结构化标准语言，主要包括 XHTML 和 XML；表现标准语言主要包括 CSS；行为标准主要包括对象模型（如 W3C DOM）、ECMAScript 等。

1．结构（Structure）

结构对网页中用到的信息进行分类与整理。在结构中用到的技术主要包括 HTML、XML 和 XHTML。

2．表现（Presentation）

表现用于对信息进行版式、颜色、大小等形式控制。在表现中用到的技术主要是 CSS 层叠样式表。

3．行为（Behavior）

行为是指文档内部的模型定义及交互行为的编写，用于编写交互式的文档。在行为中用到的技术主要包括 DOM 和 ECMAScript。

- DOM(Document Object Model) 文档对象模型

DOM 是浏览器与内容结构之间沟通的接口，使浏览者可以访问页面上的标准组件。

- ECMAScript 脚本语言

ECMAScript 是标准脚本语言，用于实现具体的界面上对象的交互操作。

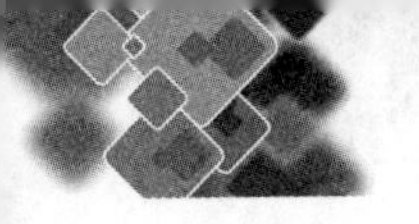

11.1.2 为什么要建立 Web 标准

我们大部分人都有深刻体验，每当主流浏览器版本升级时，我们刚建立的网站就可能变得过时，就需要升级或者重新设计网站。在网页制作时采用 Web 标准技术，可以有效地对页面的布局、字体、颜色、背景和其他效果实现更加精确的控制。只要对相应的代码做一些简单的修改，就可以改变网页的外观和格式。

简单来说，网站标准的目的是：

- 提供最多利益给最多的网站用户；
- 确保任何网站文档都能够长期有效；
- 简化代码、降低建设成本；
- 让网站更容易使用，能适应更多不同用户和更多网络设备；
- 当浏览器版本更新，或者出现新的网络交互设备时，确保所有应用能够继续正确执行。

对于网站设计和开发人员来说，遵循网站标准就是使用标准；对于网站用户来说，网站标准就是最佳体验。

对网站浏览者的好处是：

- 文件下载与页面显示速度更快；
- 内容能被更多的用户所访问（包括失明、视弱、色盲等残障人士）；
- 内容能被更广泛的设备所访问（包括屏幕阅读机、手持设备、搜索机器人、打印机、电冰箱等）；
- 用户能够通过样式选择定制自己的表现界面；
- 所有页面都能提供适于打印的版本。

对网站设计者的好处是：

- 更少的代码和组件，容易维护；
- 带宽要求降低，代码更简洁，成本降低；
- 更容易被搜寻引擎搜索到；
- 改版方便，不需要变动页面内容；
- 提供打印版本而不需要复制内容；
- 提高网站易用性。在美国，有严格的法律条款来约束政府网站必须达到一定的易用性，其他国家也有类似的要求。

11.2 CSS 布局理念

无论使用表格还是 CSS，网页布局都是把大块的内容放进网页的不同区域中。有了 CSS，最常用来组织内容的元素就是 <div> 标签。CSS 排版是一种很新的排版理念，首先要将页面使用 <div> 整体划分几个板块，然后对各个板块进行 CSS 定位，最后在各个板块中添加相应的内容。

11.2.1 将页面用 div 分块

在利用 CSS 布局页面时，首先要有一个整体的规划，包括整个页面分成哪些模块、各个模块之间的

父子关系等。以最简单的框架为例，页面由 Banner（导航条）、主体内容（content）、菜单导航（links）和脚注（footer）几部分组成，各个部分分别用自己的 id 来标识，如图 11-1 所示。

其页面中的 HTML 框架代码如下所示。

```
    <div id="container">container
     <div id=” Banner” >Banner</div>
      <div id="content">content</div>
      <div id="links">links</div>
      <div id="footer">footer</div>
  </div>
```

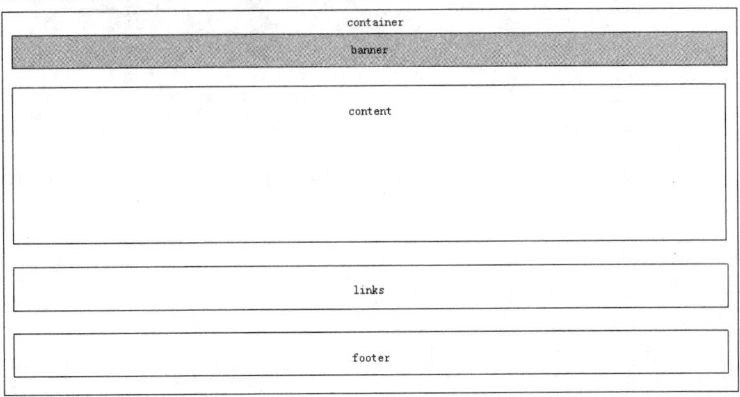

图 11-1 页面内容框架

实例中每个板块都是一个 <div>，这里直接使用 CSS 中的 id 来表示各个板块，页面的所有 Div 块都属于 container，一般的 Div 排版都会在最外面加上这个父 Div，便于对页面的整体进行调整。对于每个 Div 块，还可以再加入各种元素或行内元素。

11.2.2 设计各块的位置

当页面的内容已经确定后，则需要根据内容本身考虑整体的页面布局类型，如单栏、双栏或三栏等，这里采用的布局如图 11-2 所示。

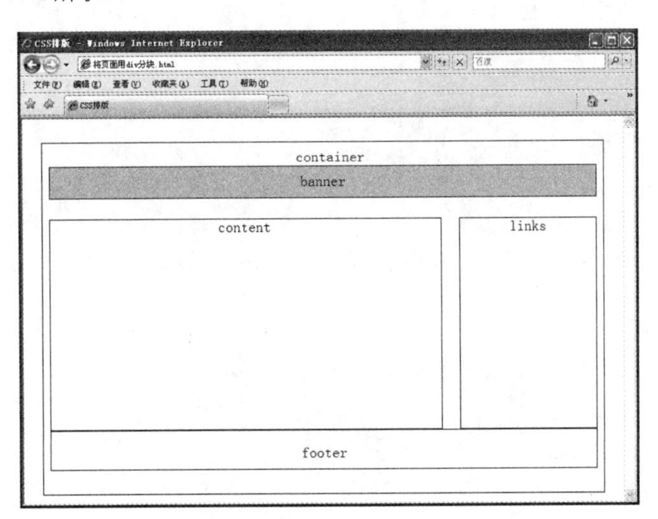

图 11-2 简单的页面框架

由图 11-2 可以看出，在页面外部有一个整体的框架 container，Banner 位于页面整体框架中的最上方，content 与 links 位于页面的中部，其中 content 占据着页面的绝大部分，最下面是页面的脚注 footer。

11.2.3 用CSS定位

整理好页面的框架后，就可以利用CSS对各个板块进行定位，实现对页面的整体规划了，然后再往各个板块中添加内容。

下面首先对body标记与container父块进行设置，CSS代码如下所示。

```
body {
    margin:10px;
    text-align:center;
}
#container{
    width:800px;
    border:1px solid #000000;
    padding:10px;
}
```

上面代码设置了页面的边界、页面文本的对齐方式，以及父块的宽度为800px。下面来设置Banner板块，其CSS代码如下所示。

```
#Banner{
    margin-bottom:5px;
    padding:10px;
    background-color:#a2d9ff;
    border:1px solid #000000;
    text-align:center;
}
```

这里设置了Banner板块的边界、填充、背景颜色等。

下面利用float方法将content移动到左侧，links移动到页面右侧，这里分别设置了这两个板块的宽度和高度，读者可以根据需要自己调整。

```
#content{
    float:left;
    width:570px;
    height:300px;
    border:1px solid #000000;
    text-align:center;
}
#links{
    float:right;
    width:200px;
    height:300px;
    border:1px solid #000000;
    text-align:center;
}
```

由于content和links对象都设置了浮动属性，因此footer需要设置clear属性，使其不受浮动的影响，代码如下所示。

```
#footer{
    clear:both;  /* 不受float影响 */
    padding:10px;
    border:1px solid #000000;
    text-align:center;
}
-->
```

这样页面的整体框架便搭建好了，这里需要指出的是content块中不能放宽度太长的元素，如很长的图片或不折行的英文等，否则links将再次被挤到content下方。

特别的，如果后期维护时希望 content 的位置与 links 对调，只需要将 content 和 links 属性中的 left 和 right 改变。这是传统的排版方式所不可能简单实现的，也正是 CSS 排版的魅力之一。

另外，如果 links 的内容比 content 长，在 IE 浏览器上 footer 就会贴在 content 下方而与 links 出现重合。

11.3 固定宽度布局

本节重点介绍如何使用 DIV+CSS 创建固定宽度布局，对于包含很多大图片和其他元素的内容，由于它们在流式布局中不能很好地表现，因此固定宽度布局也是处理这种内容的最好方法。

11.3.1 一列固定宽度

一列式布局是所有布局的基础，也是最简单的布局形式。一列固定宽度中，宽度的属性值是固定像素。下面举例说明一列固定宽度的布局方法，具体步骤如下。

(1) 在 HTML 文档的 <head> 与 </head> 之间相应的位置输入定义的 CSS 样式代码，如下所示。

```
<style>
#content{
  background-color:#ffcc33;
  border:5px solid #ff3399;
  width:500px;
  height:350px;
}
</style>
```

提示

使用 background-color:# ffcc33 将 div 设定为黄色背景，并使用 border:5px solid #ff3399 将 div 设置了粉红色的 5px 宽度的边框，使用 width:500px 设置宽度为 500 像素固定宽度，使用 height:350px 设置高度为 350 像素。

(2) 在 HTML 文档的 <body> 与 <body> 之间的正文中输入以下代码，对 div 使用了 layer 作为 id 名称。

```
<div id="content">1 列固定宽度 </div>
```

(3) 在浏览器中浏览，由于是固定宽度的，无论怎样改变浏览器窗口的大小，Div 的宽度都不改变，如图 11-3 和图 11-4 所示。

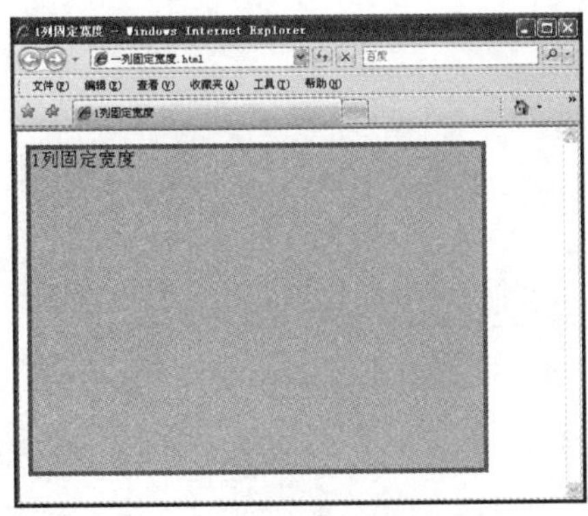

图 11-3　浏览器窗口变小的效果

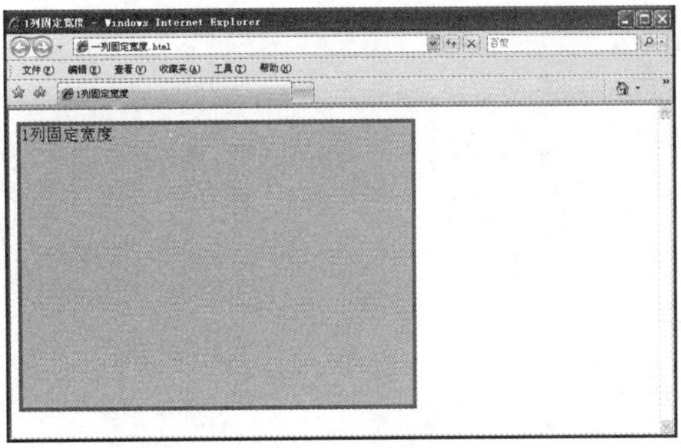

图 11-4　浏览器窗口变大的效果

在网页布局中一列固定宽度是常见的网页布局方式，多用于封面型的主页设计中，如图 11-5 和图 11-6 所示，无论怎样改变浏览器的大小，块的宽度都不改变。

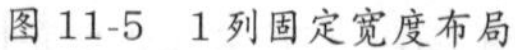
图 11-5　1 列固定宽度布局

图 11-6　1 列固定宽度布局

提示

页面居中是常用的网页设计表现形式之一，传统的表格式布局中，用 align="center" 属性来实现表格居中显示。Div 本身也支持 align="center" 属性，同样可以实现居中，但是在 Web 标准化时代，这个不是我们想要的结果。因为不能实现表现形式与内容的分离。

11.3.2　两列固定宽度

有了一列固定宽度作为基础，两列固定宽度就非常简单了，我们知道 div 用于对某一个区域的标识，而两列的布局，自然需要用到两个 div。

两列固定宽度非常简单，两列的布局需要用到两个 div，分别把两个 div 的 id 设置为 left 与 right，表示两个 div 的名称。首先为它们设置宽度，然后让两个 div 在水平线中并排显示，从而形成两列式布局，具体步骤如下。

（1）在 HTML 文档的 <head> 与 </head> 之间相应的位置输入定义的 CSS 样式代码，如下所示。

```
<style>
#left{
  background-color:#00cc33;
  border:1px solid #ff3399;
  width:250px;
  height:250px;
  float:left;
  }
#right{
  background-color:#ffcc33;
  border:1px solid #ff3399;
  width:250px;
  height:250px;
  float:left;
}
</style>
```

提示

left 与 right 两个 div 的代码与前面类似，两个 div 使用相同宽度实现两列式布局。float 属性是 CSS 布局中非常重要的属性，用于控制对象的浮动布局方式，大部分 div 布局基本上都通过 float 的控制来实现。float 使用 none 值时表示对象不浮动，而使用 left 时，对象将向左浮动，例如本例中的 div 使用了 float:left; 之后，div 对象将向左浮动。

（2）在HTML文档的<body>与<body>之间的正文中输入以下代码，对div使用left和right作为id名称。

```
<div id="left">左列</div>
<div id="right">右列</div>
```

（3）在使用了简单的float属性之后，两列固定宽度的网页就能够完整地显示出来了。在浏览器中浏览，如图11-7所示。

如图11-8所示的网页两列宽度都是固定的，无论怎样改变浏览器窗口大小，两列的宽度都不变。

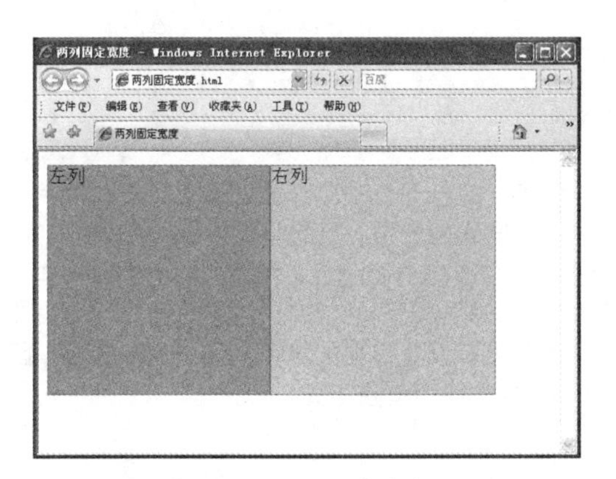

图11-7　两列固定宽度布局

图11-8　两列宽度都是固定的

11.3.3　圆角框

圆角框，因为其样式比直角框漂亮，所以成为设计师心中偏爱的设计元素。现在Web标准下大量的网页都采用圆角框设计，成为一道亮丽的风景线。

如图11-9所示是将其中的一个圆角进行放大后的效果。从图中我们可以看到其实这种圆角框是靠一个个容器堆砌而成的，每个容器的宽度不同，这个宽度是由margin外边距来实现的，如margin:0 5px;就是左右两侧的外边距5像素，从上到下有5条线，其外边距分别为5px、3px、2px、1px，依次递减。因此根据这个原理我们可以实现简单的HTML结构和样式。

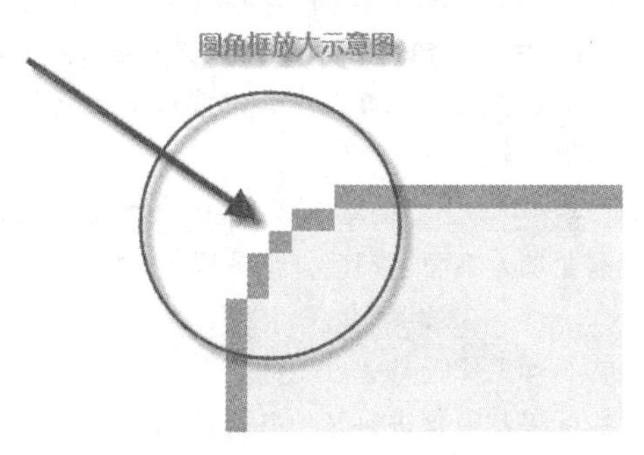

图11-9　圆角进行放大后的效果

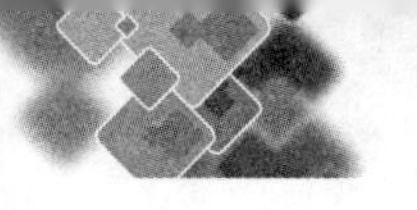

下面讲述圆角框的制作过程，具体过程如下。

（1）使用如下代码实现简单的 HTML 结构。

```
<div class="sharp color1">
    <b class="b1"></b><b class="b2"></b><b class="b3"></b><b class="b4"></b>
    <div class="content"> 文字内容 </div>
    </div>
    <b class="b5"></b><b class="b6"></b><b class="b7"></b><b class="b8"></b>
</div>
```

b1 ～ b4 构成上面的左右两个圆角结构体，而 b5 ～ b8 则构建了下面左右两个圆角结构体。而 content 则是内容主体，将这些全部放在一个大的容器中，并给它一个类名 sharp，用来设置通用的样式。再给它叠加一个 color1 类名，这个类名用来区别不同的颜色方案，因为可能会有不同颜色的圆角框。

（2）将每个 b 标签都设置为块状结构，使用如下 CSS 代码定义其样式。

```
.b1,.b2,.b3,.b4,.b5,.b6,.b7,.b8{height:1px; font-size:1px; overflow:hidden;
display:block;}
.b1,.b8{margin:0 5px;}
.b2,.b7{margin:0 3px;border-right:2px solid; border-left:2px solid;}
.b3,.b6{margin:0 2px;border-right:1px solid; border-left:1px solid;}
.b4,.b5{margin:0 1px;border-right:1px solid; border-left:1px solid;
height:2px;}
```

将每个 b 标签都设置为块状结构，并定义其高度为 1 像素，超出部分溢出隐藏。从上面样式中我们已经看到 margin 值的设置，是从大到小减少的。而 b1 和 b8 的设置是一样，已经将它们合并在一起了，同样的原理，b2 和 b7、b3 和 b6、b4 和 b5 都是一样的设置。这是因为上面两个圆和下面的两个圆一样，只是顺序是相对的，所以将它合并设置在一起，有利于减少 CSS 样式代码的字符大小。后面三句和第二句有点不同的地方是多设置了左右边框的样式，但是在这里并没有设置边框的颜色，这是为什么呢？因为这个边框颜色需要适时变化，所以将它们分离出来，在下面的代码中单独定义。

（3）使用如下代码设置内容区的样式。

```
.content {border-right:1px solid;border-left:1px solid;overflow:hidden;}
```

也是只设置左右边框线，但是不设置颜色值，它和上面 8 个 b 标签一起构成圆角框的外边框轮廓。

往往在一个页面中存在多个圆角框，而每个圆角框有可能其边框颜色各不相同，有没有可能针对不同的设计制作不同的换肤方案呢？答案是肯定的。在这个应用中，可以换不同的皮肤颜色，并且设置颜色方案也并不是一件很难的事情。

（4）下面看看如何将它们应用不同的颜色。将所有的涉及到边框色的类名全部集中在一起，用群选择符为它们设置一个边框的颜色就可以了。代码如下所示：

```
.color1 .b2,.color1 .b3,.color1 .b4,.color1 .b5,.color1 .b6,.color1 .b7,.
color1 .content{border-color:#96C2F1;}
.color1 .b1,.color1 .b8{background:#96C2F1;}
```

需要将这两句的颜色值设置为一样的，第二句中虽说设置的是 background 背景色，但它同样是上下边框线的颜色，这一点一定要记住。因为 b1 和 b8 并没有设置 border，但它的高度值为 1px，所以用它的背景色就达到了模拟上下边框的颜色了。

（5）现在已经将一个圆角框描述出来了，但是有一个问题要注意，就是内容区的背景色，因为这里是存载文字主体的地方。所以还需要加入下面这句话，也是群集选择符来设置圆角内的所有背景色。

```
.color1 .b2,.color1 .b3,.color1 .b4,.color1 .b5,.color1 .b6,.color1 .b7,.
color1 .content{background:#EFF7FF;}
```

这里除了 b1 和 b8 外，其他的标签都包含进来了，并且包括 content 容器，将它们的背景色全部设置为一个颜色，这样除了线框外的所有地方都成为一种颜色。在这里用到了包含选择符，为它们都加了一个 color1，这是颜色方案 1 的类名，依照这个原理可以设置不同的换肤方案。

（6）如图 11-10 所示是源码演示后的圆角框图。

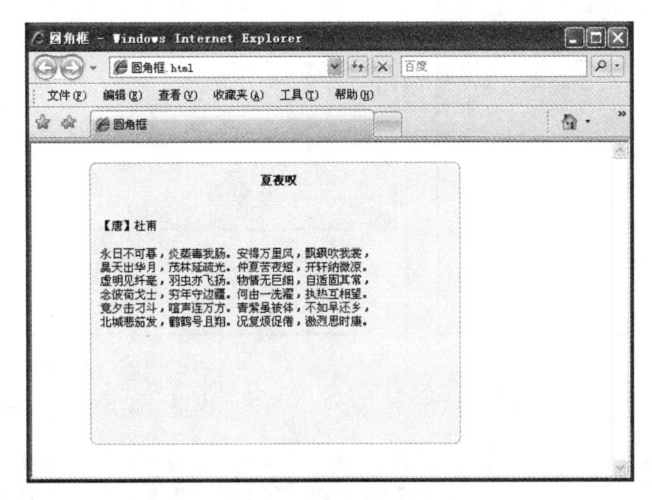

图 11-10 圆角框

11.4 可变宽度布局

页面的宽窄布局迄今有两种主要的模式，一种是固定宽窄，还有一种就是可变宽窄。这两种布局模式都是控制页面宽度的。上一节讲述了固定宽度的页面布局，本节将对可变宽度的页面布局做进一步分析。

11.4.1 一列自适应

自适应布局是在网页设计中常见的一种布局形式，自适应的布局能够根据浏览器窗口的大小，自动改变其宽度或高度值，是一种非常灵活的布局形式，良好的自适应布局网站对不同分辨率的显示器都能提供最好的显示效果。自适应布局需要将宽度由固定值改为百分比。下面是一列自适应布局的 CSS 代码。

```
<!doctype html>
<html>
<head>
<meta http-equiv="content-type" content="text/html; charset=gb2312"/>
<title>1 列自适应 </title>
<style>
#Layer{background-color:#00cc33;border:3px solid #ff3399;
width:60%;height:60%;}
</style>
</head>
<body>
<div id="Layer">1 列自适应 </div>
</body>
</html>
```

这里将宽度和高度值都设置为 70%，从浏览效果中可以看到，Div 的宽度已经变为了浏览器宽度 70%的值，当扩大或缩小浏览器窗口大小时，其宽度和高度还将维持在与浏览器当前宽度比例的 70%，如图 11-11 和图 11-12 所示。

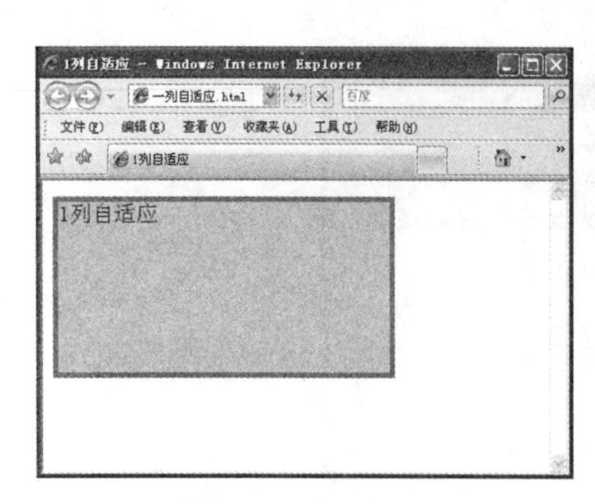

图 11-11　窗口变小

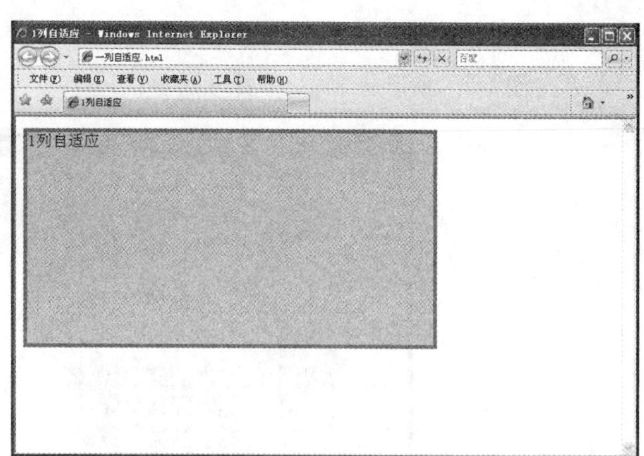

图 11-12　窗口变大

自适应布局是比较常见的网页布局方式，如图 11-13 所示的网页就采用自适应布局。

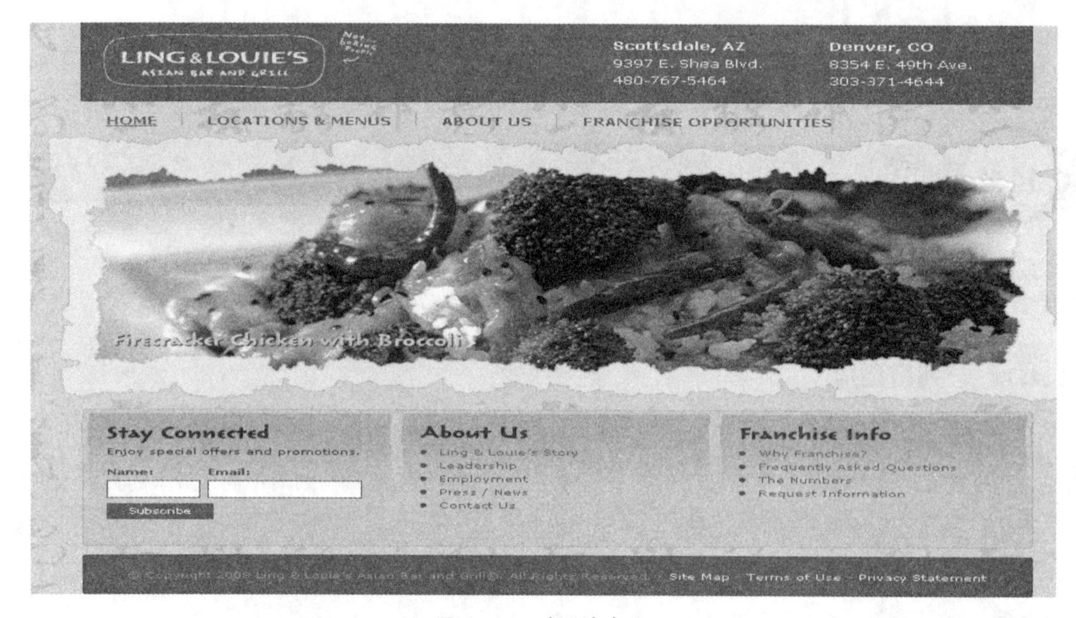

图 11-13　自适应布局

11.4.2　两列宽度自适应

下面使用两列宽度自适应性功能，来实现左右栏宽度，从而做到自动适应，设置自适应主要通过宽度的百分比值设置。CSS 代码修改如下：

```
<style>
#left{background-color:#00cc33;      border:1px solid #ff3399; width:60%;
  height:250px; float:left;    }
#right{
  background-color:#ffcc33;border:1px solid #ff3399;      width:30%;
  height:250px; float:left;    }
</style>
```

这里主要修改了左栏宽度为 60%，右栏宽度为 30%。在浏览器中浏览效果如图 11-14 和图 11-15 所示，无论怎样改变浏览器窗口大小，左右两栏的宽度与浏览器窗口的比例都保持不变。

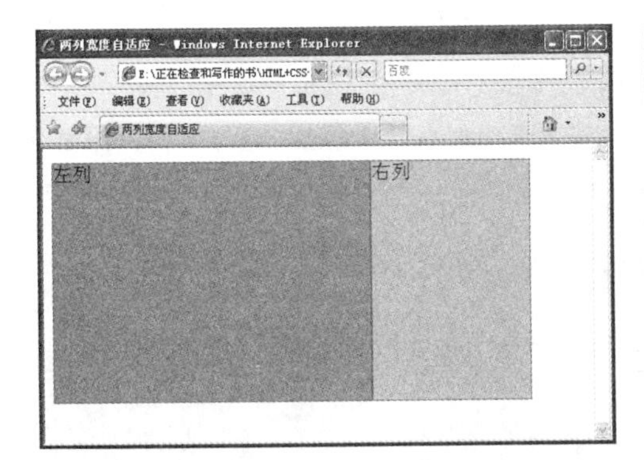

图 11-14　浏览器窗口变小效果

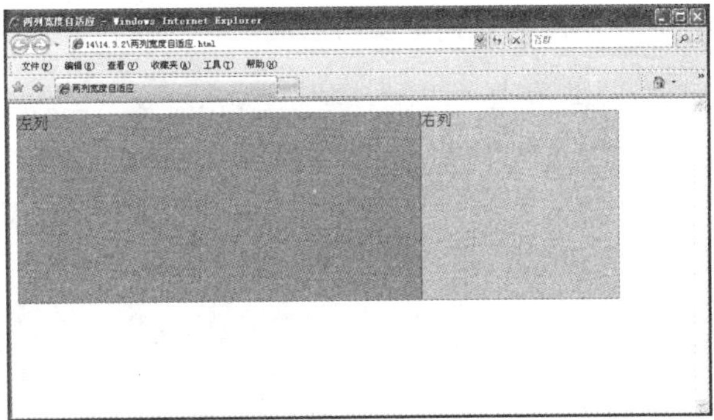

图 11-15　浏览器窗口变大效果

如图 11-16 所示的网页采用两列宽度自适应布局。

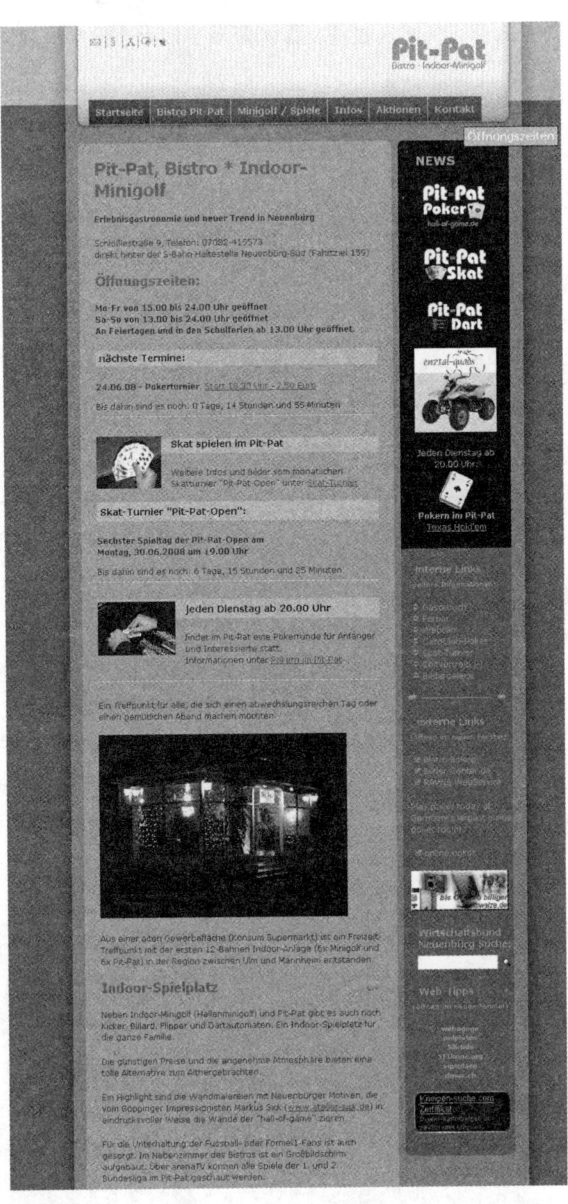

图 11-16　两列宽度自适应布局

11.4.3 两列右列宽度自适应

在实际应用中，有时候需要左栏固定宽度，右栏根据浏览器窗口大小自动适应，在CSS中只需要设置左栏的宽度即可，如上例中左右栏都采用了百分比宽度自适应，这里只需要将左栏宽度设定为固定值，右栏不设置任何宽度值，并且右栏不浮动，CSS样式代码如下。

```
<style>
#left{
  background-color:#00cc33;border:1px solid #ff3399;      width:200px;
height:250px;
  float:left;    }
#right{
  background-color:#ffcc33;border:1px solid #ff3399; height:250px;
}
</style>
```

这样，左栏将呈现200px的宽度，而右栏将根据浏览器窗口大小自动适应，如图11-17和11-18所示。

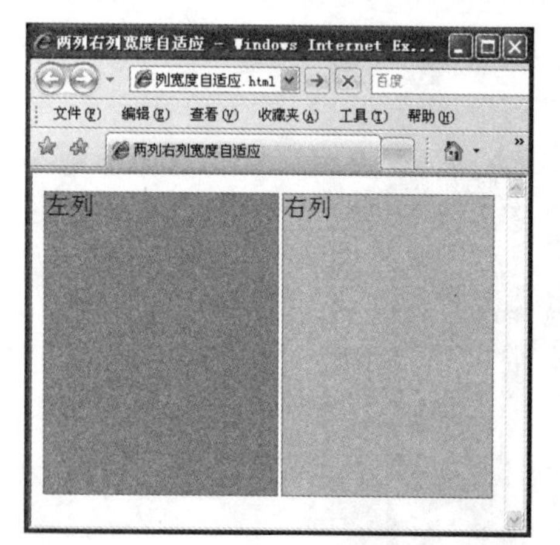

图 11-17 右列宽度自适应

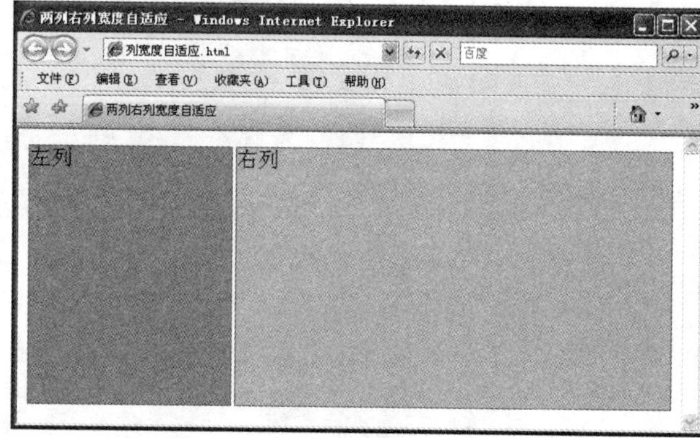

图 11-18 右列宽度自适应

11.4.4 三列浮动中间宽度自适应

使用浮动定位方式，从一列到多列的固定宽度及自适应，基本上可以简单完成，包括三列的固定宽度。而在这里给我们提出了一个新的要求，希望有一个三列式布局，其中左栏要求固定宽度，并居左显示，右栏要求固定宽度并居右显示，而中间栏需要在左栏和右栏的中间，根据左右栏的间距变化自动适应。

在开始制作这样的三列布局之前，有必要了解一个新的定位方式——绝对定位。前面的浮动定位方式主要由浏览器根据对象的内容自动进行浮动方向的调整，但是这种方式不能满足定位需求时，就需要新的方法来实现，CSS提供的除去浮动定位之外的另一种定位方式就是绝对定位，绝对定位使用position属性来实现。

下面讲述三列浮动中间宽度自适应布局的创建方法，具体操作步骤如下。

（1）在HTML文档<head>与</head>之间的相应位置输入定义的CSS样式代码，如下所示。

```
<style>
body{ margin:0px; }
#left{
    background-color:#ffcc00;   border:3px solid #333333; width:100px;
    height:250px; position:absolute; top:0px; left:0px;
}
#center{
    background-color:#ccffcc; border:3px solid #333333; height:250px;
```

```
    margin-left:100px; margin-right:100px; }
#right{
    background-color:#ffcc00; border:3px solid #333333; width:100px;
    height:250px; position:absolute; right:0px; top:0px; }
</style>
```

（2）在 HTML 文档的 <body> 与 <body> 之间的正文中输入以下代码，为 div 使用 left、right 和 center 作为 id 名称。

```
<div id="left"> 左列 </div>
<div id="center"> 中间列 </div>
<div id="right"> 右列 </div>
```

（3）在浏览器中浏览，如图 11-19 和图 11-20 所示。

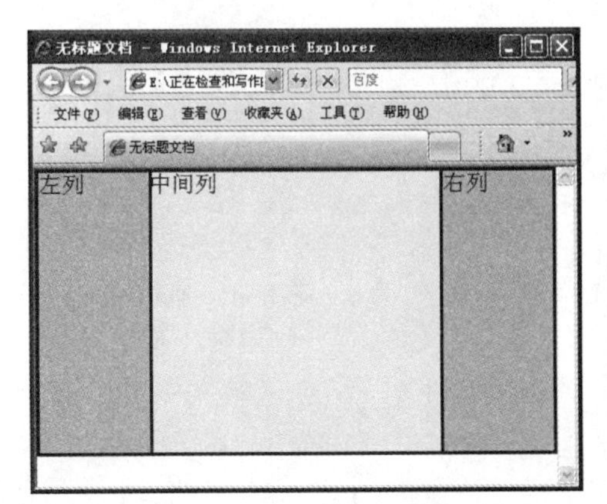

图 11-19　中间宽度自适应

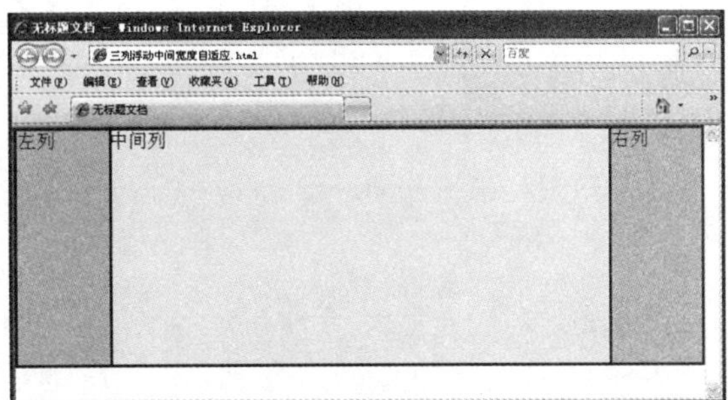

图 11-20　中间宽度自适应

如图 11-21 所示的网页采用三列浮动中间宽度自适应布局。

图 11-21　三列浮动中间宽度自适应布局

11.4.5 三行二列居中高度自适应布局

如何使整个页面内容居中，如何使高度适应内容自动伸缩，这是学习 CSS 布局最常见的问题。下面讲述三行二列居中高度自适应布局的创建方法，具体操作步骤如下。

（1）在 HTML 文档 <head> 与 </head> 之间的相应位置输入定义的 CSS 样式代码，如下所示。

```
    <style type="text/css">
    #header{ width:776px; margin-right: auto; margin-left: auto; padding: 0px;
    background: #ff9900; height:60px; text-align:left; }
    #contain{margin-right: auto; margin-left: auto; width: 776px; }
    #mainbg{width:776px; padding: 0px;background: #60A179; float: left;}
    #right{float: right; margin: 2px 0px 2px 0px; padding:0px; width: 574px;
    background: #ccd2de; text-align:left; }
    #left{ float: left; margin: 2px 2px 0px 0px; padding: 0px;
    background: #F2F3F7; width: 200px; text-align:left; }
    #footer{ clear:both; width:776px; margin-right: auto; margin-left: auto;
padding: 0px;
    background: #ff9900; height:60px;}
    .text{margin:0px;padding:20px;}
    </style>
```

（2）在 HTML 文档 <body> 与 <body> 之间的正文中输入以下代码，为 div 使用 left、right 和 center 作为 id 名称。

```
    <div id="header"> 页眉 </div>
    <div id="contain">
      <div id="mainbg">
        <div id="right">
          <div class="text"> 右
           <div id="header"> 页眉 </div>
    <div id="contain">
      <div id="mainbg">
        <div id="right">
          <div class="text"> 右
            <p> </p>
            <p> </p>
            <p> </p>
            <p></p>
            <p></p>
          </div>
        </div>
        <div id="left">
          <div class="text"> 左 </div>
        </div>
      </div>
    </div>
    <div id="footer"> 页脚 </div>
           </div>
        </div>
        <div id="left">
          <div class="text"> 左 </div>
        </div>
      </div>
    </div>
    <div id="footer"> 页脚 </div>
```

（3）在浏览器中浏览，如图 11-22 所示。

如图 11-23 所示的网页采用三行二列居中高度自适应布局。

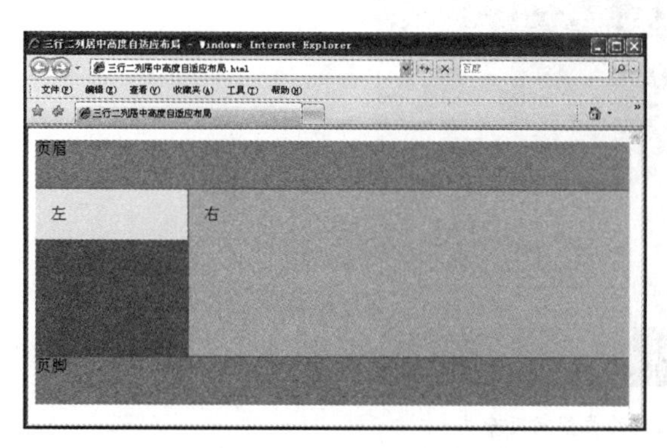

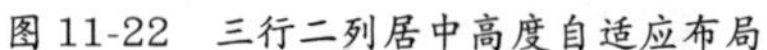
图 11-22 三行二列居中高度自适应布局

图 11-23 三行二列居中高度自适应布局

11.5 CSS 布局与传统的表格方式布局分析

表格在网页布局中应用已经有很多年了，由于多年的技术发展和经验积累，Web 设计工具功能不断增强，使表格布局在网页应用中达到登峰造极的地步。

由于表格不仅可以控制单元格的宽度和高度，而且还可以嵌套，多列表格还可以把文本分栏显示，于是就有人试着在表格中放置其他网页内容，如图像、动画等，以打破比较固定的网页版式。而网页表格对无边框表格的支持为表格布局奠定了基础，用表格实现页面布局慢慢就成为了一种设计习惯。

传统表格布局的快速与便捷加速了网页设计师对于页面创意的激情，而忽视了代码的理性分析。迄今为止，表格仍然主导着视觉丰富的网站的设计方式，但它却阻碍了一种更好的、更有亲和力的、更灵活的，而且功能更强大的网站设计方法。

使用表格进行页面布局会带来很多问题：

- 把格式数据混入内容中，这使文件的大小无谓地变大，而用户访问每个页面时都必须下载一次这样的格式信息。
- 重新设计现有的站点和内容极为消耗时间且昂贵。
- 使保持整个站点的视觉一致性极难，花费也极高。
- 基于表格的页面还大大降低了它对残疾人和用手机或 PDA 浏览者的亲和力。

而使用 CSS 进行网页布局会：

- 使页面载入得更快。
- 降低流量费用。
- 在修改设计时更有效率而代价更低。
- 帮助整个站点保持视觉的一致性。
- 让站点可以更好地被搜索引擎找到。
- 使站点对浏览者和浏览器更具亲和力。

为了帮助读者更好理解表格布局与标准布局的优劣，下面结合一个案例进行详细分析。如图 11-24 所示是一个简单的空白布局模板，它是一个三行三列的典型网页布局。下面尝试用表格布局和 CSS 标准布局来实现它，亲身体验二者的异同。

图 11-24　三行三列的典型网页布局

实现图 11-24 的布局效果，使用表格布局的代码如下：

```
<table width="760" border="0" cellspacing="0" cellpadding="0">
  <tr>
    <td height="80" colspan="3" bgcolor="#CC3300"> </td>
  </tr>
  <tr>
    <td width="133" height="226" bgcolor="#CCCCCC"> </td>
    <td width="531" height="380" bgcolor="#FF99FF"> </td>
    <td width="96" bordercolor="#CCCCCC" bgcolor="#CCCCCC"> </td>
  </tr>
  <tr>
    <td height="80" colspan="3" bgcolor="#663300"> </td>
  </tr>
</table>
```

使用 CSS 布局，其中 XHTML 框架代码如下：

```
<div id="wrap">
    <div id="header"> </div>
    <div id="main">
        <div id="bar_l"></div>
        <div id="content"></div>
        <div id="bar_r"></div>
    </div>
    <div id="footer"></div>
</div>
```

CSS 布局代码如下：

```
<style>
body {/* 定义网页窗口属性，清除页边距，定义居中显示 */
    padding:0; margin:0 auto; text-align:center;
}
#wrap{/* 定义包含元素属性，固定宽度，定义居中显示 */
    width:780px; margin:0 auto;
}
#header{/* 定义页眉属性 */
    width:100%;/* 与父元素同宽 */
    height:74px; /* 定义固定高度 */
    background:#CC3300; /* 定义背景色 */
    color:#F0DFDB; /* 定义字体颜色 */
}
```

```
#main {/* 定义主体属性 */
    width:100%;
    height:400px;
}
#bar_l,#bar_r{/* 定义左右栏属性 */
    width:160px;  height:100%;
    float:left; /* 浮动显示，可以实现并列分布 */
    background:#CCCCCC;
    overflow:hidden; /* 隐藏超出区域的内容 */
}
#content{ /* 定义中间内容区域属性 */
    width:460px; height:100%; float:left; overflow:hidden; background:#fff;
}
#footer{ /* 定义页脚属性 */
    background:#663300;  width:100%; height:50px;
    clear:both; /* 清除左右浮动元素 */
}
</style>
```

简单比较，感觉不到CSS布局的优势，甚至书写的代码比表格布局要多得多。当然这仅是一页框架的代码。让我们做一个很现实的假设，如果你的网站采用了这种布局，有一天客户把左侧通栏宽度改为100像素，那么在传统表格布局的网站中需要打开所有的页面逐个进行修改，这个数目少则有几十页，多则上千页，劳动强度可想而知。而在CSS布局中只需简单修改一个样式属性就可以了。

这仅是一个假设，实际中的修改会比这更频繁、更多样。不光客户会三番五次地出难题、挑战你的耐性，甚至自己有时都会否定刚刚完成的设计。

当然未来的网页设计中，表格的作用依然不容忽视，不能因为有了CSS，我们就一棒子把它打死。不过，表格会日渐恢复表格的本来职能——数据的组织和显示，而不是让表格承载网页布局的重任。

第12章

快速掌握图像设计软件 Photoshop

本章导读

Photoshop是Adobe公司旗下最著名的图像处理软件之一，可以提供最专业的图像编辑与处理功能。Adobe Photoshop CC软件通过更直观的用户体验、更大的编辑自由度以及大幅提高的工作效率，能更轻松地使用其无与伦比的强大功能。本章主要介绍Photoshop CC的一些基础知识。

技术要点：

- Photoshop 简介
- 使用绘图工具
- 制作文本特效

12.1 Photoshop 简介

Photoshop 是 Adobe 公司旗下最著名的图像处理软件之一。多数人对于 Photoshop 的了解仅限于“一个很好的图像编辑软件”，并不知道它其他方面的强大功能。实际上，Photoshop 的应用领域很广泛，在图像、图形、文字、视频、出版等各方面都有涉及。

Photoshop 是一款图像处理软件，它能做些什么呢？可以说，在图像处理领域中，它可以完成很多方面的工作，关键的问题是用户怎样使用它。

（1）可以应用在基础美术方面，例如色彩、平面、立体的设计，以及纹理与图案的设计。

（2）可以应用在建筑效果图的后期处理方面，目前，在效果图制作行业中，几乎所有的效果图后期处理都需要使用 Photoshop 来完成。

（3）可以应用在包装与装帧设计方面，例如商品外包装、书籍装帧的设计等。

（4）可以应用在平面广告制作方面，这是 Photoshop 应用最广泛的一个领域，各类的平面广告都可以用 Photoshop 表现，例如电影海报、POP 广告、邮寄广告、杂志广告、户外广告等。

（5）可以应用在各种标志设计方面，如企业形象标志、商标、吉祥物、报徽、卡通形象等。

（6）可以应用在艺术字设计方面，使用 Photoshop 设计制作艺术字，已经形成了很独立的一门学科，市场上有很多专业书籍介绍艺术字的创作方法。

（7）可以用于表现一些特殊的图像效果，如油画、火焰、金属、国画、水彩、爆炸、霓虹等。

（8）可以用于真实地模拟三维物体的效果，甚至可以达到以假乱真的效果。

（9）对任何一个网页设计人员来说，掌握基本的 Photoshop 技巧是必不可少的，例如把 PSD 文件分割为 XHTML/CSS 文件。同时，还应该懂得更多其他的 Photoshop 技巧，如修改 Logo 背景色、使用多种方式进行抠图、设计网站标志、设计网站导航、处理网站图片、设计网页整体图等。

事实上 Photoshop 的应用是无极限的，只要我们去想、去做，就会不断地拓展 Photoshop 的应用范围。

Adobe 宣布了 Photoshop CC（Creative Cloud）的几项新功能，包括：相机防抖动功能、Camera RAW 功能改进、图像提升采样、属性面板改进、同步设置，以及其他一些有用的功能。Photoshop CC 工作界面如图 12-1 所示。

图 12-1　工作界面

12.1.1　菜单栏

Photoshop CC 菜单栏包括“文件”“编辑”“图像”“图层”“类型”“选择”“滤镜”“视图”“窗口”和“帮助”10 个菜单，如图 12-2 所示。

Ps　文件(F)　编辑(E)　图像(I)　图层(L)　类型(Y)　选择(S)　滤镜(T)　视图(V)　窗口(W)　帮助(H)

图 12-2　菜单栏

- “文件”菜单：对所修改的图像进行打开、关闭、存储、输出、打印等操作。
- “编辑”菜单：编辑图像过程中所用到的各种操作，如复制、粘贴等一些基本操作。
- “图像”菜单：用来修改图像的各种属性，包括图像和画布的大小、图像颜色的调整、修正图像等。
- “图层”菜单：图层的基本操作命令。
- “类型”菜单：用于设置文本的相关属性。
- “选择”菜单：可以对选区中的图像添加各种效果或进行各种变化而不改变选区外的图像，还提供了各种控制和变换选区的命令。
- “滤境”菜单：用来添加各种特殊效果。
- “视图”菜单：用于改变文档的视图，如放大、缩小、显示标尺等。
- “窗口”菜单：用于改变活动文档，以及打开和关闭 Photoshop CC 的各个浮动面板。
- “帮助”菜单：用于查找帮助信息。

12.1.2　工具箱及工具选项栏

Photoshop 的工具箱包含了多种工具，要使用这些工具，只要单击工具箱中的工具按钮即可，如图 12-3 所示。

使用 Photoshop CC 绘制图像或处理图像时，需要在工具箱中选择工具，同时需要在工具选项栏中进行相应的设置，如图 12-4 所示。

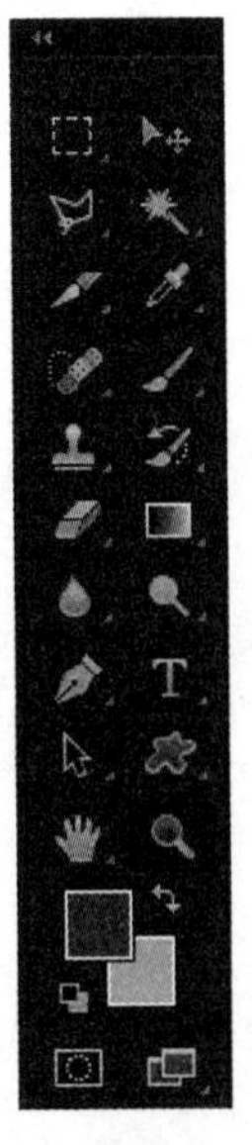

图 12-3 工具箱

图 12-4 工具选项栏

12.1.3 文档窗口及状态栏

图像文件窗口就是显示图像的区域，也是编辑和处理图像的区域。在图像窗口中可以实现 Photoshop 中所有的功能，也可以对图像窗口进行多种操作。如改变窗口大小和位置、对窗口进行缩放等。文档窗口如图 12-5 所示。

状态栏位于图像文件窗口的底部，主要用于显示图像处理的各种信息，如图 12-6 所示。

图 12-5 文档窗口

66.67% 文档:2.29M/2.29M

图 12-6 状态栏

12.1.4 面板

在默认情况下，面板位于文档窗口的右侧，其主要功能是查看和修改图像。一些面板中的菜单提供其他命令和选项，可使用多种不同方式组织工作区中的面板。可以将面板存储在“面板箱”中，以使它们不干扰工作且易于访问，或者可以让常用面板在工作区中保持打开。另一个选项是将面板编组，或将一个面板停放在另一个面板的底部，如图 12-7 所示。

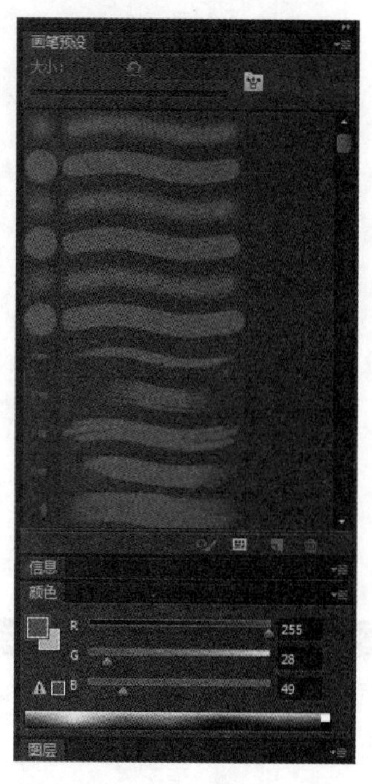

图 12-7　面板组

12.2 使用绘图工具

利用工具进行绘图是 Photoshop 最重要的功能之一，只要用户熟练掌握这些工具并有着一定的美术功底，就能绘制出精美的作品来。在网页图像设计中会经常用到这些绘图工具，熟练掌握绘图工具的使用是非常必要的。

12.2.1 使用矩形工具和圆角矩形工具

使用“矩形”工具绘制矩形，只需选中“矩形”工具后，在画布上单击后拖曳鼠标即可绘出所需矩形。在拖曳时如果按住 Shift 键，则会绘制出正方形，具体操作步骤如下。

01 执行“文件”|“打开”命令，打开图像文件“矩形.jpg”，选择工具箱中的“矩形”工具，如图 12-8 所示。

02 在选项栏中将“填充颜色”设置为粉色，按住鼠标左键在舞台中绘制矩形，如图 12-9 所示。

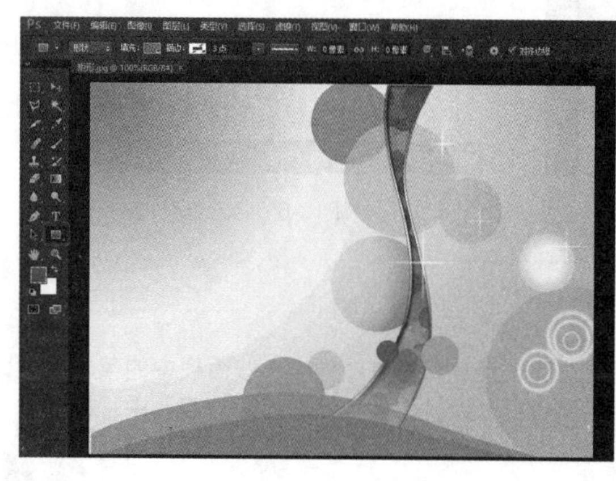

图 12-8　打开图像文件

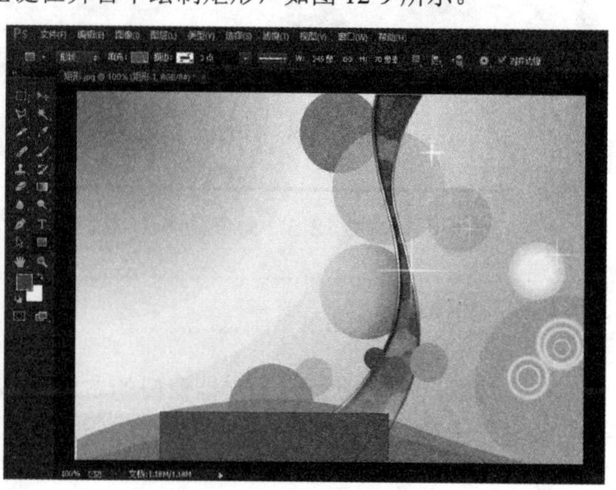

图 12-9　绘制矩形

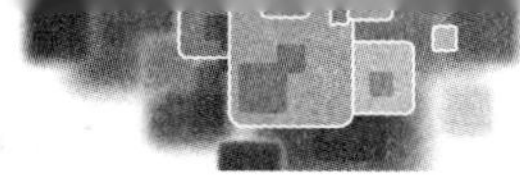

用“圆角矩形”工具可以绘制具有圆形边角的矩形，其使用方法与“矩形”工具相同，只需用光标在画布上单击拖曳即可，具体操作步骤如下。

01 执行“文件”|“打开”命令，打开一个图像文件，选择工具箱中的“圆角矩形”工具，如图 12-10 所示。

02 在选项栏中将“填充颜色”设置为 #f29c9f，按住鼠标左键在文档中单击拖曳，如图 12-11 所示。

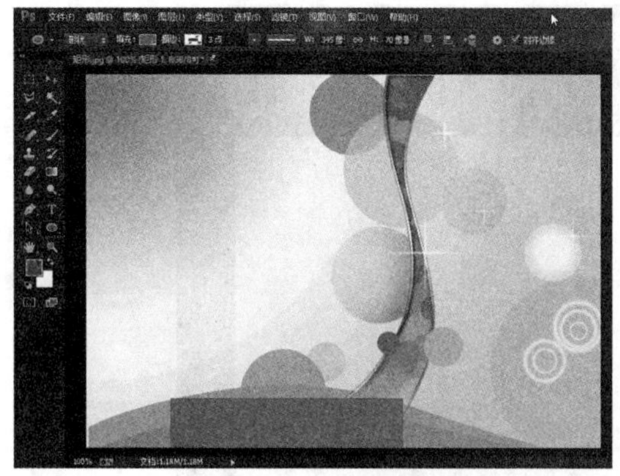

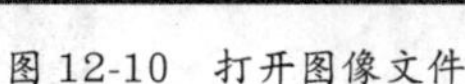

图 12-10　打开图像文件

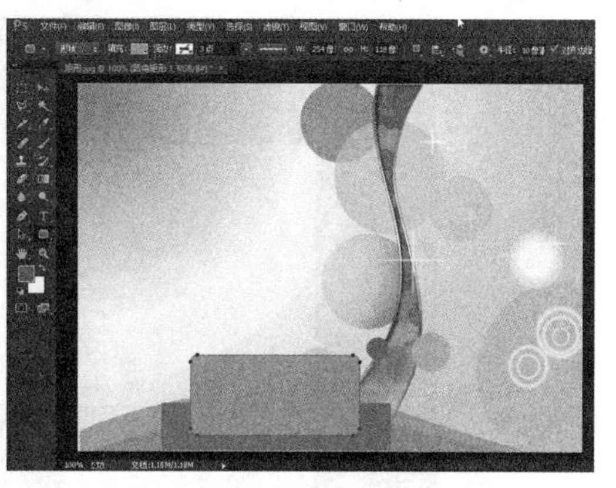

图 12-11　绘制圆角矩形

12.2.2　使用单行选框工具及单列选框工具

选框工具位于工具箱的左上角，它包括矩形选框、圆形选框、单行选框、单列选框工具。要选取它可以单击它，也可以按键盘上的快捷键 M，如图 12-12 所示。

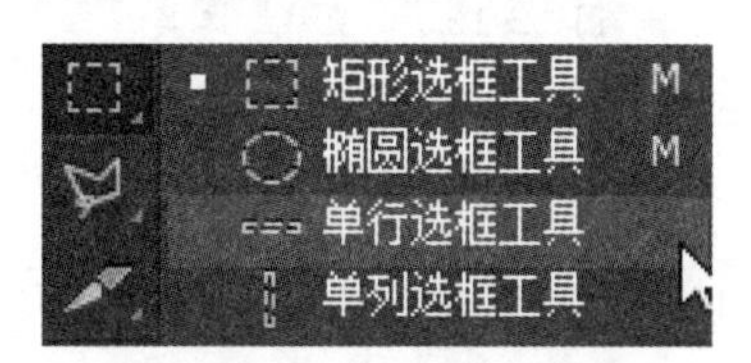

图 12-12　选框工具

01 选中“单行选框”工具可以用鼠标在图像上拉出 1 像素高的选框，其实就是像素高为 1 的水平选区，用法同“矩形选框”工具，羽化只能为 0px，样式不可选，如图 12-13 所示。

02 选中“单列选框”工具可以用鼠标在图像上拉出 1 像素宽的选框，其实就是像素宽为 1 的垂直选区，如图 12-14 所示，其选项栏内容和用法与“单行选框”工具完全相同。

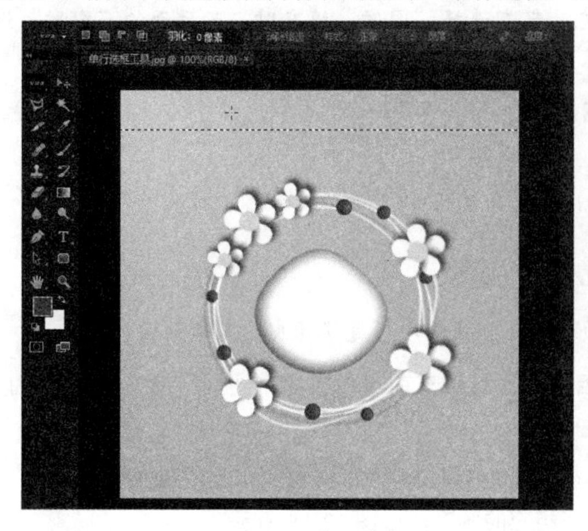

图 12-13　单行选框

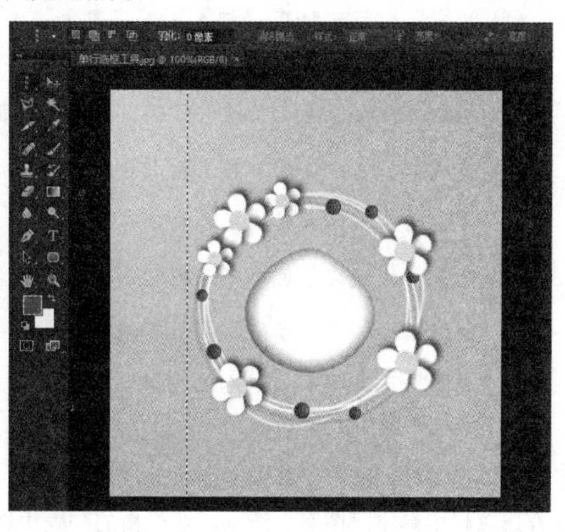

图 12-14　单列选框

12.2.3 使用直线工具

使用“直线”工具，可以绘制直线或有箭头的线段，使用方法同前，光标拖曳的起始点为线段起点，拖曳的终点为线段的终点，如图 12-15 所示是使用“直线”工具绘制的直线。

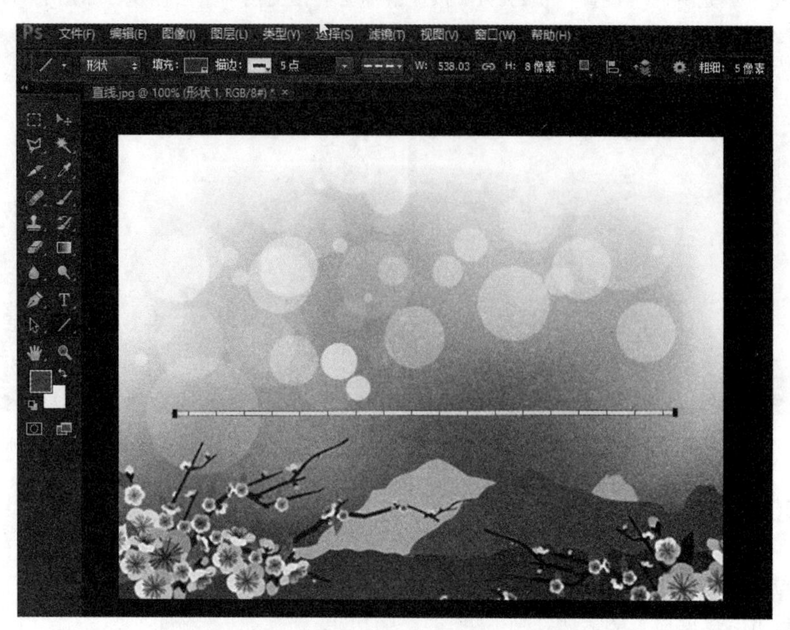

图 12-15 “直线”工具

12.2.4 使用油漆桶工具

“油漆桶”工具选项栏如图 12-16 所示，包括填充、图案、模式、不透明度、容差、消除锯齿、连续的、所有图层。

图 12-16 “油漆桶”工具选项栏

“油漆桶”工具选项栏主要包括以下选项：

- “填充”：可选择用“前景”或“图案”填充，只有选择“图案”填充时，其后面的“图案”选项才可选。
- “图案”：存放着定义过的可供选择填充的图案。
- “模式”：选择填充时的色彩混合模式。
- “不透明度”：调整填充时的不透明度。
- “容差”：定义颜色填充范围可以允许的颜色变化幅度。
- “消除锯齿”“连续的”“所有图层”等选项的使用方法都与“魔法橡皮”工具相同。

“油漆桶”工具用于向鼠标单击处色彩相近并相连的区域填充前景色或指定图案，单击鼠标就可以完成工作，具体操作步骤如下。

01 打开图像文件，选择工具箱中的“油漆桶”工具，在选项栏中单击“图案”选项，如图 12-17 所示。

02 在选项栏中单击“图案”选项，在弹出的列表中选择相应的图案，如图 12-18 所示。

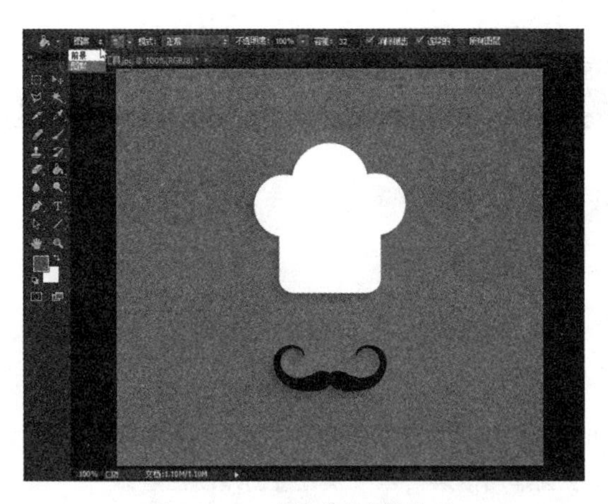

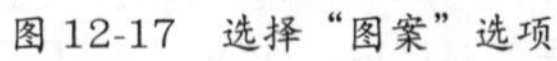
图 12-17 选择“图案”选项

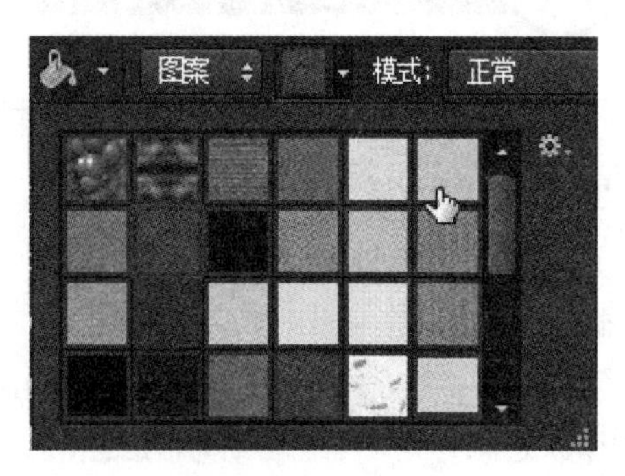

图 12-18 选择图案

03 选择后在舞台中单击即可填充背景，如图 12-19 所示。

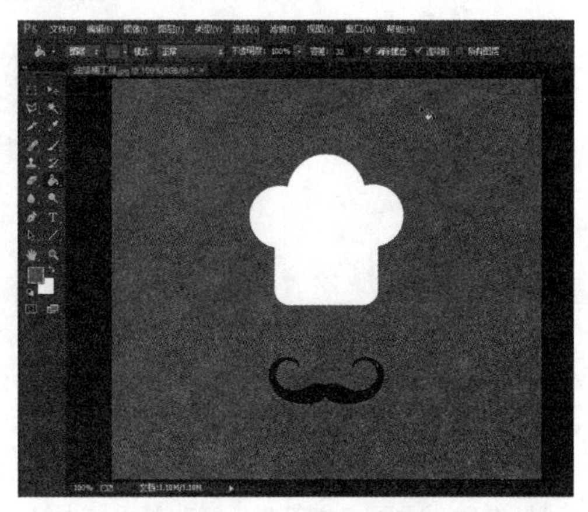
图 12-19 填充背景效果

12.2.5 使用渐变工具

使用“渐变”工具可以创造出两种以上颜色的渐变效果。渐变方式既可以选择系统设定值，也可以自定义。渐变方向有线性状、圆形放射状、方形放射状、角形和斜向等几种。如果不选择区域，将对整个图像进行渐变填充。使用时，首先选择好渐变方式和渐变色彩，用鼠标在图像上单击起点，拖曳后再单击终点，这样渐变色就填充好了，可以用拖曳线段的长度和方向来控制渐变效果，如图 12-20 和图 12-21 所示。

图 12-20 横向渐变

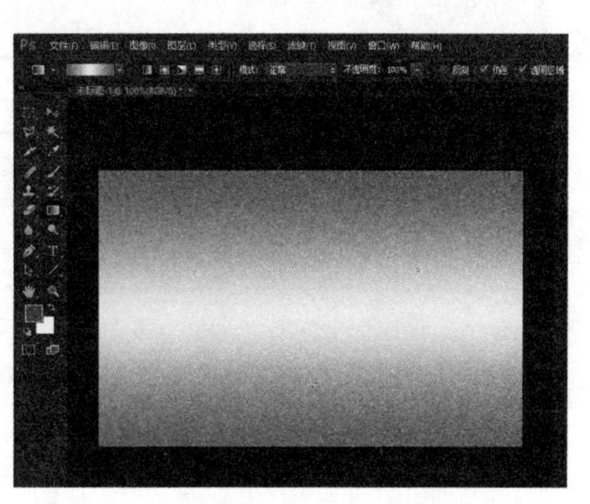
图 12-21 纵向渐变

12.3 制作文本特效

Photoshop 提供了丰富的文字工具，允许在图像背景上制作多种复杂的文字效果。

12.3.1 图层的基本操作

1. 新建图层

图层的新建有几种情况，Photoshop 在执行某些操作时会自动创建图层，例如，当在进行图像粘贴时，或者创建文字时，系统都会自动为粘贴的图像和文字创建新图层，也可以直接创建新图层。

执行“图层”|“新建”|“图层”命令，打开“新建图层”对话框，如图 12-22 所示。单击“确定”按钮，即可新建图层，如图 12-23 所示。

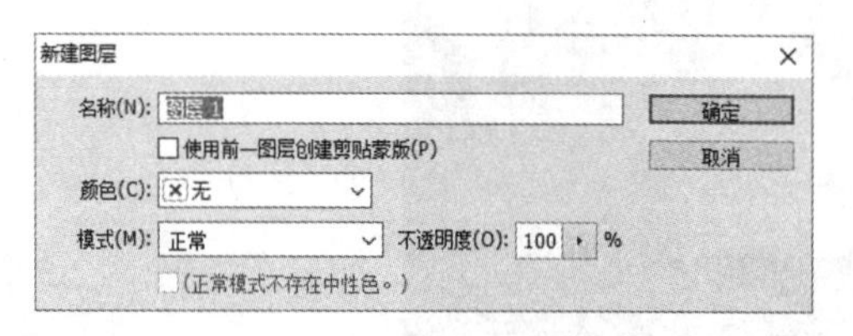

图 12-22 “新建图层”对话框

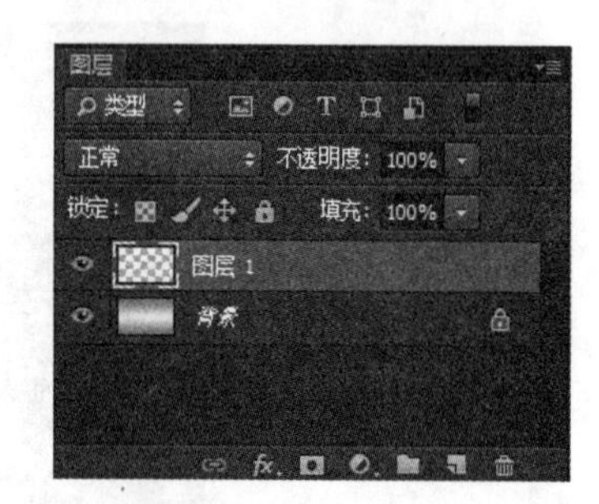

图 12-23 新建图层

2. 复制图层

利用“复制图层”命令，可以在同一幅图像中复制包括背景层在内的所有图层或图层组，也可以将它们从一幅图像复制到另一幅图像。

在图像间复制图层时，一定要记住复制图层在目标图像中的打印尺寸决定于目标图像的分辨率。如果原图像的分辨率低于目标图像的分辨率，那么复制图层在目标图像中就会显得比原来小，打印时也是如此。如果原图像的分辨率高于目标图像的分辨率，那么复制图层在目标图像中就会显得比原来要大，打印时也会显得比原来大。

在“图层”面板中选择要被复制的图层作为当前工作层，然后执行“图层”|“复制图层”命令，弹出“复制图层”对话框，如图 12-24 所示。

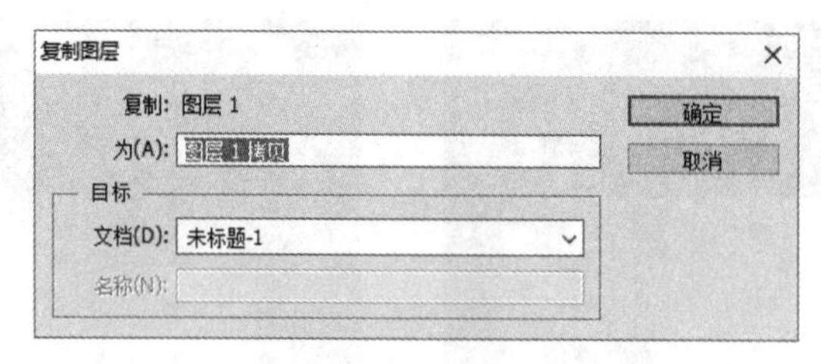

图 12-24 “复制图层”对话框

- “为”：为复制后新建的图层命名，系统默认的名字会随着目标文档的不同而不同。
- “文档”：选择复制的目标文件，系统默认的选项是原图像本身，选定它会将复制的图层又粘贴到原图像中。如果在 Photoshop 中同时打开了其他图像文件，这些文件的名称会在“文档”下拉列表中列出，选择其中任意一个，就会将复制的图层粘贴到选定的文件中。

执行“图层”|“删除”|“图层”命令，弹出如图 12-25 所示的对话框，提示将“图层”面板中选定的当前工作图层删除。

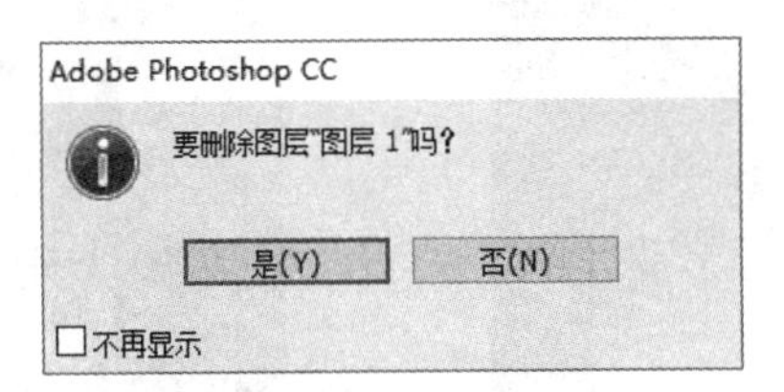

图 12-25　提示对话框

12.3.2　使用图层样式

图层样式效果非常丰富，以前需要用很多步骤制作的效果，在这里设置几个参数就可以轻松完成，图层的样式包含了许多可以自动应用到图层中的效果，包括投影、发光、斜面和浮雕、描边、图案填充等效果。但正因为图层样式的种类和设置很多，很多人对它并没有全面的了解，下面对 Photoshop 的图层样式的设置及效果进行详细讲解。

当应用了一个图层效果时，一个小三角和一个 f 图标就会出现在“图层”面板中相应图层名称的右侧，表示这个图层含有图层效果，并且当出现的是向下的小三角时，还能具体看到该图层到底被应用了哪些图层效果。这样就更便于用户对图层效果进行管理和修改，如图 12-26 所示。

执行“图层”|“图层样式”命令，出现图层效果菜单，如图 12-27 所示。

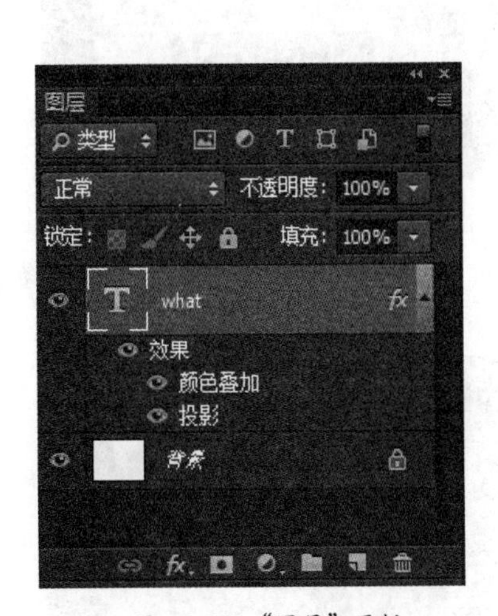

图 12-26　“图层”面板

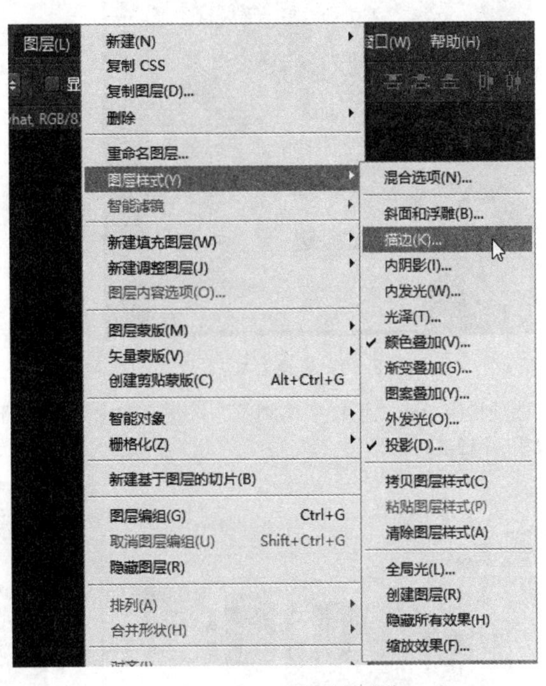

图 12-27　图层效果菜单

12.3.3　输入文本

在 Photoshop 中可以输入文本，具体操作步骤如下。

01 打开图像文件，选择工具箱中的“横排文字”工具，如图 12-28 所示。

02 在图像上单击，即可输入文字，如图 12-29 所示。

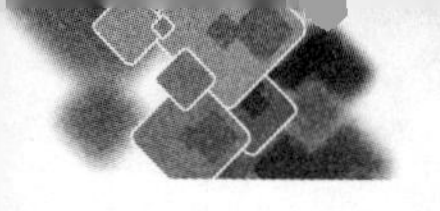

图 12-28　打开图像

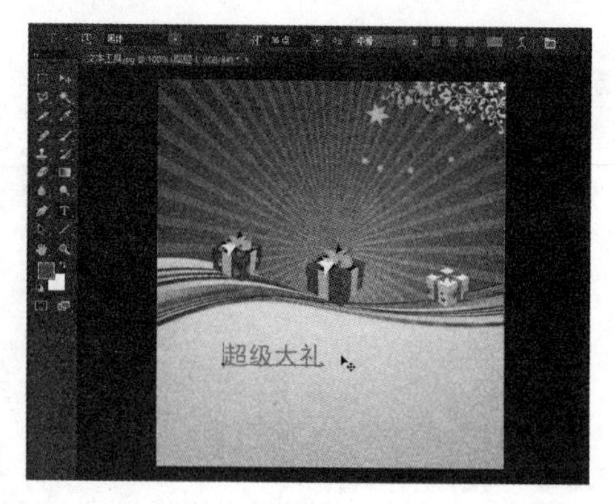

图 12-29　输入文字

12.3.4　设置文本格式

在创建文字的过程中或者创建完成后，只要还没有将文字与其他图层合并，就可以随时对文字的格式进行修改，如更改字体、字号、字距、对齐方式、颜色及行距等。

01 双击选中输入的文本，如图 12-30 所示。

02 在工具选项栏的“大小”下拉列表中设置字体大小为 72 点，如图 12-31 所示。

图 12-30　选择文本

图 12-31　设置文本大小

03 在选项栏中单击“设置字体颜色”按钮，弹出“拾色器”对话框，在该对话框中选择相应的颜色，如图 12-32 和图 12-33 所示。

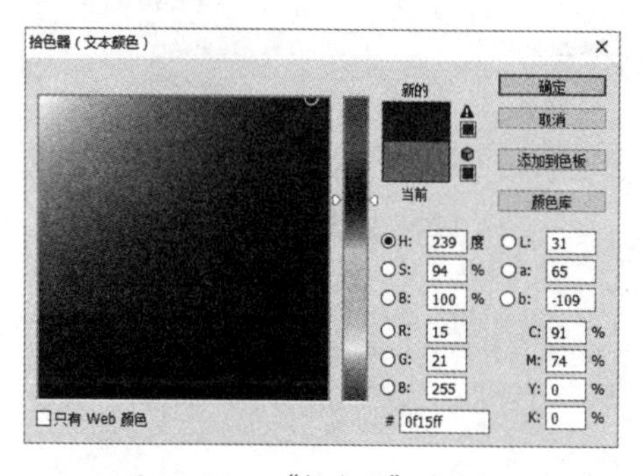

图 12-32　“拾色器”对话框

图 12-33　设置文本颜色

12.3.5　设置变形文字

使用“变形文字”选项可以实现文字的多种变形效果。在选项栏中单击“创建文字变形”按钮，弹出“变形文字”对话框，如图 12-34 所示。其中包括：“样式”“水平”“垂直”“弯曲”“水平扭曲”“垂直扭曲”。

01 打开刚才制作的图像文件“文本 .psd”，选中输入的文本，如图 12-35 所示。

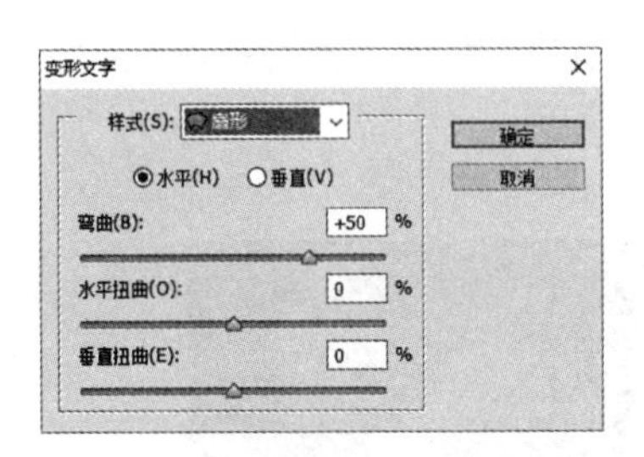

图 12-34　“变形文字”对话框

图 12-35　选中文字

02 在选项栏中单击“创建变形文字”按钮，弹出“变形文字”对话框，在该对话框的“样式”下拉列表中选中“下弧”选项，如图 12-36 所示。

03 单击“确定”按钮，即可创建变形文字，如图 12-37 所示。

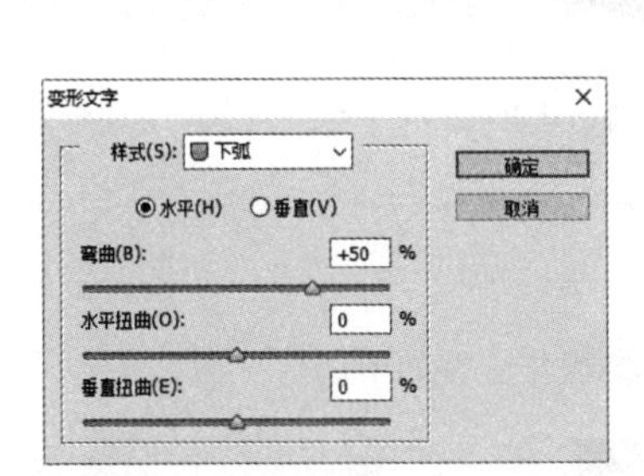

图 12-36　“变形文字”对话框

图 12-37　变形文字效果

12.3.6　使用滤镜

应用滤镜可以带来各种各样的艺术效果，可以独立发挥作用，也可以配合其他滤镜以取得理想的效果。

01 双击选中输入的文本，如图 12-38 所示。

02 执行“滤镜”｜“风格化”｜“拼贴”命令，弹出提示对话框询问是否格式化文本，如图 12-39 所示。

图 12-38　选择文本

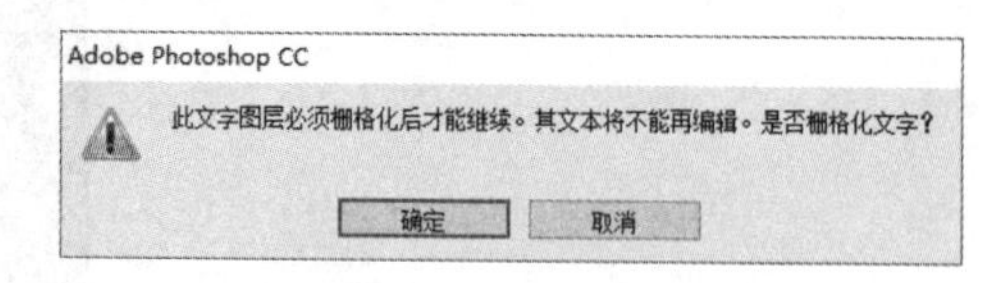

图 12-39　提示是否格式化文本

03 单击“确定”按钮，打开“拼贴”对话框，设置其参数，如图 12-40 所示。

04 单击“确定”按钮，设置拼贴效果，如图 12-41 所示。

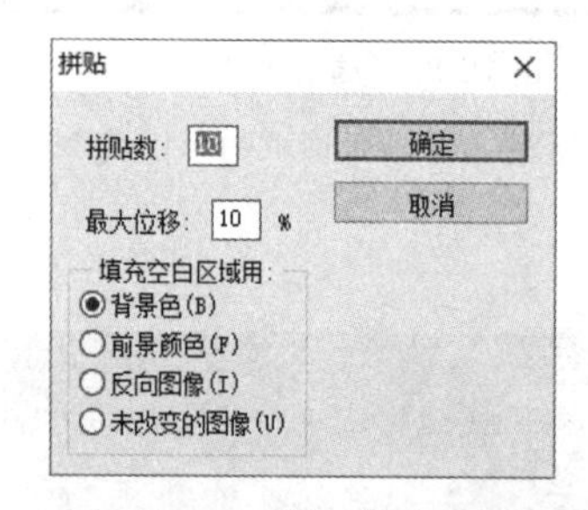

图 12-40　“拼贴”对话框

图 12-41　设置拼贴效果

12.4 综合实例

下面将通过实例讲述使用 Photoshop 绘图工具和文本工具来制作网页中图像的方法。

实例 1——绘制爱心图标

本实例主要讲述制作简单心形图标的方法，如图 12-42 所示，具体操作步骤如下。

图 12-42　爱心图标

01 启动 Photoshop CC，执行“文件”｜“新建”命令，弹出“新建”对话框，设置“宽度”为 600，“高度”为 450，如图 12-43 所示。

02 单击“确定”按钮，新建空白文件。将背景颜色设置为 #320000，按快捷键 Ctrl+Enter 填充背景颜色，如图 12-44 所示。

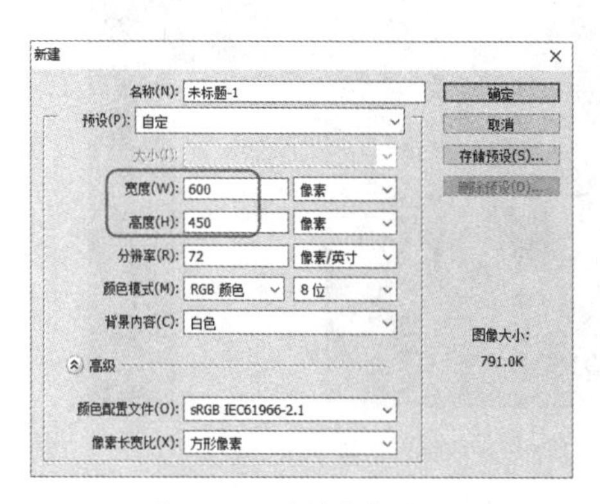

图 12-43　新建文档

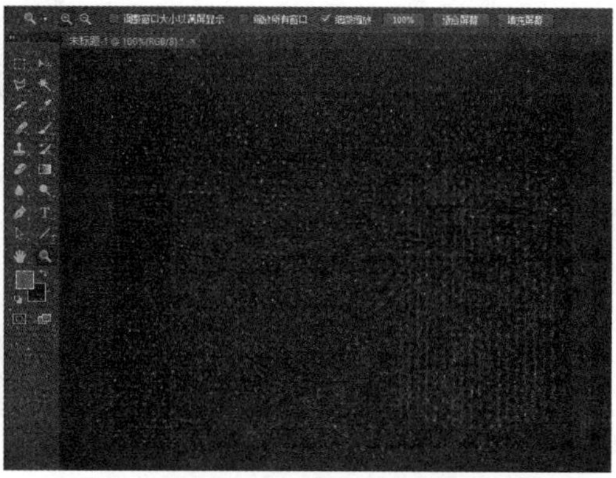

图 12-44　填充背景颜色

03 在“图层”面板中新建图层 1，选择工具箱中的“钢笔”工具，在舞台中绘制心形路径，如图 12-45 所示。

04 按住 Ctrl 键在空白处单击，选择工具箱中的“钢笔”工具，在舞台中绘制路径，如图 12-46 所示。

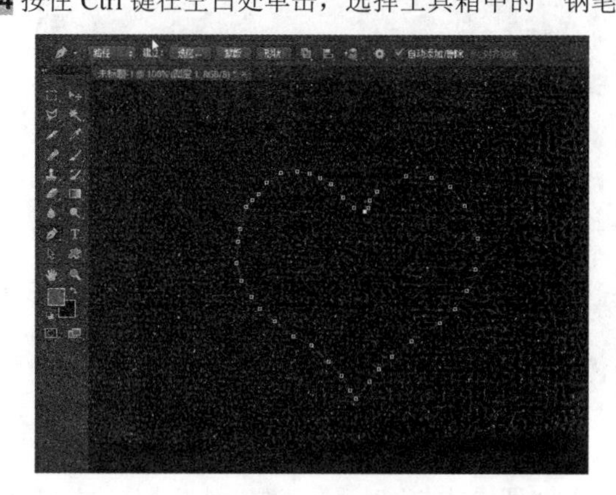

图 12-45　绘制路径

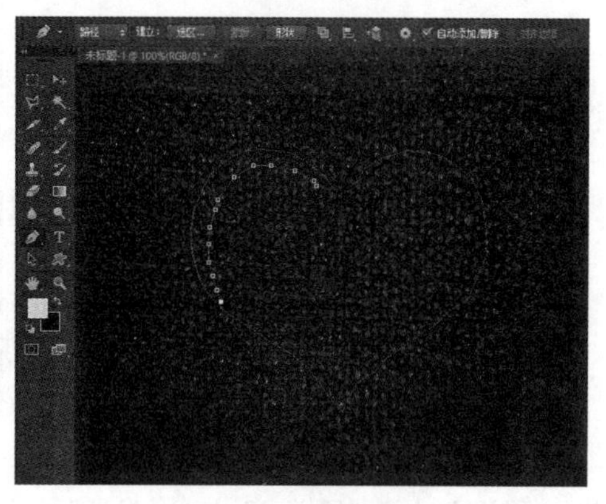

图 12-46　绘制路径

05 选择工具箱中的“画笔”工具，在选项栏中单击画笔右侧的按钮，在弹出的列表中选择合适的画笔，如图 12-47 所示。

06 执行“窗口”｜“画笔”命令，打开“画笔预设”对话框，设置画笔预设，如图 12-48 所示。

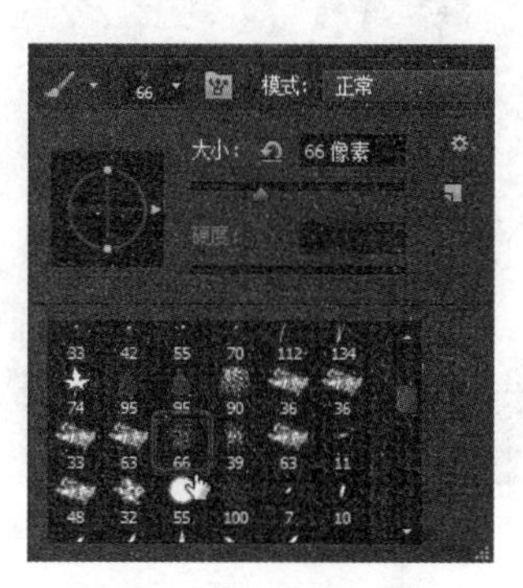

图 12-47　选择画笔

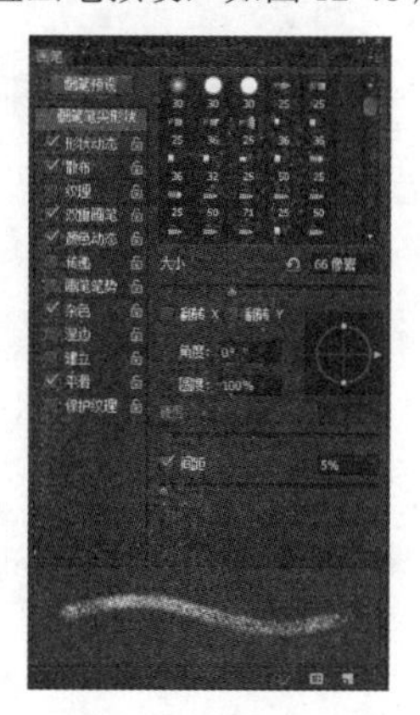

图 12-48　设置画笔预设

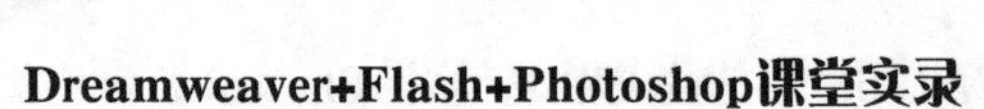

07 在工具箱中将前景色设置为 #fcee07，背景色设置为 # d26800，如图 12-49 所示。

08 选择钢笔路径右击鼠标，在弹出的菜单中选择“描边路径”选项，如图 12-50 所示。

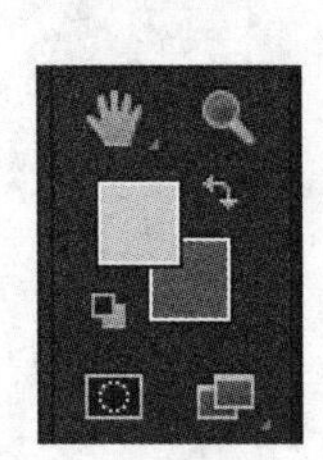

图 12-49　设置前景和背景色

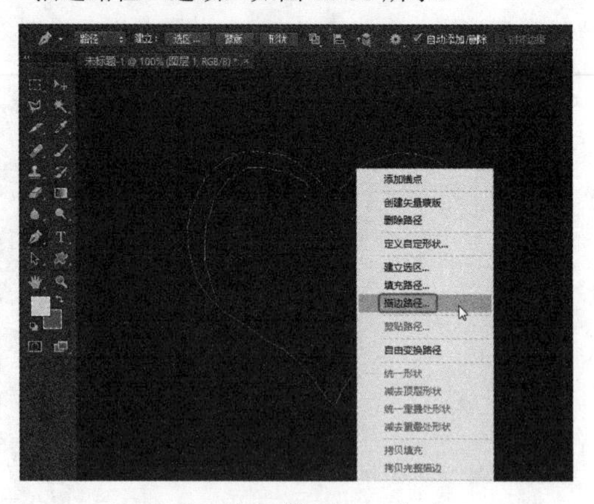

图 12-50　选择“描边路径”选项

09 弹出“描边路径”对话框，将“工具”选择为“画笔”选项，如图 12-51 所示。

10 单击“确定”按钮，填充路径颜色，如图 12-52 所示。

图 12-51　“描边路径”对话框

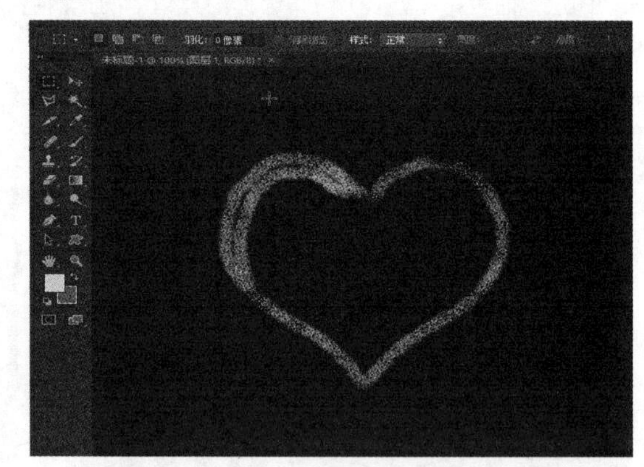

图 12-52　填充路径颜色

11 执行“图层”|“图层样式”|“外发光”命令，弹出“图层样式”对话框，选择外发光选项并进行相应设置，如图 12-53 所示。

12 单击“确定”按钮，设置外发光效果，如图 12-54 所示。

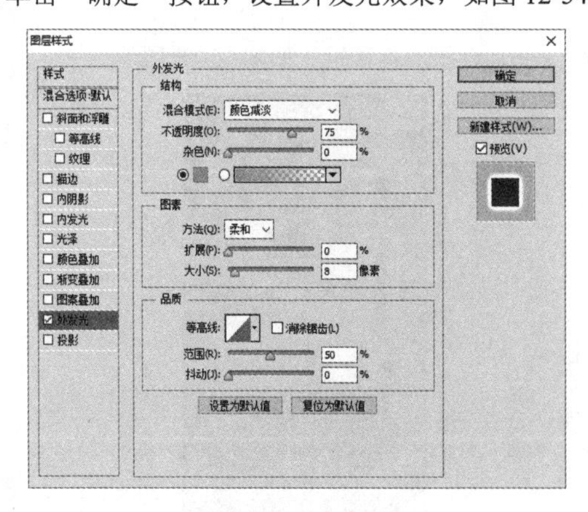

图 12-53　设置外发光选项

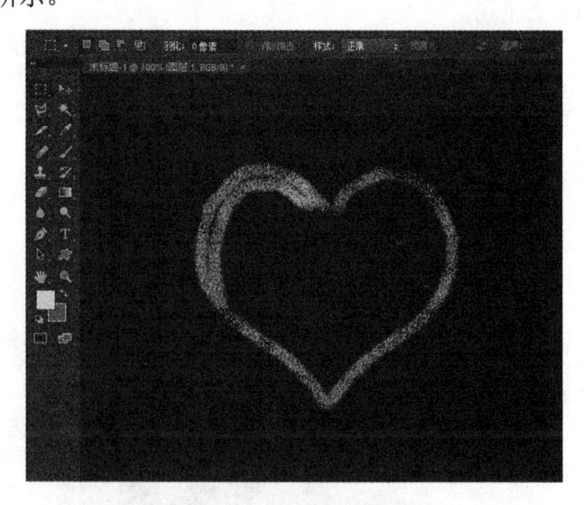

图 12-54　设置外发光效果

13 选择工具箱中的“横排文字”工具，在心形图案中输入文字 love you，效果如图 12-55 所示。

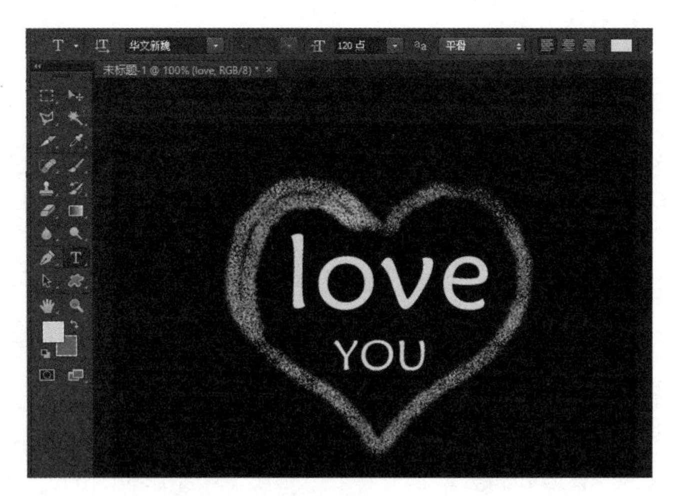

图 12-55 输入文字

实例 2——立体质感的 3D 文字

本案例主要讲述使用 Photoshop 制作立体质感的 3D 立体字的方法，效果如图 12-56 所示，具体操作步骤如下。

图 12-56 立体文字效果

01 打开图像文件，选择工具箱中的“横排文字”工具，在舞台中输入文字 spring，如图 12-57 所示。

02 打开“图层”面板，将 spring 图层拖曳到底部的“创建新图层”按钮上，复制一个图层，如图 12-58 所示。

图 12-57 输入文字

图 12-58 复制图层

03 选择 spring 图层，执行“图层”｜“图层样式”｜“描边”命令，弹出“图层样式”对话框，设置描边颜色，如图 12-59 所示。

04 勾选“投影”选项，设置投影“大小”为18，“距离”为15，如图12-60所示。

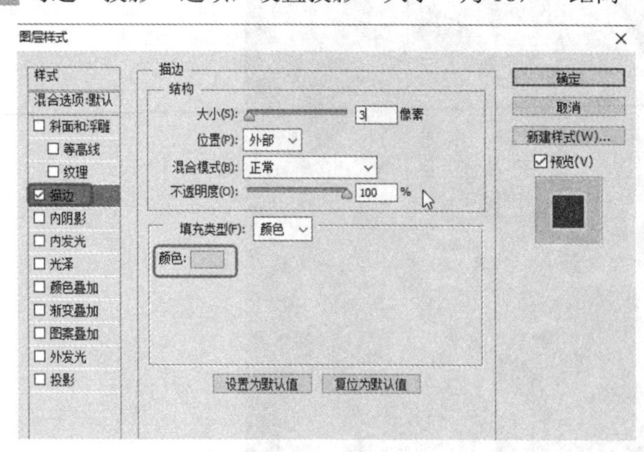

图12-59　设置描边颜色

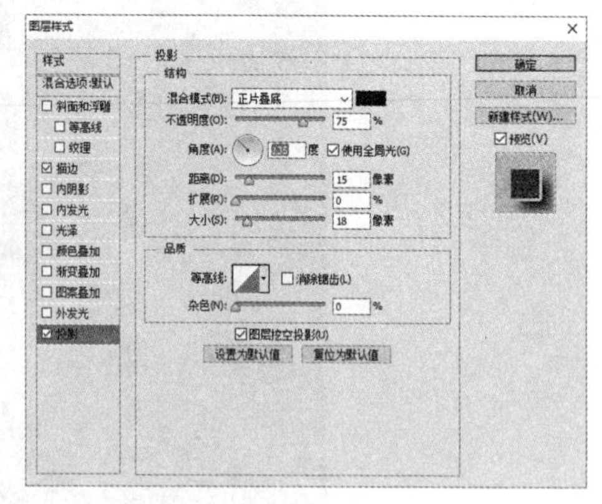

图12-60　设置“投影”选项

05 单击“确定”按钮，设置投影和描边效果，如图12-61所示。

06 选择“spring 拷贝”图层，执行“图层”|“图层样式”|“斜面和浮雕”命令，设置斜面和浮雕参数，如图12-62所示。

图12-61　设置投影和描边效果

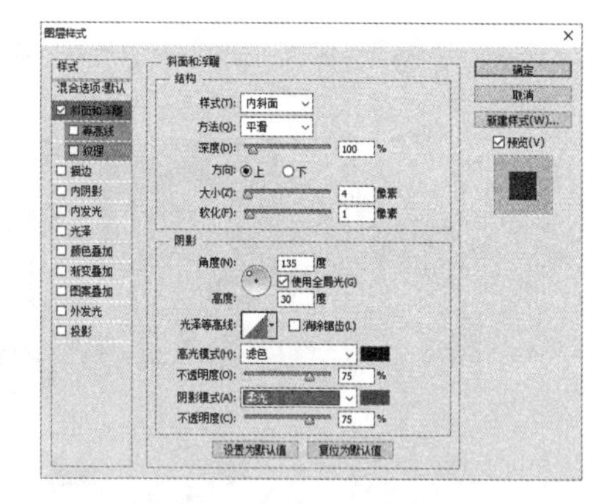

图12-62　设置斜面和浮雕参数

07 勾选“光泽”选项，将“混合模式”设置为“叠加”，“距离”设置为9，如图12-63和图12-64所示。

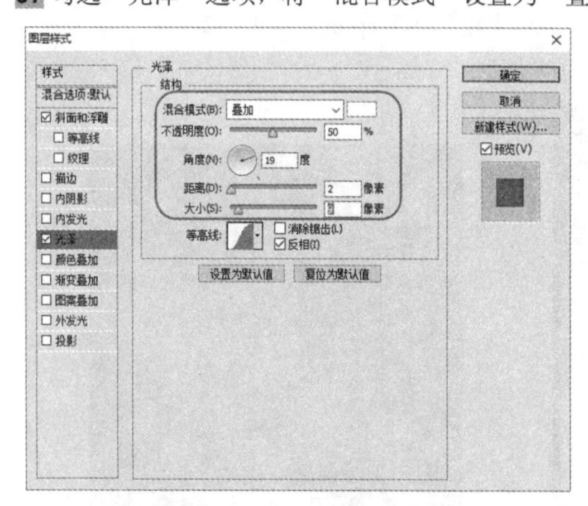

图12-63　修改“光泽”参数

图12-64　光泽效果

08 勾选“投影”选项，将“距离”设置为13，“扩展”设置为18，如图12-65和图12-66所示。

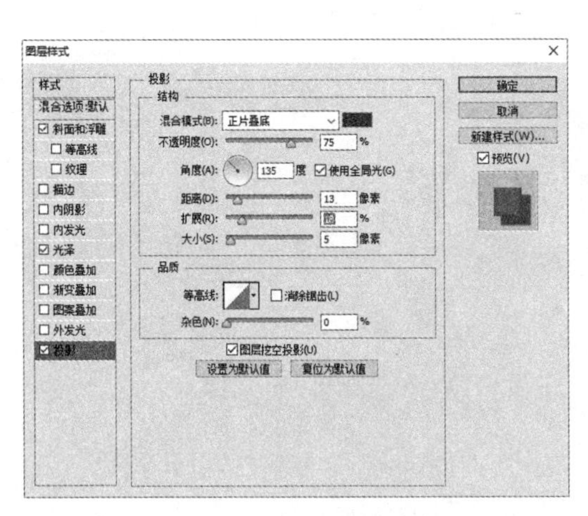

图 12-65　修改“投影”参数

图 12-66　投影效果

第13章

页面图像的切割与优化

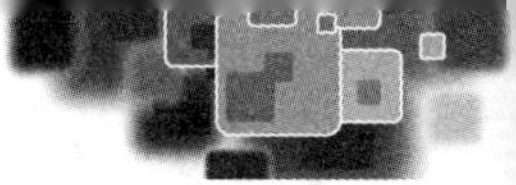

本章导读

由于网速的不同，网速略慢时，下载图片速度很慢，尤其对于大幅图片有可能花很长时间才能在网页上显示出来，而在此之前浏览器中一片空白。如果把大幅图片分割成多个小图片，打开网页时，多个小图片会同时下载，明显提高网页刷新的速度，整幅图片会很快出现在浏览器中，因此网页制作时经常需要切割图片。

技术要点：

- 优化页面图像
- 网页切片输出
- 创建GIF动画

13.1 优化页面图像

网页优化涉及方方面面，图片优化则是其中重要手段之一，本节就讲述网页图像的优化方法。

13.1.1 图像的优化

现在的网站大量使用图片，那么这些图片该如何优化呢？

（1）在网站设计之初，就先要做好规划，如背景图片如何使用等，做到心中有数。

（2）编辑图片的时候，要做好裁剪，只展示必要的、重要的、与内容相关的部分。

（3）在输出图片时，图片大小要设置妥当，设置为所需要的大小，而不要输出大图片，然后使用的时候，再指定较小的长、宽数值，缩放图片。

（4）jpg 图片也可以模糊背景，然后压缩的时候，可以压缩得更多。

（5）页面上的边框、背景，尽可能使用 CSS 的方式来展示，而不要用图片。

（6）图片使用上，能用 PNG 格式的尽量用，以替代过去常用的 gif 和 jpg 格式。在保证质量的情况下，用最小的文件。

（7）在 HTML 中明确指定图片的大小。

（8）对于 Gif 和 PNG 文件格式，最小化颜色位数。

（9）如果图片上要添加文字，如果可能，就不要把文字嵌入到图片中，而是采用透明背景图片，或者 CSS 定位让文字覆盖在图片上，这样既能获得相同的效果，还能把图片最大限度地压缩。

（10）在较小的 Gif 和 PNG 图片上，可以使用有损压缩。

（11）如果可能，使用局部压缩，在保证前景清楚的基础上，最大限度地压缩背景。

（12）图片在优化之前，如果若能降噪就降噪，这样可以获得额外的 20% 以上的压缩。

13.1.2 输出透明 GIF 图像

用 Photoshop 做一个透明背景的图片，可是输出 Gif 图片后总是白色的背景，本节讲述怎么能输出透明背景的图片。具体操作步骤如下。

01 执行“文件”｜“打开”命令，打开图像文件，如图 13-1 所示。

02 在“图层”面板中双击“背景”层，弹出“新建图层”对话框，如图 13-2 所示。

图 13-1 打开图像

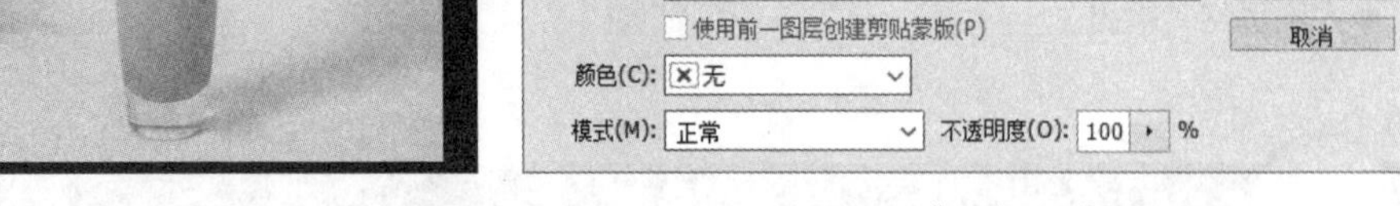

图 13-2 “新建图层”对话框

03 单击“确定”按钮，转化为图层，如图 13-3 所示。

04 在工具箱中选择“魔棒”工具，在选项栏中将“容差”设置为 32，在图像中单击选择相应区域，如图 13-4 所示。

图 13-3 解锁图层

图 13-4 选择相应区域

05 按键盘上的 Delete 键，即可删除背景为透明图像，如图 13-5 所示。

06 执行“文件” | “存储为 Web 所用格式”命令，弹出“存储为 Web 所用格式”对话框，将“预设”设置为 GIF，如图 13-6 所示。

图 13-5 删除背景

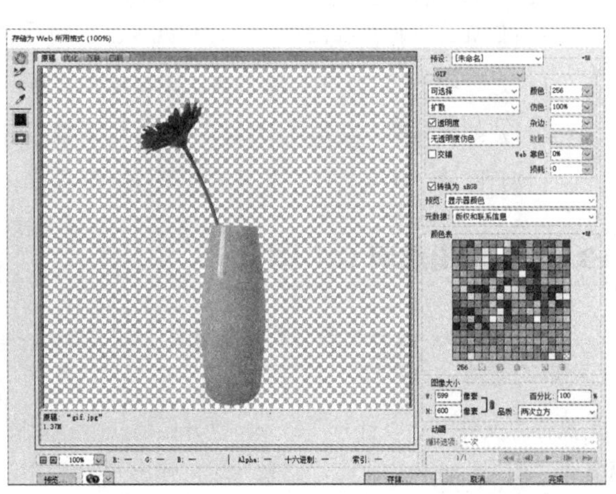

图 13-6 “存储为 Web 所用格式”对话框

07 单击“确定”按钮，弹出“将优化结果存储为”对话框，如图 13-7 所示。

08 单击“确定”按钮，即可输出图像，如图 13-8 所示。

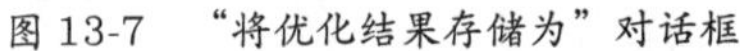

图 13-7　“将优化结果存储为”对话框

图 13-8　输出图像

13.2 网页切片输出

切片就是将一幅大图像分割为一些小的图像切片，然后在网页中通过没有间距和宽度的表格重新将这些小的图像没有缝隙地拼接起来，成为一幅完整的图像。使用“切片工具”可以将一个完整的网页切割为许多小图片，以便于浏览时下载。

13.2.1 创建切片

Photoshop 的切片工具主要是在制作网页时对图片进行“瘦身”所用，它可以在不损失图像效果的前提下，减小文件的尺寸。创建切片的具体操作步骤如下。

01 打开图像文件，选择工具箱中的“切片工具”，如图 13-9 所示。

02 将光标置于要创建切片的位置，按住鼠标左键拖曳，绘制切片，如图 13-10 所示。

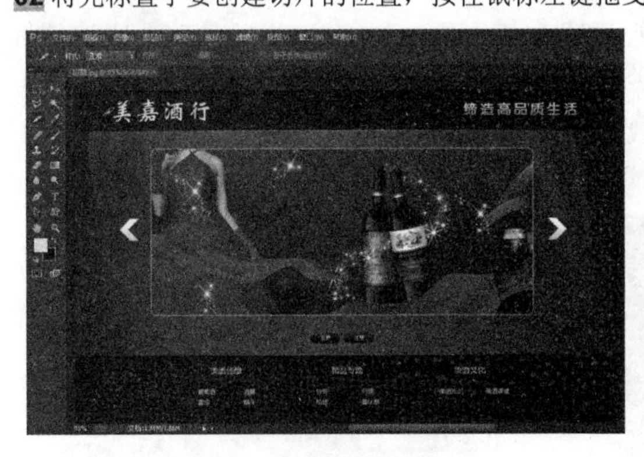

图 13-9　选择切片工具

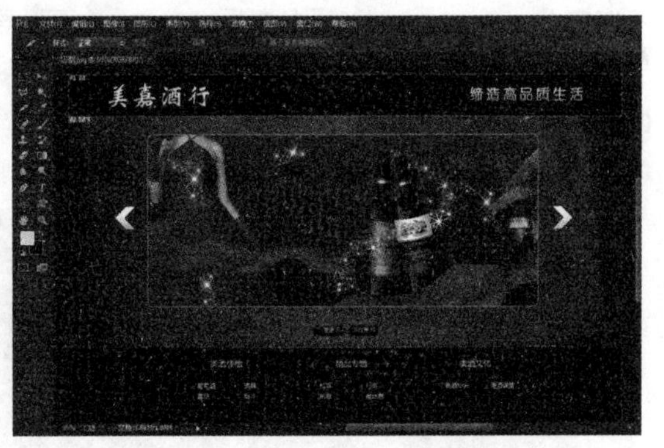

图 13-10　绘制切片

13.2.2 编辑切片

如果切片大小不合适，还可以调整和编辑切片，具体操作步骤如下。

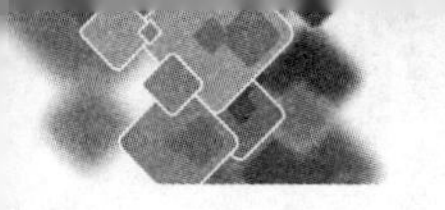

01 打开创建好切片的图像文件，右击在弹出的快捷菜单中选择“划分切片”命令，如图 13-11 所示。

02 弹出“划分切片”对话框，将划分切片的“水平划分为”设置为 3，如图 13-12 所示。

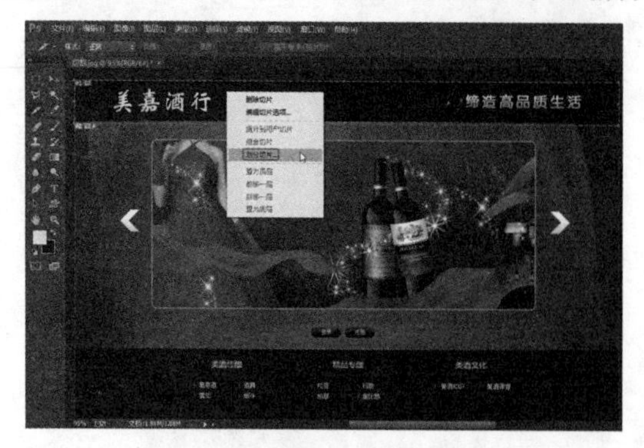

图 13-11 选择“划分切片”命令

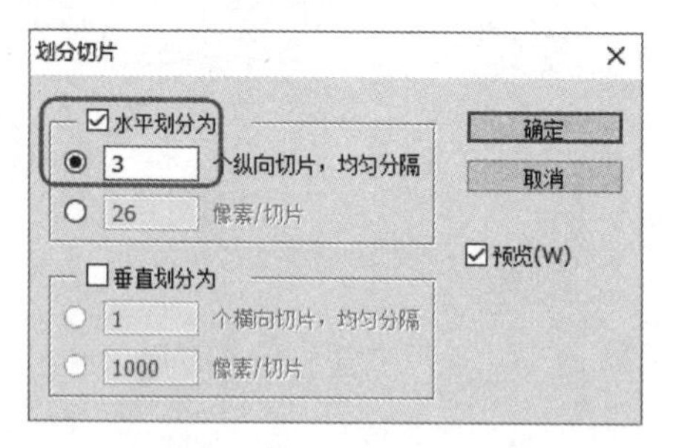

图 13-12 “划分切片”对话框

03 单击“确定”按钮，划分切片，如图 13-13 所示。

04 在图像上右击，在弹出的快捷菜单中选择“编辑切片选项”命令，弹出“切片选项”对话框，在该对话框中可以设置切片的 URL、目标、信息文本等，如图 13-14 所示。

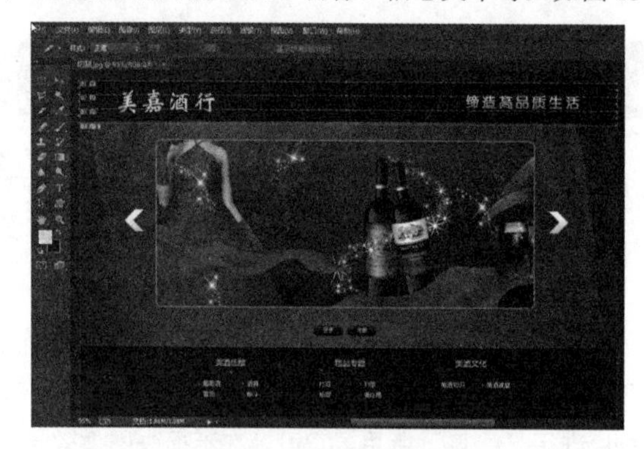

图 13-13 划分切片

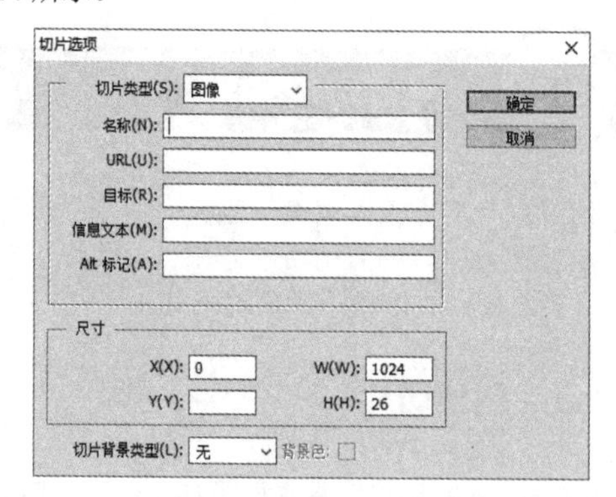

图 13-14 “切片选项”对话框

13.2.3 优化和输出切片

使用“存储为 Web 和设备所用格式”命令可以导出和优化切片图像，Photoshop 会将每个切片存储为单独的文件，并生成显示切片图像所需的 HTML 或 CSS 代码。

01 打开图像文件，右击，在弹出的快捷菜单中选择“划分切片”命令，如图 13-15 所示。

02 弹出“划分切片”对话框，将划分切片的“水平划分为”设置为 3，如图 13-16 所示。

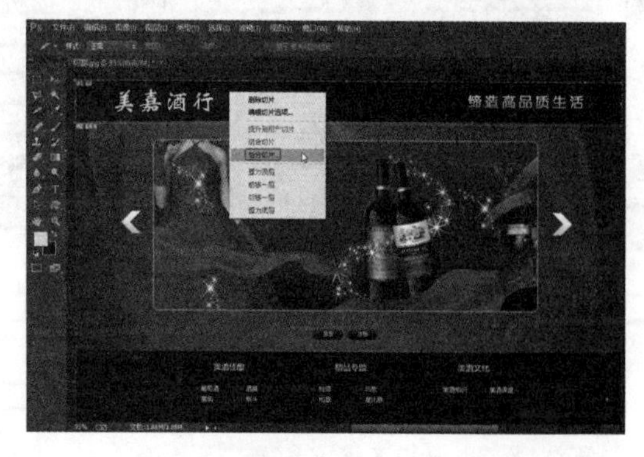

图 13-15 选择“划分切片”命令

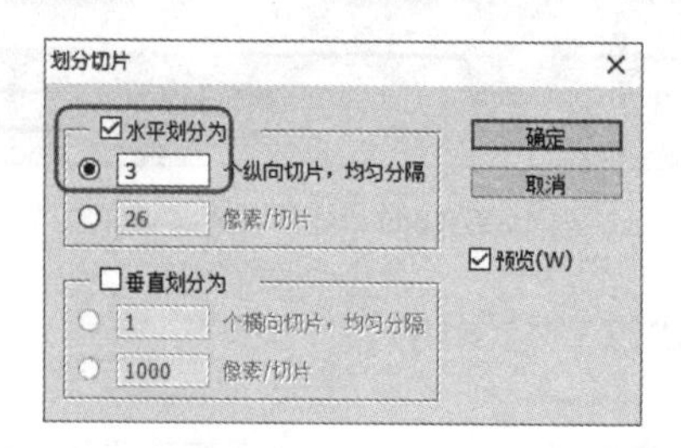

图 13-16 “划分切片”对话框

03 单击“确定”按钮，划分切片，如图 13-17 所示。

04 在图像上右击，在弹出的快捷菜单中选择“编辑切片选项”命令，弹出“切片选项”对话框，在该对话框中可以设置切片的 URL、目标、信息文本等，如图 13-18 所示。

图 13-17　划分切片

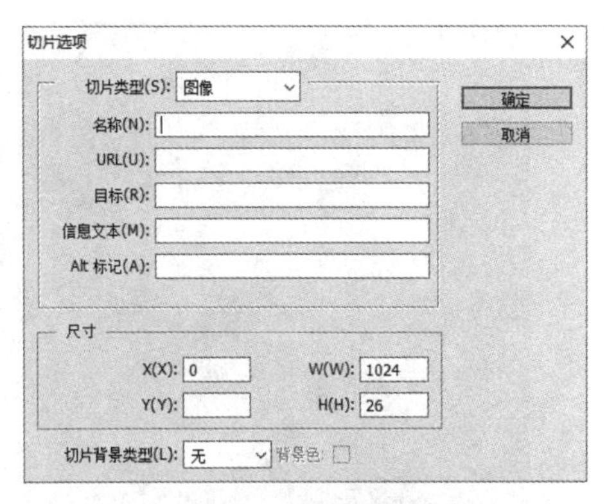

图 13-18　“切片选项”对话框

13.3　创建 GIF 动画

动画是在一段时间内显示的一系列图像（帧），当每一帧较前一帧都有轻微的变化时，连续、快速地显示帧，就会产生运动或其他变化的视觉效果。

13.3.1　GIF 动画原理

GIF 动画图片是在网页上常常看到的一种动画形式，画面活泼生动，引人注目。不仅可以吸引浏览者，还可以增加关注度。GIF 文件的动画原理是，在特定的时间内显示特定画面内容，不同画面连续交替显示，产生了动态画面效果。所以在 Photoshop 中，主要使用“时间轴”面板来设置制作 GIF 动画。

GIF 动画制作相对较为简单，打开“时间轴”面板后，会发现有帧动画模式和时间轴动画两种模式可以选择。

帧动画相对来说更直观，在“动画”面板中会看到每一帧的缩略图。制作之前需要先设定好动画的展示方式，然后用 Photoshop 做出分层图。然后在“动画”面板新建帧，把展示的动画分帧设置好，再设定好时间和过渡等即可播放预览。

将帧动画的所有元素都放置在不同的图层中，通过对每一帧隐藏或显示不同的图层可以改变每一帧的内容，而不必一遍又一遍地复制和改变整个图像。每个静态元素只需创建一个图层即可，而运动元素则可能需要若干个图层才能制作出平滑过渡的运动效果。如图 13-19 所示为“时间轴”面板。

图 13-19　“时间轴”面板

13.3.2　制作 GIF 动画

GIF 动画是较为常见的网页动画。这种动画的特点是，以一组图片的连续播放来产生动态效果，这种动画是没有声音的。下面使用 Photoshop 制作帧动画。具体操作步骤如下。

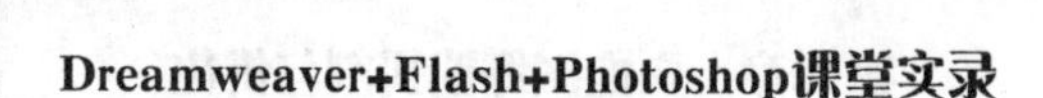

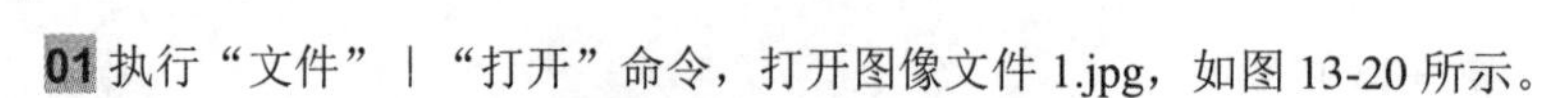

01 执行“文件”|“打开”命令，打开图像文件 1.jpg，如图 13-20 所示。

02 执行“窗口”|“时间轴”命令，打开“时间轴”面板，在“时间轴”面板中自动生成一帧动画，如图 13-21 所示。

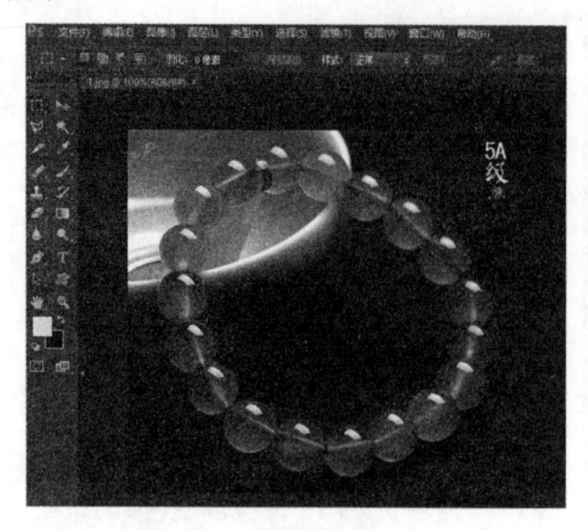

图 13-20　打开图像文件

图 13-21　“时间轴”面板

03 单击“时间轴”面板底部的“复制所选帧”按钮，复制当前帧，如图 13-22 所示。

04 执行“文件”|“置入”命令，弹出“置入”对话框，在该对话框中选择要置入的文件 2.jpg，单击“置入”按钮，如图 13-23 所示。

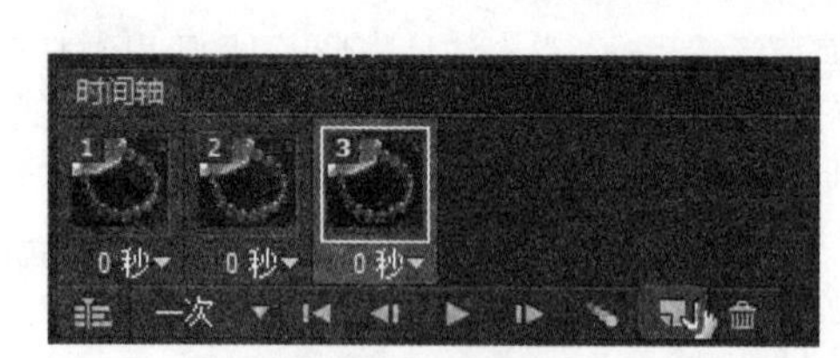

图 13-22　复制帧

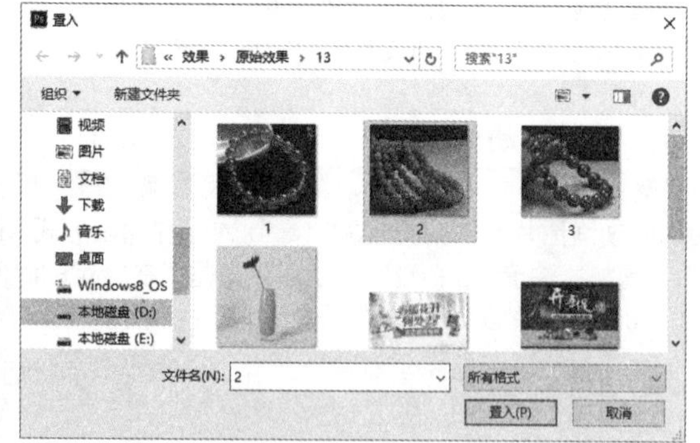

图 13-23　“置入”对话框

05 将 2.jpg 置入，并调整置入文件的大小，如图 13-24 所示。

06 同步骤 4、5 置入图像文件 3.jpg，如图 13-25 所示。

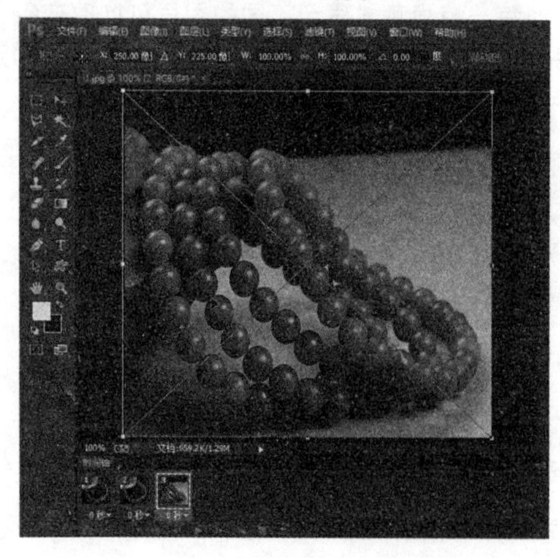

图 13-24　置入图像

图 13-25　置入图像

07 在“时间轴”面板中选择第 1 帧，在“图层”面板中，将 2 和 3 图层隐藏，如图 13-26 所示。

08 在“时间轴”面板中选择第 1 帧，单击该帧右下角的三角按钮设置延迟时间为 2 秒，如图 13-27 所示。

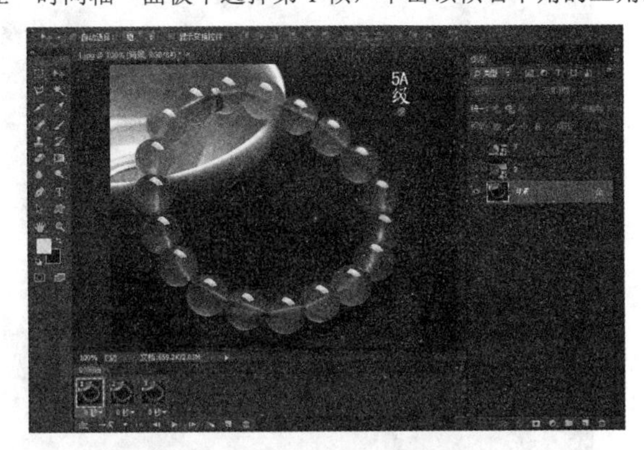

图 13-26　隐藏图层

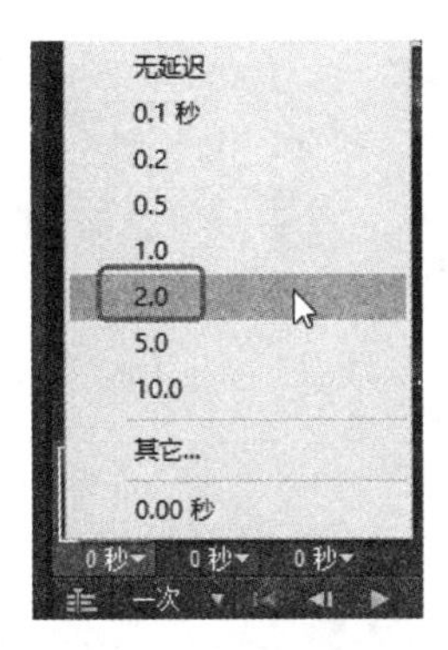

图 13-27　设置延迟时间

09 同样设置第 2 帧的延迟时间为 2 秒，在“图层”面板中，将背景层和图层 3 隐藏，如图 13-28 所示。

10 同样设置第 2 帧的延迟时间为 2 秒，在“图层”面板中，将背景层和图层 3 隐藏，图层 2 可见，如图 13-29 所示。

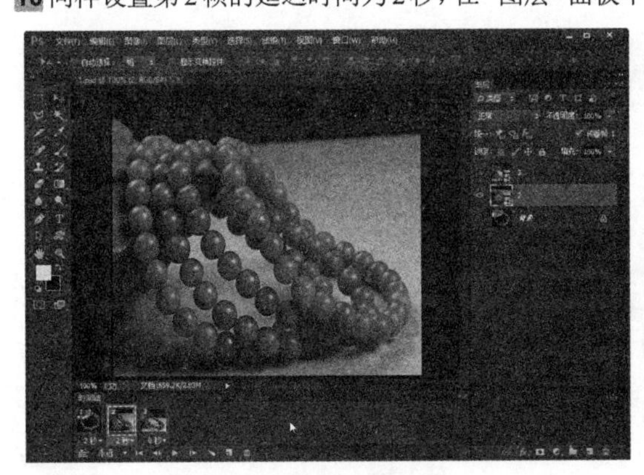

图 13-28　设置图层

图 13-29　设置图层

11 在“时间轴”面板中设置循环次数为“永远”，如图 13-30 所示。

12 执行“文件”|“存储为 Web 所用格式”命令，弹出“存储为 Web 所用格式”对话框，如图 13-31 所示。

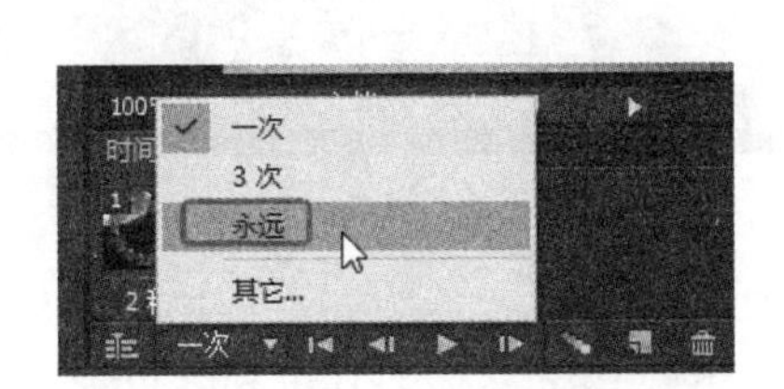

图 13-30　设置循环次数

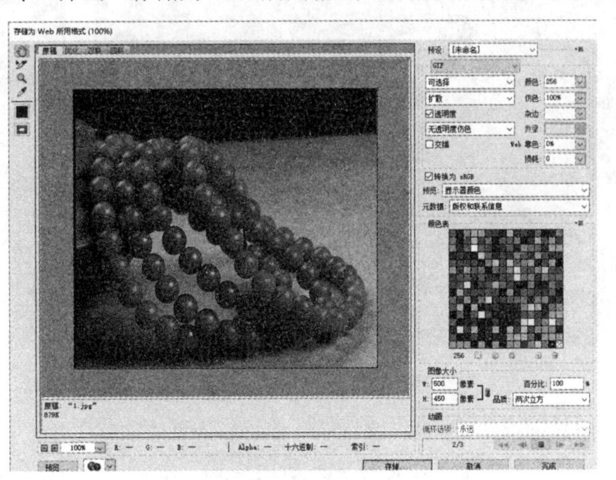

图 13-31　“存储为 Web 所用格式”对话框

13 单击底部的“存储”按钮，弹出“将优化结果存储为”对话框，如图 13-32 所示。

14 单击“保存”按钮，即可成功保存 gif 动画，如图 13-33 所示。

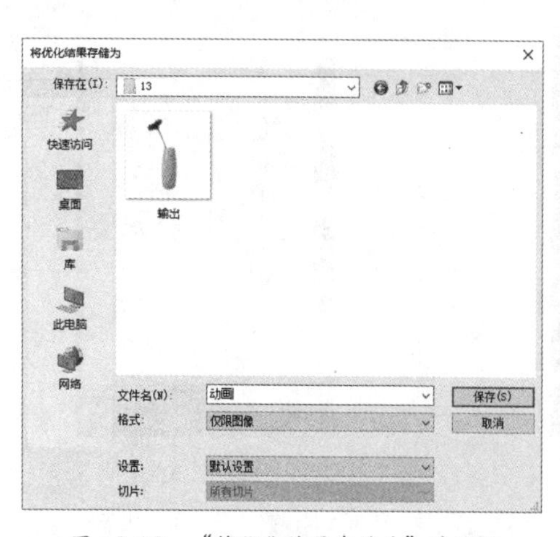

图 13-32 “将优化结果存储为”对话框

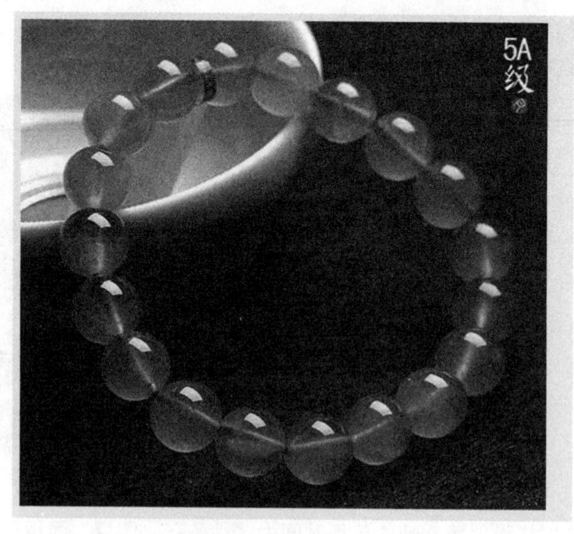

图 13-33 保存文档

13.4 综合实例

制作用于在 Web 上发布的图像需要对其进行优化，必须保证文件的尺寸尽可能小。

实例 1——切割输出网站主页

下面讲述切割网站封面型主页，具体操作步骤如下。

01 执行“文件”|“打开”命令，打开图像文件，如图 13-34 所示。

02 选择工具箱中的“切片”工具，将光标置于要创建切片的位置，单击拖曳得到合适的切片大小绘制切片，如图 13-35 所示。

图 13-34 打开图像

图 13-35 绘制切片

03 用同样的方法绘制其余的切片，如图 13-36 所示。

04 执行“文件”|“存储为 Web 所用格式”命令，弹出“存储为 Web 所用格式”对话框，如图 13-37 所示。

05 单击“存储”按钮，弹出“将优化结果存储为”对话框，在该对话框中将“格式”设置为“HTML 和图像”，如图 13-38 所示。

06 单击“保存”按钮，即可将图像切割成网页，在浏览器中预览效果，如图 13-39 所示。

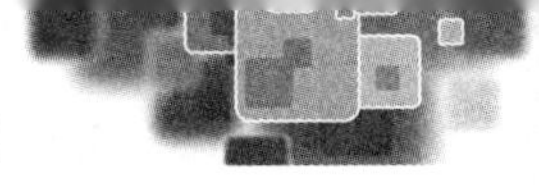

图 13-36　绘制切片

图 13-37　“存储为 Web 所用格式”对话框

图 13-38　“将优化结果存储为”对话框

图 13-39　预览效果

实例 2——在 Dreamweaver 中优化图像

在 Dreamweaver 中优化图像的具体操作步骤如下。

01 打开刚才制作的网页文件，单击选择要优化的图像，在“属性”面板中单击“亮度和对比度”按钮，如图 13-40 所示。

02 弹出 Dreamweaver 提示框，如图 13-41 所示。

图 13-40　打开网页文件

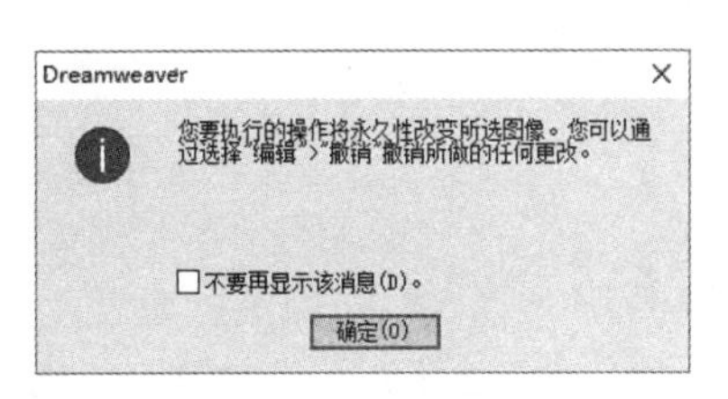

图 13-41　Dreamweaver 提示框

03 单击“确定”按钮，弹出“亮度 / 对比度”对话框，设置亮度和对比度参数，如图 13-42 所示。

04 单击“确定”按钮，设置亮度和对比度，如图 13-43 所示。

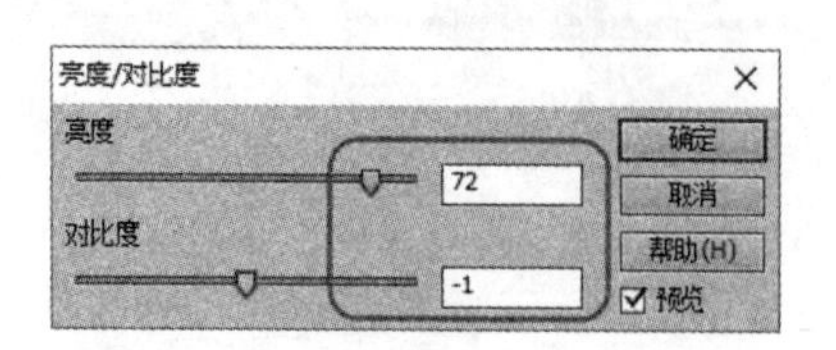

图 13-42　“亮度 / 对比度”对话框

图 13-43　设置亮度和对比度效果

第14章

设计网页素材

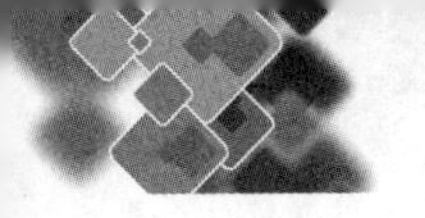

本章导读

Photoshop用得最广泛的领域就是图形和图像的处理。这里所说的图形是指自己绘制出来的图案；而图像的处理指的是在一幅已经有的图片上进行处理。这一章中的每个实例都使用了不同的功能，希望读者在学习的时候自己能够不断总结，以便最快地进步和提高。

技术要点：

- 设计网站Logo
- 设计网站Banner
- 制作网页导航条

14.1 设计网站 Logo

Logo 就是徽标或者商标，起到对徽标拥有公司的识别和推广的作用，通过形象的 Logo 可以让消费者记住公司主体和品牌文化。网络中的 Logo 主要是各个网站用来与其他网站链接的图形标志，代表一个网站或网站的一个板块。

14.1.1 网站 Logo 的重要性

Logo 在网站版面设计中是必不可少的，当用户在第一时间进入一个站点时，网站 Logo 无疑首先进入用户视线，这时如果 Logo 很不起眼就毫无吸引力了，用户很可能没有什么印象，直接看完想找的内容或者网页之后就直接关闭网页了。相反，如果 Logo 设计得很吸引人，让人看起来就容易记住这个网站，通过 Logo 就可以表现出这个网站的内涵。可见一个网站的 Logo 是多么重要，再漂亮的页面如果没有一个让人眼前一亮的 Logo 也是比较失败的。

构成 Logo 要素的各部分，一般都具有一种共通性及差异性，这个差异性又称为独特性，或叫作变化；而统一是将多样性提炼为一个主要表现体，称为多样统一的原理。精确把握对象的多样统一并突出支配性要素，是设计网络 Logo 的必备技术。

网络 Logo 所强调的辨别性及独特性，导致相关图案字体的设计也要和被标识体的性质有适当的关联，并具备类似风格的造型。

14.1.2 网站 Logo 设计原则

设计 Logo 时，面向应用的各种条件做出相应规范，对指导网站的整体建设有着极现实的意义。一个网络 Logo 不应只考虑在设计师高分辨屏幕上的显示效果，应该考虑到网站整体发展到一个高度时相应推广活动所要求的效果，使其在应用于各种媒体时，也能充分发挥视觉效果；同时应使用能够给予多数观众好感而受欢迎的造型。

所以应考虑到 Logo 在传真、报纸、杂志等纸介质上的单色效果、反白效果，在织物上的纺织效果，在车体上的油漆效果，制作徽章时的金属效果，墙面立体的造型效果等。

在设计网站 Logo 时要注意以下原则。

（1）设计应在详尽明了设计对象的使用目的、适用范畴及有关法规等情况和深刻领会其功能性要求的前提下进行。

（2）设计需充分考虑其实现的可行性，针对其应用形式、材料和制作条件采取相应的设计手段。同时还要顾及应用于其他视觉传播方式（如印刷、广告、映像等）或放大、缩小时的视觉效果。

（3）设计要符合作用对象的直观接受能力、审美意识、社会心理和禁忌。

（4）构思须慎重，力求深刻、巧妙、新颖、独特、表意准确，能经受住时间的考验。

（5）构图要凝练，美观，适形。

（6）图形符号既要简练概括，又要讲究艺术性。

（7）色彩要单纯、强烈醒目。

（8）遵循标志艺术规律、恰当的艺术表现形式和手法、标志具有高度整体美感、获得最佳视觉效果，这些是标志设计艺术追求的准则。

14.1.3　实例 1——设计网站 Logo

下面讲述设计网站 logo 的具体操作步骤。

01 执行“文件”｜“新建”命令，打开“新建”对话框，将“宽度”设置为 500，“高度”设置为 400，如图 14-1 所示。

02 单击“确定”按钮，新建空白文档，如图 14-2 所示。

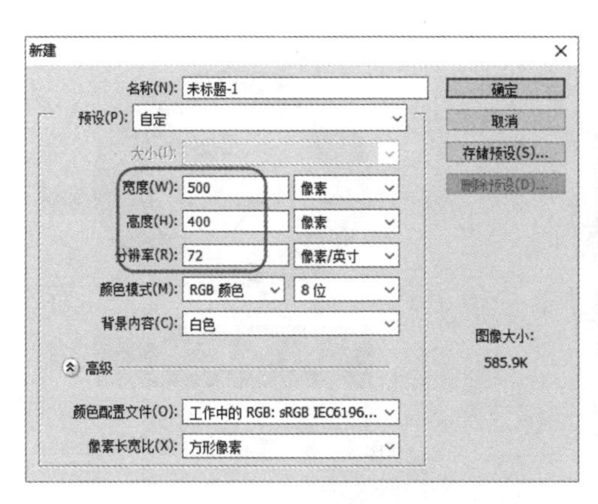

图 14-1　打开“新建”对话框

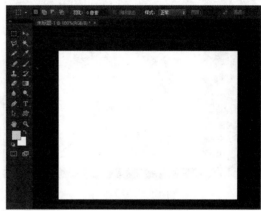

图 14-2　新建空白文档

03 选择工具箱中的“自定义形状”工具，在选项栏中单击形状右侧的按钮，在弹出的列表中选择环形，如图 14-3 所示。

04 在图像中单击拖曳绘制环形，如图 14-4 所示。

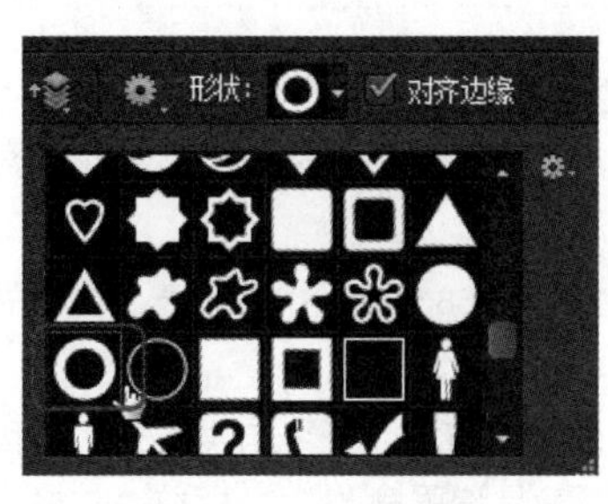

图 14-3　选择环形

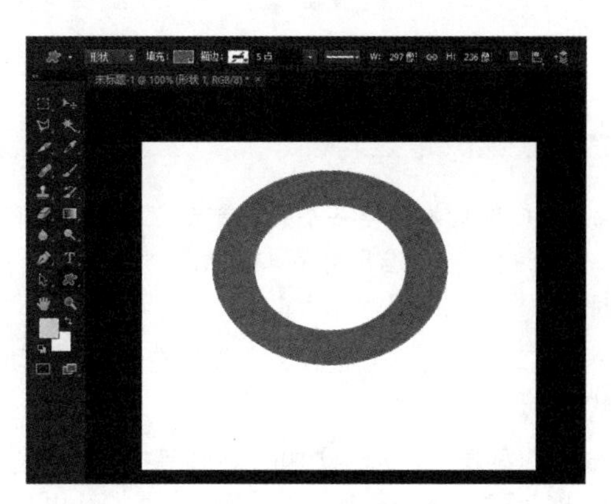

图 14-4　绘制环形

05 选择工具箱中的“自定义形状”工具，在选项栏中选择合适的形状，在环形中间绘制形状，如图 14-5 所示。

06 选择工具箱中的“矩形”工具，在舞台中绘制矩形，如图 14-6 所示。

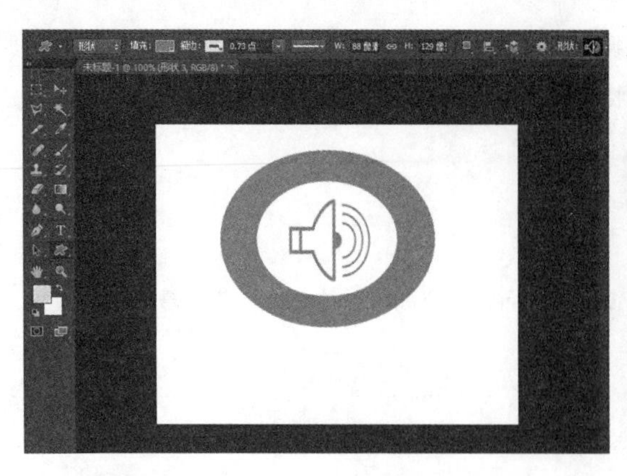

图 14-5　绘制形状

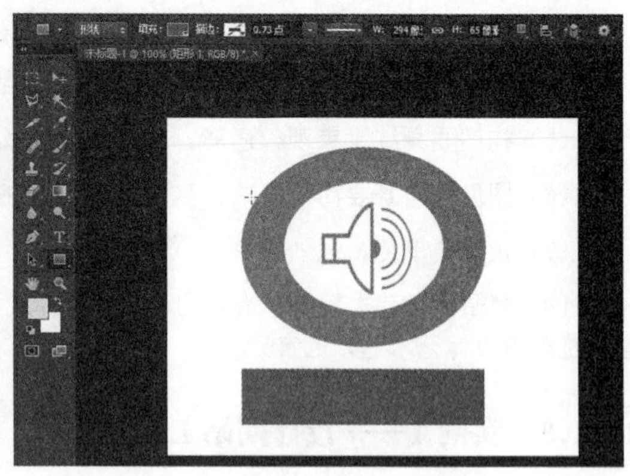

图 14-6　绘制矩形

07 选择工具箱中的“横排文字”工具，在矩形上输入文字“奥普照明”，如图 14-7 所示。

08 执行“文件”|“存储”命令，保存文档效果如图 14-8 所示。

图 14-7　输入文字

图 14-8　保存文档效果

14.2 设计网站 Banner

Banner 是网站页面的横幅广告，Banner 主要体现中心意旨，形象鲜明地表达最主要的情感思想或宣传中心。

14.2.1 什么是 Banner

Banner 又叫旗帜，是一个表现商家广告内容的图片，放置在广告商的页面上，为互联网广告中最基本的广告形式。其标准尺寸是 480 像素 ×60 像素，一般使用 GIF、JPG 格式的图像文件。此外，有些网站支持 595 像素宽的横幅广告。

一幅表现广告主内容的图片，放置在广告商的页面上，通常大小为 468 像素 ×60 像素，往往做成动画形式。一般不超过 12KB。

Banner（网幅广告）：以 GIF、JPG 等格式建立的图像文件，定位在网页中，大多用来表现广告内容，同时还可以使用 Java 等语言使其产生交互性，用 Shockwave 等插件工具增强表现力。标准 GIF 格式以外的网幅广告被称为 Rich Media Banner。

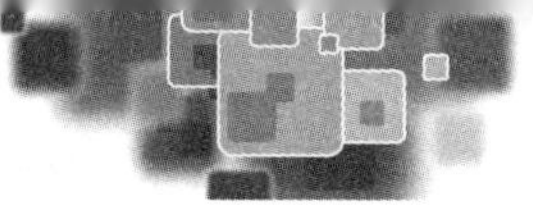

14.2.2　Banner 的制作原则

Banner 设计可以说是日常工作中最主要的一部分需求，Banner 不比大型项目，从设计成本上来讲不可能给太多的时间给设计师，所以这也引发了作者对如何更有效率地完成一个 Banner 的思考。构成 Banner 的重点主要有三个方面，即风格、排版及配色。

1. 对比原则

在设计 Banner 的时候，可以加大不同元素之间的对比效果，这样既可以提高 Banner 的活泼性，又可以突出视觉的重点，用户一看到 Banner 就能够快速了解到 Banner 所提供的信息。

2. 留白原则

除了网页设计需要运用留白原则以外，其实 Banner 的设计也是需要运用留白技巧的，Banner 的排版一定不能是密密麻麻的，否则 Banner 会给用户一种压迫的感觉，并且难以找到 Banner 所要表达的重点。

3. 对齐原则

对于 Banner 中相关的内容，为了能让用户的视线以最快的速度找到重要的信息，相关的内容一定要整齐地排列好，不要单纯为了美观而放弃 Banner 应有的作用。

4. 降噪原则

在设计 Banner 的时候，过多的颜色、图片、字体等都会造成用户注意力的分散，因此在设计 Banner 的时候，要将这些“噪声”降到最低，以免影响用户对 Banner 信息的获取。

5. 统一原则

在对 Banner 进行排版设计时，需要特别关注 Banner 在整个设计中是否一致或者连贯，Banner 的设计应该尽量避免不同视觉效果元素的同时出现。

以上五个原则就是在 Banner 设计时大家都应遵循的，如果建站者也想高效地完成自己网站的 Banner 设计，相信这五条原则对你会起到非常大的作用。

14.2.3　实例 2——设计 Banner

设计网页 Banner 的具体操作步骤如下。

01 执行“文件”|“打开”命令，打开图像文件，如图 14-9 所示。

02 执行“窗口”|“时间轴”命令，打开“时间轴”面板，单击底部的“复制所选帧”按钮复制帧，如图 14-10 所示。

图 14-9　打开图像文件

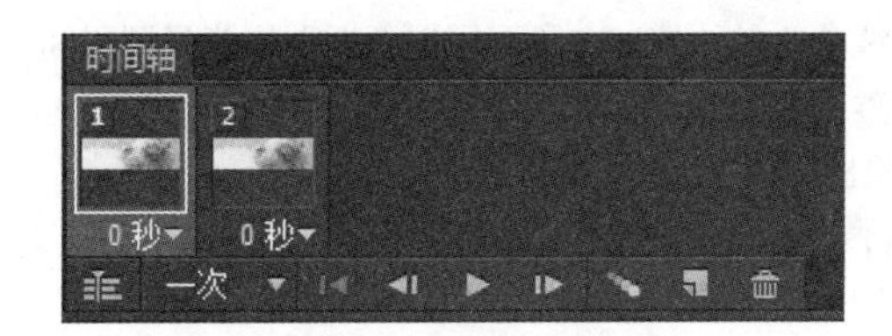

图 14-10　复制帧

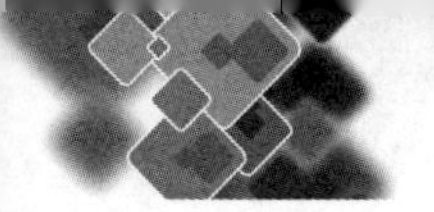

03 执行“文件”|“置入”命令，弹出“置入”对话框，在该对话框中选择要置入的文件2.jpg，如图14-11所示。

04 单击“置入”按钮，将图像文件置入，并调整置入的文件与原来的图像同样大，如图14-12所示。

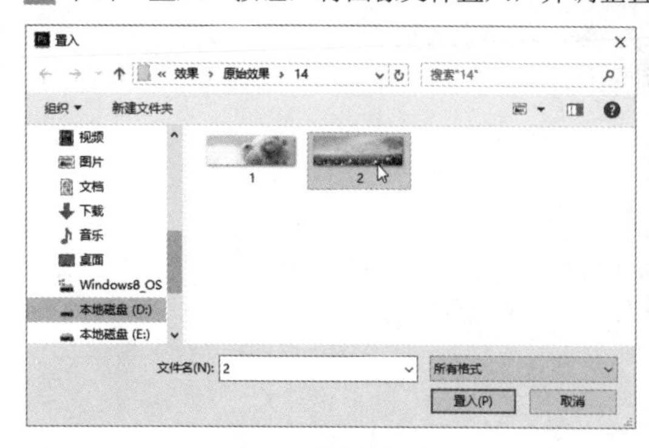

图 14-11 “置入”对话框

图 14-12 置入图像

05 选择工具箱中的“横排文字”工具，在舞台中输入文本，将文本分为两个图层，如图14-13所示。

06 选中第1帧，在“图层”面板中将2图层和“山寺桃花始盛开”图层隐藏，如图14-14所示。

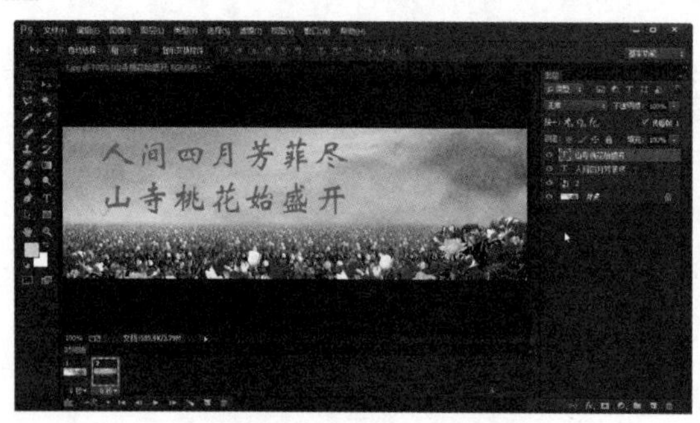

图 14-13 输入文本

图 14-14 隐藏图层

07 在“时间轴”面板中单击“帧延迟时间“按钮，设置帧延迟时间为2秒，如图14-15所示。

08 同步骤7将第2帧的延迟时间设置为2秒，如图14-16所示。

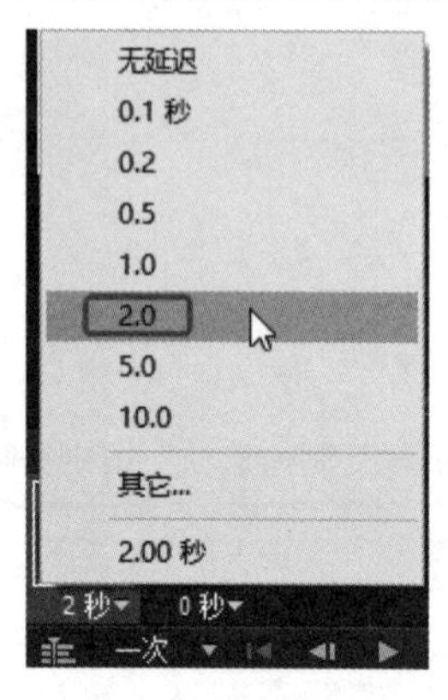

图 14-15 设置帧延迟时间

图 14-16 设置帧延迟时间

09 选中第2帧，在“图层”面板中将背景图层和“人间四月芳菲尽”图层隐藏，如图14-17所示。

10 执行“文件”|“存储为Web所用格式”命令，弹出“存储为Web所用格式”对话框，选择Gif格式输出图像，如图14-18所示。

11 单击“存储”按钮，弹出“将优化结果存储为”对话框，在该对话框中设置名称为Banner.gif，格式选择“仅限图像”，如图14-19所示。

12 单击“保存”按钮即可保存图像，如图14-20所示。

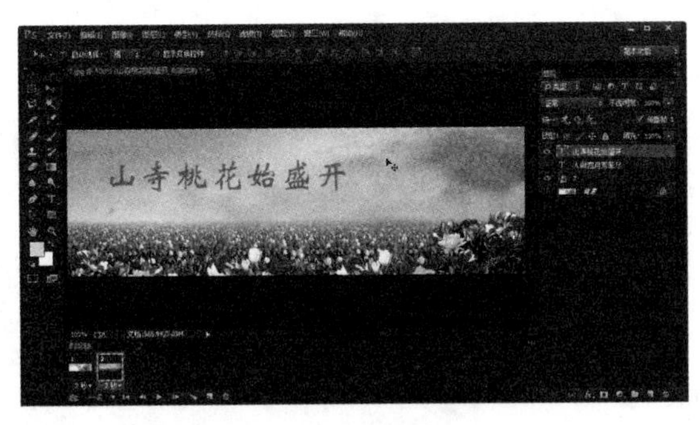

图 14-17　隐藏图层

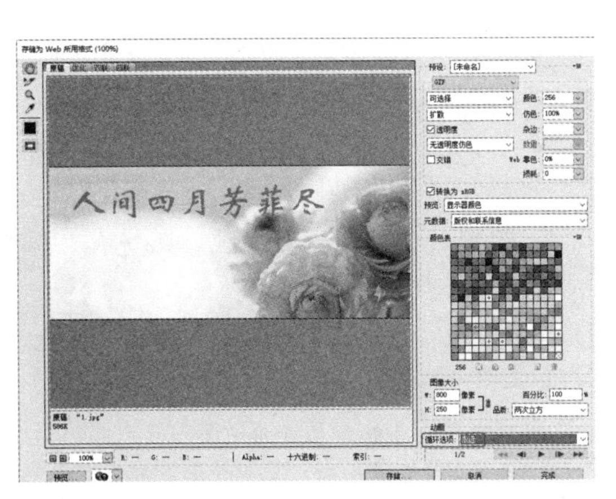

图 14-18　“存储为 Web 所用格式”对话框

图 14-19　“将优化结果存储为”对话框

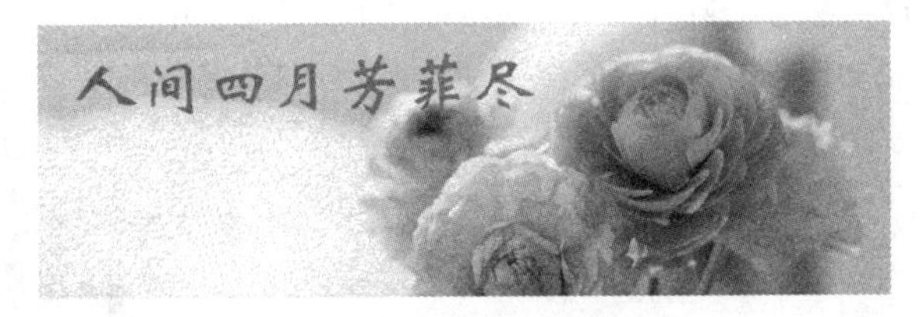

图 14-20　保存图像效果

14.3 制作网页导航条

网页导航表现为网页的栏目菜单设置、辅助菜单、其他在线帮助等形式。网页导航设置是在网页栏目结构的基础上，进一步为用户浏览网页提供的提示系统，由于各个网页设计并没有统一的标准，不仅菜单设置各不相同，打开网页的方式也有所区别，有些是在同一窗口打开新网页，有些是在新打开的浏览器窗口，因此仅有网页栏目菜单有时会让用户在浏览网页过程中迷失方向，如无法回到首页或者上一级页面等，还需要辅助性的导航来帮助用户方便地浏览网页信息。

14.3.1 网页导航条简介

网页导航表现为网页的栏目菜单设置、辅助菜单、其他在线帮助等形式。网页导航设置是在网页栏目结构的基础上，进一步为用户浏览网页提供的提示系统。

一个网站导航设计对提供丰富友好的用户体验至关重要，简单、直观的导航不仅能提高网站的易用性，而且在用户找到所要的信息后，有助于提高用户转化率。导航设计在整个网站设计中的地位举足轻重。导航有许多方式，常见的有导航图、按钮、图符、关键字、标签、序号等多种形式。在设计中要注意以下基本要求。

- 明确性：无论采用哪种导航策略，导航的设计都应该明确，让使用者能一目了然。具体表现为：能让使用者明确网站的主要服务范围；能让使用者清楚了解自己所处的位置等。只有明确的导航才能真正发挥“引导”的作用，引导浏览者找到所需的信息。

- 可理解性：导航对于用户应是易于理解的。在表达形式上，要使用清楚、简捷的按钮、图像或文本，要避免使用无效字句。
- 完整性：完整性是要求网站所提供的导航具体、完整，可以让用户获得整个网站范围内的领域性导航，能涉及网站中全部的信息及其关系。
- 咨询性：导航应提供用户咨询信息，它如同一个问询处、咨询部，当用户有需要的时候，能够为使用者提供导航。
- 易用性：导航系统应该容易进入，同时也要容易退出当前页面，或让使用者以简单的方式跳转到想要去的页面。
- 动态性：导航信息可以说是一种引导，动态的引导能更好地解决用户的具体问题。及时、动态地解决使用者的问题，是一个好导航必须具备的特点。

考虑到以上这些对导航设计的要求，才能保证导航策略的有效性，发挥导航策略应有的作用。

14.3.2 实例 3——设计横向导航条

下面讲述横向导航条的制作方法，如图 16-28 所示，具体操作步骤如下。

01 执行“文件”|“打开”命令，打开图像文件“导航.jpg”，如图 14-21 所示。

02 选择工具箱中的“圆角矩形”工具，在画面中绘制圆角矩形，如图 14-22 所示。

图 14-21　打开图像文件

图 14-22　绘制圆角矩形

03 执行“图层”|“图层样式”|“描边”命令，弹出“图层样式”对话框，设置描边大小和颜色，如图 14-23 所示。

04 勾选“投影”选项，设置投影参数，如图 14-24 所示。

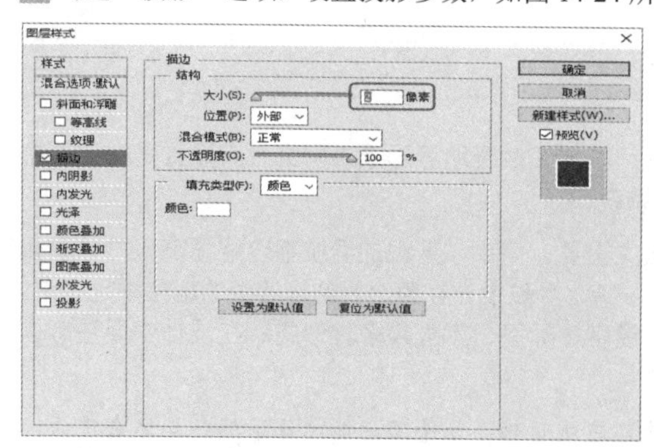

图 14-23　“图层样式”对话框

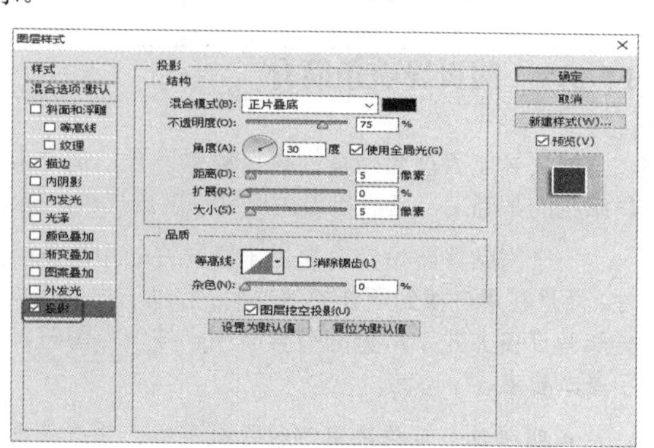

图 14-24　设置投影参数

05 单击“确定”按钮，设置图层样式效果，如图 14-25 所示。

06 选择工具箱中的“横排文字”工具，在圆角矩形上面输入文字“网站首页”，如图 14-26 所示。

图 14-25　设置图层样式效果

图 14-26　输入文字

07 同步骤 2 ～ 6 绘制圆角矩形，并在上面输入导航文本，如图 14-27 所示。

08 执行“文件”｜“存储”按钮，保存图像文件，如图 14-28 所示。

图 14-27　制作其余导航

图 14-28　保存图像文件

第15章

动画设计软件 Flash CC 入门

本章导读

Adobe公司发布的Adobe Flash CC中文正式版，界面清新、简洁、友好，用户能在较短的时间内掌握软件的使用方法。Adobe Flash CC可以实现多种动画特效，是由一帧帧的静态图片在短时间内连续播放而造成的视觉效果，表现为动态过程，能满足用户的制作需要。

技术要点：

- Flash CC简介
- Flash动画制作基础知识
- Flash动画的优化与发布

15.1 Flash CC 简介

Adobe Flash CC 是用于创建动画和多媒体内容的创作平台。Flash 的功能很广泛，可以生成动画、创建网页互动性，以及在网页中加入声音，还可以生成亮丽夺目的图形和界面。

15.1.1 Flash 应用范围

在现阶段，Flash 应用的领域主要有娱乐短片、片头、广告、MTV、导航条、小游戏、产品展示、应用程序界面、开发网络应用程序等几个方面。Flash 已经大大增加了网络功能，可以直接通过 xml 读取数据，又加强了与 ColdFusion、ASP、JSP 和 Generator 的整合，所以用 Flash 开发网络应用程序肯定会越来越广泛地被应用。

1. 制作 Flash 短片

相信绝大多数人都是通过观看网上精彩的动画短片知道 Flash 的。Flash 动画短片经常以其感人的情节或搞笑的对白吸引上网者进行观看，如图 15-1 所示。

图 15-1 Flash 短片

2. 制作互动游戏

对于大多数的 Flash 学习者来说，制作 Flash 游戏一直是一项很吸引人，也很有趣的技术，甚至许多闪客都以制作精彩的 Flash 游戏作为主要的目标。随着 ActionScript 动态脚本编程语言的逐渐发展，Flash 已经不再仅局限于制作简单的交互动画程序，而是致力于通过复杂的动态脚本编程制作出各种各样有趣、精彩的 Flash 互动游戏，如图 15-2 所示。

图 15-2　互动游戏

3．互联网视频播放

在互联网上，由于网络传输速度的限制，不适合一次性读取大容量的视频数据，因此便需要逐帧传送要播放的内容，这样才能在最少的时间内播放完所有的内容。Flash 文件正是应用了这种流媒体数据传输方式，因此在互联网的视频播放中被广泛应用，如图 15-3 所示。

图 15-3　互联网视频播放

4．制作教学用课件

Flash 课件是辅助教师授课，直面、形象地展示课程内容并用 Flash 软件制作的动画。随着网络教育的逐渐普及，网络授课不再只是以枯燥的文字为主，更多的教学内容被制作成了动态影像，或者将教师的知识点讲解录音进行在线播放。可是这些教学内容都只是生硬地播放事先录制好的内容，学习者只能被动地播放，而不能主动参与到其中。Flash 的出现改变了这一切，由 Flash 制作的课件具有很高的互动性，使学习者能够真正融入到在线学习中，亲身参与每个实验，就好像自己真正在动手一样，使原本枯燥的学习变得活泼、生动。如图 15-4 所示是用 Flash 制作的课件。

图 15-4　利用 Flash 制作的课件

5. Flash 电子贺卡

在快节奏发展的今天，每当重要的节日或者纪念日，更多的人选择借助发电子贺卡来表达自己对对方的祝福和情感。而在这些特别的日子里，一张别出心裁的 Flash 电子贺卡往往能够为人们的祝福带来更加意想不到的效果。如图 15-5 所示是用 Flash 制作的生日贺卡。

图 15-5　精美的 Flash 电子贺卡

15.1.2　Flash CC 工作界面

Adobe Flash Professional CC 软件内含强大的工具集，具有排版精确、版面保真和丰富的动画编辑功能，能清晰地传达创作意图。Flash CC 的工作界面由菜单栏、工具箱、时间轴、舞台和面板等组成，工作界面如图 15-6 所示。

图 15-6　Flash CC 工作界面

1. 菜单栏

菜单栏是最常见的界面要素，它包括“文件”“编辑”“视图”“插入”“修改”“文本”“命令”“控制”“调试”“窗口”和“帮助”菜单，如图 15-7 所示。根据不同的功能类型，可以快速地找到所要使用的各项功能命令。

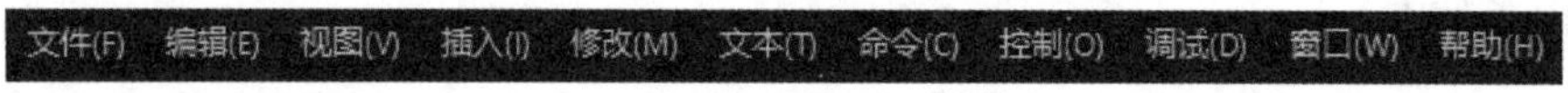

文件(F)　编辑(E)　视图(V)　插入(I)　修改(M)　文本(T)　命令(C)　控制(O)　调试(D)　窗口(W)　帮助(H)

图 15-7　菜单栏

- “文件”菜单：用于文件操作，如创建、打开和保存文件等。
- “编辑”菜单：用于动画内容的编辑操作，如复制、剪切和粘贴等。
- “视图”菜单：用于对开发环境进行外观和版式设置，包括放大、缩小、显示网格及辅助线等。
- “插入”菜单：用于插入性质的操作，如新建元件、插入场景和图层等。
- “修改”菜单：用于修改动画中的对象、场景，甚至动画本身的特性，主要用于修改动画中各种对象的属性，如帧、图层、场景及动画本身等。
- “文本”菜单：用于对文本的属性进行设置。
- “命令”菜单：用于对命令进行管理。
- “控制”菜单：用于对动画进行播放、控制和测试。
- “调试”菜单：用于对动画进行调试。
- “窗口”菜单：用于打开、关闭、组织和切换各种窗口面板。
- “帮助”菜单：用于快速获得帮助信息。

2. 工具箱

工具箱中包含一套完整的绘图工具，位于工作界面的左侧，如图 15-8 所示。如果想将工具箱变成浮动工具箱，可以拖曳工具箱最上方的位置，这时屏幕上会出现一个工具箱的虚框，释放鼠标即可将工具箱变成浮动工具箱。

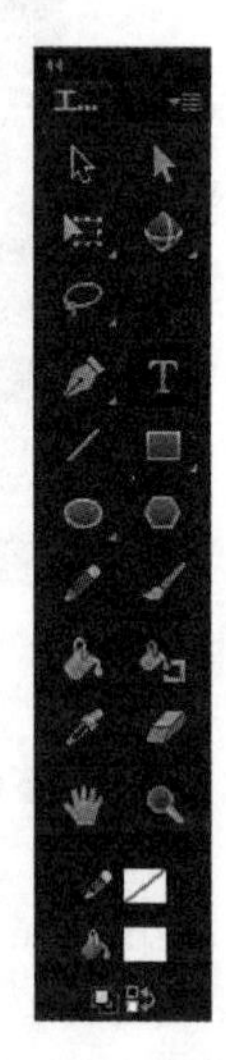

图 15-8　工具箱

- “选择”工具：用于选定对象、拖曳对象等操作。
- “部分选取”工具：可以选取对象的部分区域。

- “任意变形”工具：对选取的对象进行变形。
- “3d 旋转”工具：3D 旋转功能只能对影片剪辑发生作用。
- “套索”工具：选择一个不规则的图形区域，并且还可以处理位图图形。
- “钢笔”工具：可以使用此工具绘制曲线。
- “文本”工具：在舞台上添加文本，编辑现有的文本。
- “线条”工具：使用此工具可以绘制各种形式的线条。
- “矩形”工具：用于绘制矩形，也可以绘制正方形。
- “椭圆”工具：绘制的图形是椭圆形或圆形图案。
- “多角星形”工具：用于绘制多角星形，也可以是五角星。
- “铅笔”工具：用于绘制折线、直线等。
- “刷子”工具：用于绘制填充图形。
- “颜料桶”工具：用于编辑填充区域的颜色。
- “墨水瓶”工具：用于编辑线条的属性。
- “滴管”工具：用于将图形的填充颜色或线条属性复制到其他图形线条上，还可以采集位图作为填充内容。
- “橡皮擦”工具：用于擦除舞台上的内容。
- “手形”工具：当舞台上的内容较多时，可以用该工具平移舞台，以及各个部分的内容。
- “缩放”工具：用于缩放舞台显示比例。
- “笔触颜色”工具：用于设置线条的颜色。
- “填充颜色”工具：用于设置图形的填充区域。

3. 时间轴面板

“时间轴”面板是 Flash 界面中重要的部分，用于组织和控制文档内容在一定时间内播放的图层数和帧数，如图 15-9 所示。

图 15-9　“时间轴”面板

在“时间轴”面板中，其左边的上方和下方的几个按钮用于调整图层的状态和创建图层。在帧区域中，其顶部的标题指示了帧编号，动画播放头指示了舞台中当前显示的帧。

时间轴状态显示在“时间轴”面板的底部，它包括若干用于改变帧显示的按钮，指示当前帧编号、帧频和到当前帧为止的播放时间等。其中，帧频直接影响动画的播放效果，其单位是“帧 / 秒（fps）”，默认值是 12 帧 / 秒。

4. 舞台

舞台是放置动画内容的区域，可以在整个场景中绘制或编辑图形，但是最终动画仅显示场景白色区域中的内容，而这个区域就是舞台。舞台之外的灰色称为“工作区”，在播放动画时不显示此区域的内容，如图 15-10 所示。

图 15-10 舞台

舞台中可以放置的内容包括矢量插图、文本框、按钮和导入的位图图形或视频剪辑等。工作时，可以根据需要改变舞台的属性和形式。

5．属性面板

“属性”面板默认情况下处于展开状态，在 Flash CC 中，“属性”面板、“滤镜”面板和“参数”面板整合到了一个面板。

“属性”面板的内容取决于当前选定的内容，可以显示当前文档、文本、元件、形状、位图、视频、帧或工具的信息和设置。如当选择工具箱中的“文本”工具时，在“属性”面板中将显示有关文本的一些属性设置，如图 15-11 所示。

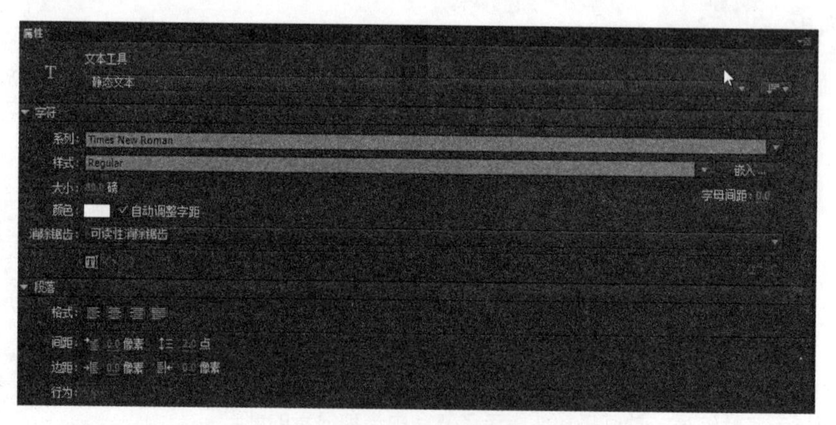

图 15-11 文本“属性”面板

15.2 Flash 动画制作基础知识

Flash 是一个非常优秀的矢量动画制作软件，它以流式控制技术和矢量技术为核心，制作的动画具有短小精悍的特点，所以被广泛应用于网页动画的设计中，已成为当前网页动画设计最为流行的软件之一。

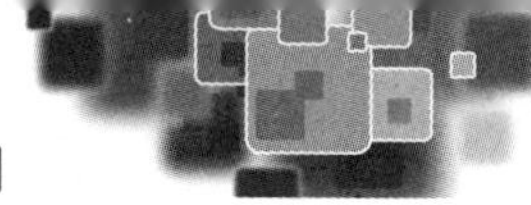

15.2.1　建立与保存 Flash 动画

Flash CC 文档的操作与其他软件类似，具体包括文档的新建、保存和打开等，下面来简单介绍一下 Flash 动画的建立与保存方法。具体操作步骤如下。

01 启动 Flash CC，打开 Flash 工作界面，如图 15-12 所示。

02 执行“文件”|“新建”命令，弹出“新建文档”对话框，设置文档大小和颜色，如图 15-13 所示。

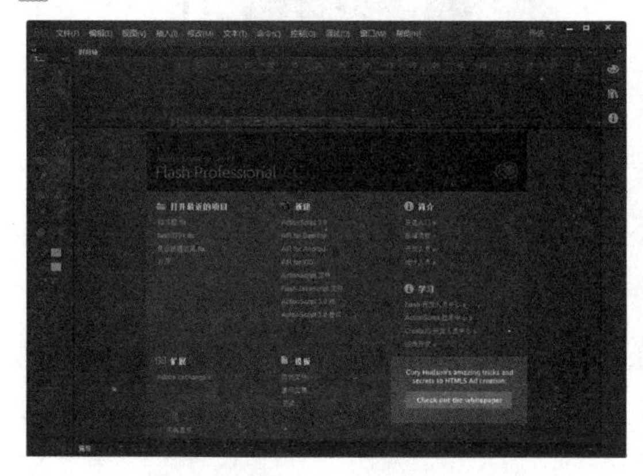

图 15-12　打开 Flash 工作界面

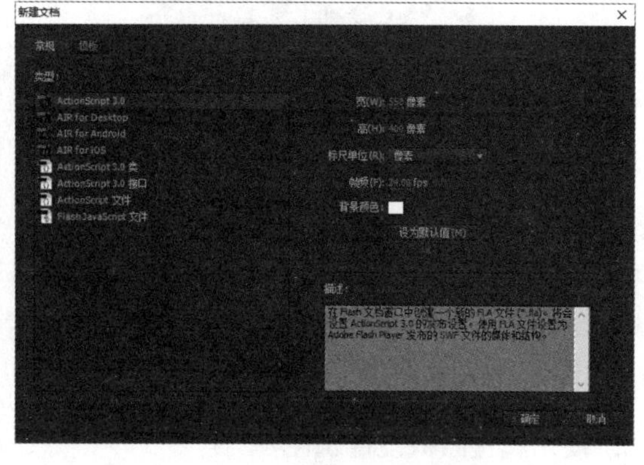

图 15-13　“新建文档”对话框

03 单击“确定”按钮，新建空白文档，如图 15-14 所示。

04 执行“文件”|“另存为”命令，弹出“另存为”对话框，设置文件名称和文件类型，如图 15-15 所示。

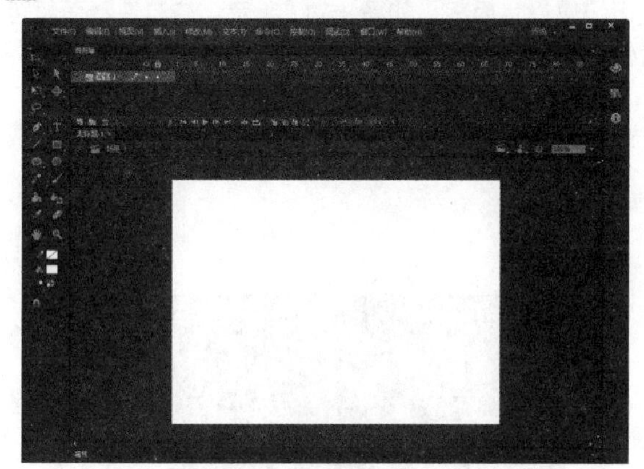

图 15-14　新建空白文档窗口

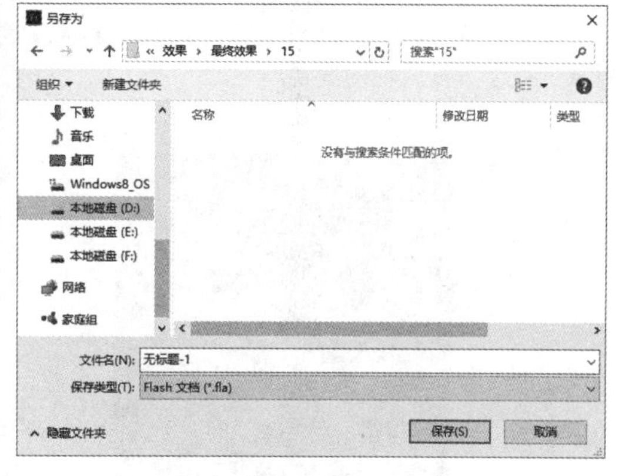

图 15-15　执行“另存为”命令

15.2.2　设置 Flash 的属性

在 Flash 的“文档属性”对话框中可以设置文档的大小、文档的背景颜色，设置帧频率等，下面就详细讲述文档属性的设置方法。

1. 设置文档大小

执行“修改”|“文档”命令，弹出“文档设置”对话框，在“尺寸”文本框中输入相应的数值，即可设置文档的大小，如图 15-16 所示。

2. 设置背景颜色

单击“背景颜色”后面的按钮，在弹出的颜色列表中可以设置舞台的背景颜色，如图 15-17 所示。

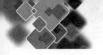

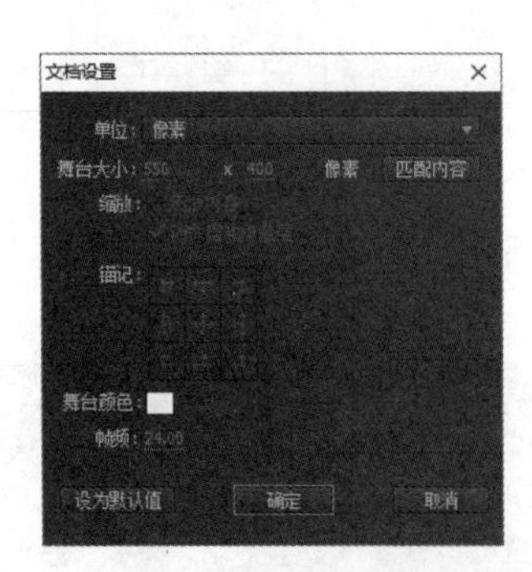

图 15-16　设置文档大小

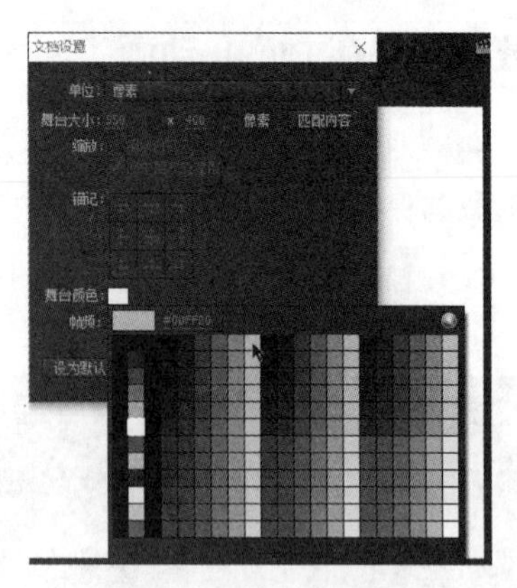

图 15-17　设置背景颜色

3. 设置帧频率

在“帧频”文本框中可以输入每秒要显示的动画帧数。帧数越大，动画显示越快，帧数越少，动画显示越慢，如图 15-18 所示。

4. 使用属性面板设置属性

使用“属性”面板和“浮动”面板组，可以查看、组合、更改资源及其属性。可以根据视图的需要来显示 / 隐藏面板和调整面板的大小，也可以组合面板并保存自定义的面板设置，从而更容易管理工作区。

执行“窗口” | “属性”命令，可以打开或关闭“属性”面板，如图 15-19 所示。“属性”面板可以显示当前使用的工具和被选择的对象的各种属性和参数。在“属性”面板中可以对当前使用的工具和对象进行参数及属性的设置。

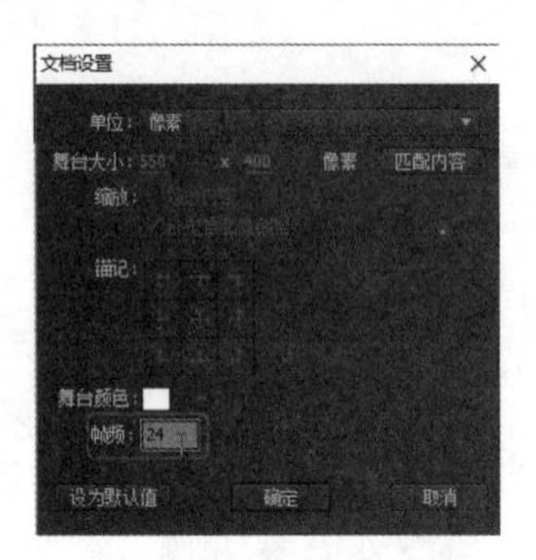

图 15-18　设置帧频率

图 15-19　“属性”面板

15.2.3　使用 Flash 时间轴

在 Flash 中，时间轴位于工作区的右下方，是进行 Flash 动画创建的核心部分。时间轴是由图层、帧和播放头组成的，影片的进度通过帧来控制。时间轴可以分为两部分：左侧的图层操作区和右侧的帧操作区，如图 15-20 所示。

图 15-20　“时间轴”面板

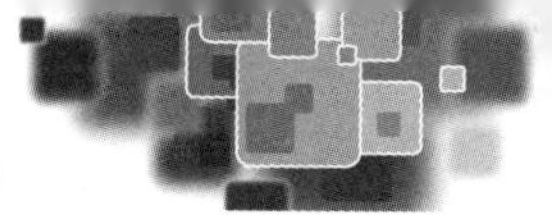

15.2.4　插入关键帧

帧是创建动画的基础，也是构建动画最基本的元素之一。在“时间轴”面板中可以很明显地看出帧与图层是一一对应的。

在时间轴中，帧分为三种类型，分别是普通帧、关键帧、空白关键帧。

1．普通帧

普通帧起着过滤和延长关键帧内容显示时间的作用。在时间轴中，普通帧一般是以空心方格表示的，每个方格占用一个帧的动作和时间，如图 15-21 所示为在第 5 帧处插入了普通帧。

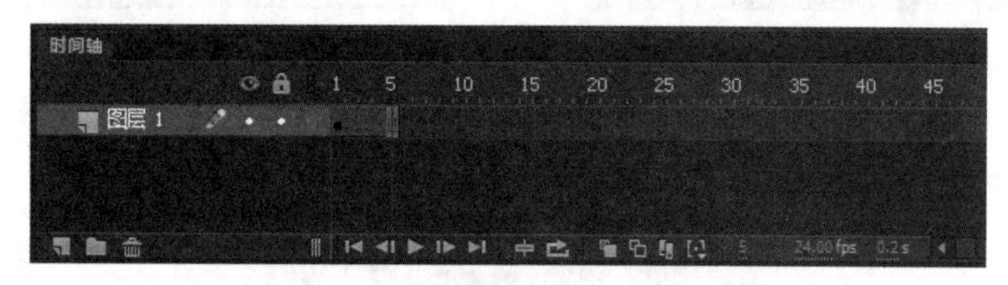

图 15-21　插入普通帧

2．关键帧

关键帧是用来定义动画变化的帧。在动画播放的过程中，关键帧会呈现出关键性的动作或内容上的变化。时间轴中的关键帧显示实心的小圆形，存在于此帧中的对象与前后帧中的对象的属性是不同的，在“时间轴”面板中插入关键帧，如图 15-22 所示。

图 15-22　关键帧

3．空白关键帧

空白关键帧是以空心圆表示的。空白关键帧是特殊的关键帧，它没有任何对象存在，可以在其上绘制图形，如果在空白关键帧中添加对象，它会自动转化为关键帧。一般新建图层的第 1 帧都为空白关键帧，一旦在其中绘制了图形，则变为关键帧，如图 15-23 所示。同样的道理，如果将某关键帧中的全部对象删除，则此关键帧会转化为空白关键帧。

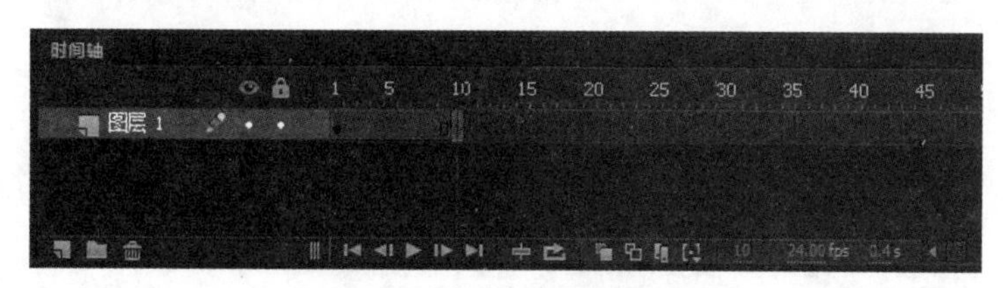

图 15-23　空白关键帧

15.2.5　添加图层与图层管理

使用图层可以很好地对舞台中的各个对象分类组织，并且可以将动画中的静态元素和动态元素分割开来，以减少整个动画文件的大小。

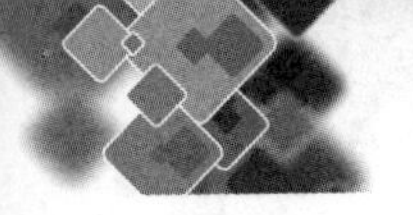

单击“时间轴”面板底部的“新建图层”按钮，即可在选中图层的上方新建一个图层，如图 15-24 所示。

选中要移动的图层，按住鼠标左键拖曳，拖曳图层到相应的位置，释放鼠标将图层拖曳到合适的位置，此时移动图层将移动到图层 1 的下方，该图层的内容也将被移动到图层 1 的下方，如图 15-25 所示。

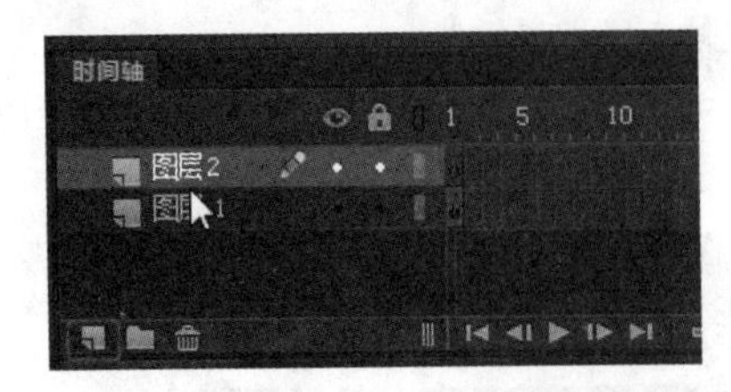

图 15-24　新建一个图层

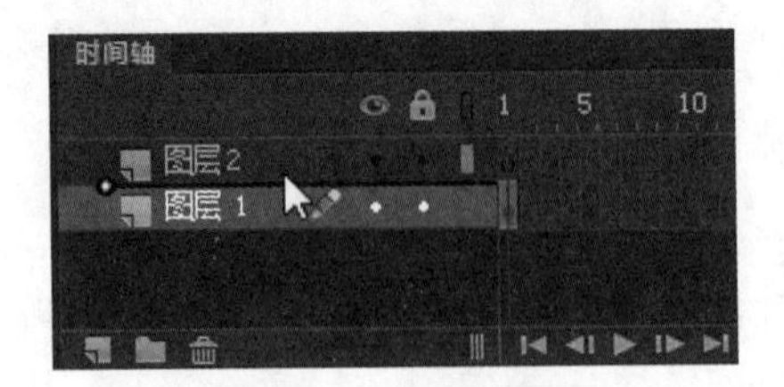

图 15-25　移动图层

执行“修改”|“时间轴”|“图层属性”命令，或在图层上右击鼠标，在弹出的菜单中选择“属性”选项，弹出“图层属性”对话框，如图 15-26 所示。

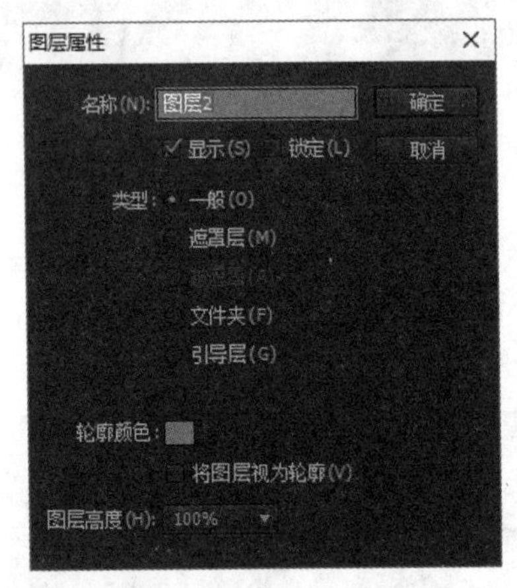

图 15-26　“图层属性”对话框

在“图层属性”对话框中可以设置以下参数。

- 名称：在文本框中输入图层名称。
- 显示：勾选此复选框，将显示该图层；否则将隐藏该图层。
- 锁定：勾选此复选框，将锁定该图层；否则将解锁该图层。
- 类型：用于设置图层的类型。
- 轮廓颜色：单击右边的颜色框，在弹出的颜色框中设置对象呈轮廓显示时，轮廓线使用的颜色。
- 图层高度：用于设置图层在“时间轴”面板中显示的高度。

15.2.6　插入元件

元件是指可以重复使用的图形、按钮或动画。由于对元件的编辑和修改可以直接应用于动画中所有应用该元件的实例，所以对于一个具有大量重复元素的动画来说，只要对元件做了修改，系统将自动地更新所有使用元件的实例。

执行“插入”|“新建元件”命令或者按组合键 Ctrl+F8，弹出“创建新元件”对话框，在该对话框中的“名称”文本框中输入元件的名称，“类型”可以选择“图形”“按钮”“影片剪辑”，如图 15-27 所示。

图 15-27　“创建新元件”对话框

- 图形

制作静态图像，以及附属于主影片时间轴的可重用的动画片段。

- 按钮

创建响应鼠标单击、滑过或其他动作的交互按钮。

- 影片剪辑

影片剪辑是包含在 Flash 影片中的影片片段，有自己的时间轴和属性。与图形元件的主要区别在于它支持 ActionScript 和声音，具有交互性，是用途最广、功能最多的部分。影片剪辑基本上是一个小的影片，可以包含交互控制、声音以及其他的影片实例，也可以将其放置在按钮元件的时间轴中制作动画按钮。

15.2.7　库的管理与使用

Flash 文档中的库存储了在 Flash 中创建的元件以及导入的文件，如声音剪辑、位图、影片剪辑等。“库”面板显示一个滚动列表，其中包含库中所有项目的名称，可以在工作时查看并组织这些元素。“库”面板中项目名称旁边的图标指示该项目的文件类型。此外，“库”面板还可以用来组织文件夹中的库项目，查看项目在文档中的使用信息，并按照类型对项目排序，如图 15-28 所示。“库”面板包括以下几部分。

- “名称”：库元素的名称与源文件的文件名称对应。
- “选项菜单”：单击右上角的按钮，弹出如图 15-29 所示的菜单，可以执行其中的命令。

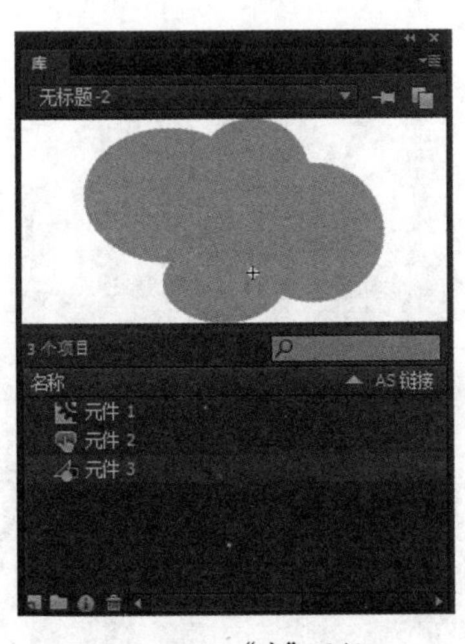

图 15-28　“库”面板

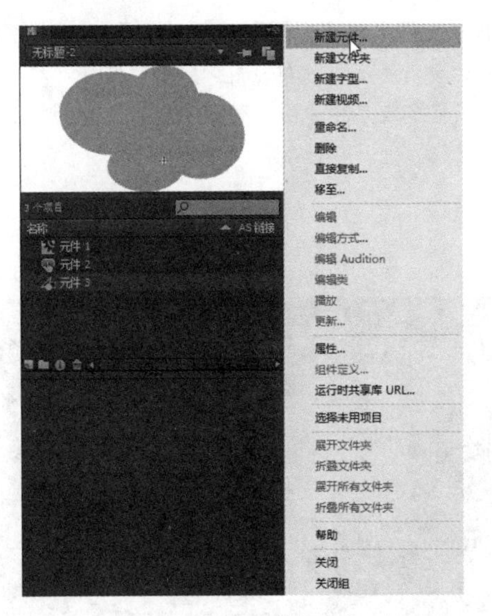

图 15-29　弹出菜单

在“库”面板中不需要使用的库项目，可以在“库”面板中将其删除，删除库项目的具体操作步骤如下。

01 执行“窗口”|“库”命令，打开“库”面板。

02 选中不需要使用的项目，右击鼠标在弹出的菜单中选择“删除”命令，即可将选中的项目删除，如图 15-30 所示。

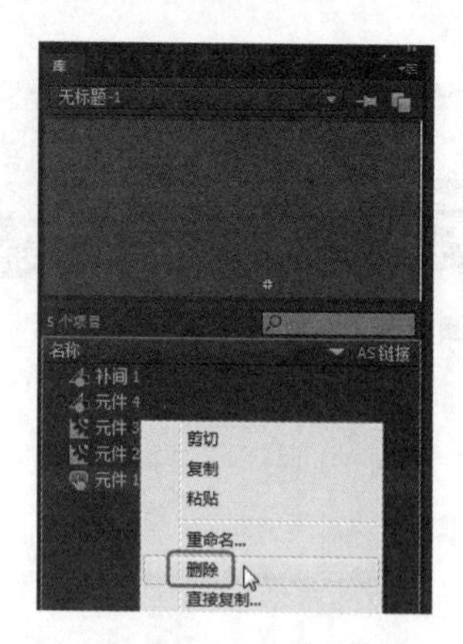

图 15-30 删除项目

15.3 Flash 动画的优化与发布

将制作好的动画测试、优化和导出后，就可以利用发布命令将制作的 Flash 动画文件进行发布了，以便于动画的推广和传播。

15.3.1 优化动画

Flash 作为动画创作的专业软件，操作简便，功能强大，现已成为交互式矢量图形和 Web 动画方面的标准。但是，如果制作的 Flash 文件较大，就常常会让网上浏览者在不断等待中失去耐心。因此对 Flash 进行优化显得很有必要，但前提是不能有损其播放质量。

优化 Flash 动画的具体操作步骤如下。

01 执行“文件”|“打开”命令，打开文件“优化 .fla”如图 15-31 所示。

02 执行“文件”|“发布设置”命令，打开“发布设置”对话框，在该对话框中单击“Flash（.swf）”选项，打开相应的参数界面，在该参数中进行优化设置如图 15-32 所示。

图 15-31 打开文件

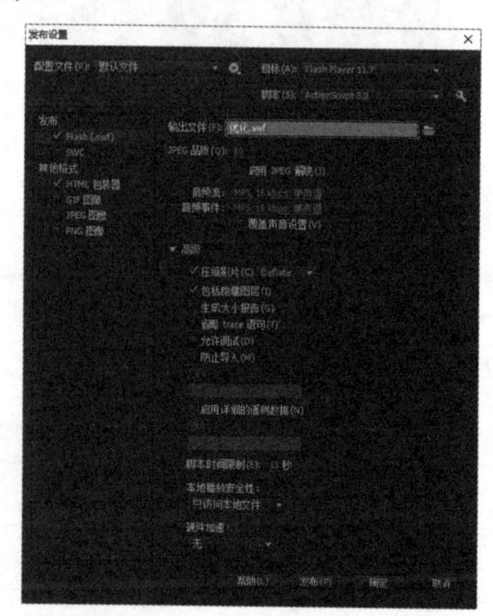

图 15-32 “发布设置”对话框

15.3.2　测试动画

测试不仅可以发现影响影片播放的错误，而且可以检测影片中片断和场景的转换是否流畅、自然等。测试时应该按照影片剧本分别对影片中的元件、场景和完成影片等分步测试，这样有助于发现问题。在测试 Flash 动画时应从以下 3 个方面考虑。

- Flash 动画的体积是否处于最小状态，能否更小一些。
- Flash 动画是否按照设计思路达到预期的效果。
- 在网络环境下，是否能正常下载和观看动画。

测试 Flash 动画的具体操作步骤如下。

01 打开制作好的 Flash 动画，执行“控制”｜“测试”命令，如图 15-33 所示。

02 选择后即可测试预览动画，如图 15-34 所示。

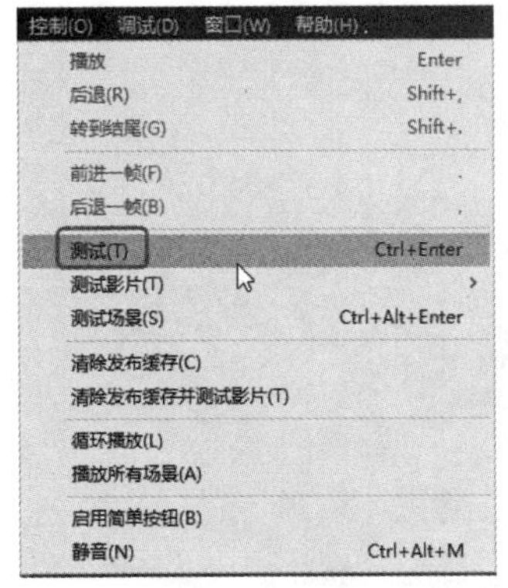

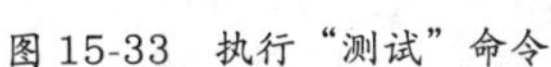

图 15-33　执行“测试”命令

图 15-34　预览动画效果

15.3.3　设置动画发布格式

在发布 Flash 动画前应进行发布设置，执行“文件”｜“发布设置”命令，弹出“发布设置”对话框，如图 15-35 所示。在左侧的发布列表中可以选择发布的格式。

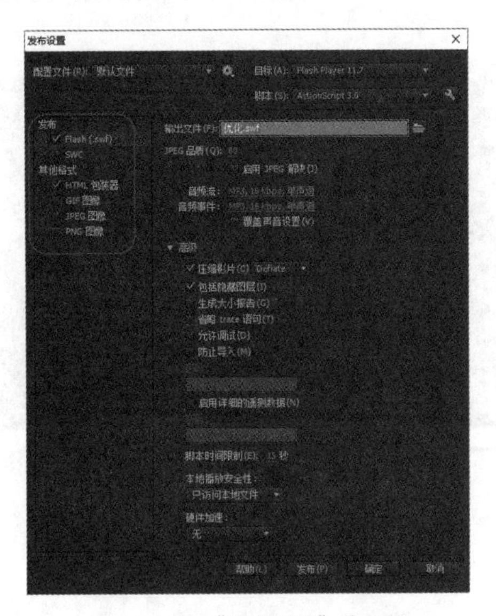

图 15-35　“发布设置”对话框

当测试 Flash 影片运行无误后，就可以将其发布为最终的 SWF 播放文件了。默认情况下，使用“发布”命令可以创建 Flash SWF 播放文件，并将 Flash 影片插入浏览器窗口的 HTML 文件中。

除了以 SWF 格式发布 Flash 播放影片以外，也可以用其他文件格式发布 Flash 影片，如 GIF、 JPEG、PNG 和 SWC 格式，以及在浏览器窗口中显示这些文件所需的 HTML 文件。

15.4 综合实例——创作简单动画

将 Flash 动画以 HTML 文件格式优化发布的效果如图 15-36 所示，具体操作步骤如下。

图 15-36　发布 Flash 动画

01 启动 Flash CC，打开 Flash 工作界面，如图 15-37 所示。

02 执行“文件” | “新建”命令，弹出“新建文档”对话框，设置“宽度”为 550，“高度”为 400，如图 15-38 所示。

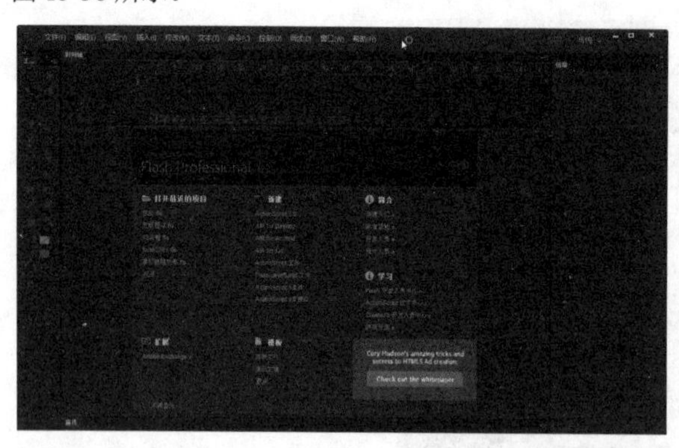

图 15-37　打开 Flash 工作界面

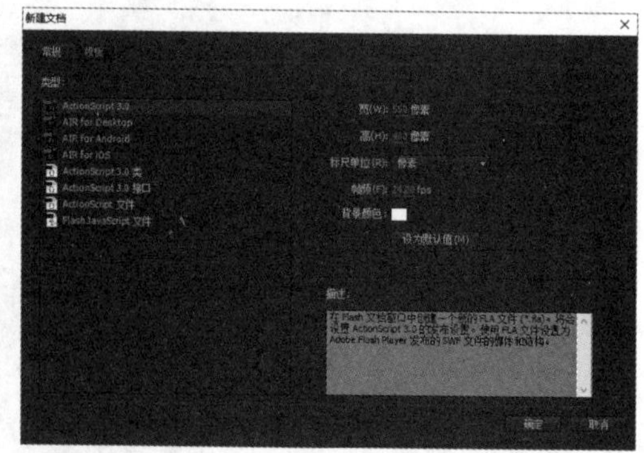

图 15-38　“新建文档”对话框

03 单击“确定”按钮，新建空白文档，如图 15-39 所示。

04 执行“文件” | “保存”按钮，弹出“另存为”对话框，设置文件名称，如图 15-40 所示。

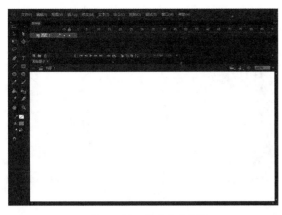

图 15-39 新建空白文档

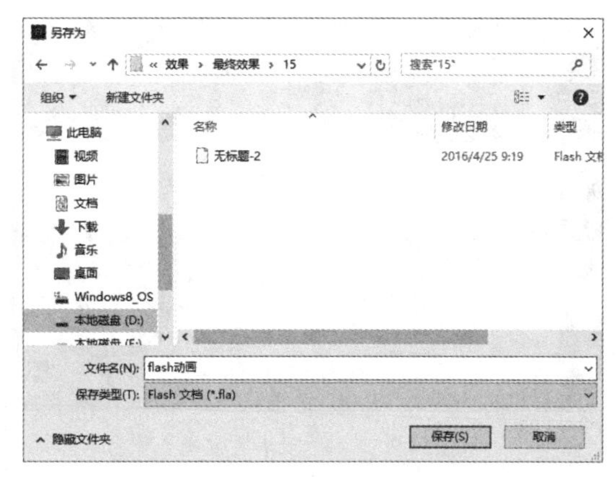

图 15-40 “另存为”对话框

05 单击“保存”按钮，即可成功保存文档。执行“文件”|“导入”|“导入到舞台”命令，弹出“导入”对话框，选择要导入的图像文件“动画.jpg”，如图 15-41 所示。

06 单击“打开”按钮，即可将其导入到舞台中，在“属性”面板中调整其位置和舞台一样，如图 15-42 所示。

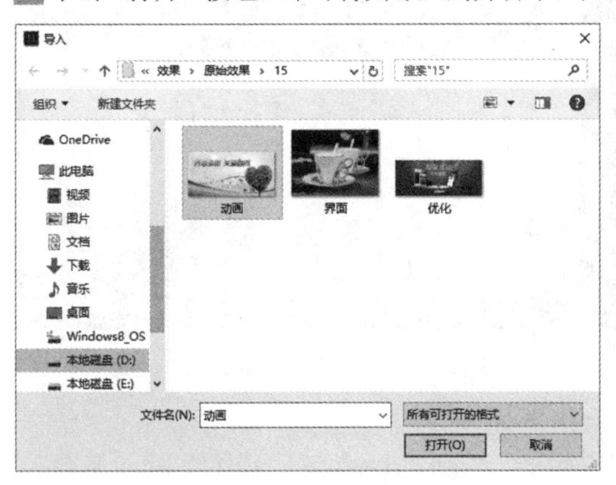

图 15-41 “导入”对话框

图 15-42 导入图像

07 在“时间轴”面板中单击“新建图层”按钮，新建图层 2，如图 15-43 所示。

08 选择工具箱中的“文本工具”，在舞台上输入文字“人人都奉献一份爱”，如图 15-44 所示。

图 15-43 新建图层 2

图 15-44 输入文字

09 选择图层 1 的第 40 帧按 F5 键插入帧，在图层 2 的第 40 帧按 F6 键插入关键帧，如图 15-45 所示。

10 选择图层 2 第 40 帧处的文字，将其往右下角移动一定距离，如图 15-46 所示。

图 15-45 插入帧和关键帧

图 15-46 移动文本

11 选择图层 2 的第 1~40 帧之间右击，在弹出的菜单中选择“创建传统补间”选项，如图 15-47 所示。

12 选择以后即可成功设置补间动画，如图 15-48 所示。

图 15-47 选择“创建传统补间”选项

图 15-48 设置补间动画效果

13 执行“控制”|“测试”命令，测试动画效果，如图 15-49 所示。

14 执行“文件”|“发布设置”命令，弹出“发布设置”对话框，勾选“其他格式”下面的“html 包装器”选项，如图 15-50 所示。单击底部的“发布”按钮，预览效果。

图 15-49 测试动画效果

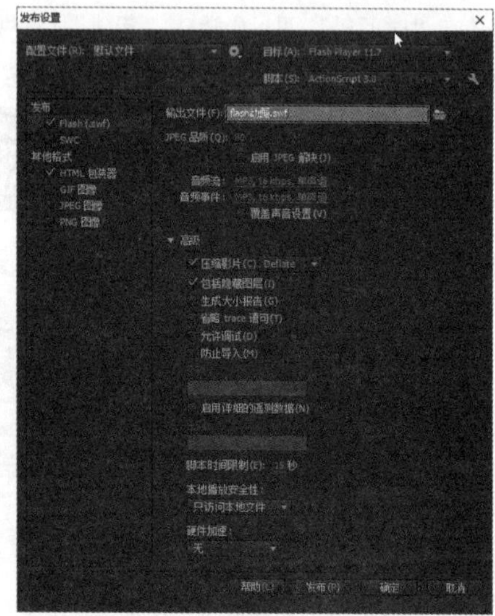

图 15-50 “发布设置”对话框

第16章

制作简单的 Flash 动画

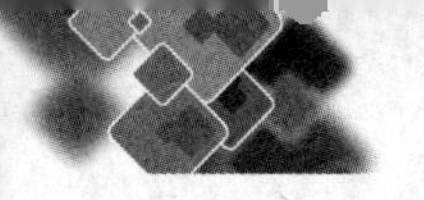

本章导读

Flash是交互式矢量图和Web动画的标准。网页设计者使用Flash能创建漂亮的、可改变尺寸的、极其紧密的导航界面、技术说明以及其他奇特的效果。在Flash中，用户可以轻松地创建丰富多彩的动画效果。本章详细讲述了图层的一些基本概念，通过引导层和遮罩层动画的制作讲述其具体的应用方法。

技术要点：

- 图层基本操作和管理
- 创建逐帧动画
- 补间动画的制作
- 利用图层制作动画

16.1 图层基本操作和管理

在 Flash 中，每个图层都是相互独立的，拥有独立的时间轴和独立的帧，可以在一个图层上任意修改图层中的内容，而不会影响到其他图层的内容。

16.1.1 图层的概念

使用图层有助于内容的整理。每个图层上都可以包含任何数量的对象，这些对象在该图层上又有其自己内部的层叠顺序。

在 Flash 动画中，图层就像一张张透明的纸，在每一张纸上可以绘制不同的对象，将这些纸重叠在一起就能组成一幅复杂的画面。其中上面层中的内容，可以遮住下面层中相同位置的内容，但如果上面一层的一些区域没有内容，透过这些区域就可以看到下面一层相同位置的内容。在 Flash 中，每个图层都是相互独立的，拥有独立的时间轴和独立的帧，可以在一个图层上任意修改图层中的内容而不会影响到其他图层的内容。

16.1.2 创建和编辑图层文件夹

一般新建的 Flash 文档只有一个默认的层，即图层 1，如果需要再添加一个新的图层，可以选择以下几个操作。

单击“时间轴”面板下方“新建文件夹”按钮，即可新建一个图层文件夹，如图 16-1 所示。

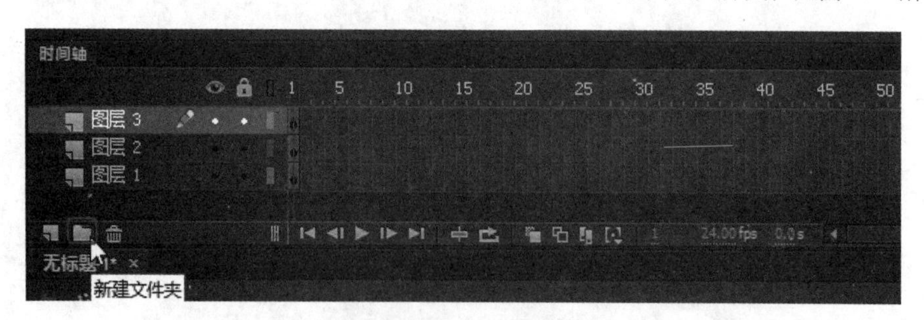

图 16-1 新建文件夹

执行“插入”|“时间轴”|“图层文件夹”命令，如图 16-2 所示，即可新建一个图层文件夹。

在“时间轴”面板中已有的图层上，右击鼠标，在弹出的菜单中选择“插入文件夹”选项，如图 16-3 所示，即可插入一个图层文件夹。

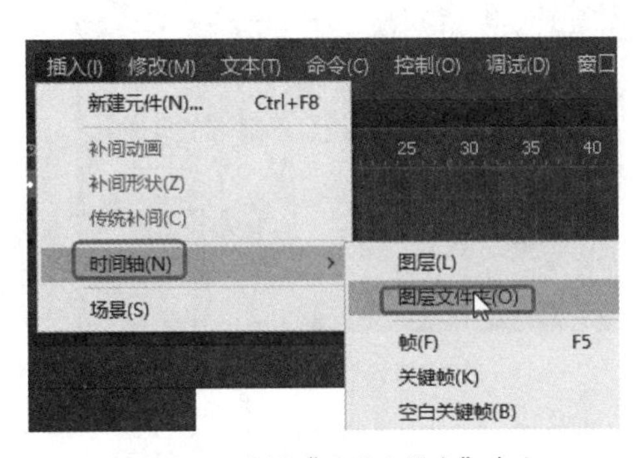

图 16-2　选择“图层文件夹”命令

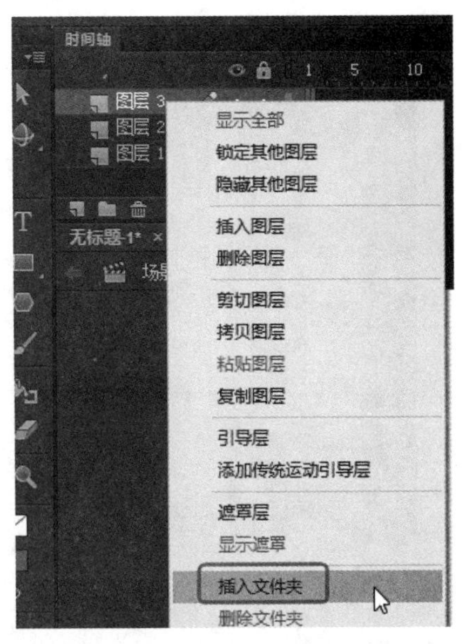

图 16-3　选择“插入文件夹”选项

当“时间轴”面板中有不需要的图层，可以将其删除。可以执行以下操作来删除图层。

选中要删除的图层，单击“时间轴”面板中的“删除图层”按钮，如图 16-4 所示。

选中要删除的图层，右击鼠标在弹出的菜单中选择“删除图层”选项，如图 16-5 所示。选中要删除的图层，拖曳到“删除图层”按钮上。

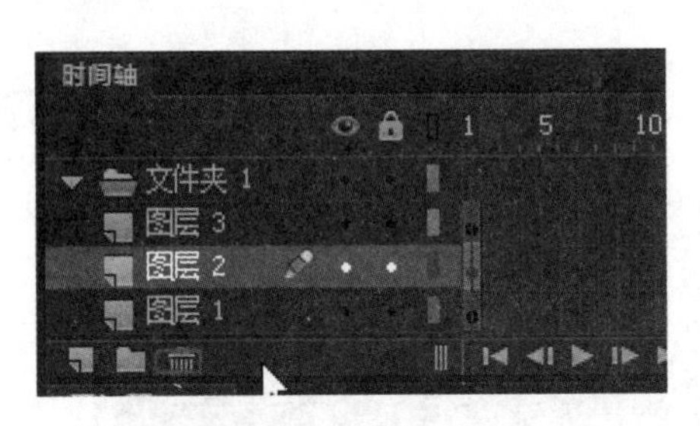

图 16-4　删除图层

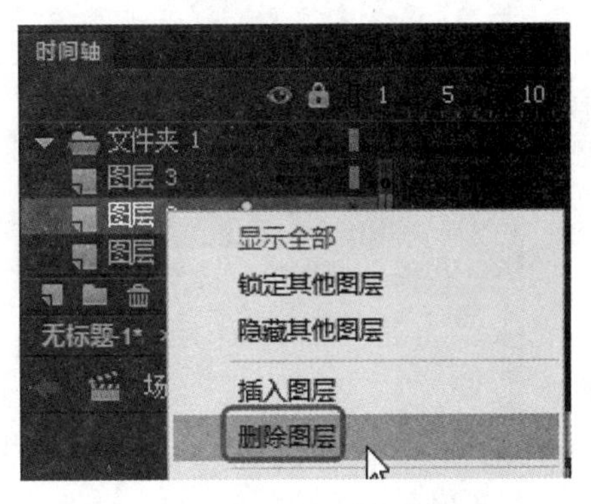

图 16-5　删除图层

16.1.3　引导图层

引导层的作用是辅助其他图层对象的运动或定位，例如可以为一个物体球指定其运动轨迹。引导层的特点如下：

（1）引导层必须是打散的图形，也就是画的线不能组合。

（2）被引导的层在引导层的下面，并且缩进。

（3）图片吸附到引导线时一定要准，位置不准确一定不行。

创建引导层的具体操作步骤如下。

01 单击选中要创建引导的图层，右击鼠标在弹出的菜单中选择“添加传统运动引导层”命令，如图 16-6 所示。

02 选择后即可创建引导层，如图 16-7 所示。

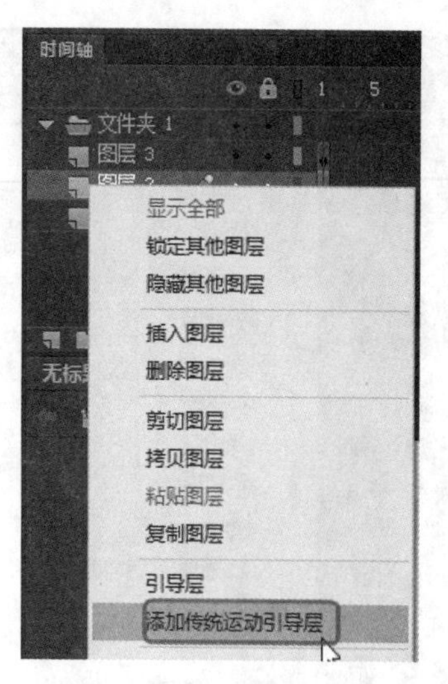

图 16-6　选择“添加传统运动引导层”命令

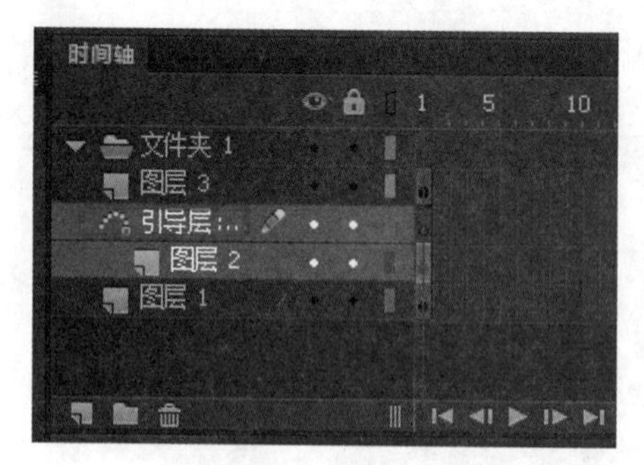

图 16-7　创建引导层

16.1.4　遮罩图层

遮罩动画也是 Flash 中常用的一种技巧。用户还可以利用动作和行为，让遮罩层动起来，这样便可以创建拥有各种各样动态效果的动画。对于用作遮罩的填充形状，可以使用补间形状功能。对于文字对象、图形实例或影片剪辑，可以使用补间动画。当使用影片剪辑实例作为遮罩时，还可以让遮罩沿着路径运动。

创建遮罩层的具体操作步骤如下。

01 选择要创建遮罩的图层，右击鼠标在弹出的菜单中选择“遮罩层”命令，如图 16-8 所示。

02 选择后即可创建遮罩层，如图 16-9 所示。

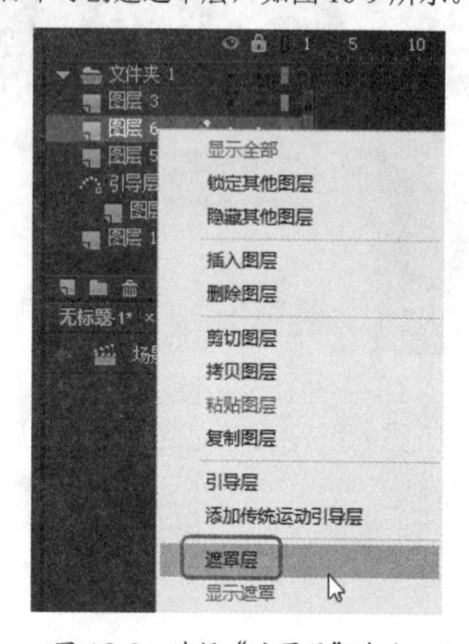

图 16-8　选择“遮罩层”命令

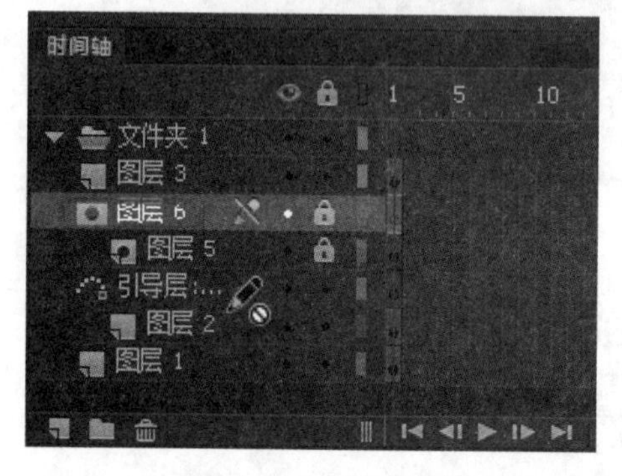

图 16-9　创建遮罩层

16.2　创建逐帧动画

逐帧动画需要用户更改影片每一帧中的舞台内容。简单的逐帧动画并不需要用户定义过多的参数，只需要设置好每一帧，动画即可播放。

下面通过实例的制作来说明逐帧动画的制作流程，本例设计的逐帧动画效果如图 16-10 所示。

图 16-10　逐帧动画

01 执行“文件”|“打开”命令，弹出“新建文档”对话框，将“宽”设置为1000，“高”设置为365，如图 16-11 所示。

02 单击“确定”按钮，新建空白文档，如图 16-12 所示。

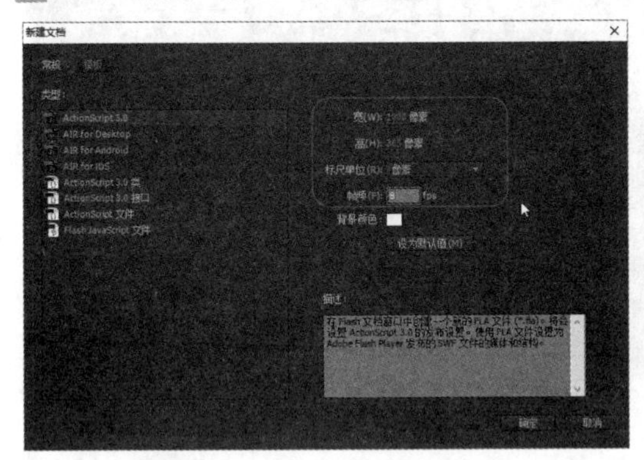

图 16-11　“新建文档”对话框

图 16-12　新建空白文档

03 执行“文件”|“导入”|“导入到舞台”命令，打开“导入”对话框，选择图像文件，如图 16-13 所示。

04 单击“打开”按钮，将图像文件导入到舞台中，如图 16-14 所示。

图 16-13　“导入”对话框

图 16-14　导入图像

05 选择工具箱中的“文本”工具，在舞台中输入“毕”，在“属性”面板中设置字体大小和颜色，如图 16-15 所示。

06 选择第 2 帧，按 F6 键插入关键帧，在“毕”字后面输入文字“竟”，如图 16-16 所示。

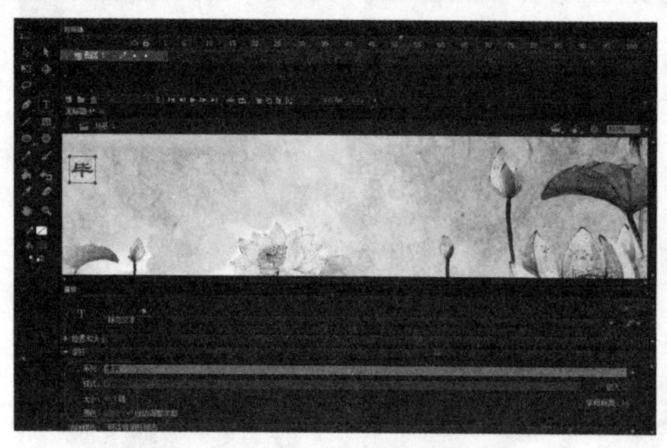

图 16-15　输入文字“毕”

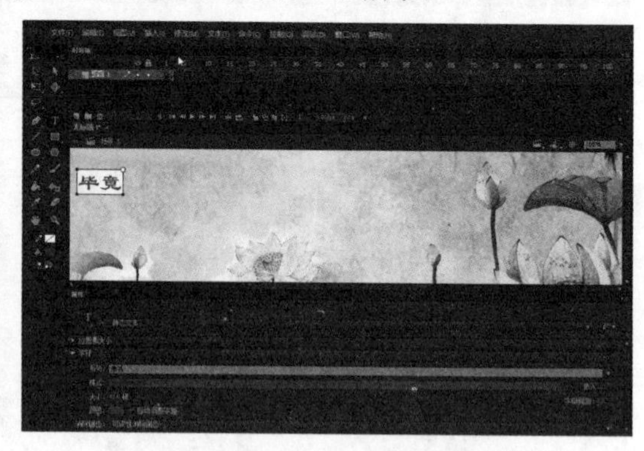

图 16-16　输入文字“竟”

07 选择第 2 帧按 F6 键插入关键帧，在“竟”字后面输入文字“西”，如图 16-17 所示。

08 同步骤 6 在后面依次插入关键帧，并输入相应的文本，执行“文件”|“保存”命令，保存文档，如图 16-18 所示。

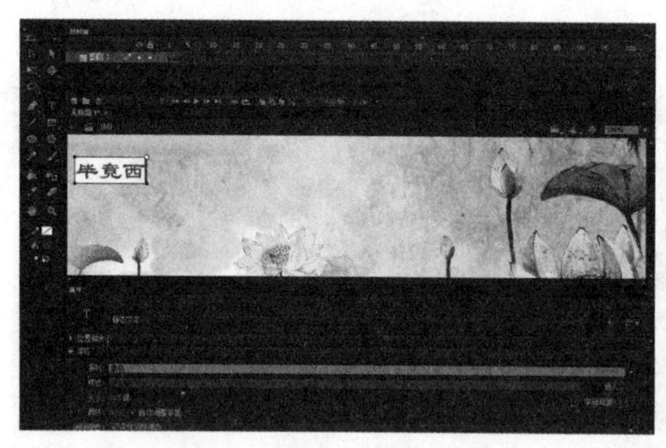

图 16-17　输入文字“西”

图 16-18　保存文档

16.3 补间动画的制作

Flash 需要保存每一帧的数据，而在补间动画中，Flash 只需保存帧之间不同的数据，使用补间动画还能尽量减小文件的大小。因此在制作动画时，应用最多的是补间动画。补间动画是一种比较有效的产生动画效果的方式。

实例 1——创建改变对象大小的动画

形状补间动画适用于图形对象。在两个关键帧之间可以制作出图形变形效果，让一种形状可以随时间变化成另一个形状，还可以使形状的位置、大小和颜色进行渐变。下面制作如图 16-19 所示的改变对象大小的动画，具体操作步骤如下。

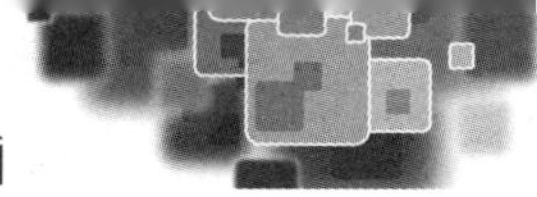

图 16-19　改变对象大小的动画

01 执行“文件”｜“新建”命令，弹出“新建文档”对话框，“宽”设为556，“高”设为528，“背景颜色”为蓝色，如图16-20所示。

02 单击“确定”按钮，新建文档，如图16-21所示。

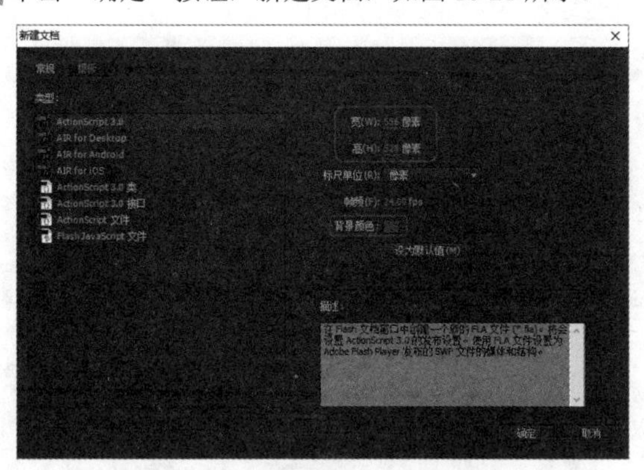

图 16-20　“新建文档”对话框

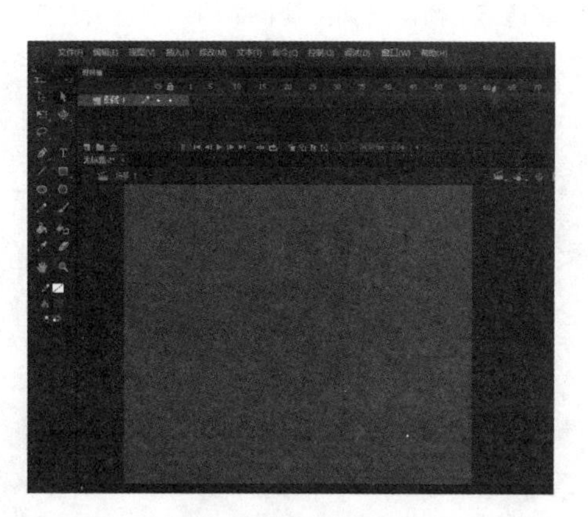

图 16-21　新建文档

03 执行“文件”｜“导入”｜“导入到舞台”命令，弹出“导入”对话框，选择文件，如图16-22所示。

04 单击“打开”按钮，导入图像到舞台中，如图16-23所示。

图 16-22　“导入”对话框

图 16-23　导入图像

05 选中导入的图像，执行“修改”｜“转换为元件”命令，弹出“转换为元件”对话框，将“类型”设置为“图形”，如图16-24所示。

06 单击“确定”按钮，将其转换为“图形”元件，如图16-25所示。

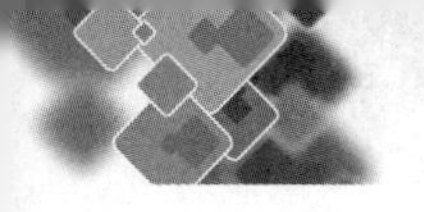

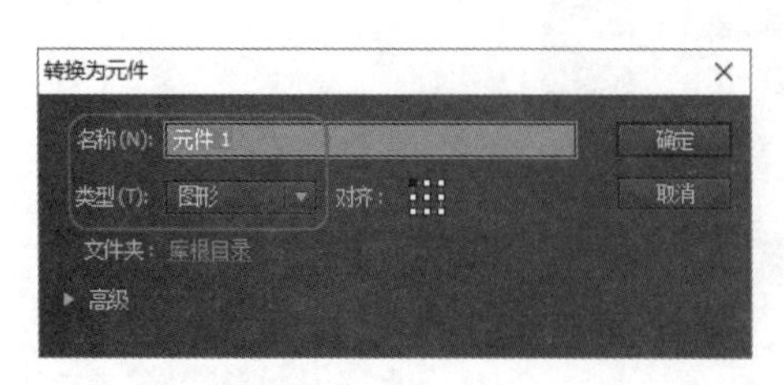

图 16-24 “转换为元件”对话框

图 16-25 转换为图像元件

07 选择第 50 帧，按 F6 键插入关键帧，如图 16-26 所示。

08 选择第 1 帧，选择工具箱中的“任意变形”工具，将图像缩小，如图 16-27 所示。

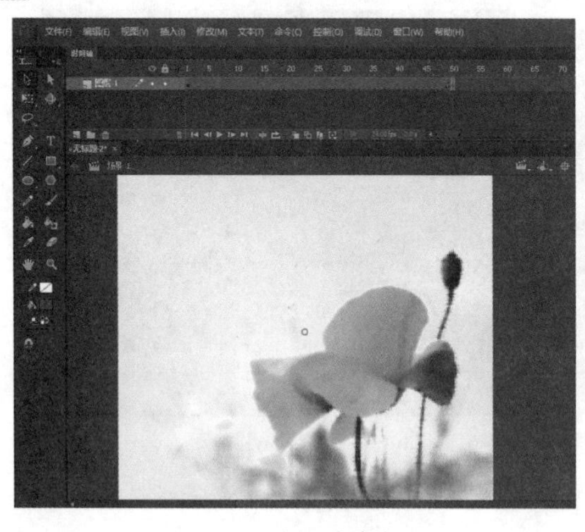

图 16-26 插入关键帧

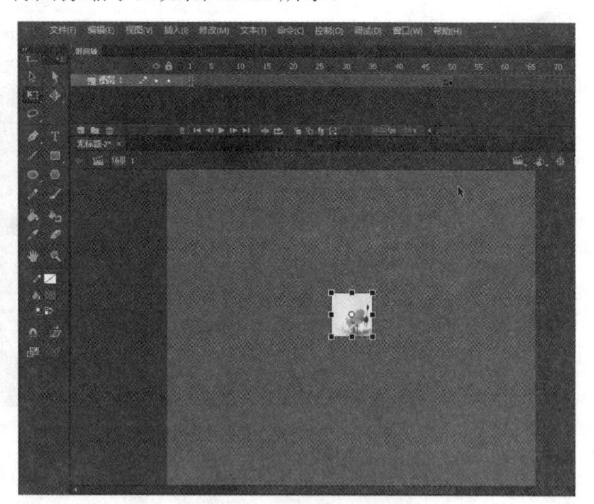

图 16-27 图像缩小

09 选择第 1~50 帧，右击鼠标在弹出的菜单中选择“创建传统补间”命令，如图 16-28 所示。

10 选择后创建补间动画，执行“文件” | “保存”按钮，保存文档，如图 16-29 所示。

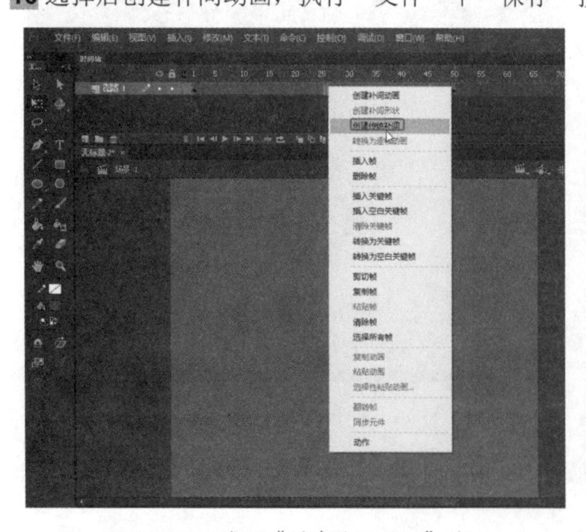

图 16-28 选择“创建传统补间”选项

图 16-29 创建补间动画

实例 2——创建形状补间动画

形状补间需要在一个点绘制一个图形，然后在其他的点改变图形或者绘制其他的图形。Flash 能在它们之间计算出插值或者图形，从而产生动画效果。下面制作如图 16-30 所示的形状补间动画，具体操作步骤如下。

图 16-30　形状补间动画

01 启动 Flash CC，新建一个空白文档，并导入图像，如图 16-31 所示。

02 单击“新建图层”按钮，在图层 1 的上面新建图层 2，如图 16-32 所示。

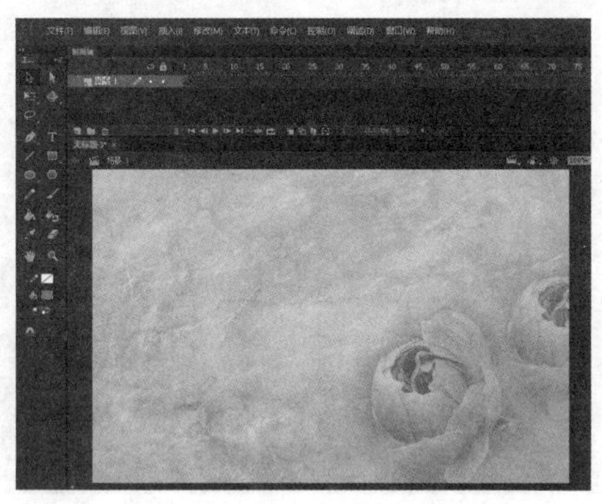

图 16-31　新建文档

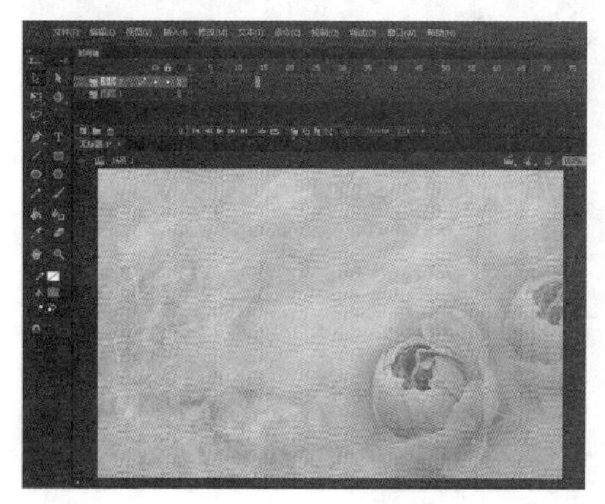

图 16-32　新建图层 2

03 选择工具箱中的“椭圆”工具，在舞台中绘制椭圆形，如图 16-33 所示。

04 选择图层 1 的第 50 帧按 F5 键插入帧，选择图层 2 的第 50 帧按 F5 键插入帧，在图层 2 的第 50 帧删除椭圆形，输入文字“爱”，如图 16-34 所示。

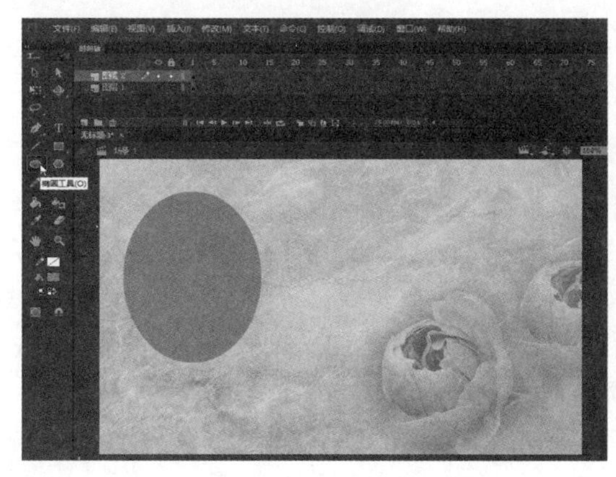

图 16-33　绘制椭圆形

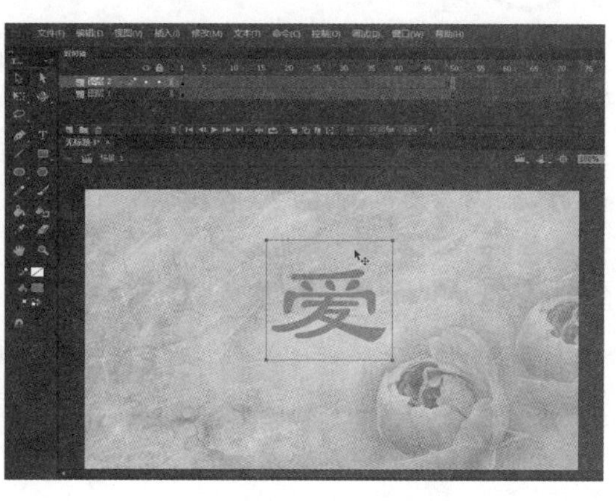

图 16-34　输入文字

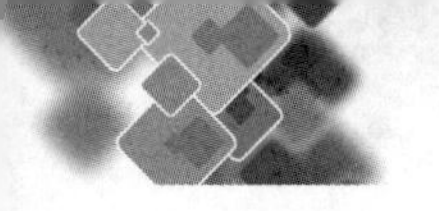

05 单击选择文字“爱”，执行“修改”|“分离”命令，分离文本，如图 16-35 所示。

06 选择图层 2 的 1~50 帧右击，在弹出的菜单中选择“创建补间形状”命令，如图 16-36 所示。

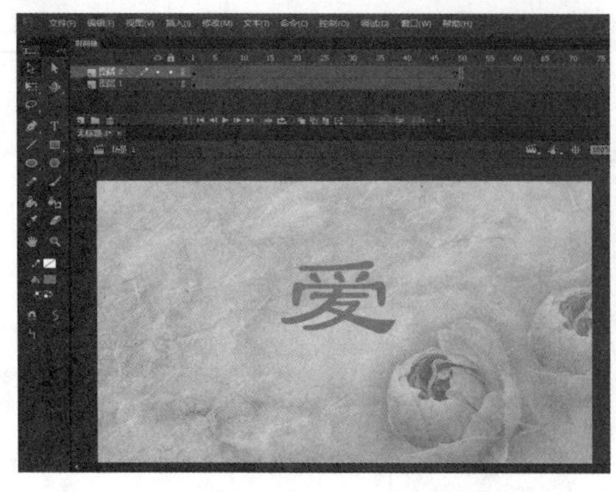

图 16-35　分离文本

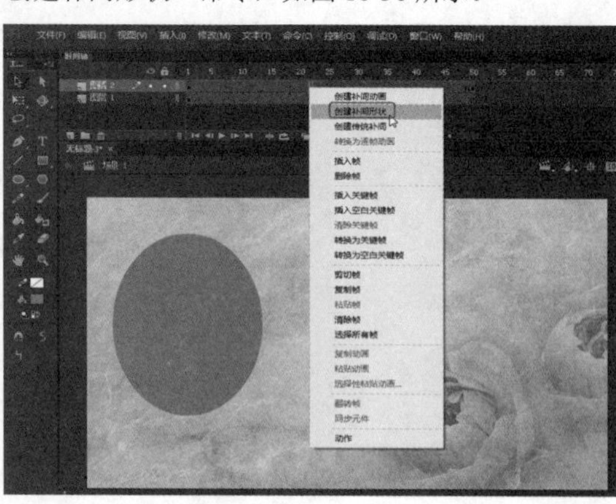

图 16-36　选择“创建补间形状”选项

07 选择后创建形状补间动画，如图 16-37 所示。

08 在图层 1 和图层 2 的第 80 帧，按 F5 键插入帧，如图 16-38 所示。

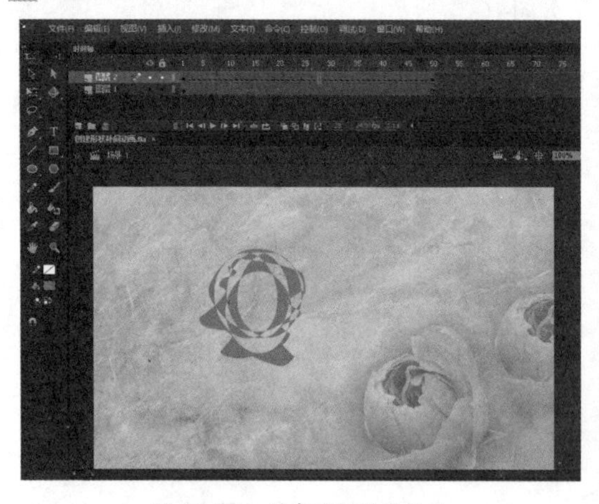

图 16-37　创建形状补间动画

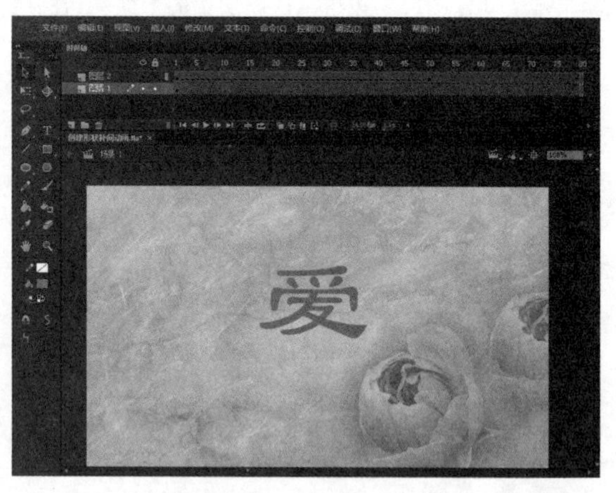

图 16-38　添加帧

16.4 利用图层制作动画

图层是管理动画的最基本工具，所以读者对这些方法一定要熟悉。复制图层、隐藏图层及文件夹等操作，不仅使动画的条理更清晰，也能给动画制作者带来极大的方便。

引导层和遮罩能制作出曲线的补间动画以及增加动画的层次感，使动画制作中可以使用较多的方法。下面讲述引导层和遮罩层动画的制作方法。

实例 3——创建沿曲线运动的动画

在引导层中，可以像其他层一样制作各种图形和引入元件，但最终发布时引导层中的对象不会显示出来，按照引导层的功能分为两种，分别是普通引导层和运动引导层。

下面创建一个沿直线运动的动画，如图 16-39 所示，具体操作步骤如下。

图 16-39　创建沿曲线运动的动画

01 启动 Flash CC，新建一个空白文档，执行“文件”|“导入”|“导入到库”命令，弹出“导入”对话框，如图 16-40 所示。

02 在该对话框中选择图像“曲线运动 .jpg”和“蝴蝶 .gif”，单击“打开”按钮，将图像导入到“库”中，如图 16-41 所示。

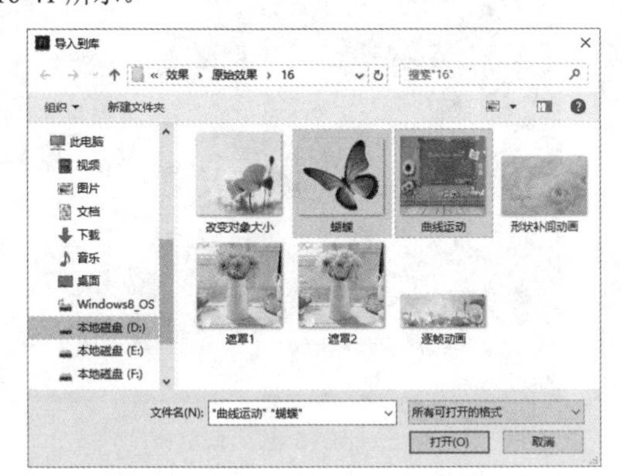

图 16-40　“导入”对话框

图 16-41　导入图像

03 在“库”面板中将图像“曲线运动 .jpg”拖入到舞台，如图 16-42 所示。

04 单击“新建图层”按钮，新建图层 2 将图像“蝴蝶 .gif”拖入到合适的位置，如图 16-43 所示。

图 16-42　拖入图像

图 16-43　拖入图像

05 选择图像“蝴蝶 .gif”，执行“修改”|“转换为元件”命令，在弹出的对话框中将“类型”选择“图形”选项，如图 16-44 所示。

06 单击“确定”按钮，将其转换为图形元件。在图层 1 的第 60 帧插入帧，在图层 2 的第 60 帧按 F6 键插入关键帧，如图 16-45 所示。

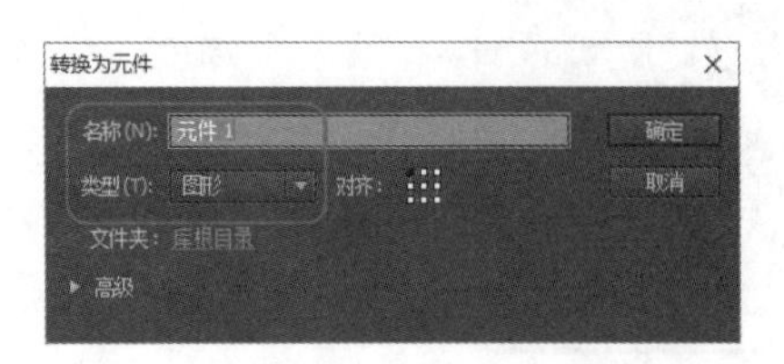

图 16-44 “转换为元件”对话框

图 16-45 插入帧和关键帧

07 在图层 2 的上面右击鼠标，在弹出的菜单中选择“添加传统运动引导层”选项，如图 16-46 所示。

08 选择后添加运动引导层，选择工具箱中的“铅笔”工具，在舞台中绘制曲线，如图 16-47 所示。

图 16-46 选择“添加传统运动引导层”选项

图 16-47 绘制曲线

09 选择图层 2 的第 1 帧，在图层中将 2“蝴蝶”图形元件移动到线条的起点，选择图层 2 的第 60 帧将 2“蝴蝶”图形元件移动到线条的终点，如图 16-48 所示。

10 选择图层 2 的第 1~60 帧之间，右击鼠标在弹出的列表中选择“创建传统补间动画”选项，创建补间动画，如图 16-49 所示。

图 16-48 移动图形位置

图 16-49 创建补间动画

实例 4——创建遮罩动画

遮罩动画也是 Flash 中常用的一种技巧。遮罩动画就好比在一个板上打了各种形状的孔，透过这些孔，可以看到下面的图层。遮罩项目可以是填充的形状、文字对象、图形元件的实例或影片剪辑。下面利用遮罩层制作动画，效果如图 16-50 所示，具体操作步骤如下。

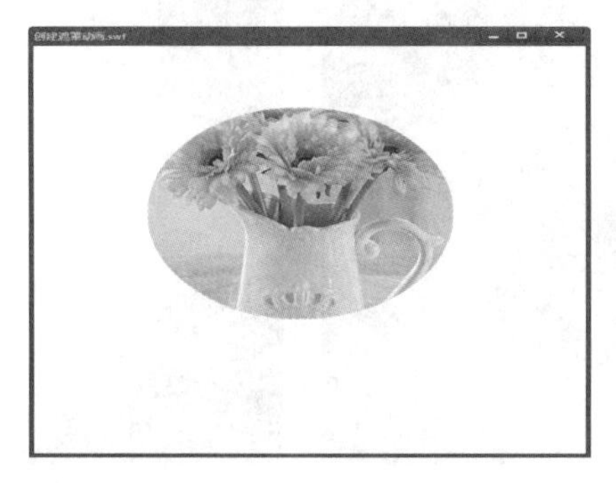

图 16-50　发布 Flash 动画

01 启动 Flash CC，新建一个空白文档，导入合适的图像，调整其和舞台大小相同，如图 16-51 所示。

02 执行“文件”|“新建”命令，弹出“新建文档”对话框，设置“宽度”为 1000，“高度”为 500，如图 16-52 所示。

图 16-51　打开 Flash 工作界面

图 16-52　“新建文档”对话框

03 单击“确定”按钮，新建空白文档，如图 16-53 所示。

04 执行“文件”|“保存”按钮，弹出“另存为”对话框，设置文件名称，如图 16-54 所示。

图 16-53　新建空白文档

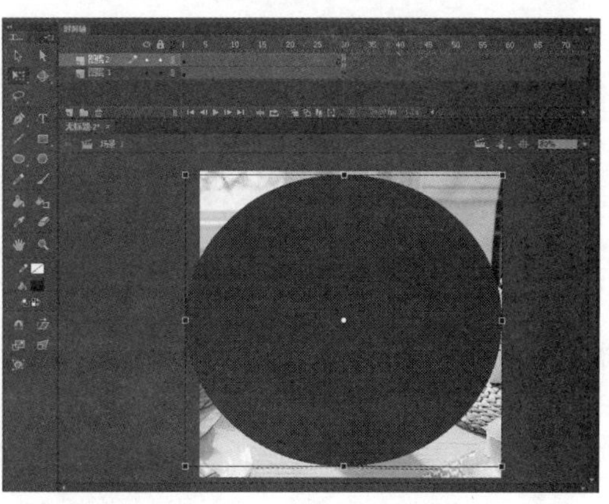

图 16-54　“另存为”对话框

05 单击“保存”按钮，即可成功保存文档。执行“文件”|“导入”|“导入到舞台”命令，弹出“导入”对话框，选择要导入的图像文件“动画.JPG”，如图16-55所示。

06 单击“打开”按钮，即可将其导入到舞台中，在“属性”面板中调整其位置和舞台一样，如图16-56所示。

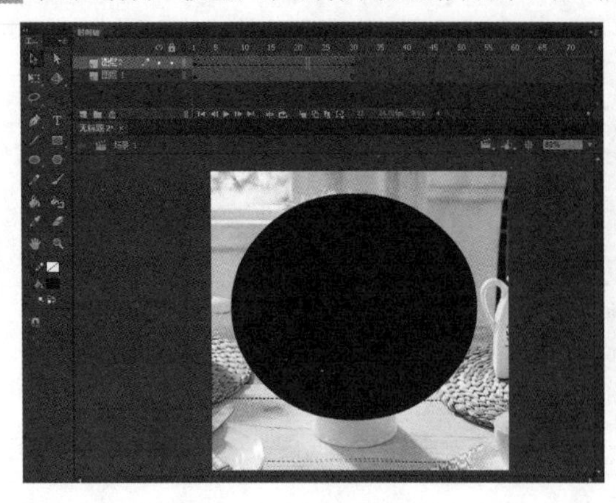

图16-55 “导入”对话框

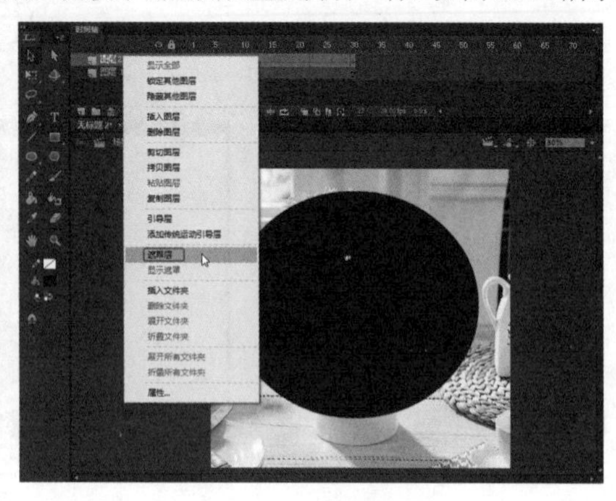

图16-56 导入图像

07 在“时间轴”面板中单击“新建图层”按钮，新建图层2，如图16-57所示。

08 选择工具箱中的“文本工具”，在舞台上面输入“人人都献出一份爱”，如图16-58所示。

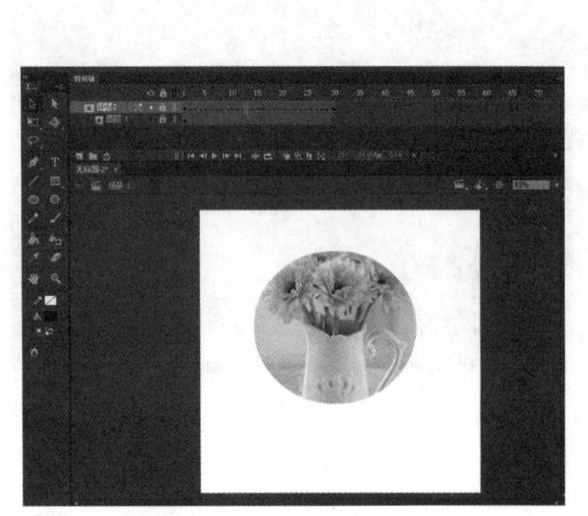

图16-57 新建图层2

图16-58 输入文字

第17章

制作声音和视频动画

本章导读 一个精美的Flash动画如果只是视觉效果恐怕力度还不够，想要震慑观众，就必须视觉、听觉一起抓，也就是说，我们可以适当地为动画添加声音效果。本章给大家介绍如何在Flash中为动画添加声音效果的方法。

技术要点：

- ◆ 导入声音文件
- ◆ 添加声音
- ◆ 声音属性的编辑
- ◆ 导入视频文件

17.1 导入声音文件

Adobe Flash CC 提供了强大的导入功能，几乎可以导入各种文件类型，特别是 Flash 对声音的支持非常出色，可以在 Flash 中导入各种声音文件。

17.1.1 Flash 中声音的类型

存储音频文件的格式是多种多样的，在 Flash 中可以直接引用的主要有 WAV 和 MP3 两种音频格式的文件，AIFF 和 AU 格式的音频文件使用频率不是很高。在 Flash 中不能使用 MIDI 格式的音频文件，如果要使用此格式则必须使用 JavaScript 脚本语言来处理。

WAV：WAV 格式的音频文件支持立体声和单道声，也可以是多种分辨率和采样率。在 Flash 中可以导入各种音频软件创建的 WAV 格式的音频文件。

MP3：MP3 是大家熟悉的一种数字音频格式。相同长度的音频文件用 MP3 格式存储，一般只有 WAV 格式的 1/10。虽然 MP3 格式是一种破坏性的压缩格式，但是因为其取样与编码的技术优异，其音质接近 CD、体积小、传输方便、拥有较好的声音质量，所以目前的计算机音乐大多是以 MP3 格式输出的。Flash 中默认的音频输出格式就是 MP3 格式。

ADPCM：ADPCM 格式的音频文件使用的是一种音频的压缩模式，可以将声音转换为二进制信息，主要用于语言处理。

RAW：使用 RAW 格式输出是不对音频文件进行任何压缩的，经这样输出后的动画文件会占用很大的空间，所以很难在 Web 上播放。使用此格式的好处是可以保持与 Flash 旧版本的兼容性。

17.1.2 导入音频文件

在 Flash 中可以导入 WAV、MP3 等多种格式的声音文件。当声音导入到文档后，将与位图、元件等一起保存在“库”面板中。和其他元件一样，用户可以在影片中以各种方式使用这个声音的实例而不对原声音文件构成任何影响。导入声音文件的具体操作步骤如下。

01 打开文档，执行“文件”|“导入”|“导入到库”命令，如图 17-1 所示。

02 选择以后弹出“导入到库”对话框，在该对话框中选择声音文件，如图 17-2 所示。

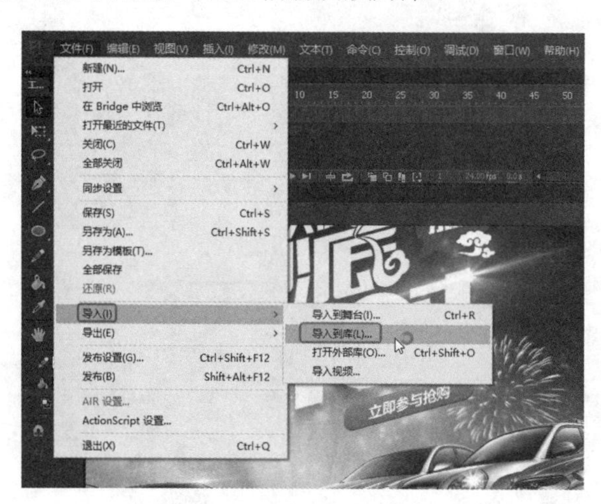

图 17-1 “导入到库”命令

03 选择以后单击“打开”按钮，即可将其导入到“库”面板中，如图 17-3 所示。

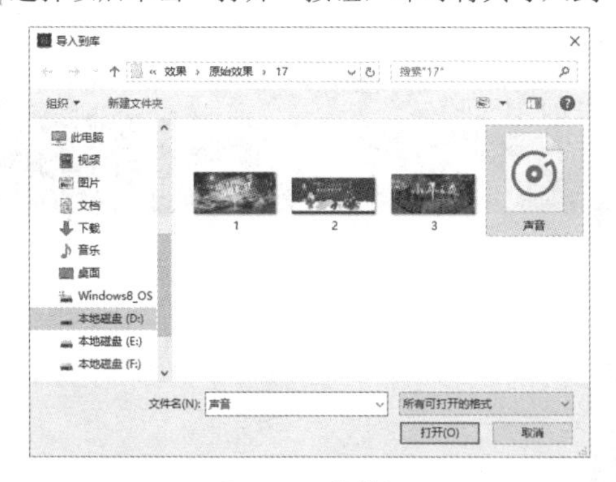

图 17-2　菜单栏

图 17-3　导入声音

17.2 添加声音

声音是人类重要的信息来源。现实中各种声音都具有传达一定含义的能力，蕴含着丰富多样的表现力。

17.2.1　轻松为按钮添加声音

按钮是元件的一种，它可以根据 4 种不同的状态显示不同的图像，我们还可以为它加入音效，使其在操作时具有更强的互动性。将声音导入到库中，然后就可以将声音文件添加到动画中，如图 17-4 所示。具体操作步骤如下。

图 17-4　为按钮添加声音

01 启动 Flash CC 新建文档，导入图像文件将其和舞台大小相同，如图 17-5 所示。

02 执行“插入” | “新建元件”命令，弹出“创建新元件”对话框，将“类型”设置为“按钮”，如图 17-6 所示。

图 17-5　新建文档

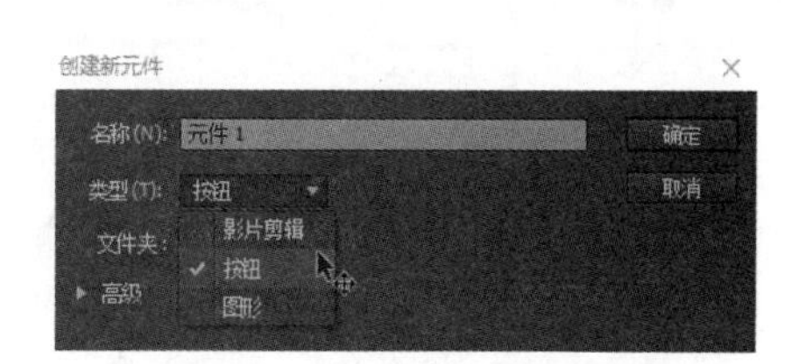

图 17-6　“创建新元件”对话框

03 单击“确定”按钮，进入元件编辑模式，如图 17-7 所示。

04 选择工具箱中的“矩形”工具，在舞台中绘制黄色矩形，如图 17-8 所示。

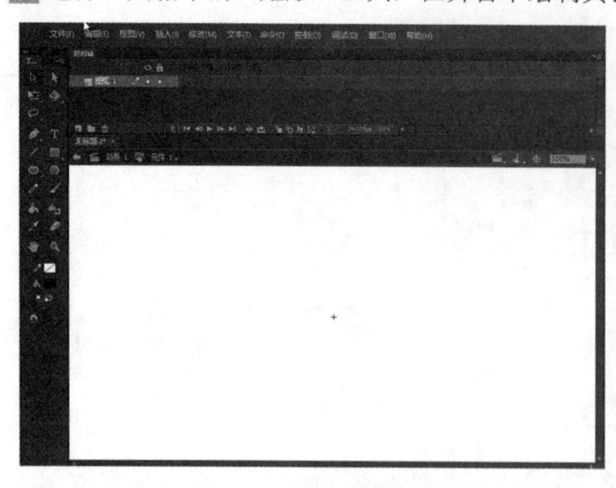

图 17-7　元件编辑模式

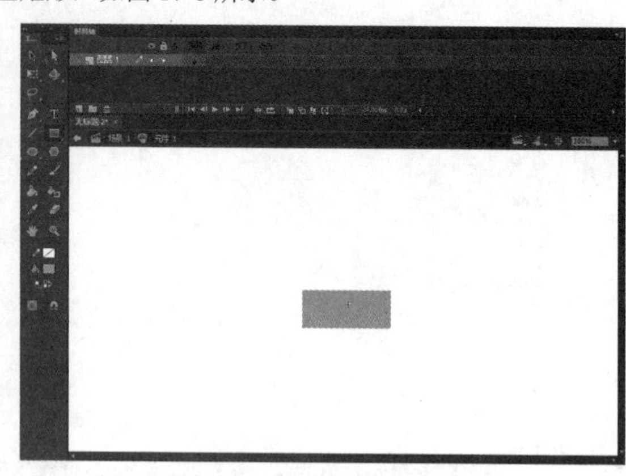

图 17-8　绘制矩形

05 选择工具箱中的“文本工具”，在矩形按钮上面输入文字“音乐”，在“属性”面板中设置字体和字体大小，如图 17-9 所示。

06 单击“时间轴”面板中的“新建图层”按钮，新建图层 2，如图 17-10 所示。

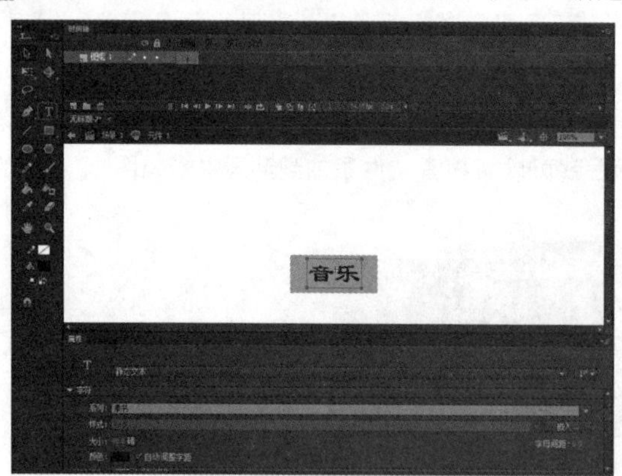

图 17-9　输入文字

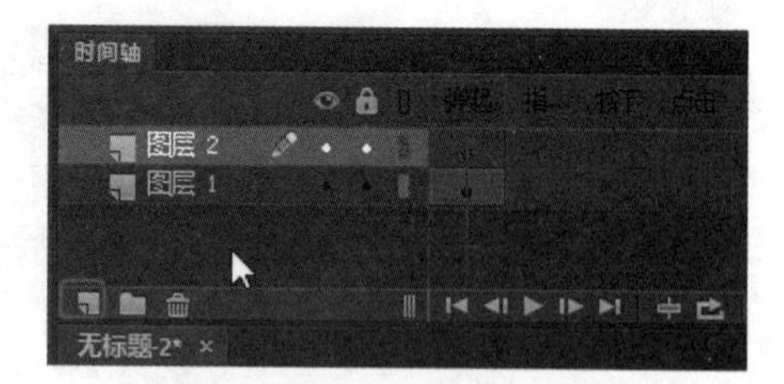

图 17-10　新建图层

07 执行“文件”|“导入”|“导入到舞台”命令，弹出“导入到库”对话框，在该对话框中选择音乐文件，如图 17-11 所示。

08 单击“打开”按钮，将其导入到“库”面板中，如图 17-12 所示。

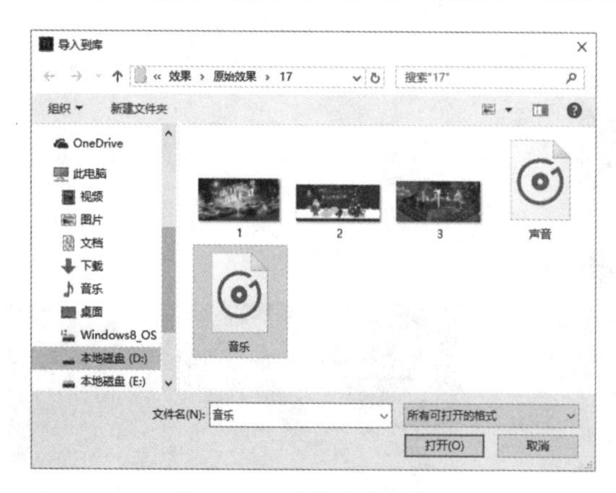

图 17-11　选择音乐文件

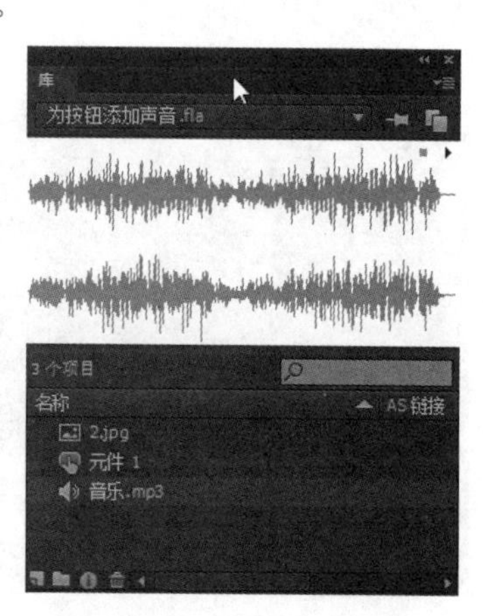

图 17-12　导入音乐

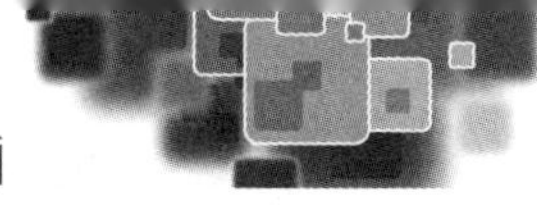

09 在“库”面板中选中音乐文件，将其拖曳到舞台中，如图 17-13 所示。

10 单击“场景 1”按钮，返回到主场景，将制作好的按钮元件拖曳到合适的位置，如图 17-14 所示。

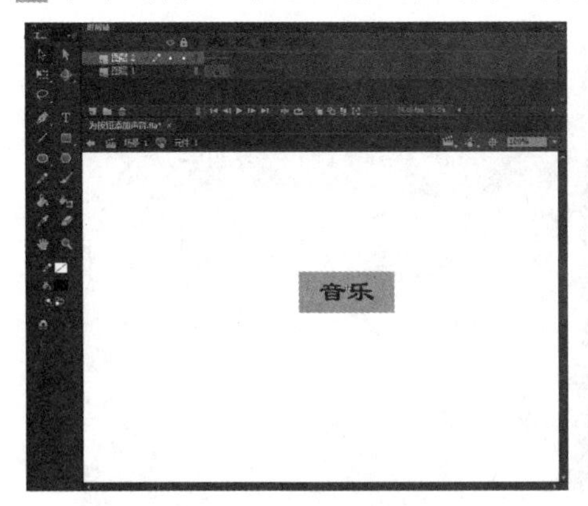

图 17-13 拖入音乐

图 17-14 拖入元件

17.2.2 为影片添加声音

人们逐渐意识到声音在影片中的重要性，意识到好的影片银幕形象和空间塑造是由声音和画面共同完成的，声音在这里充当的绝不是“配角”，有些时候甚至可以成为影片的独特因素，超越画面之外表现出更深层次的喻义。下面讲述为影片添加声音的方法，效果如图 17-15 所示。具体操作步骤如下。

图 17-15 为影片添加声音

01 启动 Flash CC，新建文档，导入图像将其调整为与舞台相同，如图 17-16 所示。

02 执行“文件” | “导入” | “导入到库”命令，弹出“导入到库”对话框，选择音乐文件，如图 17-17 所示。

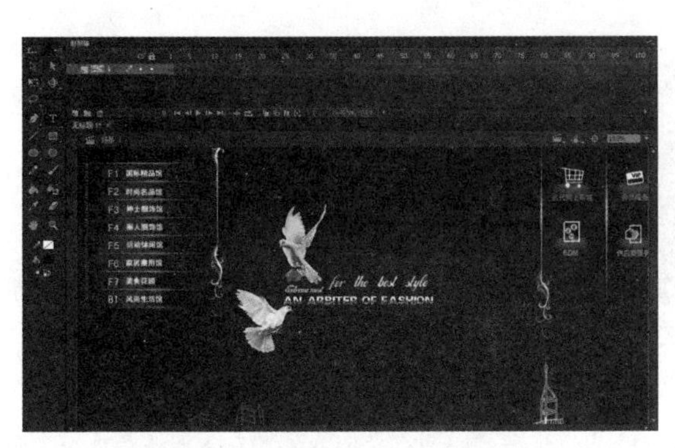

图 17-16 打开 Flash 工作界面

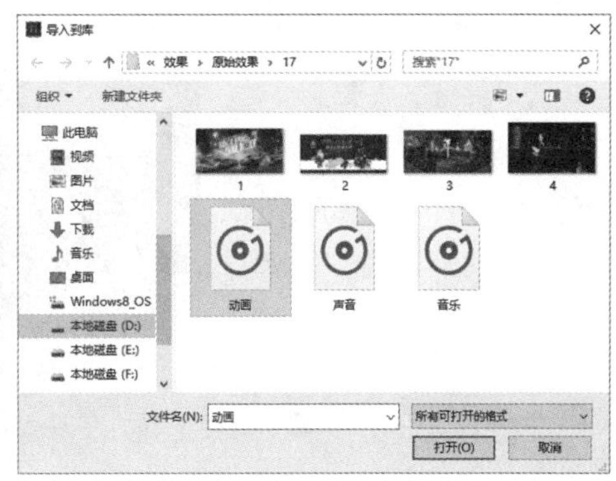

图 17-17 选择音乐文件

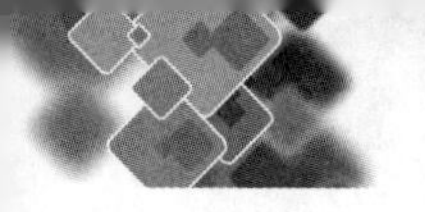

03 单击“打开”按钮，将其导入到“库”面板中，如图 17-18 所示。

04 在“库”面板中将音乐文件拖入到舞台中，如图 17-19 所示。

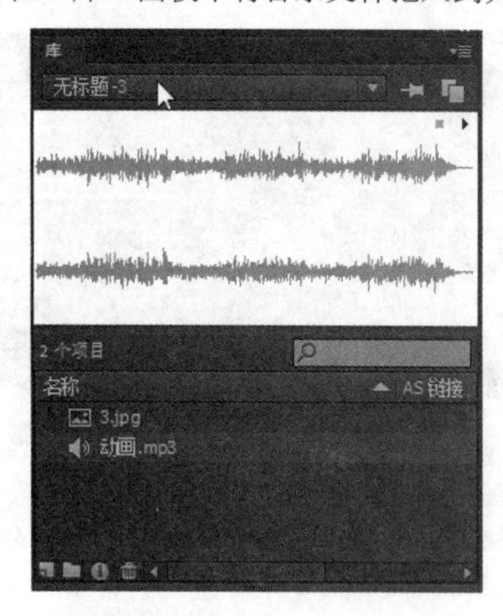

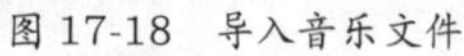

图 17-18　导入音乐文件

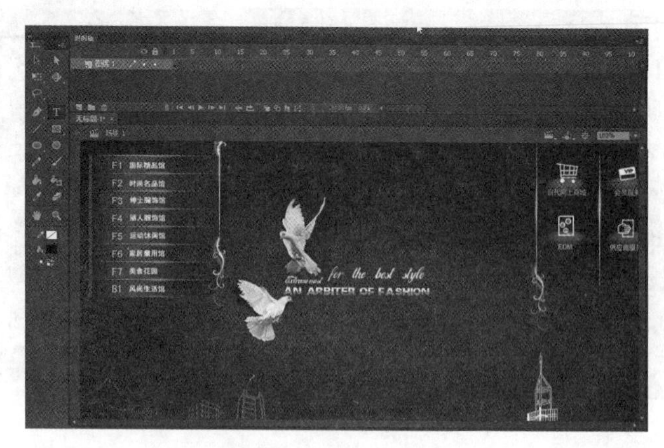

图 17-19　拖入音乐文件

17.3 声音属性的编辑

为动画或按钮添加声音，直接播放经常出现一些问题，为了保证声音的准确播放，需对添加的声音进行编辑。

17.3.1　设置声音的重复播放

在“声音”属性中的“声音循环”下拉列表中可以控制声音的重复播放。在“声音循环”下拉列表中有两个选项，如图 20-20 所示。

- “重复”：在其文本框中输入播放的次数，默认的是播放 1 次。
- “循环”：声音可以一直不停地循环播放。

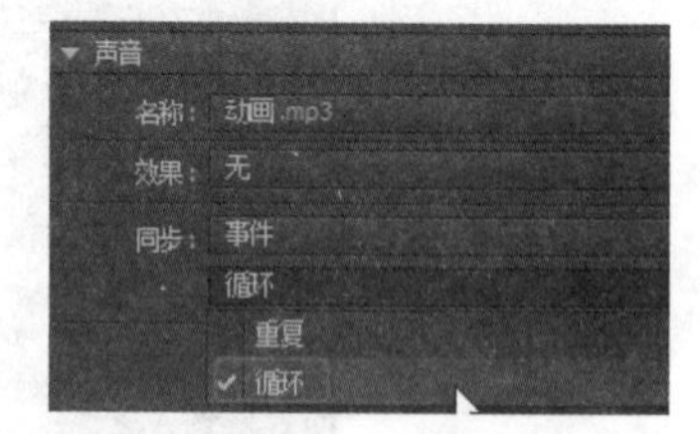

图 20-20　设置属性

17.3.2　设置声音的同步方式

同步是指影片和声音文件的配合方式，可以决定声音与影片是同步还是自行播放。在“同步”下拉列表中提供了 4 种方式，如图 20-21 所示。

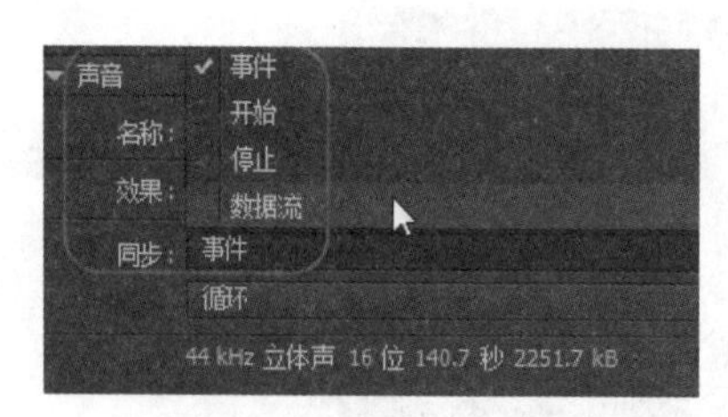

图 20-21　同步方式

- “事件”：必须等声音全部下载完毕后才能播放。
- “开始”：如果选择的声音实例已在时间轴上的其他地方播放过了，Flash 将不会再播放这个实例。

- “停止”：可以使正在播放的声音停止。
- “数据流”：将使动画与声音同步，以便在 Web 站点上播放。Flash 强制动画和音频流同步，将声音完全附加到动画上。

17.4 导入视频文件

Flash 视频具备创造性的技术优势，允许把视频、数据、图形、声音和交互式控制融为一体，从而创造出引人入胜的丰富体验。

17.4.1 Flash 支持的视频格式

如果在系统上安装了 QuickTime 4 以上版本或者 DirectX 7 以上版本的软件，则可以导入各种文件格式的视频剪辑，包括 MOV（QuickTime 影片）、AVI（音频视频交叉文件）和 MPG/MPEG。

- QuickTime 影片文件：扩展名为 *.mov。
- Windows 视频文件：扩展名为 *.avi。
- MPEG 影片文件：扩展名为 *.mpg 和 *.mpeg。
- 数字视频文件：扩展名为 *.dv 和 *.dvi。
- Windows Media 文件：扩展名为 *.asf 和 *.wmv。
- Macromedia Flash 视频文件：扩展名为 *.flv。

17.4.2 在 Flash 中嵌入视频

Flash 具有创造性的技术优势，可以将视频镜头融入基于 Web 的演示文稿，允许把视频、数据、图形、声音和交互式控制等融为一体，从而创造出引人入胜的动画效果。导入视频的效果如图 20-22 所示，具体操作步骤如下。

图 17-22 导入视频效果

01 新建一个空白文档，执行“文件”|“导入”|“导入视频”命令，如图 17-23 所示。

02 弹出“导入视频”对话框，单击文件路径文本框后面的“浏览”按钮，如图 17-24 所示。

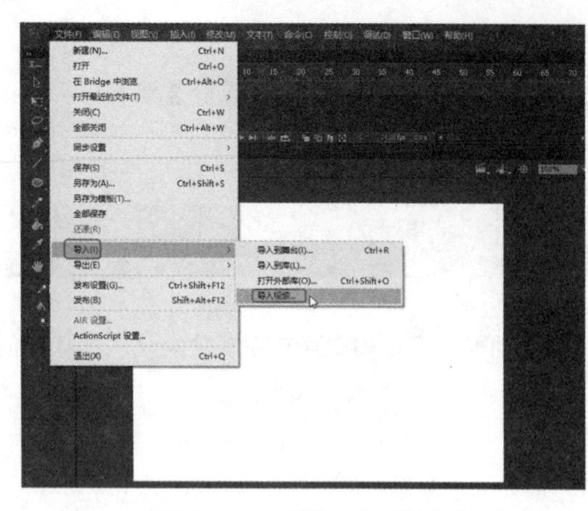

图 17-23 “导入视频”命令

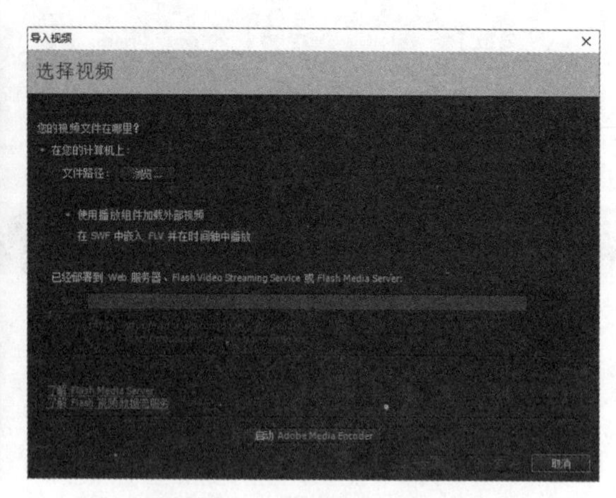

图 17-24 “选择视频”对话框

03 弹出“打开”对话框，在该对话框中选中要导入的视频文件，如图 17-25 所示。

04 选择后，添加视频文件，如图 17-26 所示。

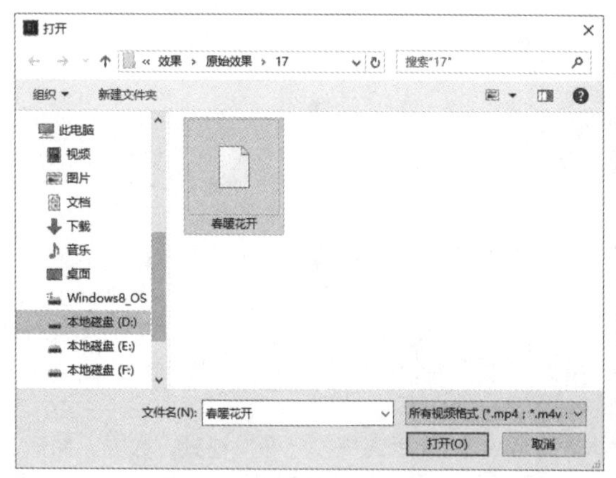

图 17-25 “打开”对话框

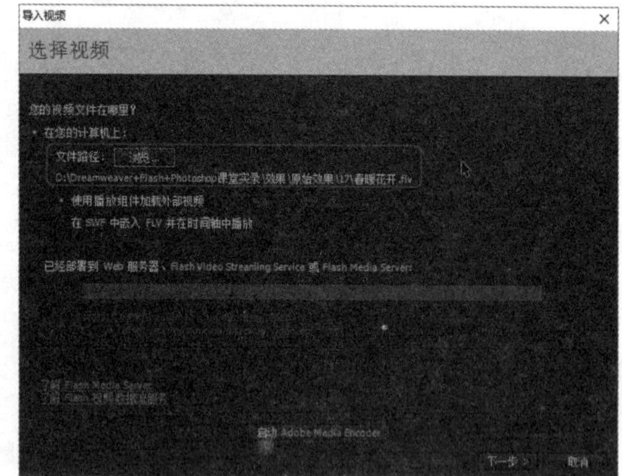

图 17-26 添加视频文件

05 单击“下一步”按钮，进入“外观”界面，在该对话框中设置外观的颜色和外观，如图 17-27 所示。

06 单击“下一步”按钮，切换“完成”界面，如图 17-28 所示。

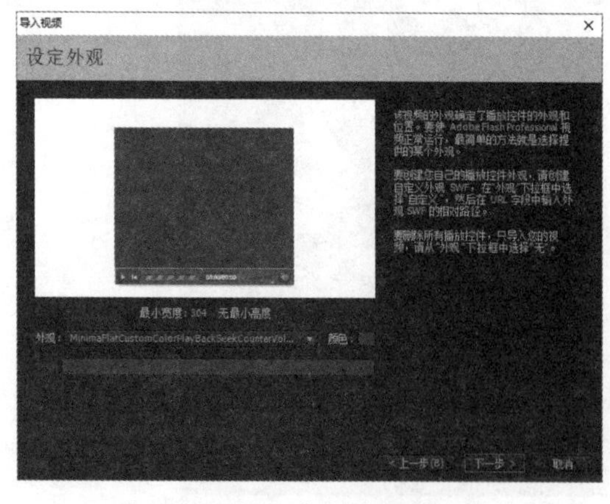

图 17-27 “外观”界面

图 17-28 “完成”界面

07 单击“完成”按钮，将视频文件导入到舞台中，如图 17-29 所示。

08 执行“文件”|“保存”命令，打开“另存为”对话框，保存文档，如图 17-30 所示。

图 17-29　导入视频

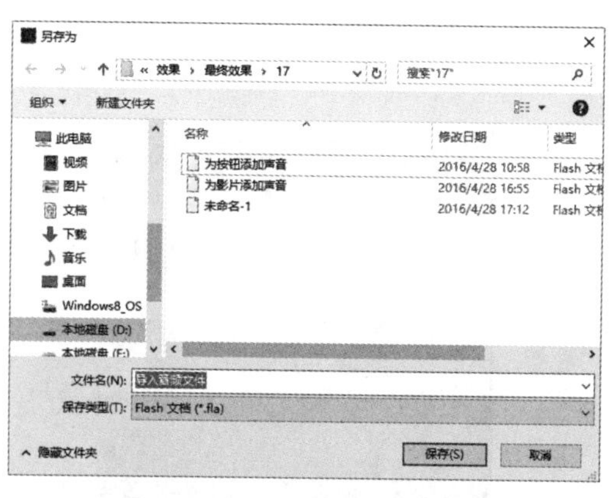

图 17-30　“另存为”对话框

17.5　综合实例——为 Flash 动画片头添加声音

本章介绍了声音和视频的导入方法，通过资源的导入使可以应用到动画中的资源极大丰富，因此制作出的效果也更加丰富了。下面讲述为 Flash 动画添加声音的方法，如图 17-31 所示，具体操作步骤如下。

图 17-31　给 Flash 动画片头添加声音

01 启动 Flash CC，打开 Flash 文档，如图 17-32 所示。

02 执行“文件”|“导入”|“导入到库”命令，弹出“导入”对话框，选择音乐文件，如图 17-33 所示。

图 17-32　打开 Flash 文档

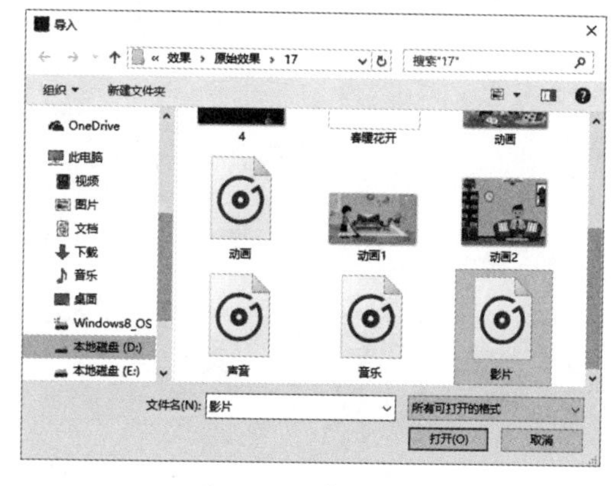

图 17-33　选择音乐文件

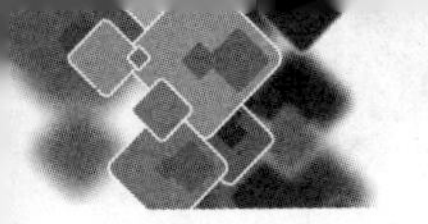

03 单击“打开”按钮，将其导入到“库”面板中，如图 17-34 所示。

04 在“时间轴”面板中单击“新建图层”按钮，新建图层 4，如图 17-35 所示。

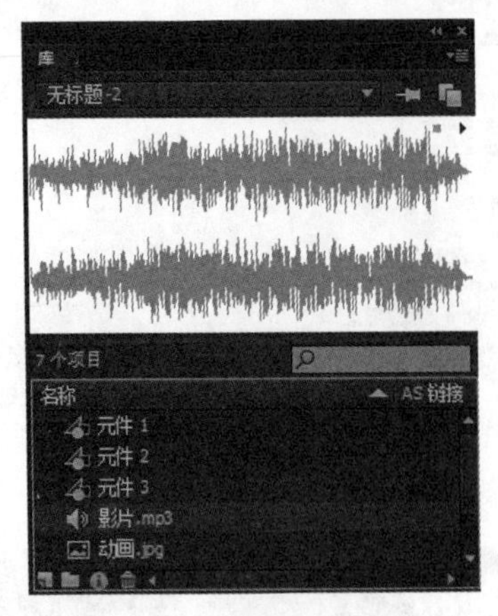

图 17-34 导入音乐文件

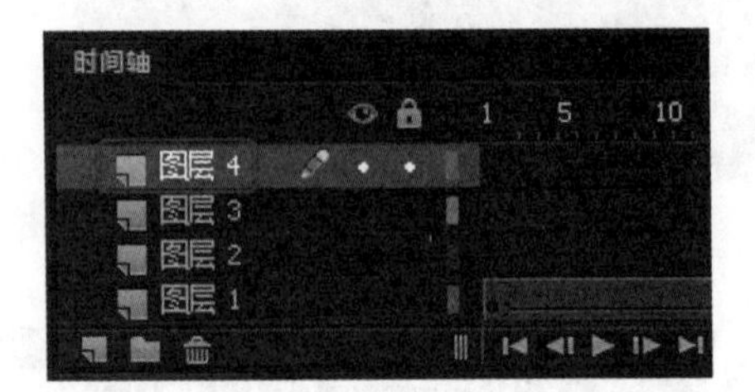

图 17-35 新建图层

05 在“库”面板中，将音乐文件拖入舞台中，如图 17-36 所示。

06 打开“属性”面板，在声音下面的“同步”设置为“循环”，如图 17-37 所示。

图 17-36 拖入音乐文件

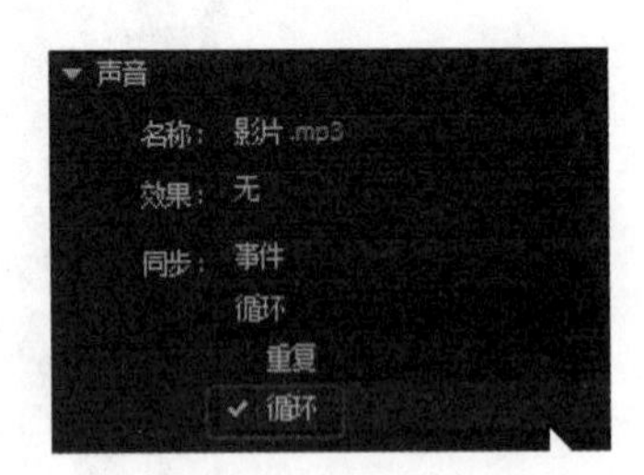

图 17-37 设置声音属性

第18章

网站的发布与维护

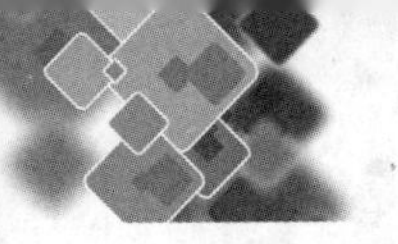

本章导读

网页制作完毕要发布到网站服务器上，才能让别人观看。现在上传用的工具有很多，既可以采用专门的FTP工具，也可以采用网页制作工具本身带有的FTP功能。由于市场在不断地变化，网站的内容也需要随之调整，给人常新的感觉，网站才会更加吸引访问者，给人留下很好的印象，这就要求对站点进行长期、不间断的维护和更新。

技术要点：

- 站点的测试
- 掌握网页的上传
- 网站的维护
- 熟悉网站安全维护

18.1 站点的测试

在真正构建远端站点之前，应该在本地先对站点进行完整的测试。检测站点中是否存在错误和断裂的链接，以及其他可能存在的问题。

18.1.1 检查链接

如果网页中存在错误链接，这种情况是很难察觉的。采用常规的方法，只有打开网页，单击链接时，才可能发现错误。而Dreamweaver可以帮助你快速检查站点中网页的链接，避免出现链接错误，具体操作步骤如下。

01 打开已创建的站点地图，选中一个文件，执行“站点”｜“改变站点链接范围的链接”命令，弹出“更改整个站点链接”对话框，如图18-1所示。

02 在“变成新链接”文本框中输入链接的文件，单击“确定”按钮，弹出“更新文件”对话框，单击“更新”按钮，完成更改整个站点范围内的链接，如图18-2所示。

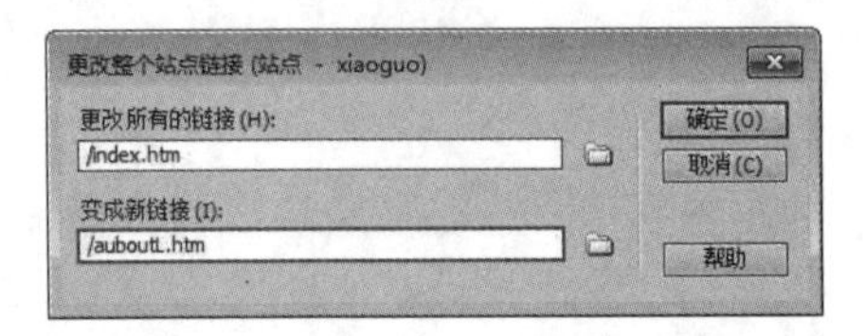

图18-1 “更改整个站点链接”对话框

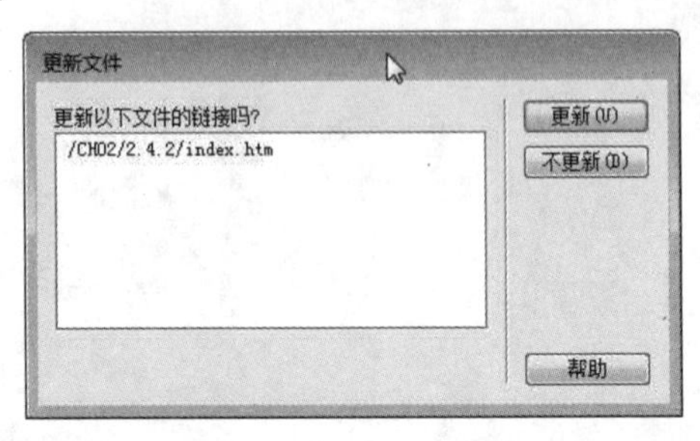

图18-2 “更新文件”对话框

03 执行“站点”｜“检查站点范围的链接”命令，打开“链接检查器”面板，在“显示”中选择“断掉的链接”选项，如图18-3所示。

04 在“显示”下拉列表中选择“外部链接”可以检查出与外部网站链接的全部信息，如图18-4所示。

图18-3 选择“断掉的链接”

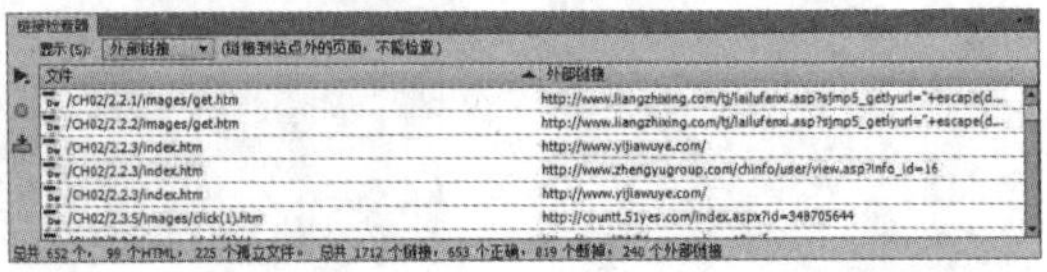

图18-4 选择“外部链接”

18.1.2　站点报告

可以对当前文档、选定的文件或整个站点的工作流程或 HTML 属性（包括辅助功能）运行站点报告。使用“站点报告”功能可以检查可合并的嵌套字体标签、辅助功能、遗漏的替换文本、冗余的嵌套标签、可删除的空标签和无标题文档，具体操作步骤如下。

01 执行“站点”|“报告”命令，弹出“报告”对话框，在该对话框的“报告在”下拉列表中选择“整个当前本地站点”选项，“选择报告”列表中勾选“多余的嵌套标签”“可移除的空标签”和“无标题文档”复选框，如图 18-5 所示。

02 单击“运行”按钮，Dreamweaver 会对整个站点进行检查。检查完毕后，将会自动打开“站点报告”面板，在该面板中显示检查结果，如图 18-6 所示。

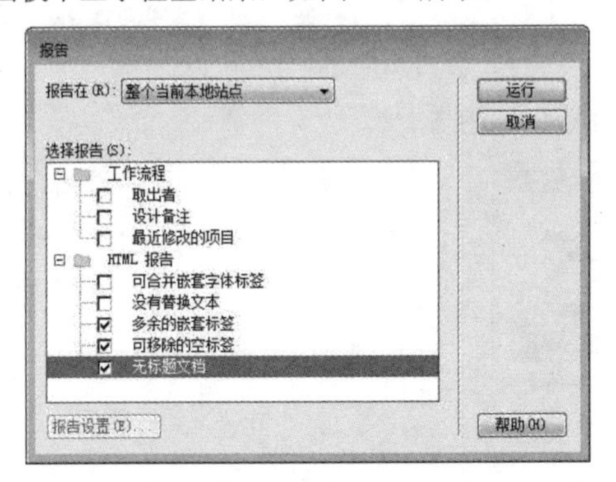

图 18-5　“报告”对话框

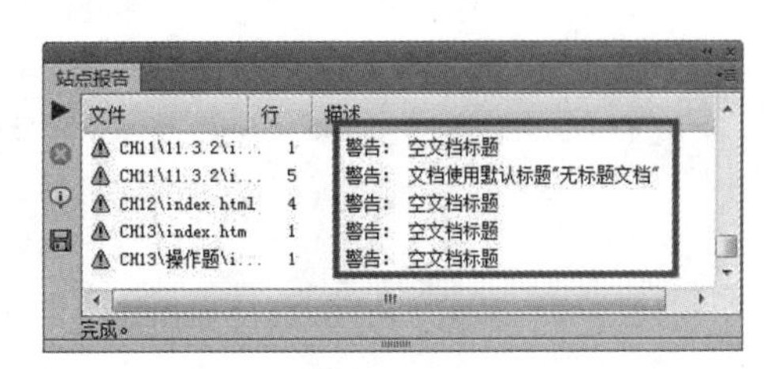

图 18-6　“站点报告”面板

18.1.3　清理文档

清理文档就是清理一些空标签或者在 Word 中编辑时所产生的多余标签，具体操作步骤如下。

01 打开需要清理的网页文档。执行“命令”|“清理 HTML”命令，弹出“清理 HTML/XHTML”对话框，在该对话框的“移除”选项中勾选“空标签区块”和“多余的嵌套标签”复选框，或者在“指定的标签”文本框中输入所要删除的标签，并在“选项”中勾选“尽可能合并嵌套的 <font> 标签”和“完成时显示动作记录”复选框，如图 18-7 所示。

02 单击“确定”按钮，Dreamweaver 自动开始清理工作。清理完毕后，弹出一个提示框，在该提示框中显示清理工作的结果，如图 18-8 所示。

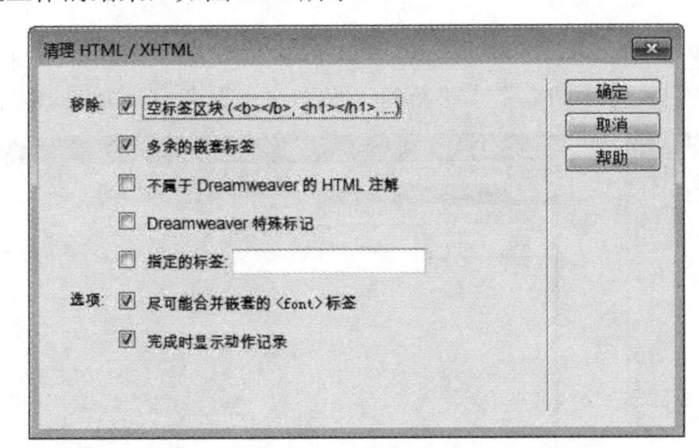

图 18-7　“清理 HTML/XHTML”对话框

图 18-8　显示清理工作的结果

03 执行“命令”|“清理 Word 生成的 HTML”命令，弹出“清理 Word 生成的 HTML”对话框，如图 18-9 所示。

04 在该对话框中切换到“详细”选项卡，勾选需要的选项，如图 18-10 所示。

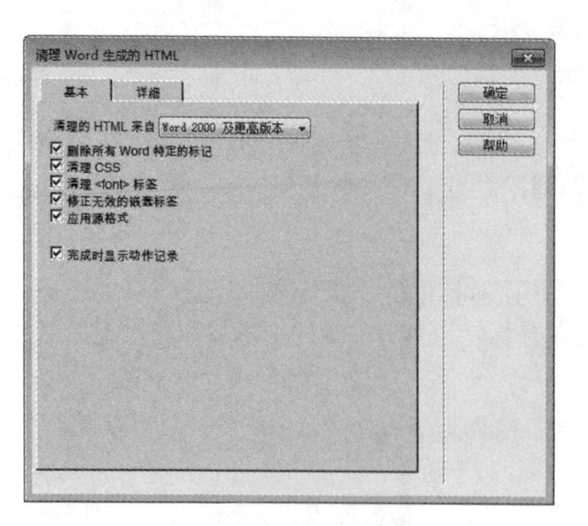

图 18-9 “清理 Word 生成的 HTML”对话框

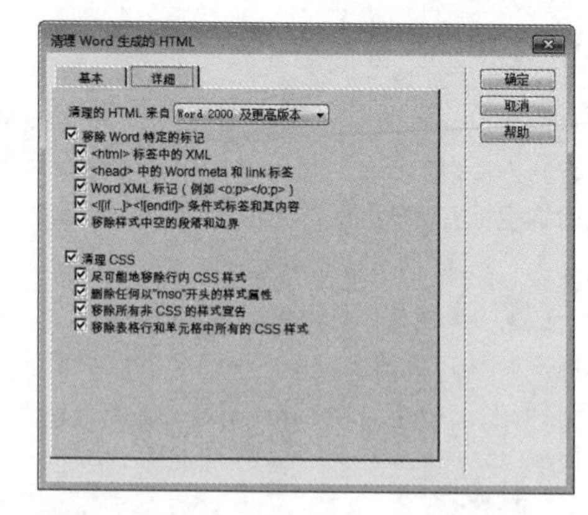

图 18-10 “详细”选项卡

05 单击“确定”按钮，清理工作完成后显示提示框，如图 18-11 所示。

图 18-11 提示框

18.2 网页的上传

当网站制作完成以后，就要上传到远程服务器上供浏览者浏览，这样所做的网页才会被别人看到。网站发布流程：第一步：申请一个域名；第二步：申请一个服务器空间；第三步：上传网站到服务器。

18.2.1 使用 LeapFtp 软件上传文件

下面将详细讲述使用 LeapFtp 软件上传的方法。LeapFtp 是一款功能强大的 FTP 软件，其拥有友好的用户界面、稳定的传输速度、方便的连接，并且支持断点续传功能、可以下载或上传整个目录，也可直接删除整个目录。

01 下载并安装最新版 LeapFtp 软件，运行 LeapFtp，执行“站点”|“站点管理器”命令，如图 18-12 所示。

02 弹出“站点管理器”对话框，在该对话框中执行“站点”|“新建”|“站点”命令，如图 18-13 所示。

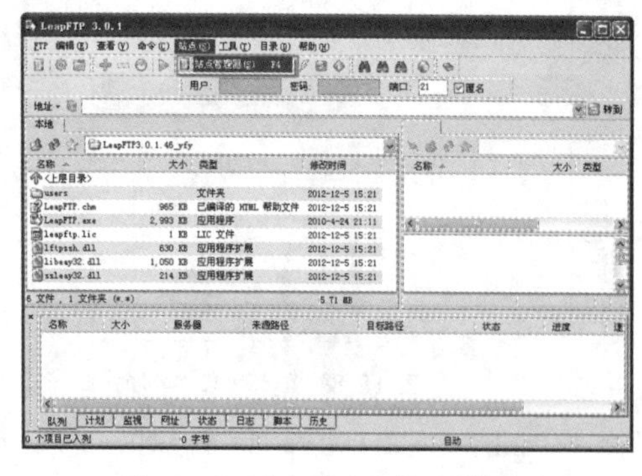

图 18-12 执行“站点管理器”命令

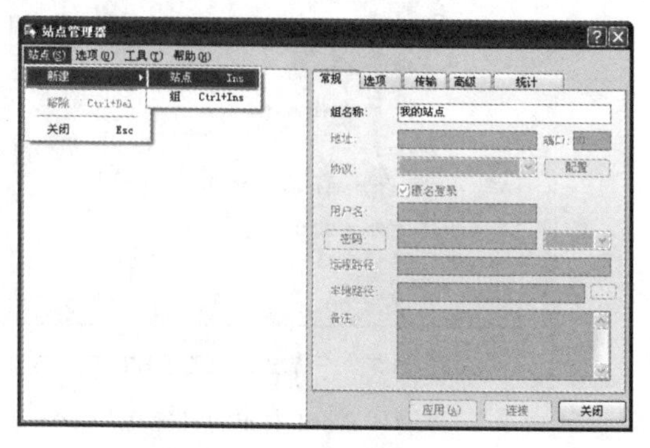

图 18-13 执行“新建站点”命令

03 在弹出的窗口中输入你的站点名称，如图 18-14 所示。

04 单击“确定”按钮后，在“地址”处输入站点地址，取消勾选“匿名登录”选项，在“用户名”处输入FTP用户名，在“密码”处输入FTP密码，如图18-15所示。

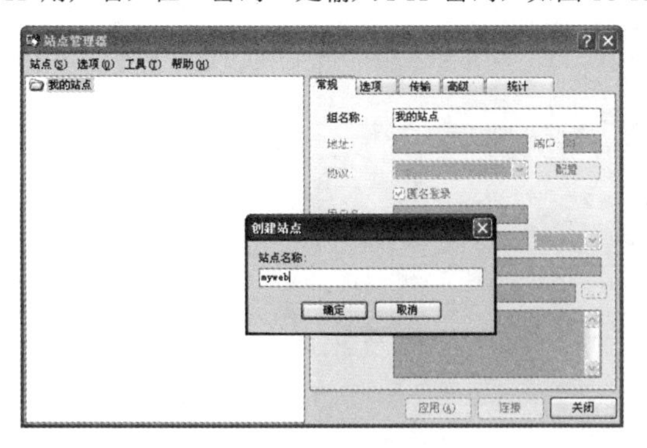

图 18-14 输入站点名称

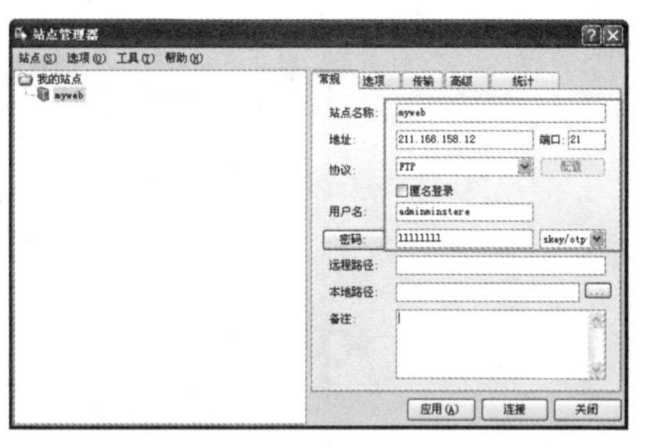

图 18-15 输入站点地址密码

05 单击“连接”按钮，直接进入连接状态，左框为本地目录，可以通过下拉列表选择你要上传文件的目录，选择要上传的文件，并右击鼠标在弹出菜单中选择“上传”命令，如图18-16所示。

06 此时在队列栏中会显示正在上传及未上传的文件，当文件上传完成后，此时在右侧的远程目录栏中就可以看到你上传的文件了，如图18-17所示。

图 18-16 选择“上传”命令

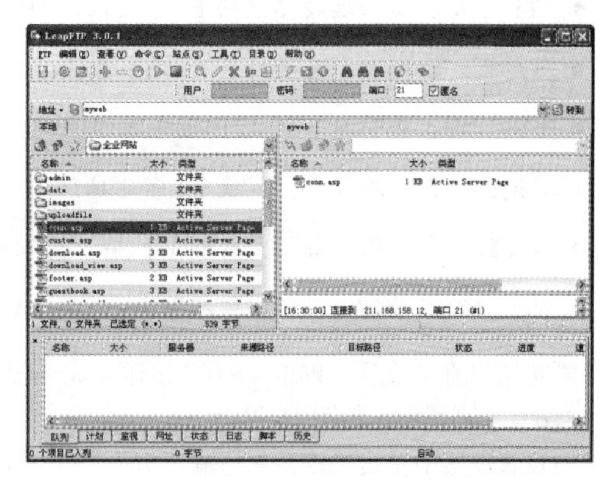

图 18-17 文件上传成功

18.2.2 利用Dreamweaver上传网页

网站的域名和空间申请完毕后，即可上传网站了，可以采用Dreamweaver的站点管理功能上传文件。

01 执行“站点”|“管理站点”命令，弹出如图18-18所示的“管理站点”对话框。

02 在该对话框中单击“新建站点”按钮，弹出“站点设置对象”对话框，在该对话框中选择“服务器”选项卡，如图18-19所示。

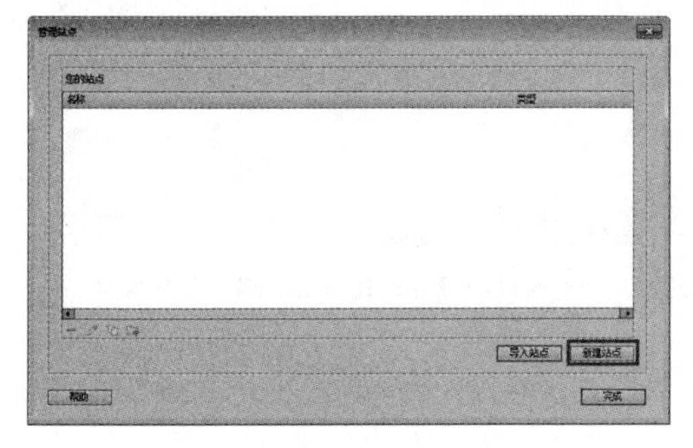

图 18-18 “管理站点”对话框

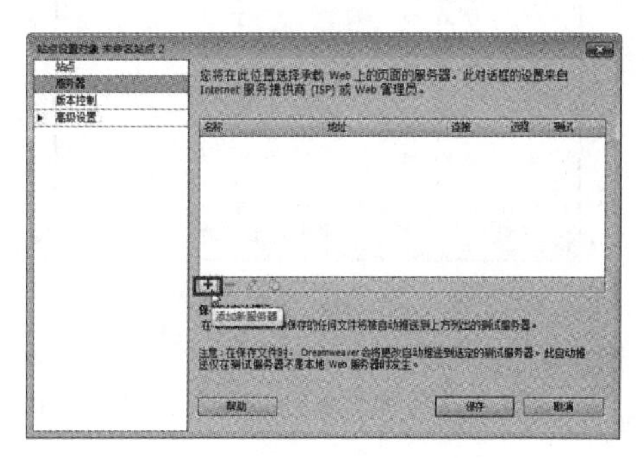

图 18-19 “服务器”选项

03 单击（+）按钮，弹出如图 18-20 所示的对话框。在“连接方法”下拉列表中选择 FTP，用来设置远程站点服务器的信息。

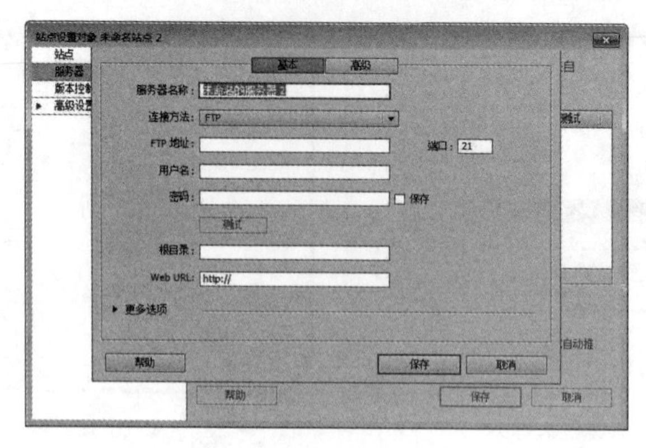

图 18-20　设置“远程信息”

- 服务器名称：指定新服务器的名称。
- 连接方法：从“连接方法”弹出菜单中，选择 FTP 选项。
- FTP 地址：输入远程站点的 FTP 主机的 IP 地址。
- 用户名：输入用于连接到 FTP 服务器的登录名。
- 密码：输入用于连接到 FTP 服务器的密码。
- 测试：单击“测试”，测试 FTP 地址、用户名和密码。
- 根目录：在“根目录”文本框中，输入远程服务器上用于存储公开显示的文档目录。
- Web URL：在 Web URL 文本框中，输入 Web 站点的 URL。

04 设置完相关的参数后，单击“保存”按钮完成远程信息的设置。在文件面板中单击“展开 / 折叠”按钮，展开“站点”管理器，如图 18-21 所示。

05 在站点管理器中单击“连接到远端主机”按钮，建立与远程服务器的连接，如图 18-22 所示。

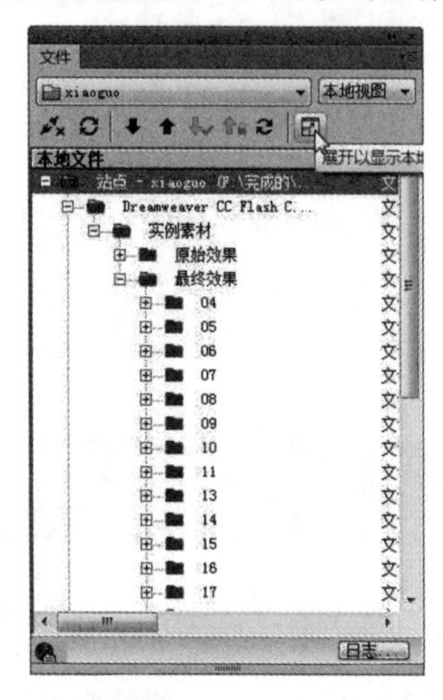

图 18-21　“文件”面板

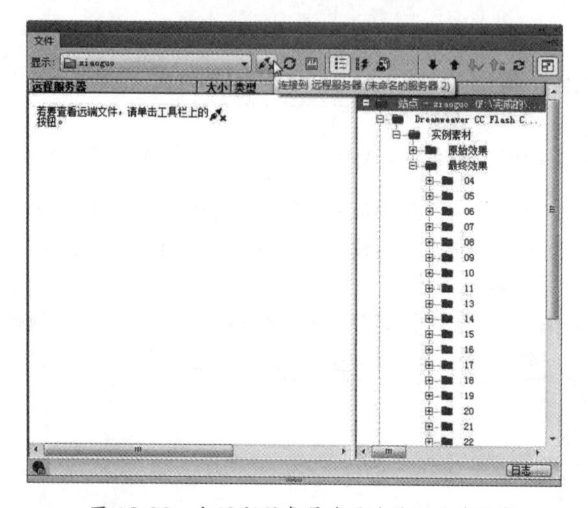

图 18-22　与远程服务器连通后的网站管理窗口

连接到服务器后，按钮会自动变为闭合状态，并在一旁亮起一个小绿灯，列出远端网站的接收目录，右侧窗口显示为“本地信息”，在本地目录中选择要上传的文件，单击“上传文件”按钮，上传文件。

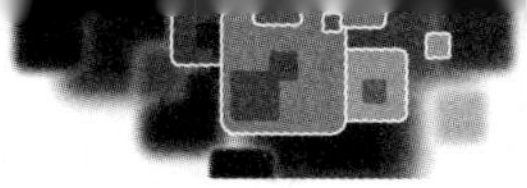

18.3 网站的维护

一个好的网站，仅仅一次是不可能制作完美的，由于市场在不断地变化，网站的内容也需要随之调整，给人常新的感觉，网站才会更加吸引访问者，给访问者很好的印象。这就要求对站点进行长期、不间断的维护和更新。

18.3.1 网站的软硬件维护

计算机硬件在使用中常会出现一些问题，网络设备也同样影响企业网站的工作效率，网络设备管理属于技术操作，非专业人员的误操作有可能导致整个网站的瘫痪。

没有任何操作系统是绝对安全的。维护操作系统的安全必须不断地留意相关网站，及时为系统安装升级包或打补丁。其他的如 SQL Server 等服务器软件也要及时打上补丁。

服务器配置本身就是安全防护的重要环节，有不少黑客就是利用 IIS 服务器的漏洞来攻击网站的。一般的服务器系统本身已经提供了复杂的安全策略措施。充分利用这些安全策略，可以大大降低系统被攻击的可能性和伤害程度。

18.3.2 网站内容维护

对于网站来说，只有不断地更新内容，才能保证网站的生命力，否则网站不仅不能起到应有的作用，反而会对企业自身形象造成不良影响。如何快捷、方便地更新网页，提高更新效率，是很多网站面临的难题。现在网页制作工具不少，但为了更新信息而日复一日地编辑网页，对网站维护人员来说，疲于应付是普遍存在的现象。

内容更新是网站维护过程中的重要一环。可以考虑从以下五个方面入手，使网站能长期顺利地运转。

第一，在网站建设初期，就要对后续维护给予足够的重视，要保证网站后续维护所需的资金和人力。很多网站建设时很舍得投入资金，可是网站发布后，维护力度不够，信息更新工作迟迟跟不上。网站建成之时，便是网站死亡的开始。

第二，要从管理制度上保证信息渠道的通畅和信息发布流程的合理性。网站上各栏目的信息往往来源于多个业务部门，要进行统筹考虑，确立一套从信息收集、信息审查到信息发布的良性运转的管理制度。既要考虑信息的准确性和安全性，又要保证信息更新的及时性。要解决好这个问题，管理者的重视是前提。

第三，在建设过程中要对网站的各个栏目和子栏目进行尽量细致的规划，在此基础上确定哪些是经常要更新的内容，哪些是相对稳定的内容。根据相对稳定的内容设计网页模板，在以后的维护工作中，这些模板不用改动，这样既省费用，又有利于后续维护。

第四，对经常变更的信息，尽量建立数据库管理，以避免数据杂乱无章的现象。如果采用基于数据库的动态网页方案，则在网站开发过程中，不但要保证信息浏览的方便性，还要保证信息维护的方便性。

第五，要选择合适的网页更新工具。信息收集起来后，如何制作网页，采用不同的方法，效率也会大大不同。例如使用 Notepad 直接编辑 HTML 文档与用 Dreamweaver 等可视化工具相比，后者的效率自然高得多。若既想把信息放到网页上，又想把信息保存起来以备以后再用，那么采用能够把网页更新和数据库管理结合起来的工具效率会更高。

18.3.3 网站备份

作为一个网站的拥有者和管理者，网站是我们最大的财富，在面对错综复杂的网络环境时，必须保证网站的正常运作，但很多的情况是我们无法掌控和预测的，如黑客的入侵、硬件的损坏、人为的误操作等，

都可能对网站产生毁灭性的打击。所以，我们应该定期备份网站数据，在遇到上述意外时能将损失降低到最低。网站备份并不复杂，可以通过网站系统自带的一些备份功能轻松实现备份，最重要的就是建立起网站备份的观念和习惯。

1. 整站的备份

对于网站文件的备份，或者说整站目录的备份。一般网站文件有变动的情况下，肯定是要备份一次的，如网站模板的变更、网站功能的增删，这类备份的目的主要是担心网站文件的变动引起整站的不稳定或造成网站其他功能和文件的丢失。一般来说，由于文件的变动频率较小，备份的周期相对较长，可以在每次变动网站相关文件前，进行网站文件的备份。对于网站文件或者说整站目录的备份，一般可以通过远程目录打包的方式，将整站目录打包并且下载到本地，这种方式是最简便的。而对于一些大型网站，网站目录包含大量的静态页面、图片和其他的一些应用程序，可以通过FTP数据备份工具，将网站目录下的相关文件直接下载到本地，根据备份时间在本地实现定期打包和替换。这样可以最大限度地保证网站的安全性和完整性。

2. 数据库的备份

数据库对于一个网站来说，其重要性不言而喻。网站文件损坏，可以通过一些技术还原手段实现，如模板文件丢失，我们可以换一套模板；网站文件丢失，我们可以再重新安装一次网站程序，但如果数据库丢失，相信技术再强的站长也是无力回天的。相对于网站数据库而言，变动的频率就很大了，相对来说备份的频率相对来说会更频繁一些。一般一些服务较好的数据中心，通常是每周帮忙备份一次数据库。对于一些运用建站CMS做网站的站长来说，在后台都有非常方便的数据库一键备份功能，自动备份到指定的网站文件夹中，如果你还不放心，可以使用FTP工具，将远程的备份数据库下载到本地，真正实现数据库的本地、异地双备份。

18.4 网站安全维护

网络的安全问题随着网络破坏行为的日益猖狂而开始得到重视。目前网站建设已经不仅仅考虑具体功能模块的设计，而是将技术的实现与网络安全结合起来。

18.4.1 目录和应用程序访问权限的设置

目录和应用程序访问权限是由IIS服务器的权限设置的，它与NTFS权限是互相独立的，并共同限制用户对站点资源的访问。目录和应用程序的访问权限并不能对用户身份进行识别，因此它所做出的限制是一般性的，对所有的访问者都起作用。

指定目录和应用程序访问权限是在网站“属性”窗口的“主目录”选项卡中进行的，其设置界面如图18-23和图18-24所示。

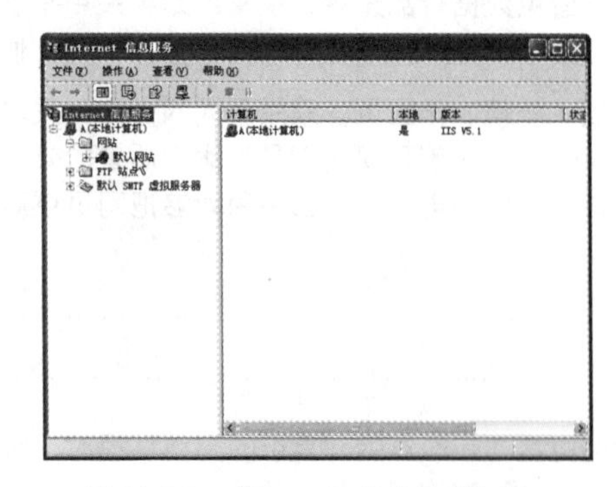

图 18-23 “Internet 信息服务”窗口

图 18-24 “默认网站属性”对话框

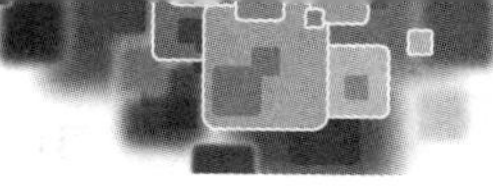

"主目录"选项卡中的"读取"和"写入"复选框用于配制目录访问权限。一般意义上的网页浏览和文件下载操作在"读取"权限的许可下就可以进行了。而对于允许用户添加内容的网站（例如搜集用户信息的网站或专门的个人主页空间），就要考虑指定"写入"权限。

18.4.2　匿名和授权访问控制

在默认情况下，IIS 对任意站点都是允许匿名访问的，如果出于站点安全性等考虑需要禁止匿名访问时，则应按照如下步骤进行配置。

01 在 IIS 中右键单击管理控制树中需要禁止匿名访问的 Web 站点图标，选择"属性"命令，弹出"默认网站属性"对话框，如图 18-25 所示。

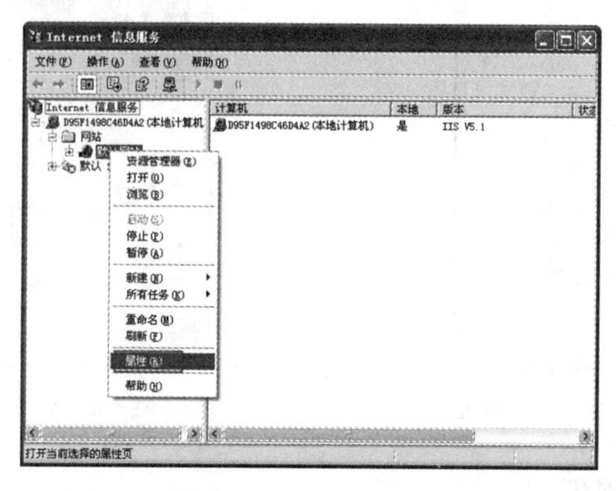

图 18-25　选择"属性"命令

02 在"目录安全性"选项卡上部的"匿名访问和身份验证控制"栏中单击"编辑"按钮，如图 18-26 所示。

03 在"身份验证方法"对话框中取消勾选"匿名访问"复选框，如图 18-27 所示。单击"确定"按钮返回。

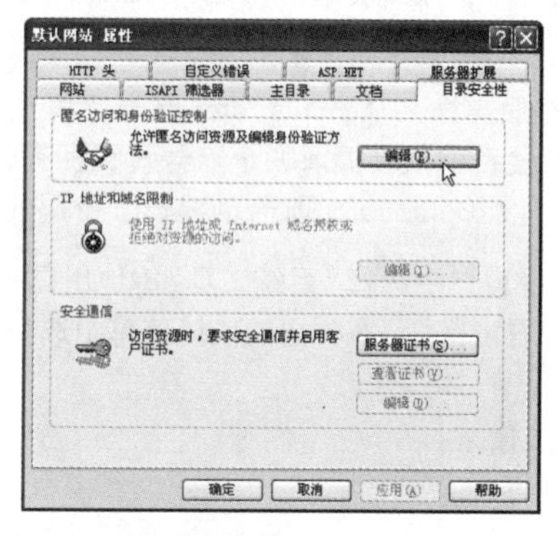

图 18-26　"目录安全性"选项卡

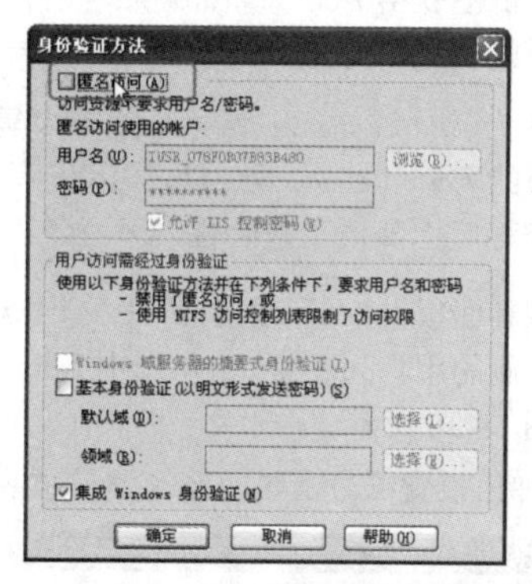

图 18-27　清除"匿名访问"复选框

当然，对于公共性质的网站而言，并不需要禁止匿名访问，但在某些情况下还需要对匿名访问用户账号进行配置。在"身份验证方法"对话框中选择"匿名访问"复选框，然后单击右侧的"浏览"按钮，打开"选择用户"配置对话框，根据前面"添加用户组"的操作步骤，加入指定的用户或用户组。

18.4.3　隐藏 IP 地址

黑客经常利用一些网络探测技术来查看主机信息，主要目的就是得到网络中主机的 IP 地址。IP 地址在网络安全上是一个很重要的概念，如果攻击者知道了服务器的 IP 地址，等于为攻击准备好了目标，黑客可以向这个 IP 发动各种进攻，如 DoS（拒绝服务）攻击、Floop 溢出攻击等。隐藏 IP 地址的主要方法是使用代理服务器。与直接连接到互联网相比，使用代理服务器能保护上网用户的 IP 地址，从而保障上网安全。

下面介绍如何通过 Internet Explorer 浏览器来设置代理服务器，进而实现隐藏 IP 地址的目的，具体操作步骤如下。

01 启动 Internet Explorer 浏览器，执行“工具” | “Internet 选项”命令，打开“Internet 选项”对话框，单击“连接”选项卡，如图 18-28 所示。

02 单击“局域网设置”按钮，打开“局域网（LAN）设置”对话框，选择“为 LAN 使用代理服务器”选项，激活下面的“地址”设置栏，输入代理服务器的 IP 地址，并设置具体的端口号，最后单击“确定”按钮，完成代理服务器的设置，如图 18-29 所示。

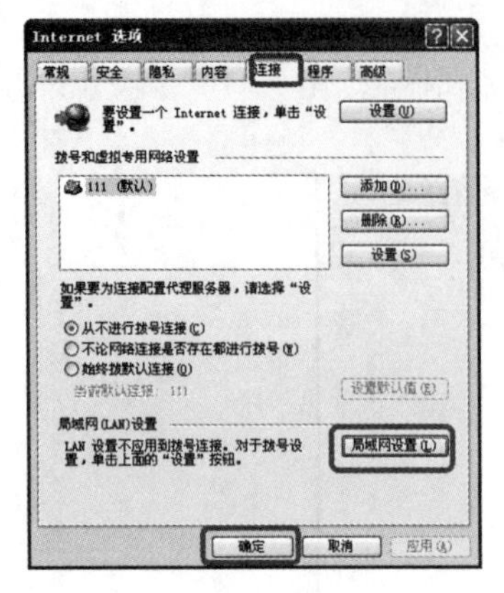

图 18-28 “Internet 选项”对话框

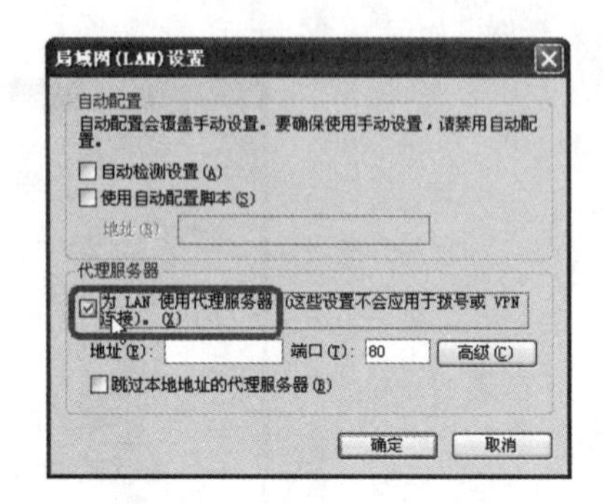

图 18-29 设置代理服务器

18.4.4 操作系统账号管理

Administrator 账号拥有最高的系统权限，一旦该账号被人利用，后果将不堪设想。黑客入侵的常用手段之一就是试图获得 Administrator 账号的密码，在一般情况下，系统安装完毕后，Administrator 账号的密码为空，因此要重新配置 Administrator 账号。

首先是为 Administrator 账号设置一个复杂的密码，然后重命名 Administrator 账号，再创建一个没有管理员权限的 Administrator 账号欺骗入侵者。这样一来，入侵者就很难搞清哪个账号真正拥有管理员权限，也就在一定程度上降低了危险性。下面介绍通过控制面板为 Administrator 账号创建一个密码的具体步骤。

01 执行“控制面板” | “管理工具” | “计算机管理”命令，在窗口中选择“系统工具 / 本地用户和组 / 用户”，接下来在右侧的用户列表窗口中，选中 Administrator 账号并右击鼠标，在弹出的快捷菜单中选择“设置密码”命令，如图 18-30 所示。

02 此时将弹出设置账号密码的警告提示对话框，如图 18-31 所示。

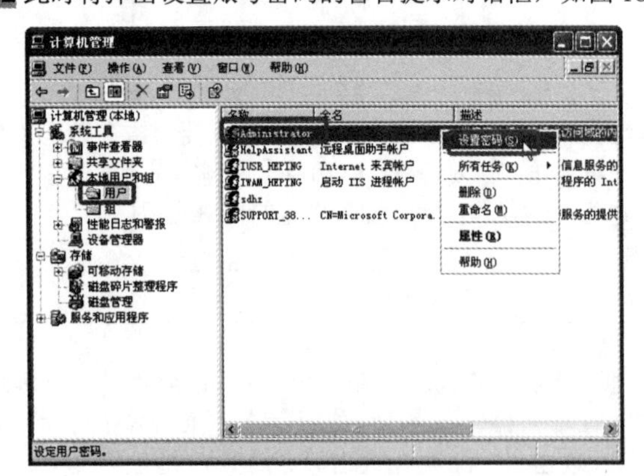

图 18-30 选择“设置密码”命令

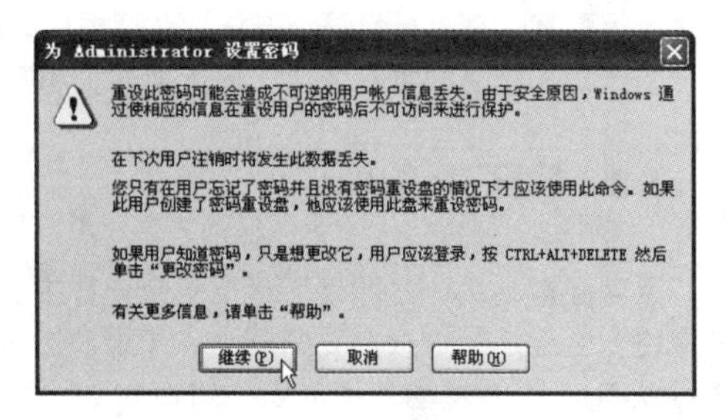

图 18-31 警告提示窗口

03 单击"继续"按钮，将弹出"Administrator 设置密码"对话框，如图 18-32 所示，这里连续两次输入相同的登录密码。最后单击"确定"按钮，完成账户密码的设置。

04 在用户列表窗口中，选中 Administrator 账号，并右击鼠标，从弹出的快捷菜单中选择"重命名"命令，如图 18-33 所示，可以根据自己的需要为其重命名。

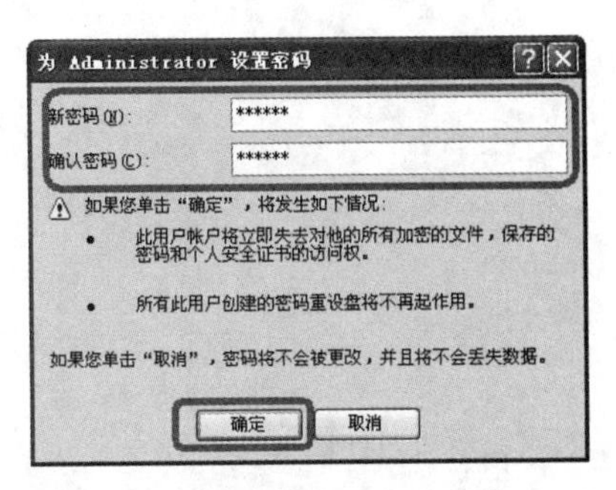

图 18-32 "Administrator 设置密码"对话框

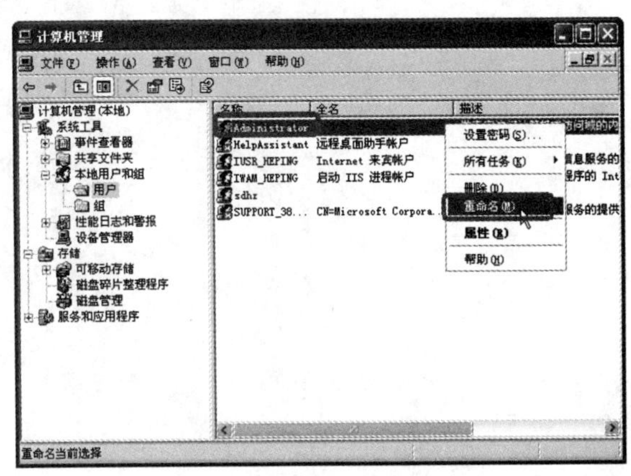

图 18-33 选择"重命名"命令

18.4.5　安装必要的安全软件

除了通过各种手动方式来保护服务器操作系统外，还应在计算机中安装并使用必要的防黑软件、杀毒软件和防火墙。在上网时打开它们，这样即便有黑客进攻服务器，系统的安全也是有保证的。

木马程序会窃取所植入计算机中的有用信息，因此也要防止被黑客植入木马程序。在下载文件时先放到新建的文件夹里，再用杀毒软件来检测，起到提前预防的作用。

第19章

网站的宣传推广

本章导读　网站推广就是以国际互联网为基础，利用数字化的信息和网络媒体的交互性来辅助营销目标实现的一种新型的市场营销方式。简单来说，网站推广就是以互联网为主要手段进行的，为达到一定营销目的的推广活动。

技术要点：

- 注册到搜索引擎
- 导航网站登录
- 友情链接
- 网络广告
- 发布信息推广
- 利用群组消息即时推广
- 电子邮件推广
- 问答式免费推广

19.1　注册到搜索引擎

搜索引擎注册是最经典、最常用的网站推广方式。当一个网站发布到互联网之后，如果希望别人通过搜索引擎找到你的网站，就需要进行搜索引擎注册。

19.1.1　搜索引擎

据统计，信息搜索已成为互联网最重要的应用，并且随着技术进步，搜索效率不断提高，用户在查询资料时不仅越来越依赖于搜索引擎，而且对搜索引擎的信任度也日渐提高。有了如此雄厚的用户基础，利用搜索引擎宣传企业形象和产品服务当然能获得极好的效果。

在搜索引擎中检索信息都是通过输入关键词来实现的，因此在登录搜索引擎时一定要填写好关键词。那么如何才能找到最适合你的关键词呢？

首先，要仔细揣摩潜在客户的心理，绞尽脑汁设想他们在查询与网站有关的信息时最可能使用的关键词，并一一将这些词记下来。不必担心列出的关键词会太多，相反找到的关键词越多，覆盖面也越大，也就越有可能从中选出最佳的关键词。

搜索引擎上的信息针对性都很强。用搜索引擎查找资料的人都是对某一特定领域感兴趣的群体，所以愿意花费精力找到网站的人，往往很有可能就是你渴望已久的客户。而且不用强迫别人接受提出要求的信息，相反，如果客户确实有某方面的需求，他就会主动找上门来。

如图 19-1 所示，在百度搜索引擎登录网站。注册时尽量详尽地填写企业网站中的信息，特别是关键词，尽量写得普遍化、大众化，如“公司资料”最好写成“公司简介”。

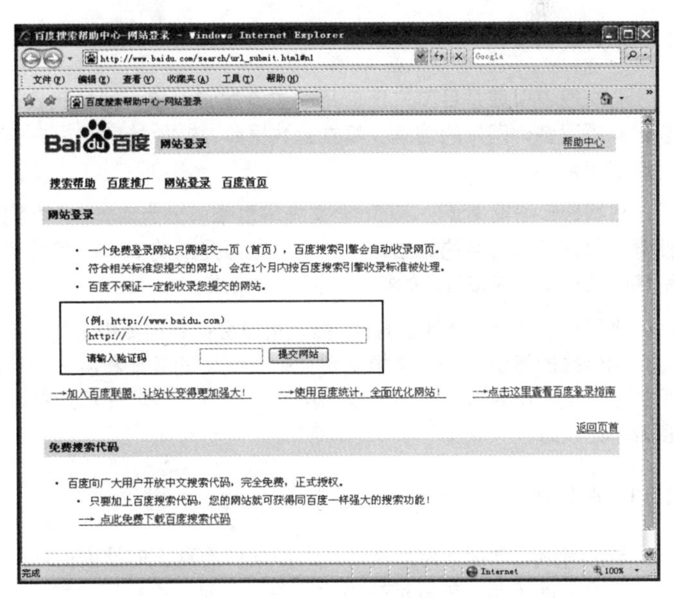

图 19-1　在百度搜索引擎登录网站

19.1.2 搜索引擎的原理

搜索引擎，通常指的是收集了互联网上几千万到几十亿个网页并对网页中的每个词（即关键词）进行索引，建立索引数据库的全文搜索引擎。当用户查找某个关键词的时候，所有在页面内容中包含了该关键词的网页都将作为搜索结果被搜出来。在经过复杂的算法进行排序后，这些结果将按照与搜索关键词的相关度高低，依次排列。根据自己的优化程度，获得相应的名次。如图 19-2 所示为搜索引擎的工作原理。

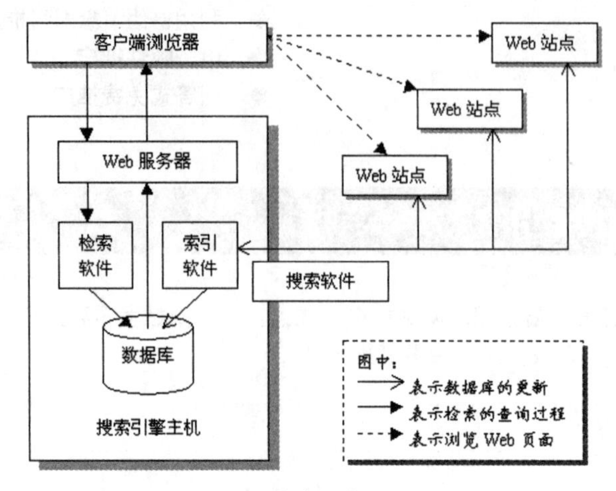

图 19-2　搜索引擎工作原理

在搜索引擎的后台，有一些用于搜集网页信息的程序。所收集的信息一般是能表明网站内容（包括网页本身、网页的 URL 地址、构成网页的代码，以及进出网页的连接）的关键词或者短语。接着将这些信息的索引存放到数据库中。

19.1.3 搜索引擎分类

搜索引擎包括全文索引、目录索引、元搜索引擎、垂直搜索引擎、集合式搜索引擎、门户搜索引擎等。

1. 全文索引

全文搜索引擎是目前广泛应用的主流搜索引擎，国外代表有 Google，国内则有著名的百度。它们从互联网提取各个网站的信息，建立起数据库，并能检索与用户查询条件相匹配的记录，按一定的排列顺序返回结果。

根据搜索结果来源的不同，全文搜索引擎可分为两类，一类拥有自己的检索程序，能自建网页数据库，搜索结果直接从自身的数据库中调用，上面提到的 Google 和百度就属于此类；另一类则是租用其他搜索引擎的数据库，并按自定的格式排列搜索结果。

当用户以关键词查找信息时，搜索引擎会在数据库中进行搜寻，如果找到与用户要求内容相符的网站，便采用特殊的算法——通常根据网页中关键词的匹配程度、出现的位置、频次、链接质量，计算出各网页的相关度及排名等级，然后根据关联度高低，按顺序将这些网页链接返回给用户。这种引擎的特点是搜索率比较高。

2. 目录索引

虽然有搜索功能，但严格意义上不能称为真正的搜索引擎，只是按目录分类的网站链接列表而已。用户完全可以按照分类目录找到所需要的信息，不依靠关键词（Keywords）进行查询。目录索引中最具代表性网站有 Yahoo、新浪分类目录搜索。

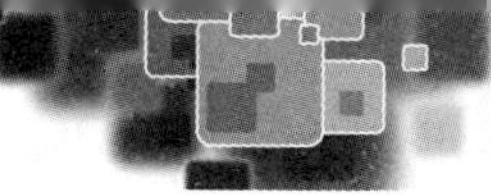

3. 元搜索引擎

元搜索引擎（Meta Search Engine）接受用户查询请求后，同时在多个搜索引擎上搜索，并将结果返回给用户。在搜索结果排列方面，有的直接按来源排列搜索结果，有的则按自定的规则将结果重新排列组合。

4. 垂直搜索引擎

垂直搜索引擎为 2006 年后逐步兴起的一类搜索引擎。不同于通用的网页搜索引擎，垂直搜索专注于特定的搜索领域和搜索需求，在其特定的搜索领域有更好的用户体验。相比通用搜索动辄数千台检索服务器，垂直搜索需要的硬件成本低、用户需求特定、查询的方式多样。

5. 集合式搜索引擎

集合式搜索引擎类似元搜索引擎，区别在于它并非同时调用多个搜索引擎进行搜索，而是由用户从提供的若干搜索引擎中选择。

6. 门户搜索引擎

AOLSearch、MSNSearch 等虽然提供搜索服务，但自身既没有分类目录也没有网页数据库，其搜索结果来自其他搜索引擎。

19.1.4　搜索引擎注册

一般到搜索引擎注册的时候，除了关键字是对公司网站具体的描述以外，还要告诉搜索引擎公司的网址，也就是 URL，一般在注册前要选择最能表现产品或者服务的 URL。

目前提交 URL 的方法大概有两种，手工注册和软件自动注册。手工注册需要你进入不同的搜索引擎自己进行注册。这种注册的缺点是工作量比较大，而且还要辨认那些难懂的英文，但是它的效果特别好，一般建议是采用手工注册的办法。软件自动搜索是利用专门的注册软件，其可以自动地在多个搜索引擎完成注册工作。自动软件虽然快捷，但是毕竟不是人工，智能化方面差一些。

可以把自己的网站提交给各个搜索引擎，这样在各个搜索引擎就能找到你的网站了，虽然不是每个都能通过，但是勤劳一点总是会有几个通过的。

- 方法很简单，首先在浏览器打开每个网站的登录口，然后把网址输入进去即可。
- 百度搜索网站登录口：http://www.baidu.com/search/url_submit.html
- Google 网站登录口：http://www.google.cn/intl/zh-CN_cn/add_url.html
- 网易有道搜索引擎登录口：http://tellbot.youdao.com/report
- 英文雅虎登录口：http://search.yahoo.com/info/submit.html

19.1.5　搜索引擎优化原则

SEO 意思就是“搜索引擎优化”，SEO 的主要工作是通过了解各类搜索引擎在抓取页面时的不同特征，针对各类搜索引擎制定不同的优化方针，使所要优化网站的排名上升，进而达到提升网站流量乃至最终达到提升网站销售能力和宣传网站的目的。

1. 网站架构优化

规划合理的站点结构，尽可能减小目录深度，一般目录深度最好不超过 4 层，目录深度较小的页面不管对于搜索引擎还是普通用户都是有好处的，因而能得到更多的权重。也可以通过一些技术手段解决

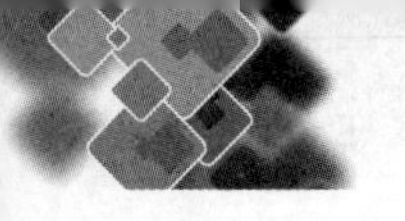

URL 长度的问题，如 URL 重写，或者短网址转换。

建立合理的导航结构，减少页面间的链接深度。只有具有清晰、合理的网站导航结构，才能尽可能多地收录网站的页面和收录更深层次的页面。

2. 网页代码优化

熟悉网页代码 HTML 的编写，并且掌握 W3C 标准，是网站优化需要掌握的基础知识，当然如果有网页编程基础会更好。

- 网页布局采取 DIV+CSS 方式：与传统的 Table 布局相比，DIV+CSS 布局的网页无论是打开速度还是网站维护更改，都显得特别方便。
- 删除不规范 URL 字符或错误 URL：URL 错误是网站的硬伤，不规范的 URL 不仅影响蜘蛛爬取，还会影响用户体验。如果这方面的错误较多，无论是搜索引擎，还是用户都会放弃这个网站。
- 削减或删除注解：代码中的注解只是为了程序员方便阅读、查错和修改网站代码而设计的，对于这些代码，只会增加网页的空间，因此，建议删去或者部分删去。
- 减少 JavaScript、Flash 等特效：因为搜索引擎不好识别。

3. 关键字优化

搜索引擎是以关键词为搜索条件进行检索的， 关键字优化的主要目的就是提高页面和关键字的相关性。对于 SEO 搜索引擎优化来讲，关键字的挑选可以从以下的三个方面进行。

- 根据自己的第一感觉，首先列出自己认为比较合适的关键字。
- 分析潜在的客户及合作伙伴等，多向这些人咨询，参考他们的意见。
- 使用各类优化工具进行关键字的分析，进而选出适合自己网站的关键字。

4. 站内链接优化

内部链接在网站的优化过程中占据着非常重要的位置。内部链接的建设可以从以下几个方面入手。

- 建立网站地图：为你的网站建立一个网站地图，同时需要做的是把网站地图放到网站首页，使搜索引擎非常方便地就能抓取所有网页。
- 每个页面离首页最多 4 次点击：在设计网站的时候，就要确保从首页出发到网站任何一个地方都不要多于 4 次点击，如果是小型网站，还可以放在根目录，离首页越近越好。
- 尽可能使用文字导航：网站的导航最好是文字的，有利于被搜索引擎抓取。用图片或者脚本语言来制作的导航，虽然看起来漂亮，但是这样做不利于被搜索引擎抓取。
- 网站导航中的链接文字应该准确地描述栏目内容：这样自然而然在链接文字中就会有关键词，但注意不要堆积关键词。在网页正文中提到其他网页内容的时候，可以自然地链接到其他网页。
- 网站内部的互相链接：在网页正文中引用其他文章时应该用关键词链接向其他相关网页，这样做既有利于搜索引擎排名，也有利于收录。

5. 分析与观察能力

SEO 不是你照着一次做完就没事了，不断地分析与观察是绝对必要的。例如，持续追踪锁定的关键字、分析关键字排名问题、解决排名困境、了解搜索引擎每次更新的重点与特性，这些都是 SEO 的日常工作。

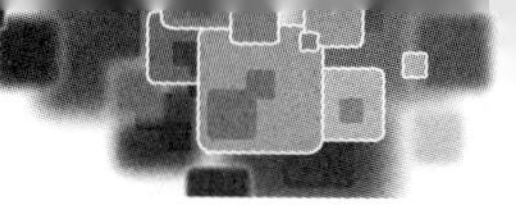

6. 了解搜索习惯

就拿关键词的选择来说，关键字的锁定与选择是 SEO 工作的开端，也是决定效益最重要的一步。关键字的锁定牵涉到的方向相当广泛，从关键字的难度、关键字属性，到搜索心理研究都有。所以了解搜索人群的搜索习惯和搜索心理是相当重要的，当然它也是十分复杂的。

7. 不断的创新能力

搜索引擎在不断地调整策略来应对成几何倍数增长的网页内容，SEO 的方法也在不断调整，努力尝试和创新各种方法，让搜索引擎永远都青睐你的网站，需要有相当强的创新意识，当然作弊的方法除外。

19.2 导航网站登录

现在国内有大量的网址导航类站点，如 http://www.hao123.com/、http://www.265.com/ 等。在这些网址导航类做上链接，也能带来大量的流量，不过现在想登录上像 hao123 这种流量特别大的站点并不是一件容易事。如图 19-3 所示为导航网站。

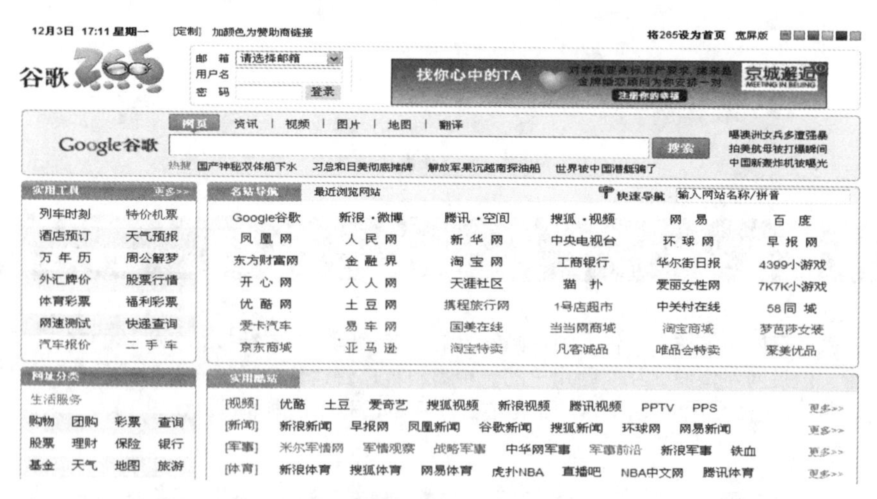

图 19-3 导航网站

19.3 友情链接

如果网站提供的是某种服务，而其他网站的内容刚好和你形成互补，这时不妨考虑与其建立链接或交换广告，一来增加了双方的访问量，二来可以给客户提供更加周全的服务，同时也避免了直接的竞争。网站之间互相交换链接和旗帜广告有助于增加双方的访问量，如图 19-4 所示为交换友情链接。

最理想的链接对象是那些与你的网站流量相当的网站。流量太大的网站管理员由于要应付太多要求互换链接的请求，容易将你忽略。小一些的网站也可考虑。互换链接页面要放在网站比较偏僻的地方，以免将你的网站访问者很快引向他人的站点。

找到可以互换链接的网站之后，发一封个性化的 Email 给对方网站管理员，如果对方没有回复，再打电话试试。

在进行交换链接的过程中往往存在一些错误的做法，如不管对方网站的质量和相关性、片面追求链接数量，这样只能适得其反。有些网站甚至通过大量发送垃圾邮件的方式请求友情链接，这是非常错误的做法。

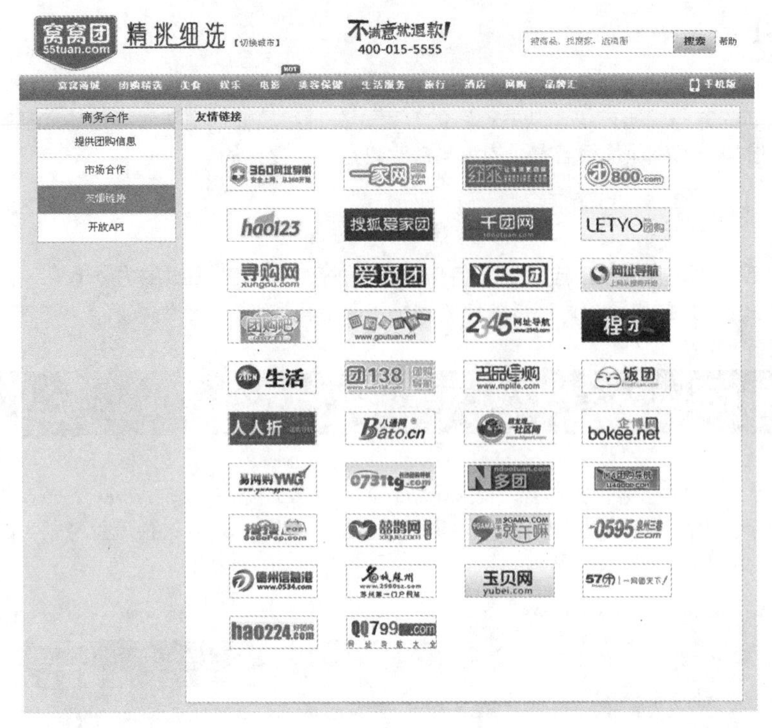

图 19-4 交换友情链接

19.4 网络广告

网络广告就是在网络上做的广告。利用网站上的广告横幅、文本链接、多媒体的方法，在互联网刊登或发布广告，通过网络传递到互联网用户的一种高科技广告运作方式。一般形式是各种图形广告，称为旗帜广告。网络广告本质上还属于传统宣传模式，只不过载体不同而已。如图 19-5 所示为在新浪网投放网络广告推广的网站。

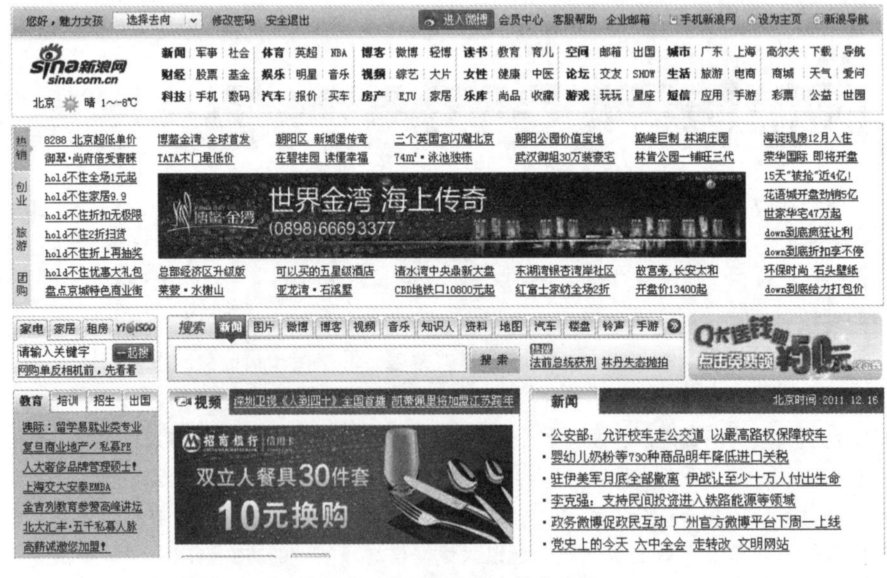

图 19-5 使用网络广告推广网站

19.5 发布信息推广

信息发布既是网络营销的基本职能，又是一种实用的操作手段，通过互联网，不仅可以浏览到大量商业信息，同时还可以自己发布信息。在网上发布信息可以说是网络营销最简单的方式，网上有许多网站提供企业供求信息发布，并且多数为免费发布信息，有时这种简单的方式也会取得意想不到的效果。

分类信息网站是现在网站推广的一个重要方式，因为它流量高，且审核宽松。下面介绍在分类信息网站做推广的一些事项。

- 首先要做的就是在网上找一些分类信息的网站，这类网站很多，但是不用太多，只找十几二十个权重比较高的就行了，像赶集、58 同城、百姓网等。如图 19-6 所示为在 58 同城发布信息。

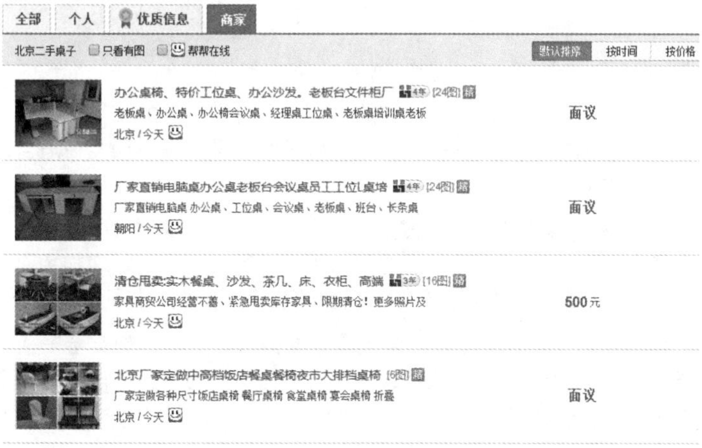

图 19-6　在 58 同城发布信息

- 选对城市。现在不是纯互联网的企业都有一定的地域性，如果你的企业或者产品地域性很强，强烈建议你以地域性推广为主。大部分分类信息网都有地区分站。
- 选对发布版块。因为分类信息的类别非常多，在选择类别的时候一定遵循产品和服务属性，不要发布错了。如你本来是做网站建设的，发到了物流运输的类别上了，那么管理员会把你的信息删除。
- 编辑发布内容。内容的编辑是重中之重，为什么这样说呢？因为它像软文一样，原创的最好。不要从其他人那里复制一些相关信息过来，换个名称就放上去了，与其这样做无用功，还不如静下心来好好写一篇文章，不在乎文笔多好，自己写的内容比你复制十几篇文章的作用都大。
- 信息的排版。经验告诉我们，同样的信息，排版混乱被删的概率大很多。
- 跟踪效果。发布的每条信息并不是放上去就算完事了，要把每一条发送的 URL 地址记录下来，每星期查看带来的效果如何，例如浏览量、留言等。只有做好统计，才能根据反馈的情况采取相应的措施进行改进，提高推广效果。

19.6 利用群组消息即时推广

利用即时软件的群组功能，如 QQ 群、MSN 群等，加入群后发布自己的网站信息，这种方式即是为自己的网站带来流量。如果同时加几十个 QQ 群，推广网站可以达到非常不错的效果。但这种方式同时也被很多人厌恶。如图 19-7 所示为利用 QQ 群推广网站。

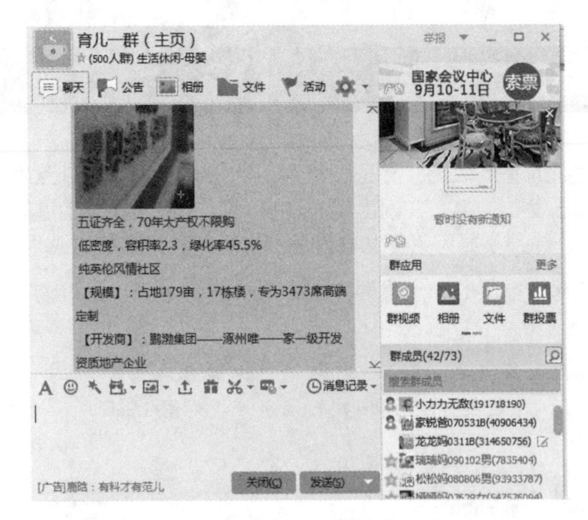

图 19-7　利用 QQ 群推广网站

如果加入群后发布的是直接广告，管理较好的群组马上将发广告的人“踢出”，但现在很多站长都开始使用其他的方式，如先与群管理搞好关系，平时积极参与聊天等活动，在适当的时候发布自己网站的广告，可以起到更好的效果。

另外还有一种现在很多站点都在使用的方法，就是建立自己网站的 QQ 群，然后在网站上宣传吸引网友的加入，这样一来不仅能够近距离跟自己的网站用户进行交流，还能增加用户的黏性，而且网站有什么新功能推出，可以即时在群中发布通知信息，并且不会有因为发广告而被“踢出”的后顾之忧。

前一种通过添加 QQ 群宣传的方法会打扰到大多数的群员，但是又确实会产生直接的效果，但如果针对的用户群体不符，则起不到任何的宣传效果。而后一种方法更为实用，不仅能与网站的用户进行交流，而且还能起到宣传作用。

19.7　电子邮件

电子邮件因为方便、快捷、成本低廉的特点，成为目前使用最广泛的互联网应用，其也是一种有效的推广工具。它常用的方法包括邮件列表、电子刊物、新闻邮件、会员通信、专业服务商的电子邮件广告等。

19.7.1　电子邮件推广

电子邮件是目前使用最广泛的互联网应用。它方便快捷、成本低廉，不失为一种有效的联络工具。如图 19-8 所示为使用电子邮件推广网站。

图 19-8　使用电子邮件推广网站

相比其他网络营销手法，电子邮件营销速度非常快。搜索引擎优化需要几个月，甚至几年的努力，才能充分发挥效果。博客营销更需要时间，以及大量的文章。而电子邮件营销只要有邮件数据库在手，发送邮件后几小时之内就会看到效果，产生订单。互联网使商家可以立即与成千上万潜在的和现有的顾客取得联系。

由于发送E-mail的成本极低且具有即时性，因此，相对于电话或邮寄，顾客更愿意响应营销活动。相关调查报告显示，E-mail的点击率比网络横幅广告和旗帜广告的点击率平均高约5%～15%，E-mail的转换率比网络横幅广告和旗帜广告的转换率平均高约10%～30%。

19.7.2 电子邮件推广的技巧

可以看出，电子邮件在现在的推广和营销特别是电子商务类网站的作用越来越明显。利用好技巧，让更多的用户产生购买行为。

- 提高电子邮件的到达率，没有到达，打开也无从谈起。提升到达率，不断地研究各种发送邮件方式，从而提高邮件发送的成功率。
- 内容清晰简单。电子邮件内容简洁，用最简单的内容表达出你的诉求点，如果必要，可以给出一个关于详细内容的链接，收件人如果有兴趣，会主动点击你链接的内容，否则，内容再多也没有价值，只能引起收件人的反感。
- 根据不同的用户合理地安排邮件的主题。邮件的主题是收件人最早可以看到的信息，邮件内容是否能引人注意，主题起到相当重要的作用。邮件主题应言简意赅，以便收件人决定是否继续阅读邮件内容。
- 邮件的设计一定要美观，给人眼前一亮的感觉。对于两封同样是陌生的邮件，制作漂亮精美的邮件肯定比制作粗糙的邮件让用户更容易接受。因此，无论每天发多少封邮件，尽量在发之前花点时间美化一下，这样，不但可以提高公司的形象，也拉近了你和用户之间的距离。
- 电子邮件发件人与邮件地址非常重要。电子邮件收件人收到邮件后，如果是有印象的发件人名称与发件人地址，平均打开率要比没有印象的高出两倍以上。因此，开展电子邮件营销必须做到：保持持续稳定发件人名称；使用独有的域名与发件人地址，这样让他们更容易接受。
- 标题中包含吸引收件人的关键词，要做到这一点，就需要深入挖掘分析收件人的关注点与兴趣点，结合自己特征来把握。
- 持续的反馈与改进。持续地分析那些到达了而没有打开的原因，通过一些调查问卷或者访问调查，对提高打开率很有好处。
- 转发与注册。“获得更多的优惠”，在我们发布给一个用户的时候，提醒他转发或者注册，并用一定的激励方式来鼓励和促进他实施这项活动。
- 邮件发送的频率要适度。有些公司有了邮件群发平台以后，每天就狂发邮件给用户，这样，不但造成用户反感，而且邮件服务器也会把你列入垃圾邮件的名单中。因此，我们在发送邮件的时候，一定要用策略，一定要懂得分析数据。

19.8 问答式免费推广

在百度知道、雅虎知识堂、搜搜问问中回答与自己网站内容相关的问题，然后在问题中加入自己的网站链接或公司地址来推广，如图19-9所示。

一般来说，如果只是单纯在回答中写上一个网址，这样很难被采纳。你可以将自己的网站地址巧妙地融入回答中，让用户有兴趣打开网站，或者回答一部分，后面提供自己的网址。

你也可以注册多个用户名，自问自答，然后将自己的回答选为最佳答案。例如“什么网站在线看电影速度最快？”这样的问题，而最佳答案又是一个电影网站，通常都是站长在采用自问自答的方式为自己的网站做免费推广。

如果回答的问题确实有价值，能解决网友的问题，那么这种免费推广的方法持久性就非常好，可以源源不断地为网站带来流量。但是如果大量地加广告，轻则可能造成问题被删除，重则会遭到搜索引擎的惩罚。所以使用这种方法做网站推广最重要的是把握好度。

图 19-9　百度知道问答式免费推广

19.9 在博客中推广

利用博客可以宣传推广你的网站、产品、服务，宣传得当，可以有效地提升企业的知名度，无形之中提升企业的收益。但是做得不到位，就会对企业的产品和服务产生抵触情绪，认为你的产品和服务也很差，对企业造成不好的影响。所以，做博客营销，一定要强调要把产品宣传做到“无形”，对博客内容做到精准，具有引导性，做到宁缺毋滥，才能有效引导潜在客户购买你的产品和服务。方法如下。

- 发布一些有趣、时效性强的博文，吸引浏览者。
- 在博客中用自定义模板，自定义一个友情链接，将要推广的网址加入其中。
- 维护好博客，加一些圈子和社区让更多的人知道你的博客，从而了解到你要推广的目标。
- 一个长时间不更新的博客，没有人会喜欢，所以要随时发表新内容，哪怕只是变化一个图片。简单来说就是更新，更新，不停地更新。搜索引擎喜欢新的内容，网站越常更新，搜索引擎便越常造访，如此可以让你的博客经常被列入搜索的结果中。一旦让搜索引擎信赖不断更新的内容，便能提高博客在搜索结果中的排名。
- 网络上，获取信息变得十分容易，所以如果你的博客能经常提供有价值的信息，将更能吸引访客。

- 如果可以，用其他的账户回复，以提高博文的互动，或发布一些互动性比较强的博文，调动访问者的积极性。
- 在一些热门的博客中，用留言的方式宣传自己的网站。例如许多名人博客的访问量超过千万次，如果每次自己的留言都能够抢到“沙发”，带来的流量也相当大。

建立多个博客的方法如果运用得当，文章优秀而被推荐到博客首页，每天为网站带来的流量是相当可观的，但这很难做到，需要花费大量的精力。而采用在他人博客中留言的方式，虽然也有效果，但很容易被作为无用评论或广告而删除。

如图 19-10 所示博客推广网站。

图 19-10　博客推广网站

19.10 传统网下推广

在网站的宣传推广中，不要太狭隘，不要只着眼于各种网络推广方式，对于传统的网下推广宣传方式也要很好地加以利用。

1. 印名片推广

有很多新手也许会认为，网上交易都是在网上完成的，做名片岂不是浪费成本吗？殊不知，虽然是在网上建站的，但大家还是可以通过传统方式进行联系，因此，在销售商品的时候，就可以把自己设计精美、个性十足的名片夹在商品中，说不定就能起到很好的宣传作用。

而且在印刷了名片之后，店主们还可以在日常生活中，在与人交往时递送出去，随时随地来宣传自己的网站。甚至可以在同学通讯录中发出宣传和邀请，在同学聚会时发出自己的宣传名片，既可以让同学、朋友分享自己的建站乐趣，又可以为网站增添人气，说不定还可以做成几单生意，何乐而不为呢？如图19-11所示为名片推广。

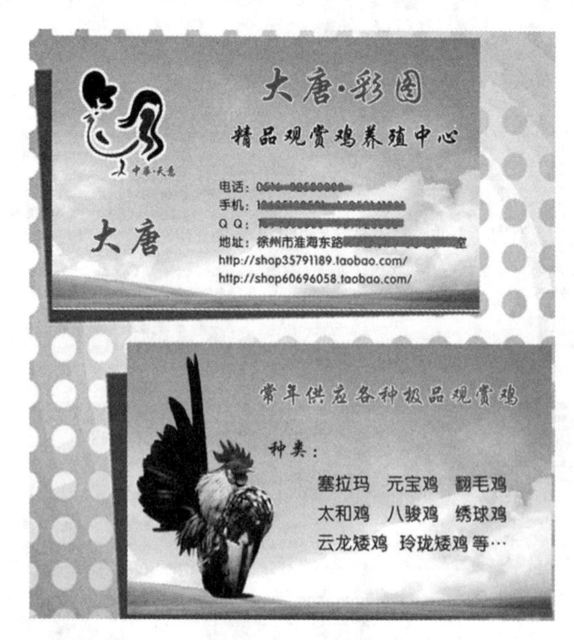

图19-11 名片推广

2. 媒体宣传

当然这点需要很大的投资，但其效果也是可想而知的。有官方背景的推广更能使你网站有高的可信度。和当地电视、电台、报社等媒体合作，如果你有这个能力，并且要有足够的资金作为基础。

传统媒体广告方式不应废止，但无论是报纸还是杂志广告，一定确保在其中展示你的网址。要将查看网站作为广告的辅助内容，提醒用户浏览网站将获取更多相关信息。别忽视在一些定位相对较窄的杂志或贸易期刊登广告，有时这些广告定位会更加准确、有效，而且比网络广告更便宜。还有其他传统方式可增加网站访问量，如直邮、分类广告、明信片等。电视广告恐怕更适合于那些销售大众化商品的网站。

3. 搞怪宣传

例如买几件T恤，在上面印上你的网站LOGO，送给身边的朋友和亲人，要搞得漂亮点、酷点，他们就爱穿出去为你做宣传，自己也可以穿。

4. 印制传统广告

印制并发放广告也是网站可以采用的一种推广方式。这也是一种很典型的传统广告方式，可以大量印刷自己网站的宣传单，然后亲自或者雇人到各处去分发。但看起来这种方式似乎并不太适合网站的宣传，因为它的涉及范围有限，针对性太差。

其实，可以走出这些思维定式，在传统广告宣传上走出一条非传统的道路来。可以把自己网站的相关广告信息印刷在精美的日历上、地图上、红包上，或者是精美的纪念品上。当然更可以印在商品包装上，以吸引回头客。

5. 印塑料带

免费送给快餐店、饭店、农贸市场。免费的他们巴不得呢，不过这个投资还是大了点。塑料带上印上网站介绍，如可以这样写："就爱打折。网址：www.xxxx.com，欢迎大家"。关键字一定要出现，即使他们忘记了网址也会用百度去搜。

6. 和当地网吧合作

把浏览器默认首页设为你的网站，然后在你的站上给他们网吧做广告。能不能说服网吧老板，还要看你的个人能力。

7. 赞助活动了

当然，别以为赞助就一定要给钱的，你可以先了解一下本地最近有搞什么活动吗？免费大力度地为他们宣传一下，其实是借机炒作，人们会因为此事而关注你的网站。

第20章

设计制作公司宣传网站

本章导读

越来越多的企业有了自己的网站，网站是互联网上宣传和反映企业形象和文化的重要窗口。本章将制作一个典型的企业网站，从综合运用方面讲述网站的制作过程。首先讲述企业网站的特点分析，接着讲述用Photoshop设计网站首页，用Dreamweaver设计排版制作网页。通过大量篇幅介绍利用Dreamweaver创建本地站点、创建模板的方法。

技术要点：

- 网站前期策划
- 设计网站页面
- 在Dreamweaver中进行页面排版制作
- 给网页添加特效

实例展示

网站主页

20.1 网站前期策划

网站策划是整个网站构建的灵魂，网站策划在某种意义上就是一个导演，它引领了网站的方向，赋予网站生命，并决定着它能否走向成功。

20.1.1 网站总体策划

网站页面是网站营销策略的最终表现层，也是用户访问网站的直接接触层。同时，网站页面的规划也最容易让项目团队产生分歧。

对于网页设计的评估，最有发言权的是网站用户，然而用户却无法明确地告诉网站设计者，他们想要的是怎样的网页，停留或者离开网站是他们表达意见的最直接方法。好的网站策划者除了要听取团队中各个角色的意见之外，还要善于从用户的浏览行为中捕捉用户的意见。

网站策划者在做网页策划时，应遵循以下原则。

- 符合客户的行业属性及网站特点：在客户打开网页的一瞬间，让客户直观地感受到网站所要传递的理念及特征，如网页色彩、图片、布局等。
- 符合用户的浏览习惯：根据网页内容的重要性进行排序，让用户用最少的光标移动，找到所需的信息。
- 符合用户的使用习惯：根据网页用户的使用习惯，将用户最常使用的功能置于醒目的位置，以便于用户的查找及使用。
- 图文搭配，重点突出：用户对于图片的认知程度远高于对文字的认知程度，适当地使用图片可以提高用户的关注度。此外，确立页面的视觉焦点也很重要，过多的干扰元素会让用户不知所措。如图 20-1 所示的页面中使用了图片，大大提高了用户的关注程度。

图 20-1　页面中使用了图片

- 利于搜索引擎优化：减少 Flash 和大图片的使用，多用文字及描述，使搜索引擎更容易收录网站，让用户更容易找到所需内容。

20.1.2　功能规划

相对于网站页面及功能规划，网站栏目策划的重要性常被忽略。其实，网站栏目策划对于网站的成败有着非常直接的关系，网站栏目兼具以下两个功能，二者缺一不可。

1. 提纲挈领，点题明义

网速越来越快，网络的信息越来越丰富，浏览者却越来越缺乏浏览耐心。打开网站不超过 10 秒钟，一旦找不到自己所需的信息，网站就会被浏览者毫不客气地关掉。要让浏览者停下匆匆的脚步，就要清晰地给出网站内容的“提纲”，也就是网站的栏目。

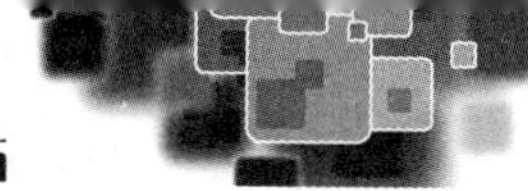

网站栏目的规划，其实也是对网站内容的高度提炼。即使是文字再优美的书籍，如果缺乏清晰的纲要和结构，恐怕也会被淹没在书本的海洋中。网站也是如此，不管网站的内容有多精彩，缺乏准确的栏目提炼，就难以引起浏览者的关注。

因此，网站的栏目规划首先要做到“提纲挈领、点题明义”，用最简练的语言提炼出网站中每个部分的内容，清晰地告诉浏览者网站在说什么、有哪些信息和功能。如图 20-2 所示的网站的栏目具有提纲挈领的作用。

图 20-2　网站栏目具有提纲挈领的作用

2．指引迷途，清晰导航

网站的内容越多，浏览者就越容易迷失。除了“提纲”的作用之外，网站栏目还应该为浏览者提供清晰、直观的指引，帮助浏览者方便地到达网站的所有页面。网站栏目的导航作用通常包括以下 4 种情况。

- 全局导航：全局导航可以帮助用户随时跳转到网站的任何一个栏目。通常来说，全局导航的位置是固定的，以减少浏览者查找的时间。
- 路径导航：路径导航显示了用户浏览页面的所属栏目及路径，帮助用户访问该页面的上下级栏目，从而更完整地了解网站信息。
- 快捷导航：对于网站的老用户而言，需要快捷地到达所需栏目，快捷导航为这些用户提供了直观的栏目链接，减少用户的点击次数和时间，提升浏览效率。
- 相关导航：为了增加用户的停留时间，网站策划者需要充分考虑浏览者的需求，为页面设置相关导航，让浏览者可以方便地达到所关注的相关页面，从而增进对企业的了解，提升合作概率。

在如图 20-3 所示的网页中，可以看到多级导航栏目，顶部有一级页面导航，左侧又有精品酒店和酒店报价的二级导航。

图 20-3　多级导航栏目，方便用户浏览

归根结底，成功的栏目规划还是基于对用户需求的理解。对用户和需求理解得越准确、越深入，网站的栏目就越具有吸引力，也就能够留住越多的潜在客户。

20.2 利用 Photoshop 设计网站首页

本节讲述利用 Photoshop 设计网站首页，效果如图 20-4 所示。

图 20-4　网站主页

本节讲述制作网站首页的设计方法，具体操作步骤如下。

01 打开 Photoshop 软件，执行“文件”｜“新建”命令，弹出“新建”对话框，将“宽度”设置为 1200，“高度”设置为 1200，如图 20-5 所示。

02 单击“确定”按钮，即可新建一个空白文档，如图 20-6 所示。

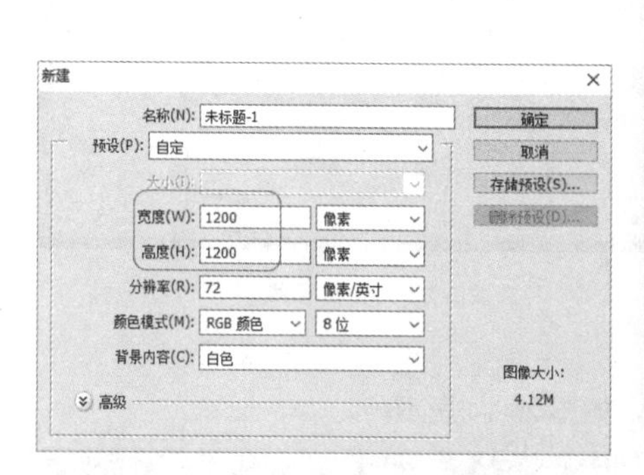

图 20-5　“新建”对话框

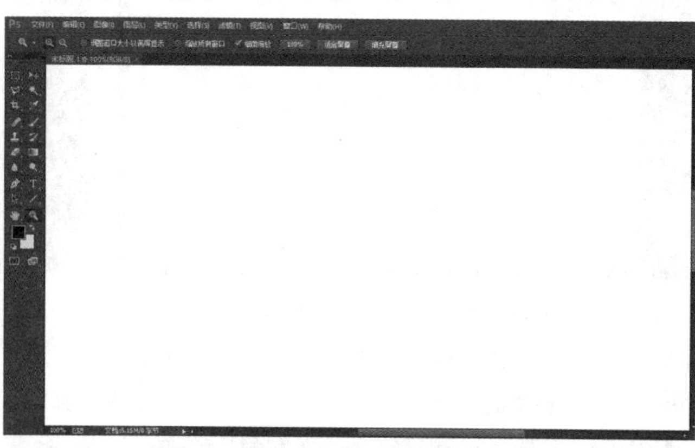

图 20-6　新建文档

03 单击“设置背景颜色”按钮，打开“拾色器”对话框，在该对话框中设置背景颜色，如图 20-7 所示。

04 单击“确定”按钮，设置背景颜色，按组合键 Ctrl+Delete 填充背景颜色，如图 20-8 所示。

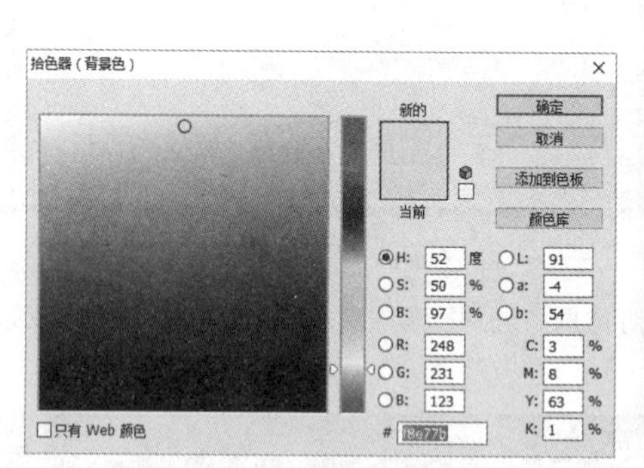

图 20-7　“拾色器”对话框

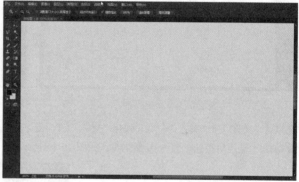

图 20-8　设置背景颜色

05 选择工具箱中的“矩形”工具，在画面中绘制矩形，如图 20-9 所示。

06 执行“图层”｜“图层样式”｜“混合选项”命令，弹出“图层样式”对话框，单击右侧的“样式”选项，在弹出的样式框中选择样式，如图 20-10 所示。

图 20-9　绘制矩形

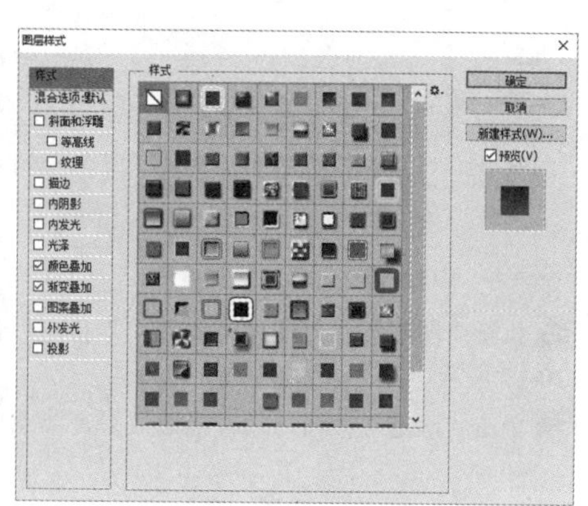

图 20-10　选择样式

07 单击“确定”按钮，设置图层样式效果，如图 20-11 所示。

08 选择工具箱中的“直线”工具，在矩形上面绘制直线，如图 20-12 所示。

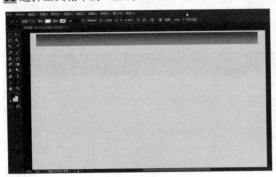

图 20-11 设置图层样式效果

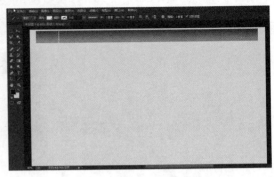

图 20-12 绘制直线

09 同步骤 8 绘制出去另外的线条，如图 20-13 所示。

10 选择工具箱中的“横排文字”工具，在舞台中输入导航文字，如图 20-14 所示。

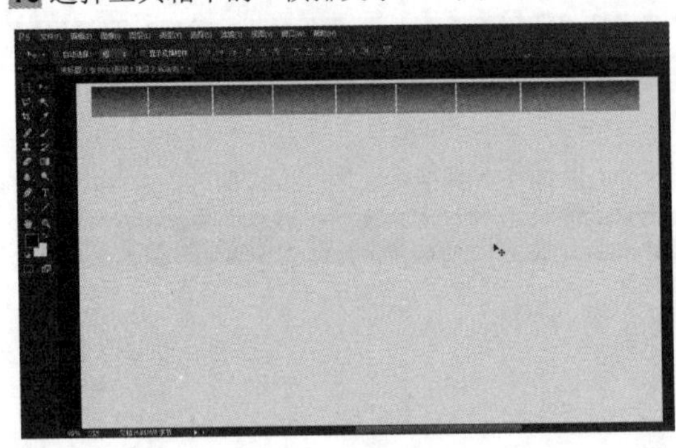

图 20-13 绘制线条

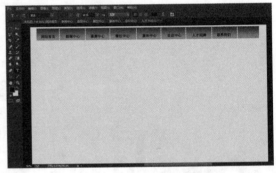

图 20-14 输入导航文字

11 执行“文件”|“置入”命令，弹出“置入”对话框，在该对话框中选择图像文件 02.jpg，如图 20-15 所示。

12 单击“置入”按钮，置入图像文件，如图 20-16 所示。

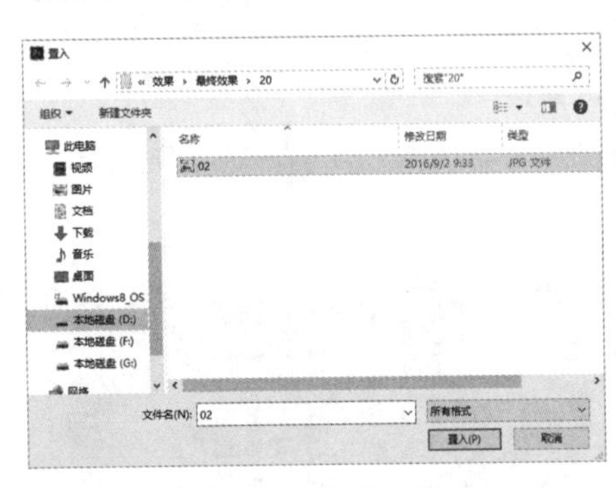

图 20-15 “置入”对话框

图 20-16 置入图像文件

13 执行“图层”|“图层样式”|“描边”命令，弹出“图层样式”对话框，设置描边大小和颜色，如图 20-17 所示。

14 单击“确定”按钮，设置描边效果，如图 20-18 所示。

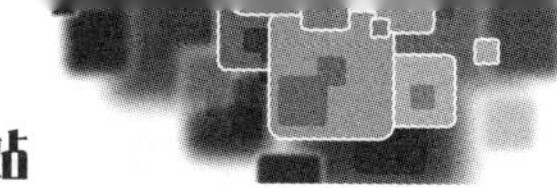

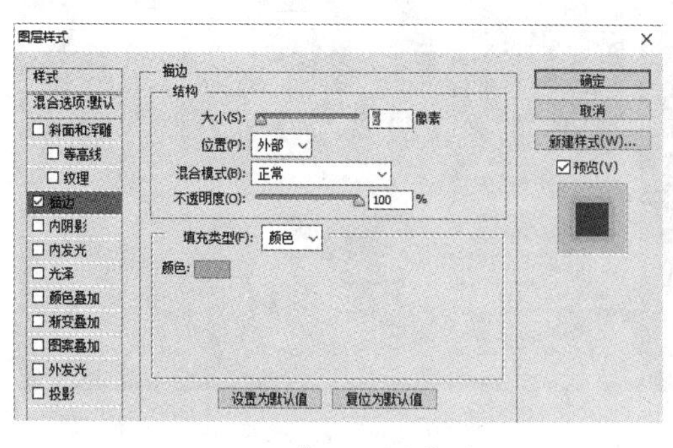

图 20-17　“图层样式”对话框

图 20-18　设置描边效果

15 选择工具箱中的“矩形”工具，在画面中绘制矩形，如图 20-19 所示。

16 选择工具箱中的“横排文字”工具，在舞台中输入公告文字，如图 20-20 所示。

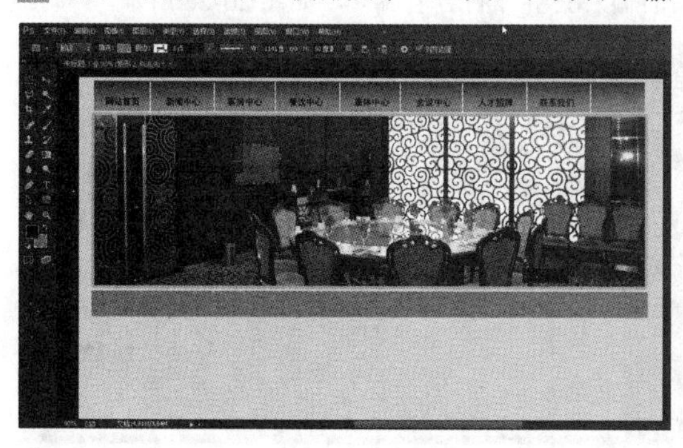

图 20-19　绘制矩形

图 20-20　输入文字

17 选择工具箱中的“矩形”工具，在画面中绘制矩形，如图 20-21 所示。

18 执行“图层”|“图层样式”|“外发光”命令，弹出“图层样式”对话框，设置外发光大小为 5，如图 20-22 所示。

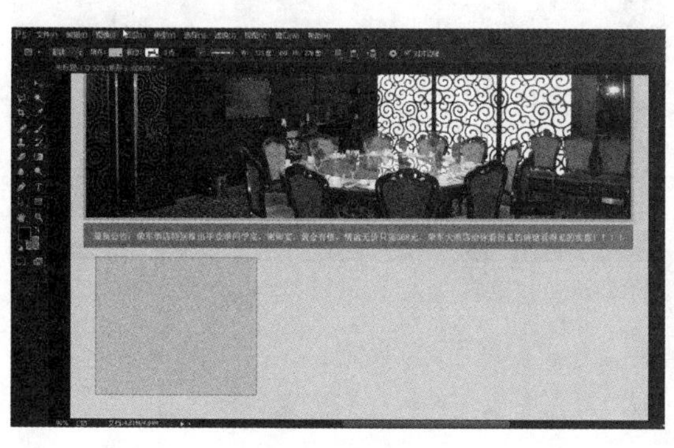

图 20-21　绘制矩形

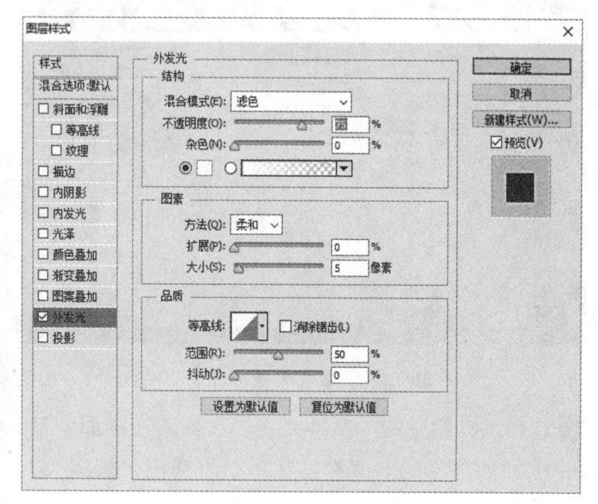

图 20-22　输入文本

19 单击“确定”按钮，设置图层外发光效果，同步骤 17~19 绘制出另外两个矩形并设置外发光效果，如图 20-23 所示。

20 前面两个矩形上面绘制两个小的矩形，选择工具箱中的“横排文字”工具，在矩形上面输入文字，如图 20-24 所示。

图 20-23　绘制矩形

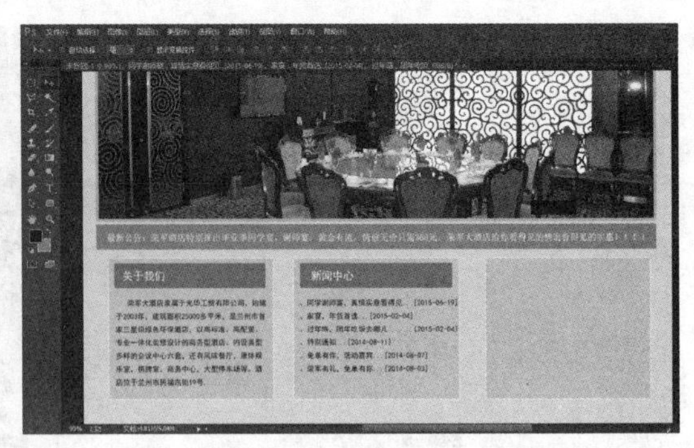

图 20-24　输入文字

21 执行“文件”|“置入”命令，弹出“置入”对话框，在该对话框中选择图像文件，单击“置入”按钮，置入图像文件，如图 20-25 所示。

22 选择工具箱中的“横排文字”工具，在导入的文本后面输入文字“酒店全貌”，如图 20-26 所示。

图 20-25　置入图像

图 20-26　输入文字

23 选择工具箱中的“矩形”工具，在画面中绘制矩形，如图 20-27 所示。

24 选择工具箱中的“直线”工具，将“填充颜色”设置为 c07f00，在画面中绘制直线，如图 20-28 所示。

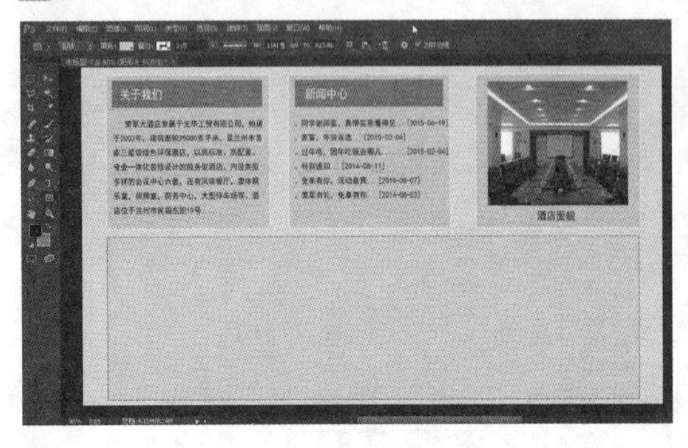

图 20-27　绘制矩形

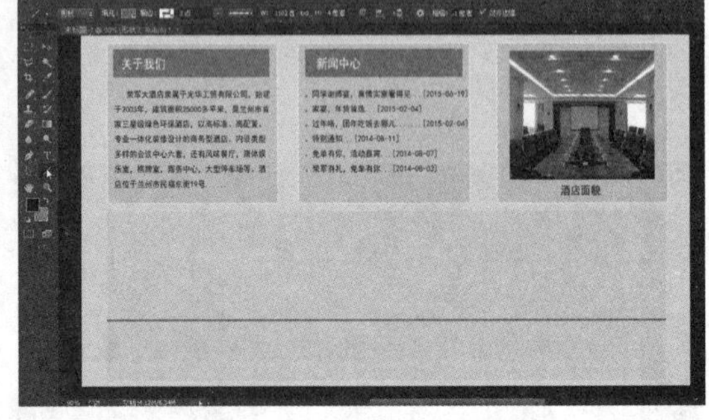

图 20-28　绘制直线

25 选择工具箱中的“横排文字”工具，在画面中输入导航文字，如图 20-29 所示。

26 执行“文件”|“置入”命令，弹出“置入”对话框，置入图像文件，将其拖曳到合适的位置，如图 20-30 所示。

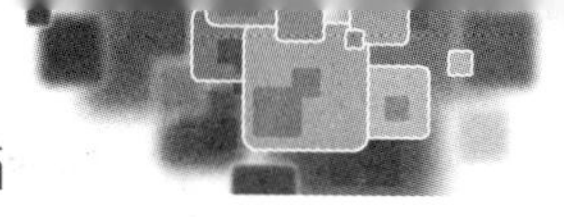

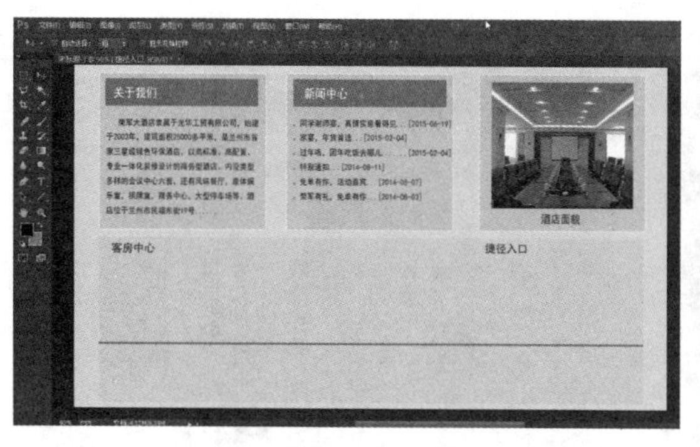

图 20-29 输入文字

图 20-30 置入图像

27 选择工具箱中的“横排文字”工具，在画面中输入版权文字，如图 20-31 所示。

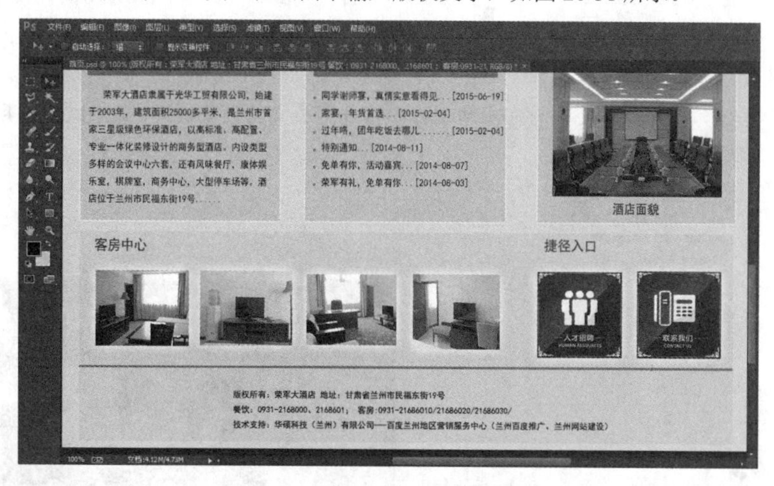

图 20-31 输入文字

切割首页

切片就是将一幅大图像分割为一些小的图像切片，然后在网页中通过没有间距和宽度的表格重新将这些小的图像没有缝隙地拼接起来，成为一幅完整的图像。本实例讲述切割网站首页，具体操作步骤如下。

01 打开制作好的图像文件，选择工具箱中的“切片”工具，如图 20-32 所示。

02 在画面中右击绘制切片，如图 20-33 所示。

图 20-32 打开图像文件

图 20-33 绘制切片

03 同步骤 2 绘制其余更多的切片，如图 20-34 所示。

04 执行“文件”|“存储为 Web 所用格式”命令，弹出“存储为 Web 所用格式”对话框，如图 20-35 所示。

图 20-34　绘制切片

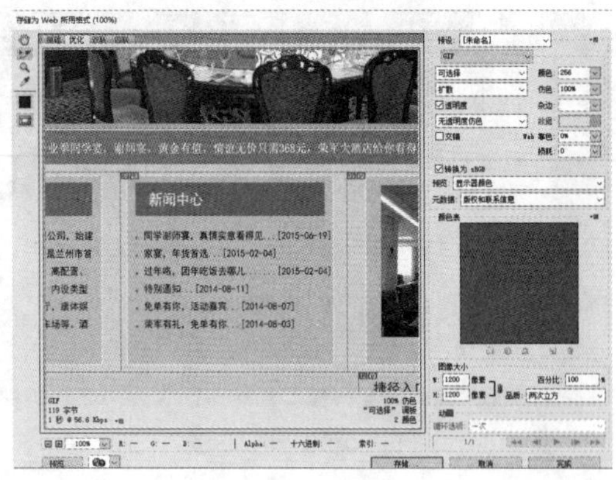

图 20-35　“存储为 Web 所用格式”对话框

05 单击“存储”按钮，打开“将优化结果存储为”对话框，将“文件名”存储为 zhuye.html，“格式”选择“HTML 和图像”，如图 20-36 所示。

06 单击“保存”按钮，即可保存文档。在本地文件中打开网页文件预览效果，如图 20-37 所示。

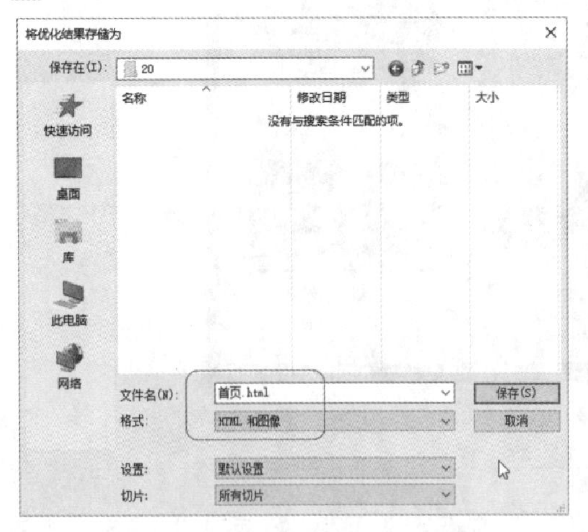

图 20-36　“将优化结果存储为”对话框

图 20-37　预览效果

20.3　在 Dreamweaver 中进行页面排版制作

Dreamweaver 是目前最优秀的网页编辑和网站管理软件，对于广大网页制作爱好者来说，熟练掌握该软件的使用方法，不但能够制作出高水平的网页，而且能更快地转向专业制作领域。

20.3.1　创建本地站点

创建本地站点具体操作步骤如下。

01 执行“站点”|“管理站点”命令，弹出“管理站点”对话框，在该对话框中单击“新建站点”按钮，如图 20-38 所示。

02 弹出“站点设置对象 未命名站点 2”对话框，在该对话框中“站点”选项卡的“站点名称”文本框中输入名称，如图 20-39 所示。

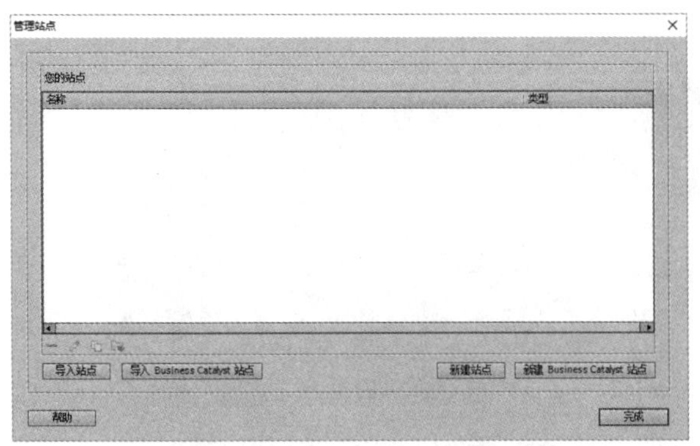

图 20-38　“管理站点”对话框

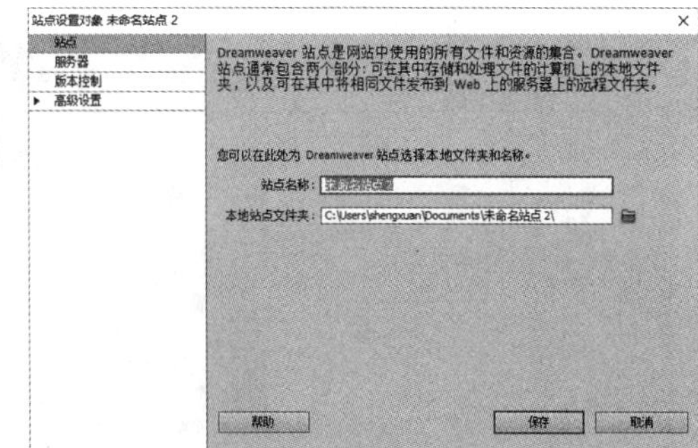

图 20-39　输入站点的名称

03 单击“本地站点文件夹”文本框右边的文件夹按钮，弹出“选择根文件夹”对话框，在该对话框中选择相应的位置，如图 20-40 所示。

04 单击“选择文件夹”按钮，选择文件位置，如图 20-41 所示。

图 20-40　“选择根文件夹”对话框

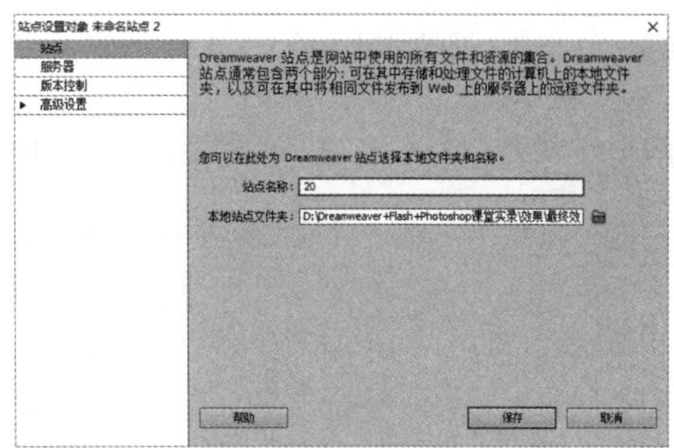

图 20-41　选择文件的位置

05 单击“保存”按钮，返回“管理站点”对话框，该对话框中显示了新建的站点，如图 20-42 所示。

06 单击“完成”按钮，在“文件”面板中可以看到创建的站点中的文件，如图 20-43 所示。

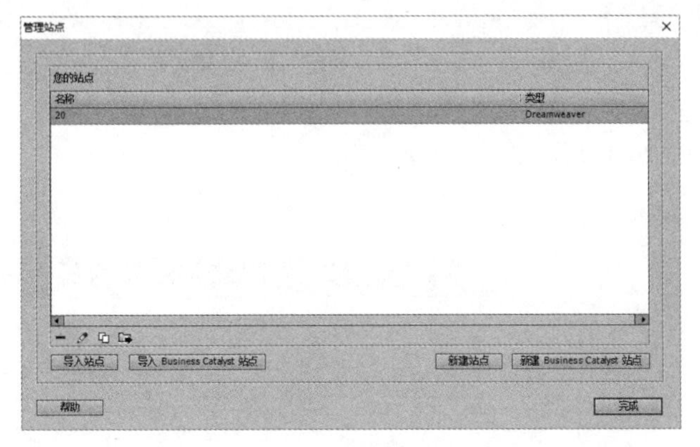

图 20-42　“管理站点”对话框

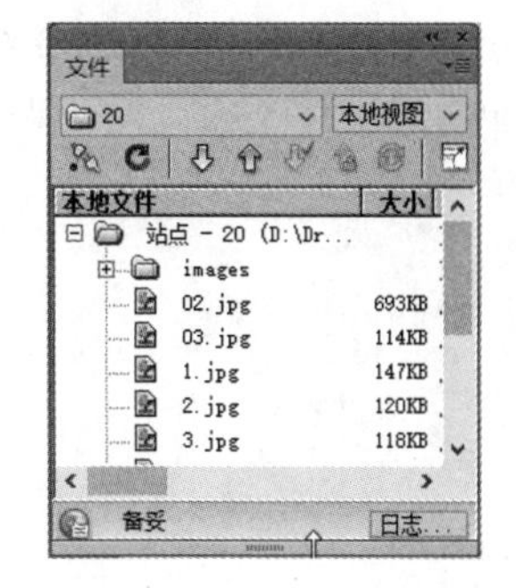

图 20-43　“文件”面板

20.3.2　创建网站二级网页

创建二级模板页面的效果如图 20-44 所示，具体操作步骤如下。

图 20-44　二级模板网页效果

01 执行“文件”|“新建”命令，弹出“新建文档”对话框，在该对话框中选择“空白页”|“HTML 模板”|“无”命令，如图 20-45 所示。

02 单击“创建”按钮，创建空白文档，如图 20-46 所示。

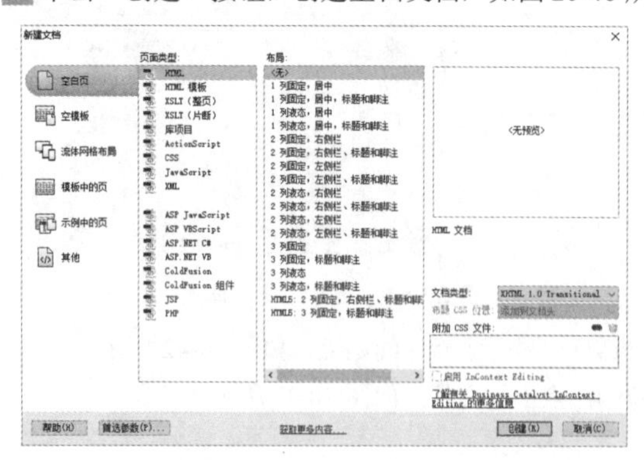

图 20-45　“新建文档”对话框

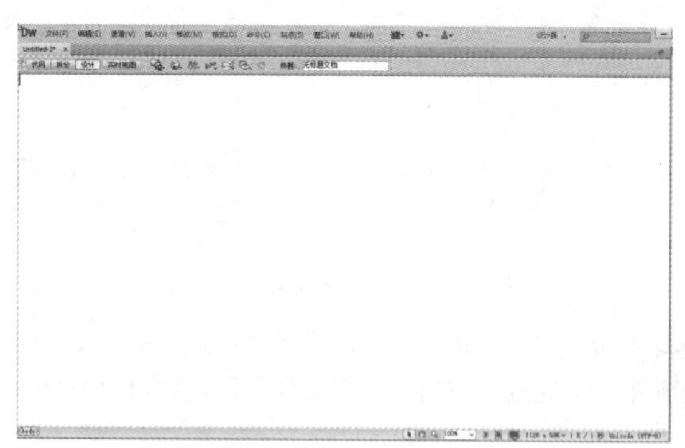

图 20-46　创建文档

03 执行“文件”|“保存”命令，弹出“另存为”对话框，输入文件名为 index，如图 20-47 所示。

04 单击“保存”按钮，即可保存文档，如图 20-48 所示。

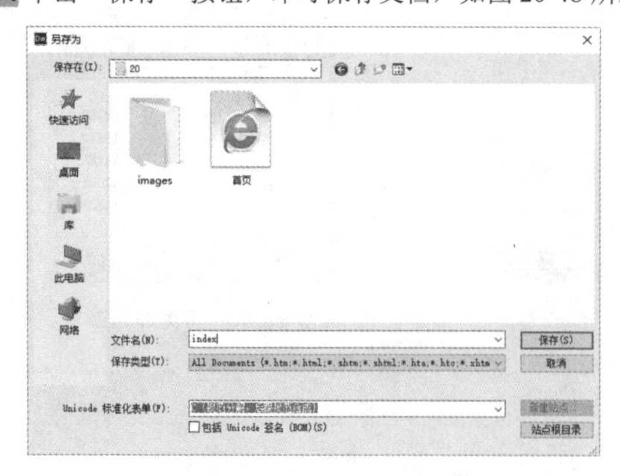

图 20-47　“另存为”对话框

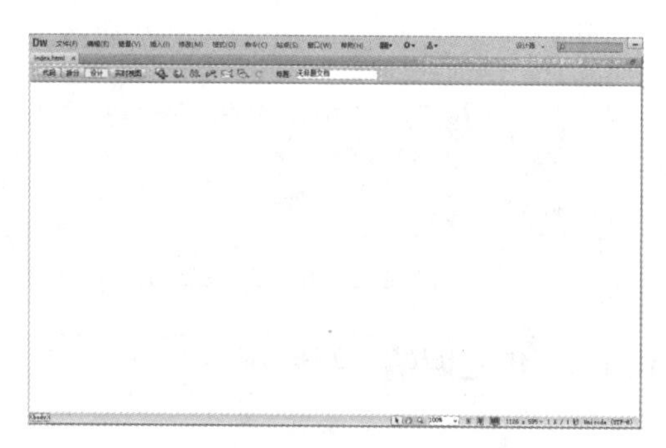

图 20-48　保存文档

05 将光标置于页面中，执行“修改”|“页面属性”命令，弹出“页面属性”对话框，在该对话框中将“左边距”“上边距”“下边距”“右边距”均设置为0，将“背景颜色”设置为#F8E77B，如图20-49所示。

06 单击“确定”按钮，修改页面属性，如图20-50所示。

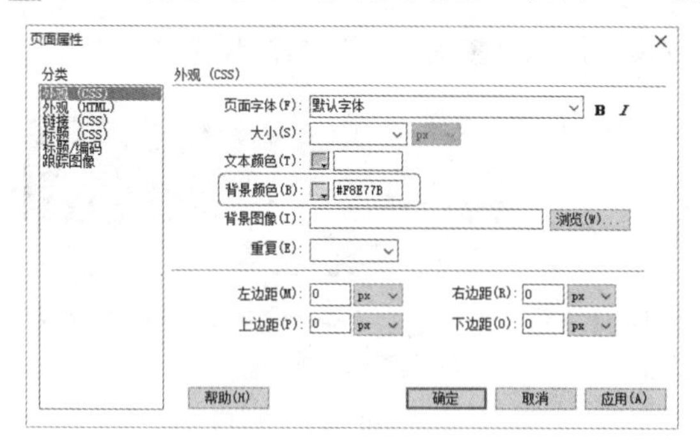

图 20-49　“页面属性”对话框

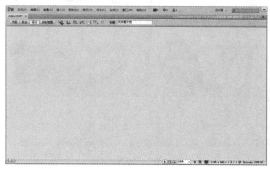

图 20-50　修改页面属性

07 执行“插入”|“表格”命令，弹出“表格”对话框，在该对话框中将“行数”设置为3，“列”设置为1，“表格宽度”设置为1184像素，如图20-51所示。

08 单击“确定”按钮，插入表格，如图20-52所示。

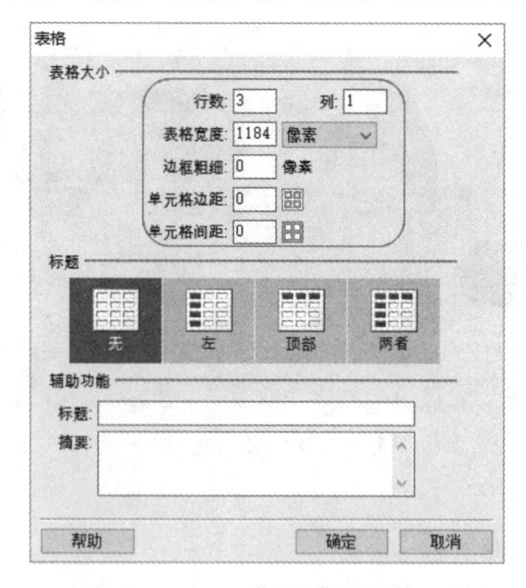

图 20-51　“表格”对话框

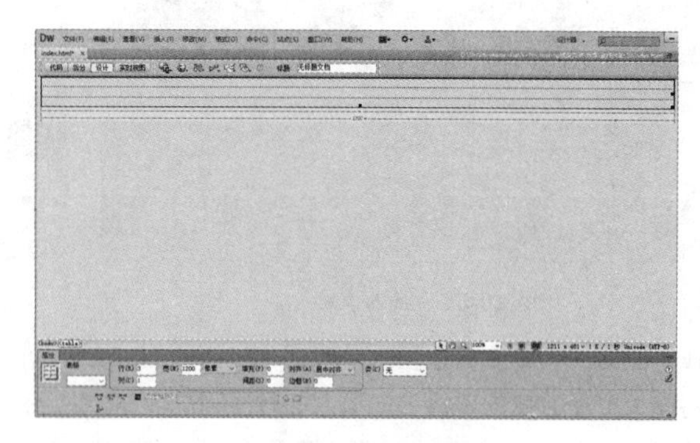

图 20-52　插入表格

09 将光标置于第1行单元格中，执行“插入”|“图像”命令，弹出“选择图像源文件”对话框，如图20-53所示。

10 选中图像文件单击“确定”按钮，插入图像，如图20-54所示。

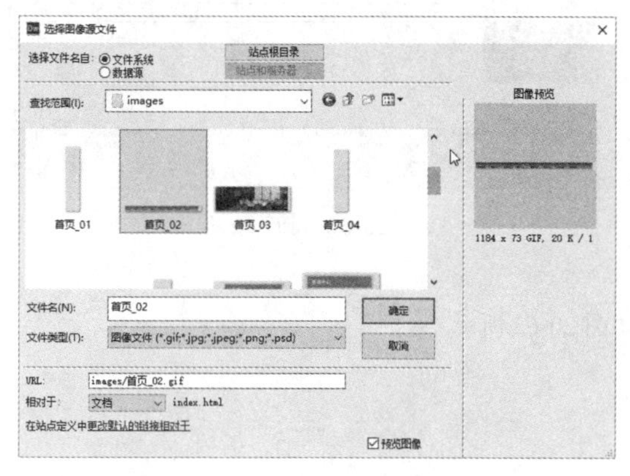

图 20-53　“选择图像源文件”对话框

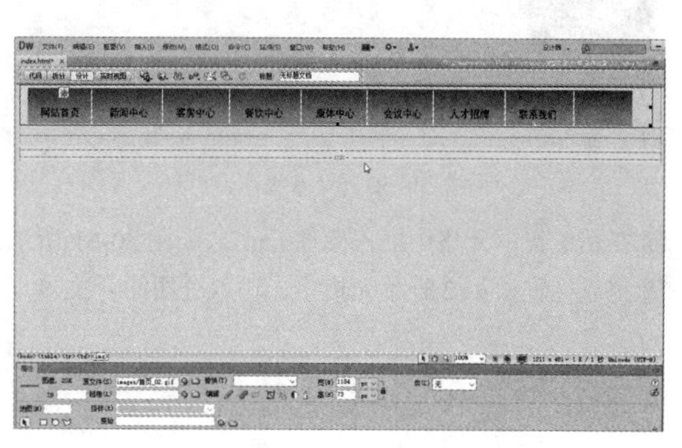

图 20-54　插入图像

11 同步骤 9~10 在第 2 行和第 3 行单元格中分别插入图像 index.jpg 和首页 _05.gif，如图 20-55 所示。

12 将光标置于表格的右边，执行“插入”|“表格”命令，插入 1 行 2 列的表格，如图 20-56 所示。

图 20-55 插入图像

图 20-56 插入表格

13 将光标置于表格左侧的第 1 列单元格中，执行“插入”|“表格”命令，插入 7 行 1 列的表格，如图 20-57 所示。

14 将光标置于新插入表格的第 1 行单元格中，执行“插入”|“图像”命令，插入图像文件 sub.png，如图 20-58 所示。

图 20-57 插入表格

图 20-58 插入图像

15 在下面的 5 行单元格中输入导航文本，如图 20-59 所示。

16 将光标置于右侧的表格中，插入 2 行 1 列的表格，如图 20-60 所示。

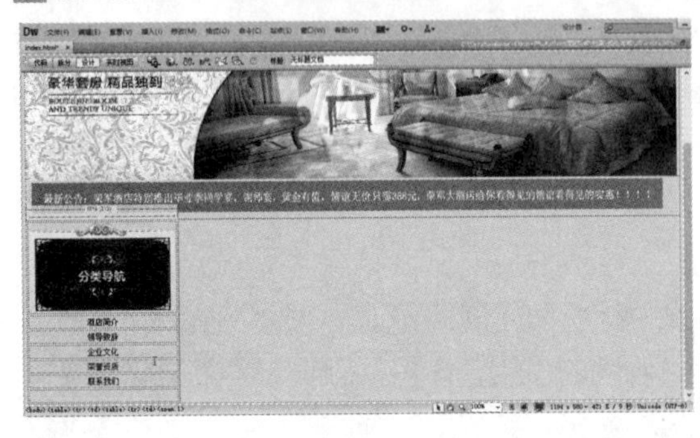

图 20-59 输入文本

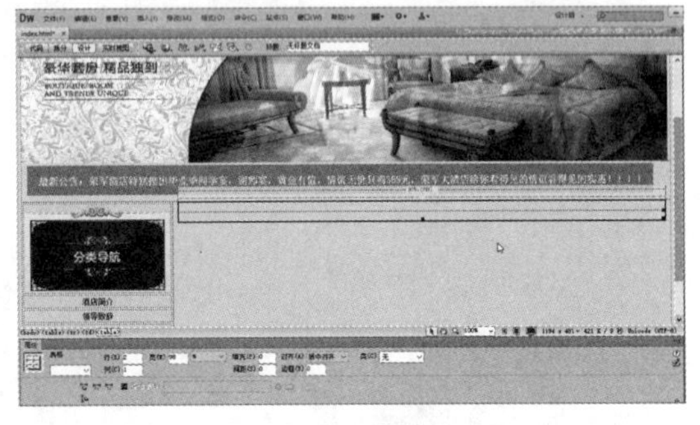

图 20-60 插入表格

17 在第 1 行单元格中插入图像 g.gif，如图 20-61 所示。

18 将光标置于第 2 行单元格中，输入公司简介文本，如图 20-62 所示。

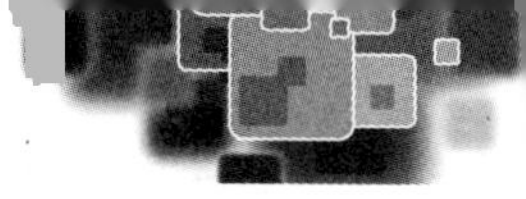

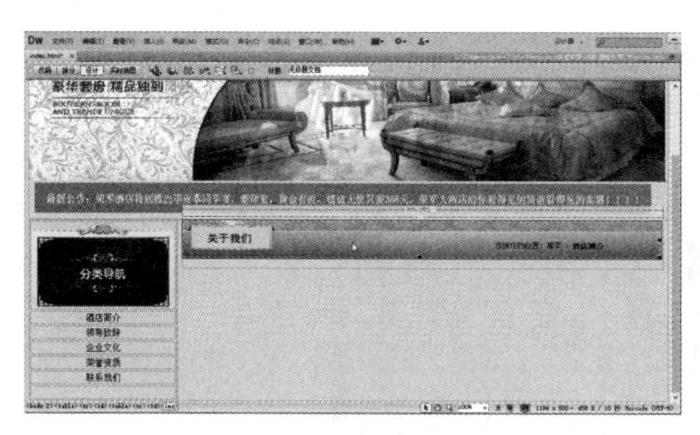

图 20-61　插入图像

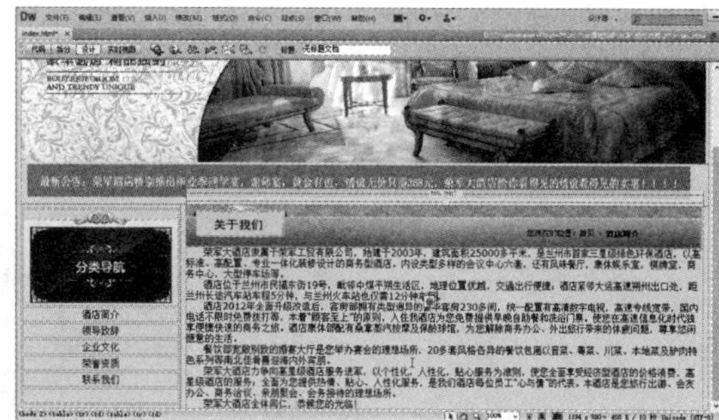

图 20-62　输入文本

19 将光标置于右侧，执行“插入” | “表格”命令，插入表格并在表格中输入文本，如图 20-63 所示。

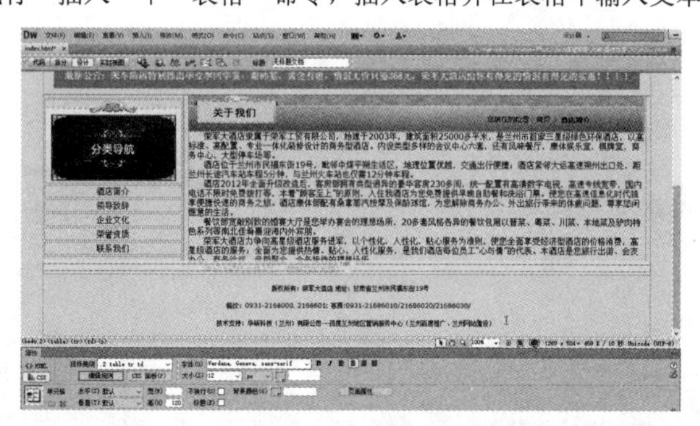

图 20-63　输入文本

20.4　制作弹出窗口页面

静态的网页会让浏览者感觉死气沉沉，没有生气。如果给网页添加一些特效，就会使网站生色不少，如滚动公告、弹出窗口等。下面就来具体讲述给网页添加特效的方法。弹出窗口的效果如图 20-64 所示，具体操作步骤如下。

图 20-64　弹出窗口效果

01 执行“文件” | “打开”命令，打开制作好的文档，如图 20-65 所示。

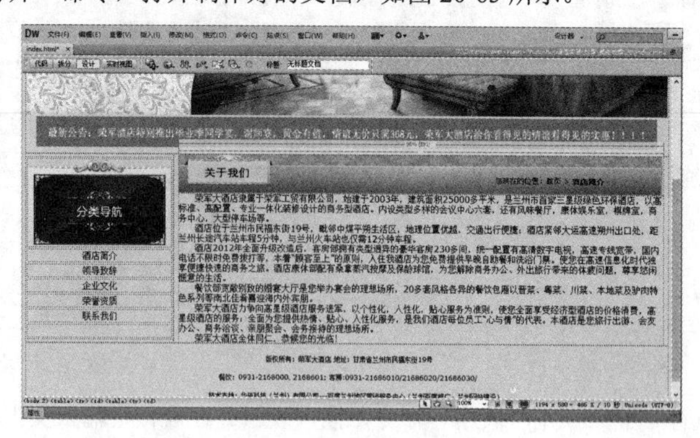

图 20-65 打开文档

02 执行“窗口” | “行为”命令，如图 20-66 所示。

03 打开“行为”面板。在该面板中单击 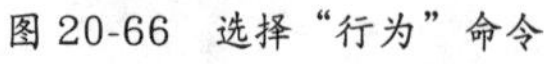 按钮，在弹出的菜单中选择“打开浏览器窗口”选项，如图 20-67 所示。

图 20-66 选择“行为”命令

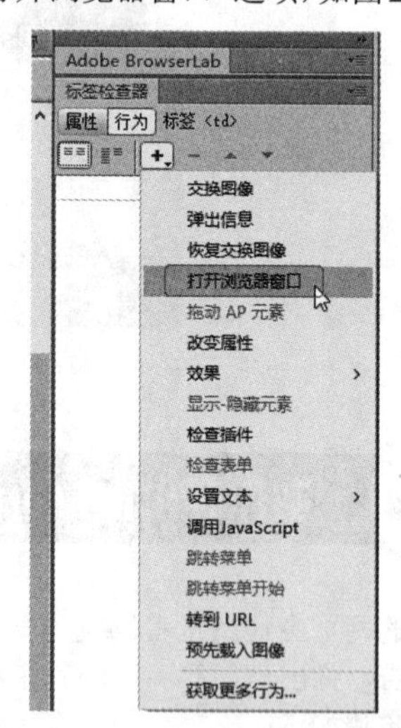

图 20-67 选择“打开浏览器窗口”选项

04 弹出“打开浏览器窗口”对话框，在该对话框中单击“要显示的 URL”文本框后面的“浏览”按钮，如图 20-68 所示。

05 弹出“选择文件”对话框，在该对话框中选择“漂浮广告 .jpg”文件，如图 20-69 所示。

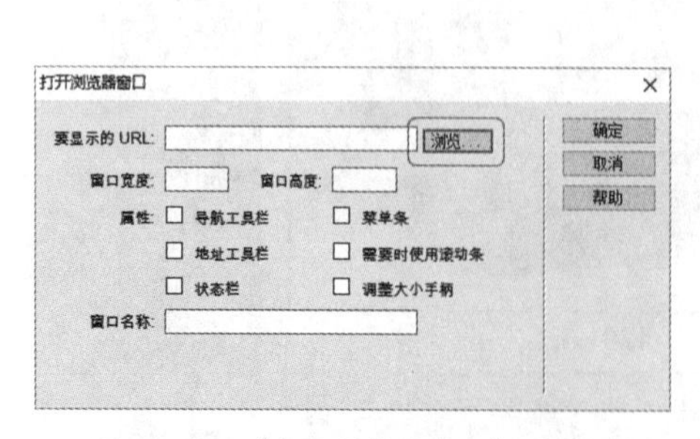

图 20-68 “打开浏览器窗口”对话框

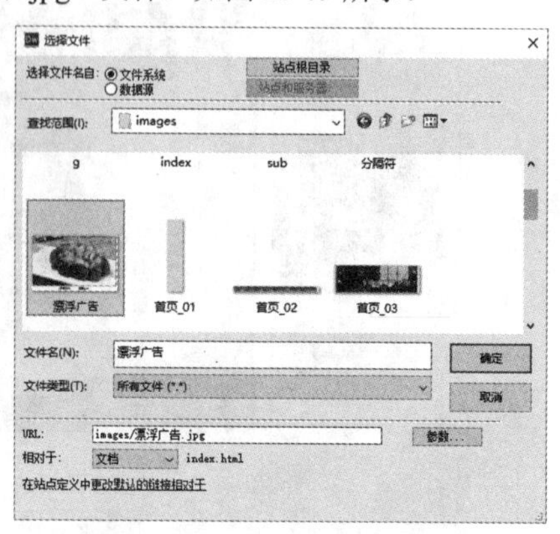

图 20-69 “选择文件”对话框

06 单击“确定”按钮，添加浏览器窗口文件，如图 20-70 所示。

07 单击“确定”按钮，将其添加到“行为”面板中，如图 20-71 所示。

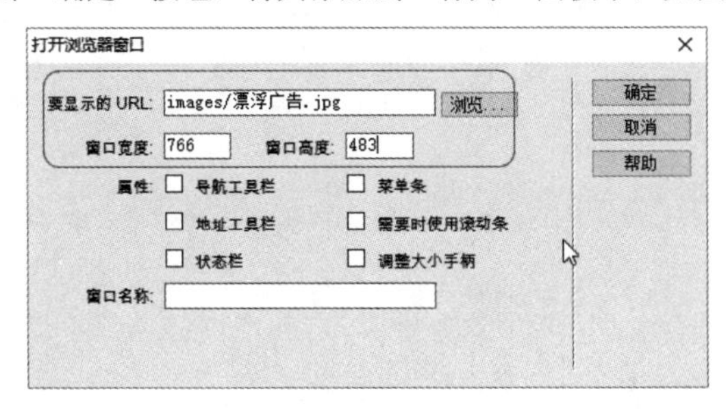

图 20-70　添加漂浮广告

图 20-71　添加浏览器窗口行为